核科技发现与发明纵横谈

（增订版）

李盈安　编著

中国原子能出版社

图书在版编目(CIP)数据

核科技发现与发明纵横谈/李盈安编著．增订版．
—北京：中国原子能出版社，2019.11(2025.4重印)

ISBN 978-7-5221-0011-1

Ⅰ.①核… Ⅱ.①李… Ⅲ.①核技术-文集
Ⅳ.①TL-53

中国版本图书馆 CIP 数据核字(2019)第 204130 号

内容简介

本书作者以近 80 篇相对独立成篇的文章，用“纵横谈”的形式，全面叙述了核科技史上的发现与发明及其轶闻趣事。

从约 150 亿年前基本粒子的形成到 1995 年顶夸克的发现及 1996 年第一种反物质——反氢原子的获得；从约 100 亿年前化学元素的起源到 1994 年第 110，111 号与第 112 号(1996 年)元素的发现，以及超光速现象的探究；从约 20 亿年前大自然对天然核反应堆的精巧安排到 1942 年世界上首座“人工反应堆”的建成；从核武器的早期研制到核武器发展简史及其未来；从最初的尝试利用核能发电、供热到裂变核电站、裂变供热堆的规模运营，以及冷聚变现象的探索，聚变核反应堆，聚变核电站的研发等，本书都有颇为精彩的描述。本书内容丰富，有一定深度；行文流畅，深入浅出，妙趣横生，可读性强，是一本难得的核科技中级科普读物。

本书附录“我国核科技发展史大事记”“世界核科技发展史大事记”以及“新中国 50 年科技文明集锦”“世界百年科技文明回眸”等也具有一定史料价值与参考价值。

核科技发现与发明纵横谈(增订版)

出版发行 中国原子能出版社(北京市海淀区阜成路 43 号 100048)
责任编辑 王 丹 左浚茹 韩 霞
装帧设计 崔 彤
责任校对 冯莲凤
责任印制 赵 明
印　　刷 北京厚诚则铭印刷科技有限公司
经　　销 全国新华书店
开　　本 787 mm×1092 mm 1/16
印　　张 27.25
字　　数 450 千字
版　　次 2019 年 11 月第 2 版 2025 年 4 月第 2 次印刷
书　　号 ISBN 978-7-5221-0011-1 **定 价 50.00 元**

网址：http://www.aep.com.cn **E-mail：atomep123@126.com**
发行电话：010-68452845

序　言

人们生活在自然界，大凡对一种新事物的发现与发明，都出自对事物的仔细观察与研究，由感性认识到理性认识，并根据事物的内在联系，通过缜密的理论思维，以获得崭新的认识。仅此意义而言，人类的历史就是一部对自然界的认识史。通过劳动实践和科学实验，人们不断地认识自然，进而改造自然，使之为人类社会的物质文明与精神文明建设服务。

核科技领域也不例外。1933 年，人们用加速器发现了核聚变现象；1938 年德国科学家奥托·哈恩和弗里茨·施特拉斯曼发现了“铀核裂变”现象，从此世界进入了一个新的历史时代。利用铀核裂变释放出大量能量的原理，很快在军事上获得突破。人们成功地制造了原子弹、氢弹、中子弹以及核动力舰艇。第二次世界大战后，核能与核技术的应用，军用与民用同时并举，尤其是在“和平利用原子能”的号召下，除军用生产堆以外的各种类型的核反应堆以及与之相关的核电站、核供热站和核动力装置等相继问世。从某种意义上讲，核能的发现与应用，其重要性不亚于瓦特发明蒸汽机而引发的世界性的技术革命。当今世界的主要燃料是取自煤、石油和天然气等化石能源。地球上的这些燃料一旦耗尽或即将耗尽时，可以预料核能在未来的能源舞台上将占主导地位。目前，人们除应用核裂变能外，还在致力于核聚变能的研究开发，以及未来的“湮没能”的构想和探索。核科学技术的发展同样是无止境的。

我们知道科学技术是第一生产力。作为生产力要素之一的现代劳动者只有以先进科技知识武装起来，才能成为先进生产力的代表，才能及时将科学技术转化为现实生产力，才能为建设有中国特色的社会主义作出更大的贡献。核科学技术属于高科技领域，发展核科技事业需要卓越的科技人才和坚实的经济基础。当前，我国正处于超额完成“八五”计划，执行“九五”计划和逐步实现2010年远景目标纲要的时期。预估到下世纪中叶我国将进入中等发达国家的行列。这是令人鼓舞的。当今，世界竞争愈来愈激烈，竞争的形式和内容尽可多种多样，但实质都是以科学技术为内涵的人才的竞争与培养。因为，人才是实施科学技术转化为现实生产力的关键。我们必须尽一切努力发展科学技术，尽一切努力提高我国劳动者的科技文化素养。自改革开放以来，我国社会经济、科学技术及文化教育等事业蓬勃发展，综合国力有所增强。这是举世共睹的。但也应看到，目前我国的整体科技水平与经济实力同其他发达国家相比还有很大差距。因此，我们应积极贯彻党中央、国务院关于加速科学技术进步的决定，切实响应关于加强科学普及工作的号召，大力推进普及核科技知识的工作，为全面实施科技兴国的战略贡献一份力量。

在此情况下，中国核科技情报中心的李盈安同志花费了很大的精力，搜集了核领域的有关发现与发明并整理编纂成册，以飨读者。这无疑是一件很有意义的工作。《核科技发现与发明纵横谈》是一本很有价值的核科技普及读物。我相信这本书会受到广大读者的欢迎。

王淦昌 96.1.22.

序言作者系中国科学院院士、中国核工业总公司科技委副主任、中国原子能科学研究院科技委主任。

再版前言

《核科技发现与发明纵横谈》于1996年面世，作者以近60篇相对独立成篇的文章，用“纵横谈”的形式全面叙述了世界核科技史上的发现、发明及其轶闻趣事，颇受核专业和非核专业科技人员的欢迎。

20世纪上半叶是核科史上发现与发明的重要时期，掀开了核科技发展史的光辉篇章。期间，各国核科技界的精英们，取得了一次又一次令人振奋的发现与发明，竖起了一座又一座里程碑，推动着近现代物理学大步前进。诚然，其中人们有成功，有失误，也有失败，但成功是主流。他们在科学实验、实践中凸显出来的、又为本书所记述的科学思想、科学方法、科学道德与科学精神是值得后来者敬仰与学习的。

本书再版时，修订了若干篇章，删除了部分内容，更新了有关数据，增添了十几篇文章，保持了原有的框架结构。用新图替换了旧插图，令人耳目一新。

在此，本书编者特向中国核科技信息与经济研究院、中国原子能出版社各领导，以及编审校对人员致谢。22年前，美编崔彤为原书的封面设计者，现今本书的封面设计仍是她，因此，也特向她致谢。

编者

2019年4月5日于厢黄旗，博雅西园

目　　录

"化学元素的起源"：大爆炸宇宙论与福勒的重元素起源说

威廉·福勒

在分析某些恒星的辐射光谱时，科学家们发现恒星上的氢元素的丰度（即相对质量的百分数）非常之大，约占70%，而氦元素次之，约占25%，且其他各个天体上氢、氦两元素的丰度亦几乎相同。但是，这些天体上的重元素的丰度则很小，总和约占5%，且不同天体上的各重元素的丰度亦不相同。对此，人们不禁会问：为何天体上元素的丰度会出现这种情况呢？这涉及迄今为止人们所知道的100多种化学元素的起源问题：各天体的元素是如何形成的？轻元素与重元素的形成过程有何不同？化学元素到底有多少？

为说明上述问题，我们还得从宇宙演化谈起。我们先介绍一下光谱线的概念：各种元素在电弧或电火花等光源的激发下，由于原子核外电子能量的改变，会发出许多波长（或频率）不同的辐射；若用石英棱镜把这些不同波长的辐射分开，然后把它们拍摄在照相平板上，便能看到许多细线。这些细线被称为光谱线。每条谱线具有一定的波长，每种元素都有着各自的特殊谱线。因此，根据光谱线，再利用仪器，还可以确定其中存在哪些元素及每种元素的含量。1910年，洛威尔天文台的斯莱夫通过大量观测后发现：许多星云的某一元素光谱线的频率比地球上同一元素光谱线的频率要低。根据多普勒效应，天文学上利用天体所发光谱线频率的变更可以准确测定天体的视向速度。由此判定这些星云正迅速地飞离地球而去。这就是人们常说的宇宙膨胀论的一大论据。它是当代宇宙学中颇有影响的“大爆炸宇宙论”（或称“大霹雳宇宙论”）的必然结果。我国古代著名哲学家老子在《道德经》中说：“天下万物生于有，有生于无”（四十）。著名美国俄裔科学家伽莫夫也认定：“宇宙生于无”。据此，他提出了一个影响颇大的假说，即大爆炸宇宙说。伽莫夫认为“宇宙”约诞生于150亿年前，它是由“无”产生的，“宇宙”凭借真空的能量急剧“暴胀”而释放出无与伦比的巨大热能，使它成为一个超高温度、超高密度而且充满着光能的“原始火球”。大约在150亿年（有人说是约200亿年）前，“原始火球”——这个“宇宙之胎”发生大爆炸！于是，“霹雳一声宇宙生”。自此以后，宇宙不断膨胀，持续到今。

现代大爆炸宇宙论认为：约在200亿年前，一个超高温、超高密度、蕴藏有极丰富光能的“原始火球”发生了大爆炸；在爆炸后的约 10^{-2} 秒时，宇宙的温度约为1 000亿摄氏度，此时的宇宙中存在着大量光子、电子、正电子、中微子和反中微子等轻基本粒子（即光子和轻子），它们的数目也几乎相等，同时还存在着比光子和轻子少，数目也几乎相等的质子和中子（亦称重子）。当时，光因受到电子撞击而无法直线前进，宇宙正处于混沌状态，其中充满着高速运动的上述光子、轻子和重子，连严格意义的“原子核”都未形成，更谈不上什么原子（或元素）了。这里唯一的例外是：“质子”可以看作是氢核。因为，后来人们揭示了如下事实：氢原子是由一个质子及绕其运转的一个电子组成的，所以质子即氢核是一切原子核的“当然鼻祖”。这是大自然安排的第一个奇迹。但是，随着宇宙的膨胀，温度也逐渐降低，约在大爆炸后3分钟时，温度降至约10亿摄氏度，此刻可能出现了第二个奇迹，即一个中子和一个质子相结合组成了宇宙除氢核（$^1H^+$）而外的第一个原子核——氘核（$^2H^+$）。带正电的氘核一经形成，便可能朝两个方向发展：一是吸收一个中子形成氚核（$^3H^+$）；二是吸收一个质子形成氦-3核（$^3He^{2+}$）。此后氚核与质子，或氦-3核与中子结合（反应）都可能形成氦核（$^4He^{2+}$）。这样一来，元素周期表中最前面，也是最简单的两个元素氢和氦的原子核及其同位素氕（即氢核也称质子）、氘、氚和氦-3、氦-4的核就产生了。大约又经过近70万年，宇宙温度降至100万摄氏度左右时，宇宙中带负电的电子开始与带正电的氢核（即质子）相结合形成稳定的呈电中性的氢原子，以及稍后与带正电的氦-4结合成呈中性的氦原子（^4_2He）。这无疑是大自然安排的第三个奇迹，是化学元素起源史上一座重要里程碑。至此，元素周期表中的第 1、第 2 号元素便产生了。当宇宙温度降到几千摄氏度时，宇宙间由最初的氢、氦及其同位素，以及光子和某些轻子组成的旋转的雾状体——原始星体便出现了。此时，光早已不受电子的阻碍而在宇宙间畅行无阻，宇宙已由一片混沌而“放晴”了。可见，宇宙中的各星体形成的历史远远晚于氢、氦等轻元素。

人们可能会问：重元素是如何形成的？它的原子核和原子的形成是否与轻元素的同步？鉴于以下众所周知的事实，即凡中子数与质子数之和为 5 或 8 的稳定核是不存在的，著名的意大利核物理学家费米曾推断：重元素的原子核和原子的形成过程可能不同于轻元素（例如氢、氦的聚合），它们可能是通过其他途径来实现的。换句话说，由质子（$^{1}H^{+}$）或中子（$^{1}_{0}n$）与氦核（由两个质子和两个中子组成$^{4}He^{2+}$），以及由氦核与氦核不可能生成稳定的重元素之原子核。而且由于继续膨胀，宇宙间粒子的密度已较小，任何三个或三个以上的粒子共同反应而产生新的原子核的可能性也极其微小。因此，宇宙间根本无法形成重元素的原子核及其相应的原子。那么，天体中的重元素又是如何产生的呢？科学家们一直在探讨着费米的推断。

1957 年，美国科学家威廉·福勒等人发表了一篇著名的论文，文中提出了“重元素可在恒星内部生成”的理论。该理论认为，当星体核心部分的氢燃烧殆尽时，在引力作用下，星体开始收缩，于是星体的压强升高，温度随之上升，并开始了氦的燃烧。由于此时恒星内部密度极大，在致密的富氦核心区便可能产生三个或三个以上的粒子的聚合反应，例如，此刻三个氦核（$^{4}He^{2+}$）可能组成一个碳核（$^{12}C^{6+}$）；而四个氦核反应可形成一个氧核（$^{16}O^{8+}$）。这样一来，此理论便绕过了不可能生成中子数与质子数之和为 5 或 8 的稳定原子核的困难，而获得了重元素的原子核。这时的反应物除碳核、氧核外，还有一些其他的重原子核产生。而继之出现的核反应将是碳核（$^{12}C^{6+}$）与氧核（$^{16}O^{8+}$）的聚合，比如产生硅核（$^{28}Si^{14+}$）。电子则可能在这类重原子核外有规律地组成绕其不断运动的电子壳层，于是便出现了呈电中性的重元素的原子。这样的核反应一个一个地继续下去，于是一系列的重元素就随之产生了。显然，威廉·福勒等人的重元素起源说也是以大爆炸宇宙论为依据的。

但是，在诸多的宇宙模型中，伽莫夫的大爆炸宇宙模型至今仍是一种理论、一种假说。据报道，1964 年，美国贝尔电话实验室的彭齐亚斯和威尔逊用一架卫星通讯天线在 7.35 cm 波长处探测到一种来自宇宙空间的强度与方向无关的信号。他们搞不清楚这些信号是什么。后经普林斯顿大学的皮伯斯等人验明，这些信号正是他们寻觅已久的“宇宙背景辐射”。我们知道，宇宙空间有许多能发射较强烈无线电波的天体，目前已发现的宇宙射电源的天体有近 2 万个，已辨认出的这类天体有超新星遗迹、银河星云、脉冲星、类星体、活动较猛烈的少数恒星和星系等。人们用射电望远镜观测从天空各方面来的无线电辐射时，除了观测到许多分立的宇宙射电源以外，还在射电源之间观测到一种微弱的辐射，而且各方向来的这种辐射的强度大致一样，这种微弱的辐射好比是宇宙射电源的背景，人们称它为宇宙背景辐射。因为，它相当于 3 K 的黑体辐射，故又称“3 K 背景辐射”。K 是热力学温度单位，3 K 为－270.15 摄氏度。1992 年美国太空署发射的人造卫星曾观测到宇宙背景辐射呈现不均匀分布。美国加州大学天文物理学家乔治・斯穆特公布，他领导的小组在宇宙边缘发现了一些“宇宙史前物体”，它们庞大无比。经电脑分析，这些宇宙史前物体形状凹凸不平，似额头上的皱纹，又似水面因风而吹起的涟漪。波浪般地起伏飘浮于宇宙时空的边缘上。斯穆特颇有信心地说，这些就是宇宙在 150 亿年前诞生时遗留下来的化石，或者准确点说，这些皱纹、涟漪是在大爆炸后 30 万年时形成的。它藏有大爆炸后宇宙形成过程的秘密。

大爆炸宇宙论是现代宇宙学中影响较大的一种学说。它认为，宇宙曾有一段从热到冷的演化史，如同一次规模巨大的爆炸。能给这一理论说明的观测事实比其他宇宙模型（如对称宇宙论和稳恒态宇宙论等）要多。支持大爆炸宇宙论的观测事实主要有四种。其一，大爆炸宇宙论认为，所有星体都在宇宙温度降到几千摄氏度后才产生的，故其历史应短于 200 亿年。根据球状星团和同位素测定所得到的年龄值，符合这一要求。其二，河外天体存在线性谱线红移现象，且红移与距离大体成正比。若用多普勒机制解释红移的产生，则此观测结果是宇宙在作膨胀运动的反映。其三，在许多天体上，氦丰度相当大，约为 25％，用恒星内部的核反应不能说明这个事实。若考虑到宇宙早期温度还很高（约 100 万摄氏度），那时产生氦的效率高，便能解释这一事实。其四，根据宇宙膨胀速度及氦丰度等，可推算出宇宙在每一时期的温度。据此，伽莫夫预言，今天的宇宙温度已很低，只有绝对温度几度。60 年代初，在微波波段上探测到具有热辐射谱的宇宙背景辐射，温度约为 3 K。这在定性与定量上都与伽莫夫的预言相符。诚然，要令人信服证实宇宙大爆炸论的正确性还有许多工作要做。

由上述可知：按照大爆炸宇宙论，氢和氦是宇宙早期（约 150 亿～200 亿年前，恒星尚未形成）的产物，它们与星体的不同演化阶段无关。因此，尽管恒星与恒星不同，氢和氦的丰度仍几乎相同。按照重元素形成说，重元素的形成则与星体的演化过程有关，因而在不同的星体中，重元素的丰度亦不相同。人们可能还会追问：元素周期表中的重元素自第 94 号元素（钚）后，又相继合成了第 95～109 号元素，德国科学家宣称他们合成了第 110 号、第 111 号元素。1999 年，俄罗斯科学家宣布他们发现了第 114 号元素，美国科学家宣称他们合成了第 116 元素和第 118 号元素。那么，周期表有尽头吗？其实，核物理学家目前正在用第二代重离子加速器进行超重元素（即质子数约为 114，中子数约为 184 的假设中的元素）的合成，并取得了颇有希望的进展。从理论上讲，元素周期表是没有边界的，诚然这里存在着该类元素的稳定时间或寿命的界定问题。笔者在本书“走向超重岛：元素周期表有终极元素吗？”一文中对此作了介绍。

“奇异的奥克洛现象”：约 20 亿年前的“天然反应堆”

1942 年 12 月 2 日，以意大利杰出物理学家恩里科·费米为首的一批核科学家建成了世界上第一座“人工反应堆”，首次实现了核科技史上的可控、自持、铀核裂变链式反应，成了人类社会步入原子时代的主要标志。30 年后，科学家们发现与查明的“奥克洛现象”则表明：距今约 20 亿年前，由于大自然的精巧安排，在今非洲加蓬共和国境内至少出现过 10 座“天然反应堆”。正如黑格尔所言，凡是现实的都合理，而凡是合理的都现实。于是，科学家们便开始了论证（或寻求）“天然反应堆”合理性的工作。极有趣的是，50 年前的第一座人工反应堆，以及当今遍布世界各地的形色各异的 1 000 多座人工反应堆所遵循的原理与机制竟与 20 亿年前的奥克洛“天然反应堆”完全相同。

奇异的奥克洛现象是怎样发现的呢？我们知道所谓铀核裂变反应堆（Pile），最早是一种以多层金属铀块和石墨块交替堆砌而成的装置（现已普遍采用 Reactor 一词了）。人们以天然铀作为这种反应堆的“燃料”。目前已知，元素铀有 14 种同位素，其质量数（A）由 227 到 240；近来，才在自然界中发现了铀-233。一般地可以说，天然铀由 4 种同位素组成：铀-235 约占 0.72%，铀-238 约占 99.274%，铀-234 约占 0.0058%，铀-233 仅占 0.0002%。铀原子中有 0.72%的铀-235 原子是美国物理学家登普斯特于 1935 年发现的，后来才进一步搞清楚只有铀-235 的原子核在中子轰击下才能发生裂变。在实践中，人们发现：地球上的天然铀，不论它来自高山峡谷，或来自草原海洋，其中铀-235 的含量都在 0.72%左右，而且来自宇宙空间的陨石以及月球等处的岩样、土壤，其中铀-235 的含量也基本如此。0.72%这个数值（当然是平均值）便称作铀-235 的

“天然丰度”。

“奥克洛现象”正是人们在分析铀-235 的天然丰度时发现的。1972 年 5 月。法国皮埃尔拉特铀矿分析室的鲍齐奎斯惊奇地发现有些铀矿中，铀-235 的比例明显低于其天然丰度。后来顺藤摸瓜，发现了加蓬共和国的奥克洛矿区的铀矿中，铀-235 的含量普遍偏低：有的为 0.717％，有的仅为 0.44％，有的竟然不到 0.296％，平均值仅 0.62％，最低值比正常值减少 59％。这一发现引起了世界核科技界的极大兴趣。1975 年 6 月，应加蓬政府的要求，国际原子能机构组织了专题学术讨论会。现场勘测不仅证实了鲍齐奎斯的发现，而且还测知了某些“天然反应堆”的遗迹及其附近矿石中存在铀-235 裂变的产物，如钌、钐、镥和钕等等。据此专家们断定：遵循大自然的安排，距今约 20 亿年前在奥克洛矿区的 6 个区域至少有 10 座“天然反应堆”断断续续地运行了约 50～200 万年，涉及 500～800 吨的天然铀，消耗铀-235 约 6 t，共释放了约 36×10^{6} J 的能量。这便是对奇异的“奥克洛现象”的初步解释。

但是，有人至今认为，这些“天然反应堆”是“不可思议的史前遗迹”，它们“保存完整，结构合理，运转时间长达 50 万年之久，……而人类只是在几十万年前才开始用火。那么，是谁留下这些古老的‘反应堆’？这是一个难解之谜。”其实，这个“谜”并不难解。前苏联科学家 B. И. 马雷特维耶夫等人于 1975 年的研究指出，距今 46 亿年前，铀-235 的相对丰度约为 25％，晚元古代为 3％；而到现在，平均只占 0.729％了。地球上铀-235 的丰度在 0.296％～1.03％之间。自然界中，铀-235 在铀矿的比例为何有这些变化呢？现在看来，原因有三。

其一，自然界中的铀-238 以下列反应式变成铀-235：

$$^{238}U+{}^{1}_{0}n\rightarrow{}^{239}U\rightarrow{}^{239}Np\rightarrow{}^{239}Pu\rightarrow{}^{235}U$$

虽然，发生这种变化的概率极小（约 10^{-5}～10^{-4}），但局部地段可使铀-235 的比例增高。

其二，由于铀-235 的自发衰变率高于铀-238，致使天然铀中，铀-235 含量的减少要比铀-238 来得快。因此，现今天然铀矿中，铀-238 占 99.274％，而铀-235 仅占 0.72％左右。在衰变过程中，放射性元素的质量减少到原有质量的一半所需的时间，称为半衰期。铀-235 的半衰期为 7.13 亿年，今天天然铀矿中，铀-235 含量为 0.72％。据推算，在 20 亿年前，天然铀中，铀-235 的含量约为

3.88%强。这比当今大多数反应堆里铀-235的浓度还高（一般动力堆仅用2%～3%的低浓铀）。由此可见，在20亿年前，奥克洛矿区既有足够数量的丰度为3.88%的铀-235，又有充沛的水，在大自然的精巧安排下便出现了铀-235的自持链式反应的奇迹。正是基于这一分析，美籍日裔科学家墨田和夫在1956年就预言可能存在天然核反应堆。接着，20世纪60年代初，我国地质学家侯德封也指出过："根据铀同位素丰度的计算，20亿～22亿年前天然铀中的铀-235同位素丰度特别高，在岩石中存在有慢化剂（如水、碳等）的情况下，根据反应堆中铀产生链式反应的理论计算，在岩石或矿石中有可能产生规模较大的铀-235核裂变的链式反应"，并认为各种裂变与衰变放出的核能可能是地壳早期演化的主要动力。"天然反应堆"的发现和研究，证实了侯德封等人的推断。

其三，1973年，苏联科学家弗拉索夫指出，陨石湮没爆炸也可能是铀-235丰度发生变化的原因之一。

奥克洛天然反应堆挖掘现场

除奥克洛矿区的"天然反应堆"外，地球上是否存在着第二处"天然反应堆"呢？有人认为，在理论上应该是肯定的。但关键是实践上要找到才算数。

1977年，苏联科学家舒科留柯夫等经计算后指出，在古生代及前寒武纪的铀矿体中，只要铀（U）、水（H_2O）和二氧化硅（SiO_2）均匀分布，并满足一定的比例关系，而使有效增殖系数大于或等于1，即可产生自持裂变链式反应。这就是所谓天然反应堆。他认为形成“天然反应堆”的基本条件是：①矿体线性长度近50米，有一定厚度和延伸深度，铀含量约为8%～20%；②矿床充水；③矿石年龄属于前寒武纪，约有5.7亿年，且其周围有铀-235富集区。此后，人们便在加拿大、澳大利亚和巴西等国开展了普查工作，以期寻找第二处“天然反应堆”。迄今虽未见有发现第二处“天然反应堆”的报道，但这项普查工作无疑具有理论意义和现实意义。

现在已经知道，太阳能也是一种核能（聚变能）。如果，我们把地球上“天然反应堆”释放的核能和太阳能称作“天然核能”（以区别于后来的“人工核能”）的话，那么，地球便是名副其实的核能的世界。因此，我们说未来的世界是核能的世界，是完全可以理解的。

“核工业的主角”：1789 年克拉普洛特发现铀

近代史上的 1789 年发生过三件具有世界意义的大事。其一，法国爆发了资产阶级革命。这是一场气势磅礴、有声有色的社会大变革的开端。至今人们还常常提到它。其二，托马斯·马尔萨斯发表了著名的《人口论》，这是一部极重要的社会学巨著，它整整影响了几代人，至今人们还常常提到它。其三，德国杰出化学家克拉普洛特在一个极不起眼的实验室里发现了一种新元素（后来被命名为铀，Uranium）。这却是一场无声无息、慢慢悠悠的社会变革的开始。在整整 100 年的时间里，人们很少提到它。它似乎被遗忘了。但是，正是它打开了创建一个全新的工业——核工业的大门。现在人们对它的关心却远远超过了法国的那场资产阶级革命。

1789 年，细心的克拉普洛特首次在矿坑中发现了一种黑色的物质。当时，他正在从事沥青矿的研究工作，在实验室中他很快地从沥青矿石里分离出这种“黑色粉末状物质”。在将此物质与当时已知的近 40 种元素的物理与化学性质的比较中，克拉普洛特看到了极为明显的差异。由此，他意识到这可能是一种至今未被人们发现的新元素。他对自己的发现感到兴奋和惊奇。诚然，他发现的还只是铀的氧化物（UO_2），而非纯铀。他至死也未理解这一发现的真正意义。当时，克拉普洛特把这种“黑色粉末状物质”拿给柏林的其他科学家看。人们将它与其他元素进行了对比和分析。他们跟克拉普洛特一样，同样感到困惑不解。可见，当时的德国科学家也未见过这种物质。但，克拉普洛特则坚持认为，这是一种新元素。为纪念发现不久的天王星——乌拉努斯（Uranus），他根据当时的惯例将自己发现的这种神秘的“黑色粉末状物质”命名为铀（Uranium）。第一个真正制得金属铀的人是法国化学家彼里高利。1841 年，彼里高利首先在实验室里，把无水氯化铀和金属钾混合后置于密封的白金坩埚中加热而制得纯铀。这是一件极危险的工作，坩埚中的化学反应十分激烈，必须在反应一开始便即刻停止加热。否则将发生爆炸。但彼里高利干得很出色，他成功地制取了单质铀。

在1789～1890年的102年间，人们也只是研究了铀的某些重要化合物的化学性质，进行了少量的铀矿开采。此时，铀的各种氧化物主要当作颜料和染料，仅用于陶瓷、玻璃和纺织等工业。在此期间，这种带有神秘色彩的物质只不过是实验室里的珍藏品，人们并未发现它有多大用途。但是，1890年以后，情况发生了变化。当时，一些物理学家注意并研究了铀的荧光现象。其中，包括以研究铀盐而闻名的法国"铀盐世家"——贝可勒尔一家祖孙三代都从事铀盐荧光现象的研究。1895年，德国物理学家伦琴发现X射线后，亨利·贝可勒尔想探索X射线与荧光现象间的因果关系，终于在1896年发现了铀的天然放射性，即铀具有不断地自发放射出某种看不见的穿透力相当强的"射线"的特性。这一发现表明：铀有着难以置信的自发放出能量的性质。于是，100年前被克拉普洛特发现的新元素铀便突然显示出它的巨大潜能。从此，科学家们便对铀表示了极大的兴趣。

1938年，德国著名放射化学家奥托·哈恩和他在柏林威廉大帝研究所的同事弗里茨·施特拉斯曼发现了铀核裂变现象。1939年，哈恩早先的长期合作者、奥地利物理学家丽丝·梅特涅和她的侄子奥托·弗里施根据丹麦理论物理学家玻尔的建议，测量了铀分裂成大体相等的两大块裂片时所释放的能量。正如他们所预料的，铀核裂变时释放出的能量是巨大的。这一结果清楚地展示了铀的新用途。同年，冯·哈尔班于实验中发现，在硝酸铀酰溶液中，由于裂变会释放出次级中子，并证明了存在大约1%的缓发中子。据此，法国物理学家约里奥-居里、冯·哈尔班和科瓦尔斯基等人提出了铀核裂变链式反应的可能性，还申请了为获得"原子能"而建造原子反应堆的专利权。1942年，意大利著名核物理学家费米等人在芝加哥建成了人类第一座人工核反应堆，实现了可控铀核裂变的链式反应，为核科学技术的发展和核工业的创建开辟了道路。

第二次世界大战期间，出于军事上的需要，美、苏、德、英、法、日等国在研制核武器方面展开了激烈的竞争。20世纪40年代，克拉普洛特在100多年前发现的铀突然发迹了！它很快成为一种全新的尖端工业——核工业的主角。1939年，美国成立了以布里格斯为领导人的铀委员会，比属刚果的铀矿石曾是美国早期的铀资源的主要来源之一。不久，美国政府便发布通告悬赏铀矿的探寻者：谁要是找到 20 吨以上有一定含铀量的铀矿，就奖赏他 10 000 美元；谁每采 1 吨铀矿石，另加 7 000 美元。如此高的赏格，刺激着那些梦想发财的人。就像一个多世纪前美国掀起的淘金热一样，当时掀起了“淘铀热”了。不少青年告别了自己的亲人，背着探测器，出发到科罗拉多（Colorado）和犹他（Utah）的荒山大漠中去寻找铀矿了。由此，美国很快就储备了相当数量的铀材料。1939 年 4 月，德国举行了一次高级会议。决定动用全部的铀库存，并从新近占领的捷克铀矿山获取新的铀资源。1940 年，英国成立“莫德委员会”进行核武器的研制工作，在汤普森领导下讨论铀的可能的军事用途。1941 年，库尔恰托夫被任命为苏联的铀链式反应研究计划的负责人；1944 年，他们从美国和被占领的德国弄到几百千克的铀材料。1945 年，法国成立原子能总署，应戴高乐本人的邀请，约里奥-居里担任了负责科技方面工作的高级专员。1945 年 3 月，德国派潜艇秘密向日本偷运 560 千克氧化铀；同年 5 月，德国投降，该潜艇被美国截获。这场激烈竞争的结果是：美国由于各方面的优越条件而捷足先登，他们于 1945 年首先制出了以铀-235 和钚-239 为核装料的原子弹。

在研制原子弹期间，各国科学家已预见到能控制铀的链式反应以达到和平利用核能的目的。因为被有效控制的铀核裂变链式反应，将是一种新的热源，它将较容易满足人类几百年对能源日益增长的需求。尤其是在美、苏、法、英等国，一个庞大的军事核科技工业体系已经形成，它们必须考虑军用与民用并举的问题。在核能发展方面的有利条件，使美国早在 1950 年于布鲁克海文实验室建造一个实验动力堆时，就进行了用核能发电的尝试；1951 年，美国人在爱达荷州阿尔科的一座生产钚的反应堆上，第一次发出了核电。1953 年，美国利用它的第一座压水堆（即第一艘核潜艇的陆上模式堆）发电又获成功。1954 年，苏联建成了世界第一座核电站——奥布灵斯克核电站（电功率为 5 000 千瓦）开始发电。2015 年末，世界又有 32 个国家和地区建造了核电站，目前在运的核电机组共 441 台，机组总装机容量为 382 GW；在建的核电机组共 65 台，拟建的核电机组共 166 台。此三项共 672 台。据世界核能协会（WNA）预测，到 2030 年，世界核电机组装机容量将达 1 350 GW，为目前核电机组装机容量的 3.5 倍。一个以铀为主角的庞大核工业体系正在有关国家和地区蓬勃发展。被克拉普洛特在 200 多年前发现、在科技史上几乎被遗忘了近百年的“神秘的黑色粉末”，现在才真正开始成为世界上的一种新能源，终于得到了它应得的荣誉。

“地球元素”的发现：克拉普洛特不掠人之美

克拉普洛特

德国化学家克拉普洛特是重要的天然核原料——铀的发现者。1789 年，在从事沥青铀矿的研究中，他发现并成功地分离一种神奇的“黑色粉末物质”(铀的氧化物)。他断定这是未被人发现过的新元素。按照炼金术士的惯例，他也想以希腊神话中的神名来给新元素命名。恰巧，这年 3 月，英国天文学家威廉·赫歇尔发现了太阳系的第七颗行星，并把它命名为“天王星”（Uranus，乌拉努斯为希腊神话中的“天王”）。为纪念天王星的发现，克拉普洛特便将 Uranus 变化为“Uranium”以命名他发现的新元素铀。我国学者以天王星英文名的第一个字母（U）的读音，将此新元素译作铀。其实，克拉普洛特发现的是铀的氧化物。纯金属铀则是彼里高利于 1841 年用无水氯化铀和金属钾置于白金坩埚中，均匀混合后，再密封加热炼制而得。从 1789 年到 1890 年的一个世纪内，人们只研究了铀的一些重要化合物的化学性质，进行少量的开采，而各种铀的氧化物也仅当作颜料和染料，用于陶瓷、玻璃和纺织工业，铀并未引起工商业和科学界的重视。1890 年以后，一些物理学家才注意和研究了铀的荧光现象。1896 年，法国物理学家贝可勒尔在研究铀盐时发现了铀的天然放射性；1938 年，德国化学家奥托·哈恩和施特拉斯曼发现了铀核的裂变现象；1942 年意大利物理学家费米等实现了可控、自持的裂变链式反应，建成了人类首座核反应堆；1954 年，苏联建成了世界第一座核电站，并开始发电。经过几代人的努力，克拉普洛特发现的铀终于成了核工业的主角，成了当今世界极重要的能源资源。

克拉普洛特在分析矿物中的化学元素方面还做过许多卓有成效的工作。1798年，他发表了一篇有关新元素的论文，并一再声明，他不是这一新元素的发现者，新元素的发现要归功于另一个人，自己不过是作了再发掘和整理的工作。按当时从希腊神话中为新发现的元素取名的惯例，他把这种新元素命名为“地球”。这就是新元素碲（Tellurium）。那么，新元素的发现者到底是谁呢？

原来早在1782年，德国科学家牟勒在分析一种金属时就曾提炼过一种外表与金属镍很相似的物质。但进一步分析后，牟勒发现这种物质的性质和镍却大不相同。他断定，这种物质不是镍，很可能是一种未被发现过的新物质。后来，著名科学家柏格曼也验证了这种新物质的确不是镍，而是未被发现过的“新元素”。不知何种原因，牟勒和柏格曼的这一重要发现和描述并未引起当时科学界的重视，更无人去寻找它、研究它。牟勒本人后来也未分离出这种“新元素”的单质。自1661年英国化学家玻意耳提出“化学元素”学说以来，截至18世纪末已知的元素增至40种。克拉普洛特发现铀后，他对发现新元素仍有浓厚兴趣。1798年春，他在图书馆查阅资料时，偶然翻到16年前牟勒关于一种“新物质”的介绍。这一信息使克拉普洛特惊喜不已，他立即决定，要像当年从沥青铀矿石中分离出“黑色粉末物质”（氧化铀）一样，自己动手把牟勒发现的这种“新物质”分离出来。不久，他按照牟勒提供的线索和思路果真从一种金矿石中分离出这种“新物质”的单质来，并对它的物理、化学性质作了深入的分析研究。这就是被他命名为“地球元素”的新元素碲。然后，他把这些研究成果写成论文在柏林科学院会议上作了介绍，并特别声明：牟勒是新元素碲的发现者，按科学界有关首次发现（或发明）权的惯例，说克拉普洛特发现了新元素碲也是无可非议的。但是，克拉普洛特不掠人之美。这体现了一个科学家的严肃、谦虚、诚实的高尚品质。新元素碲被发现和提纯后，人们很快在一些领域里找到了它的用途。金属或合金中加入少量的碲可改进其机械性能并增加强度；碲和碲的某些化合物是良好的半导体材料，有些碲化物可以作探测器材料或温差发电用材料。后人应该感谢牟勒和克拉普洛特为我们发现了碲这一有用的新元素。

如果说，老克拉普洛特具有不掠人之美的高尚品质，那么，他的儿子小克拉普洛特则继承和发扬了科学家的这种实事求是的品德。1807 年，克拉普洛特的儿子，24 岁的东方语言学家朱利斯·克拉普洛特在俄罗斯彼得堡科学院宣读了一篇令人注目的论文即《第八世纪时中国人的化学知识》。论文对“氧气”是由“瑞典化学家舍勒和英国化学家普利斯特列各自独立发现的”这一世界公认的说法提出了异议。论文说氧气应是 1100 多年前由中国人首次发现的。朱利斯·克拉普洛特说，1802 年，他在德国朋友波尔南那里见到过一本中国学者的著作，书名为《平龙认》，写作年代是“至德元年”（公元 756 年）；该书中提到，空气中有阴阳二气，阴气可从加热青石、火硝、黑炭石中提取，水里也有阴气，它和阳气结合在一起，很难分开。据此，朱利斯·克拉普洛特认为，作者这里描述的“阳气”就是“氧气”。在他宣读的那篇论文的首页下，他还描摹“平龙认”三个汉字；并用法文“Mao-hoa”（读音为毛噢阿）拼写了中国作者的名字。有关中国学者首先发现氧气的问题，虽由朱利斯·克拉普洛特首次提出来，但未找到原书，它至今仍是化学史上的一件悬案。

“潜在的核燃料”：1829 年贝齐利乌斯发现钍

贝齐利乌斯

钍和铀一样是一种重金属。它比铀（U）的发现晚 40 年。钍（Th）是由瑞典杰出的化学家贝齐利乌斯于 1829 年发现的。但长期以来，人们未发现它有何特殊用途，因而一直冷落它。直到贝齐利乌斯死后 50 年，即 1898 年，居里夫妇发现钍和铀一样也具有放射性，它才引起了人们的兴趣。在德国化学家哈恩和施特拉斯曼发现铀裂变现象的第 2 年，即 1939 年，科学家格兰特发现了钍核的裂变现象。于是，钍和铀一样成了核工业中的重要天然核原料。在地壳内，钍的含量明显高于铀，约为铀含量的 3～4 倍。在自然界中，铀和钍很像一对孪生兄弟。钍和铀与稀土元素相伴，通常是石油、沥青及固体碳氢化合物的一种成分。天然钍有 6 种同位素，其中丰度最大、寿命最长的是钍-232（^{232}Th）。但^{232}Th不像铀-235（^{235}U）那样容易裂变，因而它本身不是一种易裂变材料。它和铀-238（^{238}U）一样是一种“可转换材料”。

迄今发现的天然核燃料仅两种：铀和钍。而天然的易裂变材料仅是铀的同位素之一的铀-235。另两种易裂变材料是钚-239（^{239}Pu）和铀-233（^{233}U），但它们在自然界中微乎其微，需靠人工制取。钚-239 和铀-233 是靠“可转换材料”铀-238 和钍-232 制取的。我们知道，在反应堆或加速器中，一个铀-238 原子核（$^{238}_{92}$U）吸收一个中子（$^{1}_{0}$n），再经过两次 β 衰变，可转换成一个易裂变的钚-239 原子核（$^{239}_{94}$Pu），其反应式为：$^{238}_{92}\mathrm{U}+^{1}_{0}\mathrm{n}\rightarrow^{239}_{92}\mathrm{U}\rightarrow^{239}_{93}\mathrm{Np}\rightarrow^{239}_{94}\mathrm{Pu}$。类似地，一个钍-

232原子核吸收一个中子，也能转换为一个易裂变的铀-233原子核，其反应式为：$^{232}_{90}Th+^{1}_{0}n \rightarrow ^{233}_{90}Th \rightarrow ^{233}_{91}Pa \rightarrow ^{233}_{92}U$。实验表明：钍吸收一个热中子后所产生的中子数较多，因而在轻水堆中使用也可能实现易裂变核的增殖；利用质子加速器也能实现这种增殖。如何提高钍的转换率与增殖率是当前开发钍资源所面临的一个重要课题。如果，科学家们能找到一种经济上合算的转换方法，或者是快中子增殖堆技术得到充分发展，钍将成为人类一种巨大而重要的能源资源。

问题在于钍-232和铀-238并不易迅速地转换成易裂变材料铀-233和钚-239。现有的反应堆将它们转换成易裂变材料的数量相当小，或者说转换率是很低的。虽然人们已在研制、开拓新型反应堆，以增产易裂变材料，但这种先进堆型的转换率也不高。若在热中子反应堆内进行铀-钍循环，比如每消耗10个天然易裂变核（铀-235），即使在最佳情况下，一般也仅能得到8～9个新的铀-233核。因而核燃料（易裂变核）仍是越“烧”越少。所以，此时铀-钍循环不可能是一个独立系统，它只有建立在铀-钚循环的基础上，依靠不断增添铀-235或钚-239才能维持反应堆的运行或启动新的反应堆。可见，利用转换堆可以生产一定量的新易裂变材料，但要消耗更多的易裂变材料。这显然是不合算的。那么，能否使生产的新裂变材料多于为产生它所消耗的裂变材料呢？回答是肯定的。这就是人们研制的所谓增殖堆：一是快中子增殖堆，二是“加速器增殖堆”。后者实际上是一种质子加速器装置，可利用它产生的高能质子来轰击钍靶或铀靶，经历一系列串级核反应核过程产生相当可观的中子，再与钍-232和铀-238发生转换，以增殖新易裂变材料。上述转换反应堆、快中子增殖堆和加速器增殖堆技术便是钍资源和铀资源有效利用的依据。从理论上讲，它们同核燃料的后处理技术一起，能使人类利用几乎全部核燃料资源，而不像现在仅能利用其中不足1%的天然铀-235。上述增殖技术将为人类提供一条有效利用世界铀-钍资源的新途径。

印度、美国、巴西、阿根廷的钍资源都比较丰富。据报道，印度居世界首位，其钍储量约40万吨，且开采成本较低。印度于1955年建成了一座钍工厂。这是世界上生产硝酸钍的最大工厂之一。它所生产的氧化钍则贮存起来，以备满足将来动力堆的需要。据报道，1992年，世界上第一套用钍达到堆芯“功率展平”目的的反应堆机组，便是印度的卡克瑞帕（Kakrapar）核电厂的1号机组。这是一套22万千瓦的加压重水堆机组。对铀资源不甚丰富的印度核电事业而言，该机组的运行具有重大实践意义。美国自1955年起就开始了辐照钍的试验。1965年，美国采用二氧化钍（ThO_2）作控制棒，以进行生产易裂变铀-233的实验。目前，一些钍资源较丰富的国家对将钍作为核燃料用以减少铀的消耗极感兴趣。巴西希望能在目前广泛运转的压水堆中使用钍。1979年以来，根据德巴（西）合作协议。他们对含钍核燃料（比如，钍和高浓铀，或钍和钚，以及钍、铀、钚混合型燃料）的压水堆进行了可行性研究，已得到的结果表明：130万千瓦的标准压水堆可以利用含钍核燃料而无须改变燃料元件的外形和反应堆系统。美国也在为意大利提供钍-铀燃料元件进行热试验。以上都是含钍核燃料的试验，能否全用钍建造反应堆呢？最近传来了好信息。1997年5月，据报道以色列希伯莱大学核科学家拉德考斯基发明了用钍取代铀的核发电技术。据《耶路撒冷邮报》于同年6月2日报道，美国专利当局已给拉德考斯基颁发了专利证书，俄罗斯和日本也认可了这项新技术。拉德考斯基在美国政府资助下正在莫斯科一个研究所修建第一座钍反应堆，他已向国际原子能机构提出申请，希望将来向世界各核电国家推广这种新型反应堆。用钍反应堆代替铀反应堆发电有四大优点：可使核发电成本减少20%～30%；钍反应堆大大减少了核废料，没有放射性危害，增加了核能利用的安全性；钍反应堆不像铀反应堆能生产制造核武器的钚，可消除核武器扩散的忧患；从技术角度讲，钍反应堆规格与常规反应堆一样，设备的更换是方便可行的。拉德考斯基的发明属世界首创，它给钍的利用带来了佳音！

铀是在克拉普洛特发现200年后，才真正成为核工业的主角，并使核能可能成为未来世界的重要能源。而钍则是在贝齐利乌斯发现170年后，才开始被人们所重视。显然，要使钍也成为重要的核能资源还有许多工作要做。但人们还是对钍寄予很大的希望。

“月亮元素”的发现：鼻子闻出来的新元素——硒

1817年，瑞典杰出化学家、天然核燃料之一的钍的发现者贝齐利乌斯正在一边从事化学研究工作、著书立说，一边参与一家硫酸厂的经营，以为生计。当时，瑞典的一些重要硫酸厂家都以历史悠久的法龙镇矿区的黄铁矿制取的硫黄作原料。贝齐利乌斯参与经营这家硫酸厂也是如此。后来，这家有长期实践经验的厂主毕龙格林发现，使用由法龙镇矿区黄铁矿制取的硫黄来生产硫酸时，在铅室的底部总会凝结一层红色粉末物质，而改用其他矿区黄铁矿制取的硫黄作原料时，就没有上述现象。对此，有人认为铅室底部的沉积物中可能含有毒性极大的元素砷。毕龙格林因担心砷会导致毒害事故的发生，便停止使用由法龙镇黄铁矿制取的硫黄。但此事却引起了正在埋头写作的贝齐利乌斯的关注。他以一个化学家特有的敏感性意识到这里可能有科学上值得深究的问题。

当时，贝齐利乌斯立即停止了自己的研究工作以及力作《化学教程》的编著，并迅速地转入对这种“红色粉末”的分析与研究。他亲自收集了约3克的这种粉末，经多次分析，他发现其中主要成分仍然是硫黄，并没有什么新东西。于是，他在自己那间曾先后发现过几种新元素的厨房里燃烧了这些“红色粉末”，仍未发现有异常迹象。然而，此时又突发奇想，便迅速将“红色粉末”燃烧后的灰烬全扫起来，并装进吹管再行加热，随着温度的增高，奇迹出现了：一股腐败的菜蔬的奇特臭味扑鼻而来，而且越来越浓，以致整个厨房都弥漫着这种怪味。贝齐利乌斯实在被呛得受不了，便打开窗户望着蓝天、白云、绿野、青山，此时他仍在苦苦地思索着这奇怪的“红色粉末”：哪一种元素在高温下会发出这种奇特臭味呢？他对当时已知的40多种元素是极熟悉的，其中有几种新元素就是他发现并命名的。于是，他对所有元素逐一地进行了回顾和分析。突然，他想到了十三年前被德国化学家、新元素铀的发现者克拉普洛特命名为“地球”的新元素——碲（Tellurium），莫非就是它!? 处于高度兴奋之中的贝齐利乌斯当即给自己的好友、英国化学家马塞特写了一封信，告诉对方：自己在瑞典的法龙镇也找到了碲。信刚发出，冷静下来的贝齐利乌斯又后悔了。他认为，仅凭气味就做出此结论，太不严谨了，作为一个化学家自己毕竟没有分离出“碲”来。于是，他又不厌其烦地开始了实验，经比较、分析、测量，最后他否定了自己原先的结论，认定他发现的这种有奇特臭味的红色粉末物质不是碲，而是一种未被发现过的新元素，并测定了这种新元素的原子量，对其物理、化学性质也作了细致的研究。

1818 年，贝齐利乌斯又给马塞特写了一封信。信中，他纠正了自己上次的失误，并详细描述了自己的新发现。他说，在燃烧时“能够放出一种特殊臭味的物质，据我审慎研究之后，知道它是一种不溶于水的棕色物质，……这是一种有燃烧性的单质，以前无人发现过。因此，我将它命名为 Selenium（硒）。此字系由拉丁文 Selene（月亮）变化而来，以示此种物质与碲（Tellurium）的性质相似。”“月亮元素”硒被发现以后，人们很快在生产、科研和生活等方面找到了它的许多重要用途。

贝齐利乌斯是一位杰出的化学家，在化学方面他有着许多卓越的贡献。他提出缩写元素名称的最简单的方法，即用各元素的拉丁文名称的头一个字母来表示。如氧（Oxygenium）就用字母“O”，氢（Hydrogenium）就用“H”表示等等。如今，人们使用的元素符号就是由他首先提出并使用的。他还用了近 20 年的时间研究和测定了约 43 种元素的原子量，其精度同现在采用的元素的原子量基本一致，并首先排列了当时已知元素的原子量表。此外，他还首先提出了电化学的理论。贝齐利乌斯除发现并制取了新元素硒以外，还在他那间厨房里先后发现和制取了纯净状态的其他新元素，如铈、钍、硅、锆、钛、钡和钒等。作为一位化学家，他一生能发现这样多的新元素并做出这样多的贡献是难能可贵的。

“纽兰兹错了吗”：1869年门捷列夫发现元素周期律

门捷列夫

俄国著名化学家门捷列夫发现化学元素周期律的前三年即1866年，青年化学家纽兰兹在英国化学学会宣读了自己的一篇论文。在报告会上，纽兰兹别出心裁地将当时已知的约60种化学元素按原子量递增的次序，把这些元素排列起来，并精彩地指出，从第1号元素起，大约每隔8个元素后，就会出现物理、化学性质相同的元素。他描述的这一关于元素的物理、化学性质周期性重复出现的现象，已能触及到元素周期律的本质。但是，纽兰兹的富有创见的发现，却在颇有名气的英国化学会上引起了哄堂大笑。某些有名望的化学家也以为纽兰兹的这种说法太幼稚了，如同用元素搭积木一样。有人甚至讽刺他说：“你怎么不按元素的字母排列呢？那样，你也许能得到相同的结果”。纽兰兹的研究成果就这样的被当时的英国化学权威们粗暴地否定了。在科技史上，被传统的观念或偏见束缚的权威们，往往是成事不足、败事有余。这是不乏其例的。比如，1828年开创“群论”的17岁法国大学生伽罗华，以及1943年计算当时未知行星——海王星位置的23岁的英国大学生瓦当斯的遭遇，都是例证。1828年，法国年仅17岁的大学生伽罗华由于研究五次代数方程的代数解法，在群论方面做出了开创性工作。他把自己的研究成果写成论文，呈送法兰西科学院请求审查。审稿人便是当时著名的大数学家泊松和柯西。由于此论文未被他们所重视，论文竟被柯西遗失。次年，伽罗华又重写了一次，再次要求审查，不幸的是原稿又被遗失。1831 年，伽罗华只得又写一次，第三次要求审查他的论文。约 4 个月后，泊松写下的审查意见竟是“完全不能理解”六个大字。1832 年，伽罗华去世了，时年 21 岁。直到 1846 年，这位数学奇才的创造性研究成果才被人们所认识。这就是后来数学上的著名的伽罗华理论。其实，1866 年英国青年化学家纽兰兹的研究思路是对的，若不是权威们的“棒杀”，他只需向前再迈一步就会发现化学元素周期律。

在 1869 年以前，人们对当时已知的化学元素的性质有了一定认识。但这种认识往往是孤立的、无规律可循的，只注意到各元素的个性，而对各元素间的联系及其共性则缺乏认真的研究。“小人物”纽兰兹的有创见的成果又被权威们粗暴地否定了。随着工业生产实践与科学技术的发展，人们不断地发现了新的元素。当时的情况是：每当发现一个新元素时，化学界就像突然来了一位不速之客，完全出人意料。人们不得不完全被动地逐个逐项地对它们进行研究，以揭示它们的个性。例如：新元素铀、钍、碲、硒的发现是这样；英国化学家戴维发现钾、钠、钙，制取钡、锶、镁是这样；法国化学家盖·吕萨克和泰那尔发现碘，以及瑞典化学家徐莱发现氯也是这样。这显然是理智健全的人们所不能接受的局面。科学家们对此现象非常不满，于是他们便开始顺着纽兰兹首创的思维探讨化学元素之间内在的必然的客观的联系。

俄国著名化学家门捷列夫在元素系统化的探索中捷足先登，发现了化学元素周期律。早在学生时代，门捷列夫就产生一种想法，即“应该有一种把元素的原子量与其特性联系起来的广泛概括”，但未引起人们的重视。到 19 世纪 60 年代，随着科学的发展，人们已经发现了 50 多种元素，并积累了关于各种元素性质及其原子量的大量资料，以致有些化学家把性质相近的某些元素划分为不同的“族”或“组”，试图找出某些相似元素原子量之间的规律性关系。但都没有成功。完成这项艰巨的任务，便由门捷列夫承担了。门捷列夫的做法同纽兰兹基本一样。他依据当时已知的 53 种化学元素的原子量，发现元素的物理、化学性质是随着其原子量的递增而呈周期性的变化。由此，他把元素按一定的顺序排列起来填在事先划就的表中，沿着表的纵列和横行的元素，其基本性质严格地服从一定的规律。据此，门捷列夫终于在 1869 年发现和确立了著名的元素周期律，同年 3 月，他在彼得堡大学的同事舒特金教授替正在病中的门捷列夫在俄罗斯化学会上宣读了《元素原子量和化学共同性为基础的元素系统实验》

的报告，该报告阐述了周期律的性质，并解释了他根据此规律所编制的一张化学元素周期表。1870 年，门捷列夫将这一发现写成《元素的性质和原子量的关系》一文，在化学学会的会志上公开发表（当时，随之发表的"元素周期表"也附于该文之后）。正如恩格斯指出的，门捷列夫是"不自觉地应用黑格尔的量转化为质的规律，完成了科学上的一个勋业"，从而把人们引出了化学元素的"迷宫"。鉴于"纽兰兹事件"，人们自然想到；门捷列夫的这种排列是否真有客观的科学意义？元素性质的周期性是否真有价值？门捷列夫自己也说，确定一个定律的正确性，只有借助于由它推导所得的结论，以及这些结论经实践检验后才能得以证实。在列表时，门捷列夫的表中出现了一些空格。对此，他以元素周期律为依据勇敢地预言了一些尚待发现的未知元素及其性质。1871 年，门捷列夫在一篇论文中大胆预言了三种新元素的存在，即：埃卡铝（类铝）、埃卡硼（类硼）和埃卡硅（类硅）。于是，科学家便为寻找这些新元素忙碌起来。其结果是：1879 年，瑞典科学家尼尔迪发现了新元素"钪"（即"类硼"）；1875 年，法国科学家列科克发现了新元素"镓"（即"类铝"）；1886 年，德国科学家温克勒发现了新元素"锗"（即"类硅"）。它们的性质与门捷列夫所预言的几乎一样。至此，实践完全证实了门捷列夫的预言。这无疑是理论思维的又一光辉的胜利。在此后的半个世纪中，元素周期表成为人们寻找新元素的指南。在它的指引下，人们又陆续发现了近 30 种新元素。实践是检验真理的唯一标准。实践证明了门捷列夫的化学元素周期律揭示了元素间的客观规律性。诚然，纽兰兹和门捷列夫的基本观念都是基于元素的化学性质之上的，直到原子结构理论、原子价的电子理论出现后，元素周期律才获得了坚实的理论依据。元素周期律不仅把人们引出了化学元素的迷宫，还为人们进一步认识物质结构提供了思路。

恩格斯曾指出，科学的发展形式之一是假说。显然，科学的预言应是假说的最高形式。科技史上的预言只有在理论和实践两方面得到证实后，才能使科学上升一个新的台阶。

门捷列夫于 1870 年发表的元素周期表

Ⅰ	Ⅱ	Ⅲ	Ⅳ	Ⅴ	Ⅵ	Ⅶ	Ⅷ			
^{1}氢 1.00										
^{2}锂 6.94	^{3}铍 9.02	^{4}硼 10.82	^{5}碳 12.00	^{6}氮 14.00	^{7}氧 16.00	^{8}氟 19.00				
^{9}钠 23.00	^{10}镁 24.32	^{11}铝 26.97	^{12}矽* 28.06	^{13}磷 31.04	^{14}硫 32.07	^{15}氯 35.45				
^{16}钾 39.10	^{17}钙 40.07	^{18}类硼 44	^{19}钛 47.90	^{20}钒 51.00	^{21}铬 52.01	^{22}锰 54.93	^{23}铁 55.84	^{24}钴 58.97	^{25}镍 58.68	^{26}铜 63.57
^{26}(铜) 63.57	^{27}锌 65.38	^{28}类铝 68	^{29}类矽* 72	^{30}砷 74.96	^{31}硒 79.2	^{32}溴 79.92				
^{33}铷 85.45	^{34}锶 87.63	^{35}钇 88.9	^{36}锆 91.25	^{37}铌** 93.5	^{38}钼 96.00	^{39}?	^{40}钌 101.7	^{41}铑 102.9	^{42}钯 106.7	^{43}(银) 107.88
^{43}(银) 107.88	^{44}镉 112.4	^{45}铟 114.8	^{46}锡 118.7	^{47}锑 127.6	^{48}碲 127.6	^{49}碘 126.92				
^{50}铯	^{51}钡	^{52}	^{53}	^{54}	^{55}	^{56}				

*矽：硅的旧称；**钶：铌的旧称

“宠辱不惊的科学家”：首届诺贝尔物理奖获得者伦琴

威·康·伦琴

为探索物质结构的秘密，19 世纪中叶以来，物理学家们采用独特的方法，对气体放电现象进行了广泛而深入的研究。1854 年，德国的吹玻璃工匠兼发明家盖斯勒发明“盖斯勒管”（后来也称作阴极射线管），并用它进行了低气压放电试验。1858 年，德国物理学家普吕克尔在研究低压放电管时，发现面对阴极的管壁上出现了“绿色辉光”。1864 年，德国物理学汗道夫在进行低压放电管实验中发现阴极能发射出一种射线，人们称它为“阴极射线”。1876 年，德国物理学家戈德斯坦通过实验断定：低压放电管中出现的“绿色辉光”是由阴极射线引起的。在气体放电现象的深入研究中，1885 年，英国物理学家克鲁克斯发明了一种新放电管——克鲁克斯管（即阴极射线管）。这是一种抽去了空气的玻璃管，管内两端焊上金属电极，若通以电流，管内两极间稀薄的气体就会产生放电现象，并可观察到气体放电的光柱。当继续抽气使管内气压降至一定值时，还能在阴极对面的玻璃管壁看到荧光。由于在此实验中见到发光现象，人们猜想阴极射线可能是由某种细小的波所组成的类似于光的束流。但克鲁克斯用自己的实验巧妙地证明了：“阴极射线”是一种具有质量、带有电荷的粒子流，而不是没有质量的光束。克鲁克斯还进一步发现磁铁能使“阴极射线”向一旁偏转。克鲁克斯对“阴极射线”的描述表明，他已达到了发现电子的境界。但摘取“阴极射线”研究这一重大成果发现电子的却是英国另一位著名物理学家汤姆逊。利用阴极射线管进行科学研究而取得另一重大成果的杰出代表则是德国物理学家伦琴教授。

有一天，伦琴教授（维尔茨堡大学物理研究所所长）在阴极射线管附近放了一包用黑纸包裹着的照片底片，当他将这包底片显影时，发现它们全感光了。这引起了他的好奇。他把这种情况重复了好几次，结果都是一样。其实，这种现象，早在伦琴之前，克鲁克斯本人及其他研究者都碰到过，只是他们都认为这没有什么意义：“你把底片放得离射线管远些就是了。”但，伦琴不以为然，他开始做实验，决心弄个水落石出。

1895 年 11 月 8 日傍晚，伦琴教授走进实验室，紧闭门窗，拉好窗帘，又关上电灯，室内顿时一片漆黑。当他将实验桌上的阴极射线管接上高压电源时，放在离射线管约 1 米远的一块氰化铂钡晶体突然闪耀出一丝神奇的、蓝白色的荧光。伦琴为此惊异万状。因为，他精心制作的这次实验用的射线管与一般的不相同：它不带有可让阴极射线透过的铝箔小窗，且被置于密封的黑纸匣内。这样，阴极射线根本就射不出来。那么，是什么东西使氰化铂钡晶体发荧光呢？为探索此问题，他又把涂有氰化铂钡的硬纸屏竖立在离射线管远近不等且方向不同的位置上，并在射线管和纸屏之间放置各种物体进行实验，但硬纸屏仍然放出荧光。最后，他勇敢地把自己的手伸到射线管和硬纸屏之间，此刻，更惊人的现象出现了：他竟从荧光屏上看到了自己骨骼的清晰阴影！——这是人类第一次在活体上看到自己的手骨。伦琴此时已意识到这一发现的重大科学意义。回到家里，伦琴没有讲述自己在实验室的惊人发现。年已半百的他只是告诉妻子：“我在做一些让人们说‘伦琴疯了’的事情。”根据 11 月 8 日晚的实验，伦琴断定：除了阴极射线（它不能透过玻璃管和黑纸）外，从管里一定发射出别的射线。鉴于这种新射线的性质他还不很清楚，他便把它命名为 X 射线。从此，他像着了魔一样，不分昼夜地探测 X 射线的性质。他用照相的底版代替了涂有氰化铂钡的荧光屏，又拿书、纸牌、木块、金属部件、小木箱等物体反复实验，以致废寝忘食。这引起了同事们的纷纷议论。他的妻子也很不理解，便进入实验室，看他到底在干什么。伦琴兴致勃勃地向妻子展示了各种物体的 X 射线照片，最后还用 X 射线给妻子戴着结婚戒指的左手摄了一张照片，并亲自写上拍摄日期：1895年12月22日。伦琴夫人看着自己的、也是人类的第一张手部X射线照片，又惊又喜，深为丈夫的伟大科学发现而自豪。12月28日，伦琴把自己写的仅10页的论文《论一种新的射线》正式提交给维尔茨堡大学物理医学会。1896年元旦，他把论文寄给了国内外的同行。同年1月23日，伦琴应邀在物理医学会上作了关于X射线的报告，并演示了X射线实验。他还当场拍摄了自己的挚友、解剖学教授克利克尔的手部X射线照片。克利克尔教授兴奋地登上讲台，发表了即席演说。他高度评价了伦琴的新发现，并建议把这种“未知的射线”命名为“伦琴射线”。与会者以雷鸣般的掌声表示一致赞同。

伦琴射线的发现震撼了德意志。当时，德国各地报纸纷纷报道了伦琴的发现。随着电波的传送，这一科学信息像飓风一样迅速吹遍了全世界，也震撼了全世界，各国报刊纷纷刊登文章，大力宣传这一轰动性的重大发现。

但是，此时的伦琴却陷入了赞美和诽谤参半的困境之中：一方是维尔茨堡大学年轻的学生们为X射线的发现进行了隆重而热烈的火炬游行。他们和市民们一起，手擎火把，到伦琴的住宅前集合，游行队伍像一条火龙似地向着物理研究所前进，广场上成了一片火海，伦琴夫妇被围在火海中央；以及稍后的络绎不绝的记者采访，接连不断的学术报告的邀请；甚至威廉一世皇帝也诏令伦琴去作御前讲演，并共进晚餐。而另一方面则是一些伪道学家，他们看到X射线能透穿衣裳、拍摄人体的各个部位，认为这种“无耻的X射线”是对人类文明的威胁。于是，有人煞有介事地对X射线提出了抗议，并强烈要求禁止使用这种新射线。一股股诽谤、中伤、诬陷、恐吓的恶浪也向伦琴扑来！

伦琴面对这一切都报以缄默。他宠辱不惊，只想尽快回到宁静的实验室继续研究X射线的性质。X射线的发现大大推进了近代物理学的发展。1901年，伦琴荣获了首届诺贝尔物理奖。但是，他拒绝接受授予他的一项贵族头衔；有人劝他申请专利，他坚持不申请，他认为他的发现应贡献给整个人类。他把获得的诺贝尔奖金全部捐献给维尔茨堡大学，作为发展科学的资金。

伦琴曾为揭示穿透力很强的射线之物理属性作了很大努力，然而他没有成功。后来，德国物理学家马克斯·冯·劳厄才发现X射线也是电磁波，与可以看到的光线相似。只不过它的波长更短、穿透力更强。X射线的发现不断地为科学家们拓展新的研究领域开辟了道路。于是，辐射物理学时兴起来，原子的内部结构被揭示了，放射学成为一门独立的科学，量子物理学也诞生了。

今天，伦琴发现的能穿透物质的 X 射线，除医学领域外，在其他方面也得到了广泛的应用。科学家们用 X 射线透视艺术品、古生物化石、钢筋混凝土大桥、古塔、树木，乃至核电站管道、整个集装箱或第二次世界大战期间遗留下来的哑弹等等，以检测其内部的结构、性状，发现与解决各类特种问题。

“铀盐世家”的新发现：1896年贝可勒尔发现天然放射性

贝可勒尔

1895年，德国物理学家威廉·康拉德·伦琴发现了X射线。当时，许多国家的科学家对此持怀疑态度，其中包括法国的著名物理学家和数学家亨利·普安卡雷。他认为，伦琴先生所发现的这种神秘的X射线是不存在的，任何光线照到荧光物质上都会产生同样的效果。

1896年年初，在法国科学院宣读关于伦琴发现X射线的报告时，有一位年轻的物理学家正在边听报告，边思索一个问题：神秘的X射线与荧光有何内在联系，荧光物质是否也能发射X射线呢？——此人就是出身于三代闻名、号称“铀盐世家”里的安托万·亨利·贝可勒尔。他的祖父是法国很有名望的物理学家，对荧光物质很有研究。他的父亲爱德蒙·贝可勒尔也一直从事铀盐荧光现象的研究，当时正在起劲地研制一种非常猛烈的荧光物质——铀和钾的亚硫酸盐。后来，亨利·贝可勒尔也致力于这种铀盐的研究，并于1880年制备了一种铀和钾的复合硫酸盐［$K_2UO_2(SO_4)_2 \cdot 2H_2O$］。

当人们投入X射线性质的探讨时，亨利·贝可勒尔也以其熟知的铀盐方面的知识参与了这一工作。他首先要做的事，就是通过实验来证实他的同事、著名物理学家亨利·普安卡雷提出的反驳伦琴的“理论”是否成立。贝可勒尔自然想到铀盐，并企图用铀盐来获取X射线。在实验中，他把未感光的底片用黑色厚纸包好，再在黑纸上撒上铀盐，然后置于阳光下照射。几小时后，他把底片冲洗出来。结果正如他所期待的那样：底片感光了，而且底片上清楚地显示了铀盐结晶的痕迹。后来，在实验中他又在包有底片的黑纸包和铀盐之间放上各种物体，再让阳光照射。然后再冲洗底片。他发现底片上同样留下了各种物体的影像。这种情况同伦琴用阴极射线管发现X射线的经历是类似的。再加上亨利·普安卡雷“理论”的误导，因此，贝可勒尔认为，太阳光促使铀盐发了光，底片也被感光了。他认为自己用铀盐也获得了X射线，并在法国科学院会议上作了报告。其实，贝可勒尔的结论是经不起推敲的。因为，当时人所共知的事实是：日光中的紫外线能使铀盐产生荧光，但荧光却不能穿透黑纸。因此，铀盐能否在产生荧光时又同时产生X射线使底片感光，则正是需要以实验来验证的。

在自然科学史上，任何错误的结论都不可能维持太久（包括托勒密的地心说）。很快，贝可勒尔在实践中发现了自己的粗心。他决定更严格地从头做起。有一次，在重复上述实验时，天气突然变阴，他只得把用黑纸包严的一部分底片放进抽屉，并在黑纸包上撒上铀盐，想等到天晴后再用日光照射。可是，天公不作美，竟一连几天都是阴天。他忽然心血来潮，从抽屉里的底片中拿出来一张，冲洗出来，看看是否漏光了。谁知，此时却发生了一件轰动世界的事情，即铀盐虽未经日光照射，但底片上仍留下了比以往更深更黑的铀盐结晶的阴影。使底片感光的“射线”来自何处？他无法解释这一奇怪现象。贝可勒尔接受上次的教训，于是坐下来经过多次的反复实验和计算，并认定亨利·普安卡雷反驳伦琴的所谓理论是不成立的。他得出了崭新的结论：含铀物质在完全黑暗处也能放射出一种新射线。通过对各种铀盐的观测，他断定“铀是一种能放出射线的元素”。这就是具有重大理论意义与实践意义的天然放射性的发现。为此，贝可勒尔和居里夫妇一起因发现天然放射性及对其性质的研究而共同荣获1903年度诺贝尔物理奖。这种新射线后来又被称作贝可勒尔射线或铀射线。它和X射线一样能使底片感光，两者不同的是：X射线需要外界激发才能产生，而铀射线则是完全自发的。贝可勒尔还证明了：铀盐射线的强度与铀的含量成正比，并进一步发现沥青铀矿石所放出的射线强度远大于其含铀总量所放出的射线强度。由此，他合理地预言了“沥青铀矿中除铀以外，一定还存在着未被发现的像铀一样能放出这种新射线的元素”。后面这两点给居里夫人研究铀射线性质、发现新放射性元素钋和镭以重要启示。

显然，如果亨利·普安卡雷没有以自己失误的理论反驳伦琴的话，贝可勒尔可能不会如此快地发现天然放射性。科学史上的许多事例表明：并非所有的失误都是消极的。如同合理的预言能为惊人的发现指点迷津一样，诚实的失误也能为惊人的发现提供线索。科学的长青之树自其诞生之日起，它的根就同哲理连在一起了。这就要求科学家具有高度诚实的精神。所有富有哲理的科学家，无一例外地都以探索、揭示真理与传播、捍卫真理为己任。毕加索说过：“美术是揭示真理的谎言”。但科学不同于美术。科学应是揭示真实的“真实”，是不能撒谎的。

铀元素虽然早在 1789 年就被德国化学家克拉普洛特发现了，但它的放射性性质却在 100 多年后才被贝可勒尔所揭示。天然放射性的发现和研究为物理学家们探索原子结构的秘密指明了一条道路，1896 年也就成了核科技发展史的起点。

“镭之母”的历史功勋：居里夫人三闯放射性迷宫

玛丽·居里

法籍波兰物理学家、化学家居里夫人一家两代人都对放射性元素的研究做出了卓绝贡献。玛丽·居里、皮埃尔·居里由于发现了天然放射线和对铀的研究，同贝可勒尔一起共同获得1903年度诺贝尔物理奖；1914年玛丽·居里因发现钋、镭等放射性元素并分离出镭，又获本年度的诺贝尔化学奖。居里夫人的长女伊伦娜·居里及女婿弗雷德里克·约里奥因合成放射性元素（即发现人工放射性），并证实了地球上存在着单独的正电子而获得1935年度诺贝尔化学奖。1965年，居里夫人次女伊夫的丈夫亨利·拉布伊斯，以联合国基金会总干事的身份获本年度诺贝尔和平奖。一家两代五人共有6人次获诺贝尔奖。这是迄今为止获得这一殊荣的最多的一家。

在1895年德国伦琴教授发现X射线及1896年法国青年科学家贝可勒尔发现“天然放射性”（铀射线）以后，物质的放射性当时已成为物理学家们探索的热点。贝可勒尔发现的射线，引起了当时还在巴黎大学求学的玛丽·居里的浓厚兴趣。玛丽·居里，原名玛丽·斯可罗多克斯卡，波兰人，1876年生于华沙。1891年冬天，她来到法国巴黎，考入索尔大学理学院。1894年，她同法国物理学家皮埃尔·居里结婚。1896年，玛丽·居里在准备考博士学位、酝酿写博士论文时，对贝可勒尔关于铀射线的报告，产生极大兴趣。因此，玛丽·居里决定把它作为自己博士学位论文的题目即“贝可勒尔射线的研究”来探讨。她的研究同贝可勒尔一样也是从铀开始的。但是，贝可勒尔是用照相底片感光法。由于用照相底片来检验每一个样品既费事又费时，居里夫人则采用她丈夫制作的"金箔验电器"。后者比底片感光要简便、精确、迅速得多。因而，她的发现也比贝可勒尔多。中国有句古话说，工欲善其事，必先利其器。此话是极有见地的。可以毫不夸张地说，整个一部核科学发展史就是一部核探测技术的发明史。我们知道贝可勒尔的发现有两条：一是铀盐能放射出一种当时还不清楚的射线；二是铀盐放出的射线能使空气电离。但是他没有测定过铀射线电离空气的强度。居里夫妇正是利用了贝可勒尔的第二个发现制造了一种叫"验电器"的探测器。这种验电器是由一根金属杆、贴在金属杆下端的两片金箔和盛放它们的容器组成。当验电器充电时，金箔就张开成一定角度。通常，空气是良好的绝缘体，所以金箔能在相当长的时间内保持张开的状态。但是，若把铀盐置于验电器内，由于它能使空气电离而导电，验电器就很快地放电，张开的金箔便垂下来合拢在一起。利用验电器检验一个样品是否放出射线，只需几分钟，比照相底片又快又好。通过测量金箔闭合的快慢，便能知道空气被电离的程度，进而能度量铀射线的强度。居里夫人借助验电器对铀射线的强度作了精确测定。通过测量，她得出了如下精辟的结论，即"铀所发出的射线强度正比于所用铀的数量，而与铀同其他元素结合的状态无关。这种射线也不受外界条件如光、温度和压力等变化的影响。而且这种射线与人们已知的其他任何东西都不同，也没有东西能影响它们的存在"。这种奇特现象应该看作是铀元素的一种固有特性的表现。玛丽·居里在对贝可勒尔射线深入探讨的基础上开展了"三闯放射性迷宫"的创造性研究工作。并取得了辉煌的成就。

其一，测知铀射线的强度后，居里夫人想知道除铀元素外，其他元素是否也具有这种特性呢？于是，她用验电器对当时已知的 80 多种元素逐一地进行了测量（当然有纯元素，也有化合物）。居里夫人终于发现，元素钍像铀一样不必先受太阳或别的能源的作用就能发出射线，而且凡含有钍的化合物发出的射线场与铀射线相似，且强度相当。这表明自动发出射线的这种性能不是铀元素所"特有"的。于是，居里夫妇把具有自动发出射线性能的元素称为放射性元素，并把它们具有的这种特性称作"放射性"。1898 年年底，皮埃尔·居里等在《自然》杂志上首先使用了"放射性"这一术语。这个能充分反映事物特性的术语，很快得到世界各国科学家的公认，并一直沿用至今。居里夫人也把自己的一生无保留地献给了这一新的科学领域，并取得了辉煌的成就。

其二，居里夫人在测量大量的矿石样品时发现，用来提炼铀的沥青铀矿的放射性比纯铀或纯钍强得多。这一奇怪现象引起了她的重视。经过反复实验，她提出了一个假设，即在沥青铀矿中，可能存在着某种放射性比铀更强的新的放射性元素。因此，她决定要找到这种新元素。居里夫人的这一假设引起了她丈夫的关注。皮埃尔·居里毅然放下了自己的研究课题，和妻子一起开始了长达8年的共同研究。不久，他们得知，在沥青铀矿中，这种新放射性元素的含量极少（开始他们估计不大于1%；后来知道实际只占10^{-6}左右）。为此，他们从当时属于奥地利的波希米亚地区运来了1吨多沥青铀矿石，并用化学分离法来收集那种未知的强放射性物质。经过两个多月的努力，1898年7月，他们终于在试管里获得了一种灰白色的物质，其化学性质和已知元素铋十分相似，它的放射性比铀强400倍。这就是他们发现的第一个新的放射性元素（84号元素）。这一新发现引起物理学家们的极大兴趣。居里夫人为了纪念自己的祖国，便把新发现的放射性元素命名为钋（Polonium，拉丁文读音为“波兰宁”）。

其三，在发现“钋”的过程中，居里夫人已察觉到：钋还不是沥青铀矿中强放射性的主要贡献者，其中可能存在某种放射性更强的未知元素。通过更详细的实验和理论分析，他们终于在1898年公开了一重大发现，即放射性活度比铀大200万倍的第二个新元素——镭（Radium，拉丁文语意为“射线”）。镭的发现虽然引起了整个科学界的重视，但是某些墨守成规的化学家却持怀疑态度，他们对居里夫人挑衅地说：“没有人看见镭，没有原子量就没有镭，就不能承认有镭!”可见，人们需要看到“镭”，要知道镭的化学性质与原子量。居里夫人很清楚，只有把镭提炼出来，一切都会迎刃而解。于是，她以顽强的毅力投入了制取镭的工作。居里夫人用加热和搅拌等简单方法，连续工作了整整4年，终于从数以吨计的沥青铀矿石和铀盐矿渣中成功地制取了仅0.1克的氯化镭。后来，她又用电解法获得了金属镭，并精确地测定了它的原子量，于是，不再有人怀疑镭的存在了。而居里夫人也被人们誉为“镭之母”。居里夫妇对放射性现象和放射性元素的开拓性研究，不仅导致了许多其他的重大发现，而且开辟了核物理和核化学研究的新领域，引发了一场新的科学革命。为此，他们和贝可勒尔一道共获1903年度诺贝尔物理奖；1910年，居里夫人出版了她编写的《放射性专论》，发表了放射性元素分类和放射性元素表，提供了镭的第一个国际标准单位。1911 年，居里夫人又荣获该年度的诺贝尔化学奖。

1914 年，第一次世界大战爆发。居里夫人成为反战的积极分子，并组织了一个“法国军事无线电服务团”，为前线服务。为此，她创立了流动 X 光车，设置了 200 多个 X 光照相室，成立了“镭射气服务部”，并亲往前线指挥抢救伤员。经她创设条件，指导抢救的伤员总数超过 100 万人。玛丽·居里夫人的声誉传遍了世界。很多国家请她去讲学，赠送她奖章，授予名誉学位。1937 年 7 月 4 日，这位科学界的伟大女性，因常年接触放射性，致使身体受到损害，因患恶性贫血症医治无效，而离开人世。她逝世后一年，法国科学院出版了她生前的巨著——《放射学》。居里夫人的一生，不仅在科学上贡献卓绝，也为妇女从事科学研究树立了光辉典范。她在科学研究中所体现的富有好奇心、异常敏感、顽强拼搏、不谋私利、让科研为人类服务等品质，都是值得称颂的。

1995 年年初，居里夫人的遗骨被迁往巴黎的先贤祠（国家公墓），这里安息着最杰出的法国人，她成为获此殊荣的第一位女性。

“为放射医学开道的人”：威·康·伦琴与居里夫妇

玛丽·居里与丈夫皮埃尔·居里

核科技时代的历史序幕是在19世纪末逐渐拉开的。此间，科学家们的一系列新发现深化了人们对物质内部结构的认识，引发了物理科学的一场革命，也给放射医学的发生与发展奠定了技术基础。

1895年8月，德国维尔茨堡大学物理学教授威廉·康拉德·伦琴在研究“阴极射线”时发现了X射线。在实验中，当他勇敢地把自己的手伸到阴极射线管与荧光屏之间时，出现了惊人的奇迹：他竟从屏上看到了自己的手部骨骼。他立即意识到X射线的这一性质将具有重大实用价值。从此，伦琴便一头扎进实验室对X射线的性质开始了如痴如醉的研究。同年，12月22日，伦琴在实验室里用X射线为他妻子戴着结婚戒指的左手拍摄了一张照片。伦琴夫人看着自己的手骨照片（也是人类第一张X线手骨照片）惊喜不已，并为丈夫的伟大科学发现而自豪。

1896年年初，伦琴把自己的论文《论一种新的射线》提交给维尔茨堡大学物理医学会后，他应邀在医学会上作了德国首次、也是人类首次关于X射线的学术报告，并演示了X射线实验，当场为自己的挚友、解剖学教授克利克尔拍摄了世界上第二张手部X射线照片。当时，德国各大报纸迅速报道了这一重大发现。电波又及时将此科学信息传遍了全世界，引起了各国科学家们的关注。像刚出现的一切新事物那样，支持肯定者有，怀疑者有，根本否定者也有。如法国著名物理学家、数学家亨利·普安卡雷对X射线就持否定态度，认为它“根本不存在”。但是，企业家们对X射线却独具慧眼，他们比某些科学家高明得多，也实惠得多。当时，一些具有战略眼光、并善于经营的商人便出巨款向伦琴教授表示要购买发现X射线的专利，但他们都出人意外地遭到了伦琴先生的拒绝。原来，伦琴教授认为，X射线是天然存在的，无非是被我先发现了，怎么将它作为私产出卖呢？再者，谁能用得着它，尽管用好了，要申请专利干什么？不久，伦琴便公开了自己的全部研究成果，并积极参与和指导医学界进行X射线的医用研究和实验。于是，X射线不仅很快地成了检查、诊断病痛的重要工具，还成为治疗癌，特别是恶性肿瘤的有力武器。以致在第一次世界大战期间，著名法籍波兰科学家玛丽·居里能组建拥有X射线设备的第一个战场医疗站，她的长女伊伦娜（后来也成为著名的物理学家）则作为一名X射线技术员协助工作。这个前线医疗站曾挽救与医治了大量的法军伤病员，功绩非凡。

继X射线发现后，法国年轻的物理学家贝可勒尔为探讨X射线与荧光的关系在研究铀盐时，发现了“铀射线”（即天然放射性现象）。它和X射线一样能使照相底片感光，不同的是：X射线需要外界激发才能产生，而铀射线（又称贝可勒尔射线）则是由放射性元素自发放出的。进一步地分析与研究，使得贝可勒尔预言：除铀以外，在沥青铀矿中可能还有未被发现的其他放射性元素。在贝可勒尔工作的基础上，居里夫妇检验了当时已知的全部元素，指出钍及其化合物也能放出射线。1897年，他们果然在沥青铀矿中先后发现了两种新的放射性元素，并分别把它们命名为钋和镭。在几个月之内，能连续发现两个新元素，确是惊人之举，也是他们辛勤劳作、执著追求的结果。如同X射线一样，人们很快发现镭具有重大实用价值。其实，19世纪末、20世纪以来，物理学上有过许多重大发现。其中，有的具有深刻的理论意义，有的具有重大实用价值，有的则兼有理论与实用双重意义。放射性元素镭便是兼有双重意义的重大发现之一。镭的发现及对其性质的研究带来了两个方面的变革。

一是引发了物理学上的一场革命。它打破了“原子是物质的不可分割的最终组成单位”的旧观念，证实了原子完全可以发生衰变，一种元素可以自发地转变成另一种元素；原子内部蕴藏着巨大的能量。比如，1克镭衰变殆尽后所释放的总热量竟是同量的煤燃尽后所释放的总热量的40万倍！可见，放射性物质是能量密度极高的物质。它使人们预感到一个崭新的核科技时代即将来临。

二是引发了医学上的一次变革。它促进了医学上一个新的重要分支——放射医学的确立和发展。镭被发现与提纯不久，人们就在许多领域里找到了它的用途。居里夫人一开始就认为，放射性物质应该造福于人类，而不是加害于人类。当时，居里夫人将她经过千辛万苦提炼到的少量镭盐分送给一些学者或医生，以供他们研究。贝可勒尔也分得一点。1898年年底，贝克勒尔来到皮埃尔·居里的实验室并告诉皮埃尔：由于自己太大意，让镭盐在口袋里放了几小时，致使腹部皮肤上出现了一大块红斑。贝可勒尔还肯定这是镭盐造成的。对此，皮埃尔表示怀疑。

1900年，德国的两位学者发现了镭的生理效应。于是，皮埃尔·居里决定亲自试验一下。他用绷带将一小块镭盐绑在自己的前臂上，几小时后打开一看并没有什么异常迹象。当晚，居里夫人知道此事后，心疼地责怪丈夫不该拿自己的身体去冒险，并深情地说："要试验，也应该由我来试。"皮埃尔·居里非常感动而钦佩地看着妻子，并安慰她说："我相信不会出什么危险的。"两周后，皮埃尔的前臂上出现一块6平方厘米的红斑，其大小、形状都跟那块镭盐一样，而且灼伤表现得越来越严重，酷似火烫的感觉。他们开始对灼伤处进行仔细观察、研究并逐日记录。到第20天，灼伤处结了痂，然后成了损伤，需用绷带缠扎；到第47天，疮伤处表皮开始重生，渐渐向中央合拢；到第52天，还剩下颜色发灰的约1平方厘米的疮痂。数月后，灼伤处才完全复原。居里夫妇这种为人类造福而不顾个人安危的精神，不能不令人肃然起敬。他们和伦琴教授一样，认为科学应该为人类造福，因此，他们总是无保留地公开自己的发现和研究成果。

镭的生理效应获得证实后，居里夫妇便与医生们通力合作，共同开展镭的医用研究，并用动物作实验。于是，镭很快成为治疗恶性肿瘤的有力武器。后来，在居里夫人的亲自领导下创建了镭学研究所，下设物理实验室和生物实验室。生物实验室着重研究放射性在生物和医学方面的应用，并附设有肿瘤医院。据统计，该院在1919～1935年间共收治病员近万人。

现在除X射线及镭射线外，人们发现某些带电粒子或基本粒子亦可用于疾病的诊断与治疗。但，X射线和镭在疾病的检查、诊断和治疗方面仍占有重要地位。

“普朗克的思维悲剧”：量子理论的创立者反对量子论

普朗克

麦克斯·普朗克是德国著名的物理学家，在热力学和统计物理学方面有过重要贡献。但他的突出成就还是量子理论的创立。1900 年 12 月 17 日，他在柏林科学院的一次会议上提出了热辐射公式中的“量子假说”后，因阐明光量子理论而荣获 1918 年度诺贝尔物理奖。

普朗克的著名的“量子假说”是为克服经典物理学对黑体辐射现象解释上的困难而提出的。其实，它是物理学上一次概念上的革命。我们知道，所谓黑体，又称“绝对黑体”，是指全部吸收外来电磁辐射而毫无反射和透射现象的一种理想物体。所以，黑体对任何波长的吸收系数为 1，而反射系数与透射系数为零。所谓黑体辐射是指黑体发出的电磁辐射。在黑体辐射中存在各种波长的电磁波，其能量按波长（或频率）的分布仅与黑体温度有关。19 世纪末，德国物理学家维恩从经典热力学理论出发，推导出黑体辐射能量按频率分布的公式。其结果是，在高频情况下，与实验相符；在低频情况下，与实验不符。不久，英国物理学家、因发现氩而获得 1904 年度诺贝尔物理奖的瑞利，以及英国物理学家、天文学家金斯从经典电动力学出发也推导出了黑体辐射能量按频率分布的公式（即瑞利-金斯辐射公式）。但此公式与维恩公式相反：在高频情况下，与实验不符；在低频情况下，与实验相符。理论陷入了矛盾之中，人们无法解释。1900 年 10 月，普朗克依据实验资料归纳出一个经验公式。这就是著名的普朗克公式。它与实验结果完全符合，这是什么原因，当时他自己也不清楚。于是，他便着手探寻这一经验公式的理论依据。经过两个月艰苦的理论思维，普朗克显示了极大的勇气，他置经典理论的框框于不顾，大胆提出了“量子假说”，他认为物体在发射和吸收辐射（电磁波）时，能量的变化是不连续的，而是由不可分的最小能量单元（即能量量子）组成的。因此，黑体的原子的能量辐射是以一份一份的、不连续的“能量量子”的形式向外发射的。每份能量量子的大小与频率成正比。根据“量子假说”，他迅速推导出了在两个月前根据实验而归纳的经验公式。这一公式清晰地表明：在高频情况下，它就是维恩公式；在低频情况下，就是瑞利-金斯公式。普朗克的这一高度体现实践与理论相结合的卓越工作不仅在理论上圆满地解释了黑体辐射的理论问题，而且还把两个经典理论（经典热力学和经典电动力学）的公式统一于一种新理论——量子理论之中。这无疑是现代物理科学史上闪耀着人类理论思维光辉的篇章！后来的实践也证明，普朗克的“量子理论”大大推动了现代物理，特别是量子力学的发展。但是，在当时这一新理论并未被重视，也得不到学术界的承认。某些持传统观念的科学家还不时地从各方面来否定它，甚至嘲弄它。最令人不可思议的还是普朗克本人。

普朗克虽然是新理论的首创者，但他却因自己违背了能量连续辐射的传统观念而畏缩不前。旧传统观念的桎梏，迫使他极力回避甚至放弃自己提出的能量量子概念。为此，他曾对自己首创的量子理论进行过三次修改，并力图将其纳入经典物理学的范畴。这样做的结果是可想而知的，它白白地耗费了普朗克的时间和精力。但是，真理一旦被揭示出来，就不是任何人能对它为所欲为的了，这时，有一个人首先站出来坚持“量子论”，并将它加以推广而取得了一系列成果。这个人就是现代最伟大的物理学家、思想家爱因斯坦。

爱因斯坦于 1905 年提出光量子概念，他认为光既具有连续的波动的性质，又具有不连续的粒子的性质。这是人类第一次揭示了微观物理世界的最基本的特征——波粒二象性。1907 年，他又发表了热容量的量子论。正当爱因斯坦提出“光量子”假说，建立光电方程，成功地解释了光电效应，并在几个领域里创造性地继承并发展了量子论的时候，普朗克竟予以阻止和反对，他指责爱因斯坦光量子理论“太极端了！”不久，经过丹麦物理学家玻尔等人的努力，能量子概念又在原子结构模型上得到成功的应用。1924 年，法国的物理学家德布罗意在光量子理论的启发下，首先提出波动力学，建立起物质波概念，并得到电子衍射实验的证实。他因发现电子的波动性而获得 1929 年度诺贝尔物理奖。1925 年，德国物理学家海森伯格创立了一种强调可观察的不连续性的新量子论——量子力学（矩阵力学），并于 1927 年发现了“不确定原理”（测不准原理），为此，他获得了 1932 年度诺贝尔物理奖。1926 年，奥地利物理学家薛定谔创立了一种强调物质波动性的量子力学。它把电子看成所谓电子云，并建立了波动力学的基本方程。为此他与预言存在“反粒子”的英国物理学家狄拉克共同获得 1933 年度诺贝尔物理奖。事实证明，量子化概念的引入，为物理学进一步发展奠定了新的基础，为现代物理学理论的建立和发展做出了卓越的贡献。与此相反的是，普朗克则因最终放弃了他首创的量子化理论，此后再也没有取得什么新成就，而默默无闻地度过了自己的后半生。一个曾经是生气勃勃的诺贝尔奖金获得者，就因为旧传统观念的束缚而过早地埋葬了自己的才华。后来，普朗克在回顾这一段经历时，自己也承认，他花费了 15 年的时间、付出了巨大的精力，企图使量子理论与经典理论调和起来的努力纯属“徒劳无功”“近乎一场悲剧”。正是“沉舟侧畔千帆过，病树前头万木春”。其实，普朗克的这场思维上的悲剧是旧的传统观念的反作用使然，是他把经典物理理论当作绝对真理使然。这一悲剧从自然科学角度反映了在历史发展的转折时期实施观念革新或观念革命的重要性。由此，我们也更能认识到“实践是检验真理的唯一标准”这一命题的深远理论意义与重大现实意义。

“克鲁克斯的历史功绩”：一个小发明，引发两项大发现

克鲁克斯

1896年，法国物理学家亨利·贝可勒尔使用照相底板发现了天然放射性现象。1897年，居里夫人借助验电器发现提炼金属铀所用的沥青铀矿所放出的射线比铀本身放出的射线要强得多，而于1898年发现了两种新的放射性元素——钋和镭。1903年，英国杰出实验物理学家克鲁克斯在研究荧光物质时，发现α粒子对激发荧光物质发光非常有效。于是，他突然产生了要观察单个α粒子打在荧光物质上如何产生闪光的想法。不久，他设计了一个“目测闪烁镜”。这个小发明，就是在早期核物理研究中发挥过重要作用的、第一个能观察单个α粒子的探测器，而且直到1930年它仍作为核物理研究中的主要探测器在使用着。

克鲁克斯是一个善于动脑筋的实验物理学家。在早期的核物理实验中，他有过多项精巧的发明，以致使他已十分接近于“电子”的发现。就上述“目测闪烁镜”来说，其本身并不复杂，关键在于设计思想的巧妙和新颖。他是用沾有微量镭的针尖放在一块硅锌矿石附近，当镭放出的α粒子打在矿石上时，便发出一种带黄绿色的闪光。由于闪光很微弱，他便将观察装置放在暗室中，并用一个放大镜来观察。这样，他让眼睛长时间地处于黑暗中，通过放大镜就能观察到硅锌矿石上发出的非常美丽、经常变化而又时断时续的黄绿色闪光。每一个闪光都是一个α粒子对矿石表面轰击的结果。人们正是利用它来观察单个α

粒子对硅锌矿石的作用。这比当年贝可勒尔用照相底片来检验天然放射性要简便多了，比居里夫人用金箔验电器来检测放射性物质也直观多了。

后来，科学家们对克鲁克斯发明的目测闪光镜作了改进。如，用硫化锌荧光屏代替硅锌矿石，用高倍显微镜代替放大镜，并加大α放射源与荧光屏间的距离，以使α粒子打到荧光屏上的数目能减至每秒钟只有1～2个。那么，观察者就可以用眼睛数出α粒子打在荧光屏上的次数。这种装置虽然简单，但非常有用，正是它引发了核科技史上的两项重大发现，从此开始了原子核物理学的真正研究。由此，我们也看到探测工具在科学发现中的重大作用。“工欲善其事，必先利其器”，正是这个道理。

1906年，著名物理学家卢瑟福借助“目测闪烁镜”做了有名的α粒子散射实验，导致了“原子核”的重大发现。当时，卢瑟福等人在完整地弄清了α粒子的基本特性后，就着手去揭开原子内部的秘密。他大胆设想，能否用α粒子打进原子内部“侦察”一下这个微观世界的情况。比如，带正电的α粒子穿过原子时，它和原于内部的“正电荷部分”的相互作用如何？原子内部的“正电荷部分”到底是怎样分布的？为此，卢瑟福进行了一系列的α粒子散射实验。他的实验装置也很简单，但是他使用的观察单个α粒子的“目测闪烁镜”却帮了他的大忙。那些川流不息的α粒子束中心大部分粒子都毫无阻挡地通过了金箔并沿着原来前进的方向前移，这当然没有新奇之处。但是，卢瑟福的独到之处在于：他还仔细而反复地观察了实验中的局部的特殊现象，比如，他发现有一小部分α粒子穿过金箔时好像碰到了什么硬东西，稍微偏转了方向，与α粒子束原来前进的方向形成一个小角度，并从金箔中挣脱出来；奇怪的是，还发现个别的α粒子似乎撞到了什么更坚硬的东西，偏离的角度更大；尤为令他惊奇的是，他还发现了罕见的能直接向后反弹回来的α粒子。显然，没有克鲁克斯发明的目测闪烁镜、没有卢瑟福的独到思维方式，这些微小的变化都是难以发现的。1911年。卢瑟福决定正式把自己的实验结果公布于世。他认为，原有的以为原子内部中的“正电荷部分”像西瓜籽一样平均分布在原子球体内部的“西瓜原子模型”是错误的，并根据自己的发现提出了新的原子结构的描述，即原子的全部质量差不多都集中在位于原子中心的、一个体积很小的带正电荷的“核”上，“核”的直径只有原子直径的万分之一，原子的绝大部分空间是空着的。这就是有名的“有核原子模型”。基于卢瑟福在原子核物理学方面的卓有成效的开创性工作，他于1908年获得诺贝尔化学奖。

1919年，卢瑟福借助克鲁克斯的“目测闪烁镜”。又完成了核物理学上的一项重大发现。他在本次实验中，利用钋源放出的α粒子作“炮弹”来轰击氮（$^{14}_{7}N$）核时，发现在α粒子射程之外的地方放着的荧光屏上出现了闪光。这引起他的好奇心，到底是什么东西使屏上出现闪光？经过重复实验和理论分析，他认为这种闪光不是由钋源发出的α粒子引起的，而是质子（即氢原子核）引起的。1914年，他就把氢原子核叫做“质子”，他对质子是熟悉的。问题是这里的质子来自何方？实验证实，这种质子正是由α粒子打进氮核后放出来的。像一般化学反应式一样，α粒子（$^{4}_{2}He$）去轰击氮核（$^{4}_{7}N$）的核反应式可表示为

$$^{14}_{7}N+^{4}_{2}He\rightarrow^{17}_{8}O+p$$

这就是卢瑟福实现的第一个人工核反应，即用α粒子轰击氮时，每一个被击中的氮原子获得一个α粒子，然后放出一个质子（p），于是这些氮原子就转变成氧原子（$^{17}_{8}O$）。因此，它首次实现了由一个稳定的原子核向另一种原子核的转变。从此人们不但知道在原子核中，的确存在着同氢核一样的粒子——质子（p）；而且知道通过核反应，也能把一种元素转变为另一种元素。1919年，卢瑟福已通过人工核反应把氮变成了氧的同位素（氧-17）和氢原子核（p）。只是由于氧-17的数量太少，而质子（p）又格外令人注目，因此氧-17的产生，未能引起人们的注意。我们知道，自古以来，炼金术士们一直幻想着把一种元素熔炼成另一种有用的元素。这个幻想终于被现代的“炼金术家”实现了。因此，1937年，卢瑟福出版了他的最后一部著作就叫《古代炼金术》，讲的就是怎样把一种元素转变为另一种元素。卢瑟福借助克鲁克斯的目测闪烁镜所获得的这两项发现具有重大理论意义和实践意义。

“原子能” 与原子核能：核科技史上的一次小误会

现代物质结构的科学理论告诉我们：物质是有结构的，物质的结构是有层次的；五彩缤纷、变幻莫测的物质世界都是由近 110 多种元素组成的；组成元素的最小单元是原子；原子又由原子核及核外电子组成；原子核又是由质子、中子和介子组成的。其中，质子、中子被称为核子，它们的质量约等于电子质量的 1 840 倍，故属于重粒子。“介子”是传递核子之间相互作用的粒子。人们已经观测到多种介子，介子的质量介于电子质量与核子质量之间，故称介子。最早，人们认为组成原子核的粒子（质子、中子）与电子是最基本的粒子。这便是“基本粒子”一词的由来。质子和中子是构成原子核的两种最主要的“基本粒子”。物理学家们的进一步探索表明，中子和质子又是由被称为“夸克”的更小的粒子组成的。例如，元素周期表中的第一号元素氢（$^{1}_{1}H$）的核就是由一个质子构成；它的同位素氘（$^{2}_{1}H$）的核是由一个质子和一个中子构成；它的另一个同位素（$^{3}_{1}H$）的核则由一个质子和两个中子构成。电子、质子、中子是组成各种原子的最主要的三种“基本粒子”。迄今为止，人们已发现的基本粒子约有 310 多种。基本粒子之间可以彼此相互作用，相互转化。基本粒子之间的相互作用分为四类：强相互作用、电磁相互作用、弱相互作用和引力相互作用。按基本粒子参加相互作用的性质，基本粒子又分为：光子、轻子（电子、正电子、中微子、反中微子）、介子、重子（含质量比核子重的超子）。介子和重子又称为强子。基本粒子可算是一个庞大的家族了。其实，“基本粒子”并不基本，已经发现这些粒子本身也是有结构的。所以，现在一般就称它们为粒子。如同宇观世界的星系结构一样，微观世界物质结构层次也应该是无穷尽的。因此，“基本粒子”的概念表明，它不过是在人类认识史的一定阶段上，已被认识了的一个物质结构层次。但在20世纪60年代以前，物理学界有相当多的人认为质子和中子是构成物质最小的粒子。也有少数人不同意这种观念。其中，最杰出的代表是美国科学家盖尔曼和兹维格。他们于1963年提出一种新理论，认为质子、中子等基本粒子是由更基本的粒子“夸克”（Quark）组成的，并提出存在着三种夸克（上夸克、下夸克和奇夸克），质子便是由两个上夸克和一个下夸克以及一种中性的胶子组成的。其中，“胶子”是假设中传递夸克之间相互作用的粒子。目前实验已找到胶子存在的间接证据，但未观测到自由状态的胶子。1969年，美国斯坦福大学的科学家们在用170亿电子伏的高能电子轰击质子时所观测到的非弹性散射表明，核子（中子和质子）内部的确存在着一些自由活动的“点状粒子”。后来的类似实验都表明，质子中存在着均匀分布的“点状粒子”。科学家们认为，核子是由“夸克”和胶子组成的假说与实验中观测到的迹象是相符的。问题的关键在于要找到这些“夸克”。经过长期的努力，科学家们果然先后发现了六种“夸克”即上夸克、下夸克、奇夸克、粲夸克、底夸克、顶夸克。其中，顶夸克（Top Quark）是1994年美国费米实验室宣布发现的。它是440位科学家历经十多年的不懈努力才找到的。至此，我们看到，物理学家们至少已展示了从分子到夸克五个层次结构的具体图像（分子－原子－原子核－核子－夸克）。从理论上讲，夸克仍是可分的。1996年《科学》杂志发表的一项报告说，一些参与发现顶夸克的物理学家对夸克是不可分割的基本粒子提出了疑问。他们在美国费米加速器实验室经过一年多的进一步研究，在对撞机的探测器上多次观察到夸克之间发生猛烈的对撞。这表明夸克具有某种以前未预料到的内在结构。更有趣的是，1997年，欧洲核子研究中心的科学家提出了“夸克球”的设想。这一设想是根据“超对称”假设提出的。“超对称”假设将自然界中的万有引力、电磁力、强作用力和弱作用力统一起来，认为目前的各种微观粒子都有对称的粒子存在。通常的微观粒子都是旋转的，而具有超对称性的粒子则不旋转，因而大量的“超夸克”“超电子”集中在一起比较稳定，能组成粒子数量庞大的结构——“夸克球”。科学家们认为，“夸克球”提供的能量约是同等质量的普通物质提供的核能的10万倍，因而这种新物质形式可能给人类提供几乎用之不竭的能源。诚然，要实现这一设想仍任重而道远。

人类在实践活动中早就注意到，物质结构状态一旦发生变化，就会释放或吸收能量，并从物质结构状态的变化中利用能量。但是，人类自学会用火以来，直到现在，利用能量的主要方法几乎一直未变。这就是从以下化学反应中获得并利用能量：

$$C+O_2 \longrightarrow CO_2+4eV\text{（能量）}$$

例如，人们燃烧马牛粪、柴薪、煤、石油、天然气等等，就是利用这一反应。在此反应中，用氧化方法完全燃烧一个碳原子，产生一个二氧化碳分子并释放出大约 4 eV 的能量。历史发展到 1938 年，人们发现铀核裂变可以释放巨大能量。它给人类获取并利用能源开辟了一条崭新的途径。

现在，我们已经知道，用裂变方式完全“燃烧”一个原子，它能释放约 200 MeV的能量。若以铀核裂变中，被测次数最多的质量数分别为 95 和 139 的裂变产物为例，这个核裂变的反应式为

$$^{235}_{92}U\text{（铀核）}+^{1}_{0}n\text{（中子）}\longrightarrow$$

$$^{95}X\text{（碎片）}+^{139}Y\text{（碎片）}+2^{1}_{0}n\text{（中子）}+200.3\ MeV$$

由此可见，一个铀核发生核反应而释放的裂变能是一个碳原子参与化学反应（即原子反应）所释放的化学能的 5 000 万倍（即 200×10^6 eV/4 eV$=5000\times10^4$）。依据经验，现在世界上每天至少需燃烧 2 500 吨标煤，以产生所需的 8×10^{12}焦耳的能量，而这些能量只要使 1 千克的铀（大约只有 50 多立方厘米）完全实现裂变反应就能得到。所以，从量上看，原子反应所释放的化学能与原子核反应而释放的核能相比，可以说是微乎其微的，从质上来看，化学能与核能也迥然不同，今天，人们常说的“原子能”，是指原子核能（简称核能）；而名副其实的“原子能”则是人类自用火以来就早已接触了的化学能。核能与人类以前所认识和应用的化学能、机械能、海洋能、风能、水能、地热能等等都不一样。核能是原子核发生反应而释放的能量，即原子核自身发生变化或参与核反应，其核结构状态发生变化而产生的能量，可见核能仅与原子核的状态有关。化学能则是物质参与化学反应时所产生的能量。它仅涉及原子结构状态的变化即由于核外电子壳层状态的改变引起原子间结合方式的变化而放热（或吸热），它与原子核无关，可见，由原子反应而产生的化学能才是真正的原子能。

当初，人们何以会把原子核能误认为是“原子能呢?”这是人们在认识物质结构的历史过程中发生的一次小误会。在 19 世纪末、20 世纪初，人们虽然已经发现某些物质在发生衰变时释放能量（放射能）的现象，但不知道“原子核”

的存在。1903年，卢瑟福在研究了α射线的能量后曾指出："这些需要加以思考的事实，都指向同一个结论，即潜藏在原子里面的能量必须是巨大无比的。"于是，人们便将某些物质（如铀、钍、镭等）的放射能称为"原子能"。可见，人们最初理解的"原子能"是指"来自原子内部的能量"。以致早在1920年，英国科学家奥利夫·洛奇就信心十足地预言："原子能取代煤作为能源的时代将要到来!"于是"原子能"一词一直沿用至今。但随着人们研究的深入，特别是卢瑟福通过著名的散射实验，于1911年发现了原子核，1919年又发现了质子。查德威克从理论和实验两方面证实了中子的存在。1938年，奥托·哈恩和施特拉斯曼用中子轰击铀核时发现了铀核裂变现象。这样人们才觉悟到当初所说的"原子能"实际上是原子核能。显然，我们说"原子核中潜藏着巨大能量"更能反映实际。而原子能实际上就是化学能。因此，严谨的科学家已不再称核能为"原子能"了。现在，严谨的人们只在特定的意义上使用"原子能"一词，而通常人们使用"原子能"一词，全是习惯使然。随着核科学技术的发展、经济的振兴、社会的进步，以及国际交流、交际的增多，科技名词术语的规范化、标准化便显得日益重要了。思维严谨的人们应该克服习惯势力的影响，主动、自觉地去消除这场历史造成的小误会。

“瑞典人不相信相对论”：一次“捡芝麻、丢西瓜”的诺贝尔物理奖

爱因斯坦

核科技史上的1905年是极为重要的一年，是年，年仅26岁的阿尔伯特·爱因斯坦连续发表了有关“光量子理论”以及“分子尺度的新测定”，“论动体的电动力学”（该文提出了相对性原理和光速不变原理，建立了狭义相对论）等五篇震惊科学界的论文。狭义相对论的创立对物理学是一个重大贡献，并且为核能的利用奠定了理论基础。我们知道由伽利略和牛顿建立的古典物理学经历了近200年的发展，在19世纪取得了辉煌成就，以致不少科学家认为它是物理学发展的最高成就，已解决了物理学领域一切重大、原则性的理论问题，今后人们对这门科学只能在某些枝节上作点补充而不能再有重大发展。在古典物理学看来时间、空间、质量都是绝对不变的，它们与运动无关；而且，时间就是时间、空间就是空间、质量就是质量、能量就是能量，时间与空间、质量与能量，两两互不相干，更不能相互转化。但是，构成古典物理学基础的这些绝对观念同在19世纪末叶迅速发展起来的电磁理论发生了尖锐的矛盾。许多新的实验事实和新发现的物理现象用古典物理学无法解释。为了解决这些矛盾，人们就提出了“以太”这个东西作为绝对空间的象征。但是无论进行多么严谨的科学实验都不能证实“以太”的存在。当时，许多物理学家受旧传统的束缚，始终跳不出旧理论的框框。但是，年轻的爱因斯坦则敢于大胆创新，实施概念上

的革命，他在前人研究的基础上，根据数学和物理学的基本理论，以及自己多年对光、“以太”与地球运动关系问题的矻矻以求而取得的成果，对空间与时间这些基本概念得出了同古典物理学完全不同的理解。

爱因斯坦的狭义相对论认为：“以太”是根本不存在的，绝对空间也是不存在的；空间、时间、质量、运动都是比较而言的、是相对的，不是绝对不变的，它们将随物体的匀速运动而变化，且速度愈高，变化愈大；空间和时间是可以相互转化的，质量与能量也是可以相互转化的，这是一种崭新的时空观。当时，法国物理学家郎之万为说明相对论时空观，作了一个有名的设喻：他假设把一个旅行家装在一个炮弹里，以接近光速的速度由地球发射到宇宙中去旅行，一年后又以同样速度返回地球，此时地球上已经过 200 年，他的孙子、曾孙，都比他大了。这说明空间、时间、物体、运动是密切相关的。诚然，现今宇宙飞船的速度还很慢，要把它提高到接近光速，的确任重而道远。当物体运动速度比光速小得多的时候，时间、空间、质量虽有所变化，但可忽略不计，此时古典物理学仍适用；当物体运动速度接近光速时，许多物理现象，古典物理学就解释不了，而用相对论便迎刃而解。爱因斯坦的这些论文为他赢得了巨大的国际声誉，彻底改变了人类对宇宙的看法。1916 年爱因斯坦又发展了狭义相对论，并建立“广义相对论”。

他认为惯性质量等于引力质量、物理定律在所有坐标系中都成立，并从这两条基本假设出发，获得新的引力理论。这一理论表明：空间、时间不仅与变速运动有关，而且与物体的质量、分布状态有关；在任何具有质量的物体周围都产生引力场，引力场是一种新的物质形态；在强引力场的作用下，时间和空间发生弯曲，质量越大，它就弯曲得越厉害，那里的尺不再是直的，那里的钟不再均匀地走。他进而指出，引力对光有影响，既然光具有能量，它也是物质，就应该有质量，因此受引力作用，也要发生曲折现象。这就是说，光应当在有物质存在而弯曲的时空区域走一条曲线轨道。当时，许多人对这一论断都表示怀疑。直到 1919 年 5 月 29 日，英国天文学家在南美洲观测日食时，观测的结果表明与爱因斯坦的预言相符，即光线在引力场中发生弯曲。广义相对论的两条基本原理是：（1）广义相对性原理，即自然定律在任何参考系中都具有相同的数学形式；（2）等价原理，即在一个小体积范围内的万有引力与某一加速度系统中的惯性力相互等效。狭义相对论是广义相对论在引力场很弱时的一种特殊情况。他还用光量子理论解释了英国物理学家汤姆逊所发现的“光电效应”、辐射过程以及固体的比热。所以，一位著名的物理学家曾指出，先后加入瑞士和美国国籍的德国物理学家爱因斯坦取得的巨大成就不止一次，而是五次，这就是狭义相对论、广义相对论、量子力学、统计物理和统一场论。自 1912 年以来，爱因斯坦就因近代物理学中的最大革新——相对论而闻名世界。他的最大成就当推相对论。

爱因斯坦的理论，特别是相对论揭示了空间-时间的辩证关系，加深了人们对物质与运动的认识，给近代物理的发展带来了强大动力，无论在科学上或在哲学上都具有重大意义。当时，他的相对论不仅引起了各国科学界的关注，而且成了社会名流、上层人士的话题。人们按自己的体会来解释“相对论”，以致引出了许多笑话。例如，有位朋友拜访爱因斯坦时给他讲了一个故事。这个故事是讲纽约市两位男士关于“相对论”的一段对话：

“什么是相对论?”男士 A 不解地问。

“比方说，”男士 B 解释道，“一位老太太在你身边坐一分钟，你会觉得这一分钟长似 1 小时；如果换一位美貌绝伦的少妇，在你身边坐 1 小时，你会觉得短似 1 分钟!”

“这就是相对论吗?”A 又问道。

“对，这就是爱因斯坦的相对论。”B 毫不犹豫地回答。

——听完这段对话，爱因斯坦也开心地笑了，并非常认真地对朋友说，这是我所听到的关于相对论的最佳解释之一。

其实，狭义相对论的基本原理只有两条：其一，相对性原理（在任何惯性参考系中，自然规律都相同）；其二，光速不变原理（在任何惯性参考系中，真空光速 c 都相同）。由此可导出下列五个重要的结论。

Ⅰ. 量度物体长度时，将测到运动物体在其运动方向上的长度要比静止时的长度短。相应地，量度时间进程时，将测到运动着的时钟要比静止的时钟行进得慢。

Ⅱ. 物体质量将随其运动速度增大而变大，即 $m=m_0/\sqrt{1-v^2/c^2}$（其中 c 为真空光速，v 为物体运动速度，m_0 是物体静止时的质量）。

Ⅲ. 两事件发生的先后或是否“同时”，在不同的参考系看来是不同的（但因果律仍成立)。

Ⅳ. 任何物体的运动速度,不能超过真空光速 c(即真空光速 c 是一切物体运动速度的极限)。

Ⅴ. 质量与能量存在如下关系式:$E=mc^2$(E 是能量,m 是质量,c 为真空光速,此式表明质量与能量可以转换)。

由此可见,上述对话中,男士 B 的解释与结论Ⅰ毫不相干。但它反映了当时相对论在人群中的知名度。结论Ⅴ即著名的爱因斯坦公式,亦称质能关系式。它为解释铀核裂变释放出大量能量现象提供了理论工具。1939 年奥地利物理学家梅特涅和弗里施正是根据质能公式,计算铀核反应前后的质量亏损,得出铀核裂变能释放出巨大能量的结论。爱因斯坦的结论Ⅳ,目前面临着某些挑战,因为有人怀疑真空光速 c 是一切物体运动速度的极限,有人宣称他们发现了"超光速"现象。我们知道,光速不变原理是相对论的基本假说之一,结论Ⅳ若被推翻,近代物理学无疑面临一场新的革命。但是,到目前为止,证明相对论是正确的事实仍远远多于怀疑它的正确性的各种假说。爱因斯坦的相对论仍是近代物理学的一块强大的基石。

直到 1921 年,瑞典皇家科学院的诺贝尔物理委员会才以爱因斯坦发现光电效应定律而授予他诺贝尔物理奖。这件事无疑是很荒唐的。能说只是因为瑞典人不相信相对论,或者是诺贝尔物理委员会的某些委员无视物理科学的这一重大变革而导致他们"捡了芝麻,丢了西瓜"吗?权作如是观吧。笔者认为,按理说,再以狭义相对论、广义相对论以及统计物理的建树而授予爱因斯坦第二、第三、第四次诺贝尔物理奖也是不过分的。

在科学界,诺贝尔科学奖是有权威的,具有全球性意义。科学家们都以获得此奖为殊荣。1895 年,瑞典化学家和天才发明家阿尔弗雷德·伯恩哈德·诺贝尔在巴黎潦草地书写一份遗嘱,决定把他的全部财产遗留给那些"对人类有突出贡献的人"。1901 年设立诺贝尔奖分为五种,依次为文学奖、和平奖、物理学奖、化学奖、生理和医学奖;1968 年,瑞典中央银行在隆重庆祝成立 300 周年时设立了"纪念诺贝尔的经济学奖"。其中,"政治性"最强的是和平奖,1992 年,诺贝尔物理委员会秘书、理论物理学教授安德森·巴拉尼曾评论说:"是的,我们的奖金是政治性的。""政治性"次强的是文学奖,一位法国作家说：“在文学方面，大部分奖金是政治性的。”在诺贝尔科学奖方面，事情似乎简单些。但错误也是有的。例如，1917 年，查尔斯·巴克拉因发现 J 射线获得诺贝尔物理奖，但这种射线根本不存在。又如，1926 年，约翰尼斯·菲比格因研究一种癌而获得诺贝尔生理和医学奖，但这种癌完全是假定的。爱因斯坦的最大成就和不朽贡献是相对论，但却以发现光电效应定律，才于 1921 年被授予诺贝尔奖，这不能不说是一种讽刺。

“通古斯大爆炸之谜”：漫说1908年的西伯利亚大爆炸

在地球几十亿年的历史中，它曾多次受到天外物体的撞击。古生物学家认为，6500万年前恐龙的灭绝是一颗直径为数千米的小行星或彗星撞击地球所致。因为碰撞产生的大量尘埃和碎片弥漫天空，遮蔽了太阳，致使气温骤降，一些动植物迅速而大量死亡，恐龙也在饥寒交迫之中大量死去。1908年6月30日凌晨，一个巨大的“怪物”突然从九天之外迅猛地闯入地球大气层，以风驰电掣般的速度向遥远的地球北方冲去。不久，从俄罗斯西伯利亚中部的通古斯地区森林的上空传来了一声震天撼地的巨响，随之便出现了一个巨大火球，一团蘑菇状的滚滚浓烟直冲至20千米的高空。整个通古斯地区处于一片熊熊火海之中，方圆2 000平方千米内的所有林木被摧毁殆尽，数以千计的驯鹿也被烧死。爆炸时产生的亮光在北半球许多地区上空持续了2～3天，使亚洲、欧洲的部分地区有三个夜晚都如同白昼一般；在西伯利亚和北欧上空布满了罕见的光华闪耀的“银云”，每当日落，夜空放出万道霞光，极为壮观。据载，在英国城市布里托尔，人们借着这种光亮可以彻夜打板球。这就是历史上有名的、令人咋舌的通古斯大爆炸。

这场神秘的大爆炸，威力如此之大，前所未闻，以至于因爆炸而引发的地震波传及美国华盛顿、印度尼西亚爪哇岛等地。同时，它的强大的冲击波也横渡北海，使英国气象中心监测到大气压上下剧烈波动了约20分钟。那么，这场神秘的大爆炸是因何而产生的，便引起了有关学科领域的科学家们的极大关注。通古斯大爆炸究竟是什么东西引起的，其说不一，遂成一谜。

通古斯大爆炸发生后，昏庸的沙俄官吏们并未派人去考察。直到十月革命后，年轻的苏维埃政权在极度困难的条件下，派出了考察队多次进行了实地考察。1921 年，年仅 38 岁的苏联矿物学家柯立克领导的考察队首次进入通古斯地区实施科学考察。当时，人们认为这次大爆炸是陨星撞击地球引起的。但是，考察的结果表明，事实并非那么简单。首先，柯立克没有找到陨星撞击地球时通常所形成的陨石坑，仅发现数十个大小不一的平坦的洞穴，其中最大的一个，直径仅 46 米；其次，即使在上述洞穴中把钻头打到 23 米的土层，也未发现陨石或陨石碎片。由于爆炸区未发现陨石，人们开始怀疑"陨星撞击说"的可靠性。20 多年后的 1945 年 8 月，美国在日本广岛投下了震惊世界的第一颗原子弹。正如马克思所说，历史往往有惊人的相似之处。第一颗原子弹的雷鸣般的爆炸声、冲天的火柱、蘑菇状的烟云，以及剧烈的地震、强大的冲击波和光辐射等一系列现象，与有名的通古斯大爆炸简直相似到几无二致的地步！更令人惊奇的是，由于强烈的核辐射，广岛的幸存者与通古斯爆炸中幸存的驯鹿一样，皮肤上也长出了类似的奇怪的疥癣。人们还在通古斯大爆炸附近的树木中发现了放射性物质。据此，苏联的军事工程专家卡萨茨夫第一次大胆提出了一个令人不可思议的新见解，他认为通古斯大爆炸是一场热核爆炸所致。这一假说把人们熟知的地球上的核爆炸推前了 37 年，而且是自然发生的，简直让人目瞪口呆！随着天文学、核物理学的发展，以及实验和探测技术的进步，并鉴于天文学家发现的一些天文现象已难以用热核聚变反应来解释，人们便考虑用正、反物质间"湮没反应"的湮没能来解释某些现象。因而有些学者认为，通古斯大爆炸可能是宇宙深处的反物质世界送来的一块反物质与地球上的正物质发生"湮没反应"，造成了质量的消失和能量的释放。目前，这一见解既未得到证实，也未被完全否定。与此同时，又出现了第四种见解，部分学者认为，通古斯大爆炸可能是宇宙中的一极其微小的"黑洞"与地球撞击所引起的，大爆炸后的瞬间，此"黑洞"又飞速弹回了宇宙，扬长而去，因此不留痕迹。但是，不管是陨星撞击说、热核爆炸说，还是"反物质"的假定，抑或"微小黑洞"的假设，都无法解释这场爆炸前的"天外怪物"的管状外形及其进入大气层后冲向地球的"慢速度"。通古斯大爆炸依然是令人费解的神秘莫测之谜。

1946 年，还是那位卡萨茨夫不仅肯定了通古斯大爆炸是一场核爆炸，更语惊全球地提出，引发通古斯大爆炸的那个"天外怪物"是第一艘访问地球的以核燃料为动力的太空飞船。当时，人们都认为这纯属科学幻想。但日益发展的宇航技术和射电天文学似乎在不断地为卡萨茨夫的推测提供令人鼓舞的证据。人们依据数十年来的研究资料与数据，推测这艘太空飞船重达数千吨，外表像根大管子。在核动力的推动下，飞船以接近光速的速度飞抵地球；在将进入地球轨道时，飞船的推进舱可能发生了故障，但它仍继续前进，并于1908年6月30日凌晨到达印度洋上空。由于飞船外壳与大气剧烈摩擦，温度上升，船壳物质的分子发生电离，使飞船看上去像一团火球。最终，此飞船冲向通古斯上空时，因核燃料舱的最后一道屏障被融化而爆炸，飞船顷刻化为灰烬。——卡萨茨夫的推测当然是一种假设，如果真的证实了外星人及其超级科技文明的存在，它显然是令人神往的。直到1984年，苏联托木斯克大学的一位科学家仍坚持认为，有迹象表明通古斯大爆炸是由于一个天外物体以高速度（当然比“反物质”“黑洞”落入地球时的速度慢得多）从一个高角度往下撞击地球时造成的，而且这个物体在接近地面前改变了飞行方向。因此，这个物体很可能是地球以外的文明世界飞来的一个探测器，但是，目前多数学者并不那么浪漫，在他们看来，通古斯大爆炸实际上是一颗小行星（其直径约为70～80米）坠向地球造成的。他们认为，天体灾难性地撞击地球等行星，并非什么新现象：远的如前述6 500万年前引起恐龙灭绝的一颗大陨星撞击今墨西哥的尤卡坦半岛地区所造成的大爆炸；近的如1994年7月16日—22日发生的苏梅克-利维九号彗星对木星的大碰撞。该彗星由约21块可辨别的石块群组成，其直径分别在2～4千米之间。据估算，每个石块群释放的能量约与10亿吨TNT炸药释放的能量相当，此彗星与木星的撞击力相当于5 000万颗原子弹。仅就直径为3.5千米的第七块彗星碎片而言，据彗星的发现者之一的苏梅克说，它以每秒21千米的速度撞击木星时就释放了相当6亿吨TNT炸药爆炸的能量，瞬间产生的温度高达30 000摄氏度，撞击能量超出了地球上所有核爆炸能量的总和。其实，地球大气层中经常发生着陨石（陨星）的爆炸现象。1994年年底，人们已知由人造卫星记录了1975—1992年在大气层中发生的136次陨星爆炸；测量表明，一颗陨星爆炸时释放的能量约与当年投在广岛的原子弹爆炸时的能量相当。至于彗星是否会撞击地球，人们并未排除这种可能性，但对小行量撞击地球的现象似乎是以史为例的。

“天之骄子”：1911年赫斯发现宇宙射线

赫斯

人们通常把能量大于1亿电子伏的粒子称作高能粒子。在高能粒子加速器问世以前，所有的高能粒子都来自宇宙射线，所有的高能核反应及对高能粒子间相互作用的观察亦完全依靠宇宙射线中的现象来进行。人们已发现的宇宙射线粒子的最高能量达10^{21}电子伏（即10万亿亿电子伏）数量级，它比目前人工加速粒子所达到的最高能量要高出10亿倍。宇宙射线是自然界为人们提供的最廉价高能粒子，它的一个显著特点是能量高，很适合做一些发现新现象的工作。不过，它很稀少，大约每平方厘米每分钟只有几个，而且能量越高的粒子数目越少，超高能宇宙射线更为罕见，在任何一块给定的1平方千米面积的土地上，这类粒子差不多一个世纪才有机会光顾一次。

在20世纪初，宇宙射线是一个带有神秘色彩的事物。说来也很有趣，它是人们利用英国物理学家豪克斯比在1706年制作的极简单的验电器发现的。所谓验电器就是用两片薄的金箔合在一起悬贴于一根金属棒的下端，并将它置于有窗口的金属筒内所构成的装置。在理想情况下，充电的验电器，其金箔理应永远张开。但若空气中有离子存在，它就会慢慢地带走电荷，张开的金箔也随之逐渐合拢。19世纪末，居里夫人正是利用这种验电器来检验放射性物质的。比如，她把铀盐放进验电器内，由于铀盐能使绝缘性能很好的空气导电，验电器很快放电，张开的金箔就迅速合拢。这表明铀盐放出了射线。用这种方法，她发现钍及其化合物也具有放射性。借助验电器，她还发现用以提炼金属铀的沥青铀矿石放出的射线要比铀本身所放出的射线强得多，结果导致她先后发现两种新的放射性元素——钋和镭。强放射性元素镭的发现是科学上的重大成果之一。后来人们在使用验电器时发现，即使在没有放射性物质时，验电器的金箔也会慢慢合拢；无论你如何注意仪器的绝缘问题，验电器总有这种漏电现象。于是，科学家们猜想，这可能是来自地下或地面上的分散的放射性物质，使空气电离所造成的。为证实这一假设，很多人便先后把验电器带到高空中去做实验。人们认为，这样至少可使验电器放电的速度减慢，但结果却事与愿违，随着与地面距离的增加，放电速度反而加快。1910 年，奥地利物理学家维克多·赫斯多次把载有仪器的气球升到高空。他发现从 400 米高空开始，电离现象明显增加，而且当时还发现高空中这种“神秘射线”的强度与太阳、月亮的位置，以及白天或夜晚几乎无多大关系。赫斯最后断定，这种“神秘射线”不是地下或地面上的放射性物质发出的，而是一种来自宇宙空间的射线。他因发现宇宙射线而获得了 1936 年诺贝尔物理奖。

宇宙射线被发现后，科学家对它的本质看法不一。曾给“宇宙射线”命名的美国物理学家密里根认为，这种穿透力很强的宇宙射线是一种比 γ 射线波长更短的辐射，而另一位美国物理学家康普顿则认为宇宙射线是一些粒子。如果它是带电的粒子，当它们从星际空间射向地球时，地磁场必定会使它们发生偏转。据此，康普顿深入研究了宇宙射线受地磁场的影响，发现了宇宙射线的纬度效应和东西不对称效应，说明了未进入地球大气层之前的宇宙射线（又称原始或初级宇宙射线）的成分确系带电粒子。经过长期的实验观察，科学家们已弄清了初级宇宙射线的具体成分。它主要是由带正电的高能粒子组成的，其中质子（即氢核）和 α 粒子（即氦核）占绝大部分，还包括少量的电子和一些重离子（如镁、硅、铁离子），甚至还有像铀离子这样复杂的离子存在。当这些粒子进入大气层时，它可能与大气中的原子核发生核反应。若粒子的能量足够高，它能把原子核击碎而发生所谓散裂反应。人们曾观察到一个能量高达 30 万亿电子伏的宇宙射线粒子击碎一个银原子核的事例。这种散裂反应还会产生出许多次级高能粒子（即次级宇宙射线）。它们又可能与大气中的原子核或其他粒子碰撞，再产生新一代的粒子（如质子、反质子、中子与反中子、电子与正电子、π

介子，以及 K 介子和超子等)。这类级联反应构成了一个所谓核簇射。这种"核簇射"的发现对于后来人们发现新的基本粒子具有重要作用。基本粒子的发现史也表明，宇宙射线与原子核的作用是发现许多重要基本粒子的摇篮。比如，1932 年安德森在宇宙射线中首先发现了正电子；1937 年，安德森和尼德迈尔在宇宙射线中又发现了 μ 子；1947 年，莱梯斯和鲍威尔等在宇宙射线中发现了 π 介子；1949 年鲍威尔发现了比 π 介子还重的 K 介子；1951 年，阿曼特罗发现了 λ^0 粒子；1953 年伯尼特了发现了 Σ 粒子等等。可见在近代物理学史上许多新的基本粒子都是首先在宇宙射线中发现。

依据能量的高低，人们又把宇宙射线分为低能宇宙射线（亦称软宇宙射线)、高能宇宙射线（亦称硬宇宙射线）和超高能宇宙射线。早在 1938 年科学家俄歇就预言了存在高能宇宙射线的可能性。但是直到 1991 年，科学家在美国犹他州进行的一项实验中才记录到超高能宇宙射线。1911 年宇宙射线的发现者赫斯认定宇宙射线来自宇宙空间。但空间太大了，也太笼统了。特别是高能宇宙射线家在何方？一直困扰着科学家。宇宙射线来自地球之外的空间似成定论，至于它究竟来自哪个天体，便众说纷纭了。有人认为来自太阳，有的认为来自银河系，有的认为来自河外星系或更遥远的地方。科学家为寻找高能宇宙射线的来源做了不少工作。例如，1995 年 11 月有报道称"科学家观察到宇宙射线诞生的情况"，说是日本科学家小山、尾崎、松蒲和美国科学家罗伯特·彼得等人利用日本的 ASCA 卫星首次观察到宇宙射线可能诞生于一颗正在爆炸的星体，即从地球看上去是最明亮的 SNl006 超新星。彼得说："这个巨大、灼热星体像个原子火球。它爆炸产生的冲击波仍然在向宇宙喷发。爆炸的景象十分壮观，爆炸残留物以每秒 1 000 千米的速度向宇宙空间散去。"小山说："我们对这次可能有助于解开这个长达 83 年的宇宙射线之谜的发现感到非常高兴。"根据已发现的超高能粒子，科学家认为，无论是超新星，还是黑洞都不会产生这么大能量的粒子，因而推测这些粒子来自河外星系。英国利兹大学物理学教授阿兰怀特森说。此次由大约 100 位科学家组成的小组有望设计出两个探测宇宙射线及其来源的装置。每个装置的探测面积都相当于特拉华州那么大：一个装置遮南半球，一个装置遮北半球，只有在地球大气层上侧才能对宇宙射线进行直接观测。由于高能宇宙射线极为罕见，所以科学家们已决定建造一个以太空为基地的探测器。"高能宇宙射线家在何方?"届时或许能有令人信服的答案。

“老布拉格与小布拉格”：父子同获 1915 年度诺贝尔物理奖

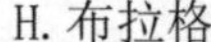

H. 布拉格

L. 布拉格

布拉格父子

诺贝尔奖具有全球性的重大意义。诺贝尔科学奖在当今世界已成为科学界的最高奖赏。它的绝大多数获奖者（内中，也有因评选工作失误而获奖者，理应除外）都对科学进步和社会发展作出了卓越贡献，因而成为科学精英而受到人们的普遍尊敬。但，诺贝尔文学奖和和平奖具有强烈的政治性，则需具体情况具体分析。自 1901 年诺贝尔奖首次颁发以来，截至 1995 年，94 年间约有 640 人次获奖。其中，获奖最多的当推法国著名科学家皮埃尔·居里夫妇一家。他家共有 5 人获 6 次诺贝尔奖：皮埃尔·居里夫妇因发现天然放射性，同贝可勒尔一起共获 1903 年度诺贝尔物理奖；居里夫人因发现新元素钋、镭并提炼纯镭成功，于 1911 年又获诺贝尔化学奖；居里夫人的长女及女婿即约里奥-居里夫妇因发现人工放射性现象，共获 1935 年度诺贝尔化学奖；居里夫人次女伊夫的丈夫亨利·拉布伊斯以联合国儿童基金会总干事的身份获 1965 年度诺贝尔和平奖。迄今为止，一生两次荣获诺贝尔奖的仅有 4 人，除上述居里夫人外，还有 3 位：一是著名物理学家约翰·巴丁（因发明晶体管，同肖克莱、布拉顿共获 1956 年度诺贝尔物理奖；因对超导理论的研究，同库伯、施里弗共获 1972 年度诺贝尔物理奖），二是著名化学弗里德利克·桑格（因发现胰岛素分子结构，获 1958 年度诺贝尔化学奖；因研究核酸碱基排列的成果而获 1980 年度诺贝尔化学奖），三是著名化学家莱纳斯·鲍林（因研究化学键，获 1954 年度诺贝尔化学奖；1963 年，又获诺贝尔和平奖）。迄今，夫妻两人同获诺贝尔奖的，也仅有三对。除上述皮埃尔·居里夫妇和约里奥-居里夫妇外，还有美国生物化学家格蒂·科里和她的丈夫卡尔·科里因糖原转换的研究成果，同阿根廷医学家何塞一起共获 1947 年度诺贝尔生理学或医学奖。但父子同获诺贝尔科学奖的却仅有 1 例，那就是 1915 年共享诺贝尔物理奖的英国物理学家威廉·亨利·布拉格和他的儿子威廉·劳伦斯·布拉格。

亨利·布拉格，1862 年生于英国坎伯利的一个贫苦家庭。但他人穷志不短，学习极其刻苦，成绩异常优秀。中学毕业后，便被学校保送至威廉皇家学院学习。后来，又以优秀成绩被保荐至英国有名的剑桥大学深造。1886 年，24 岁的亨利·布拉格就担任了德莱德大学数学兼物理学教授，并开始从事射线的研究工作。1889 年，他的儿子劳伦斯·布拉格诞生了。小布拉格年幼时同老布拉格一样，既聪慧又好学，当然，小布拉格则生活在既富有又有教养的家庭里。难能可贵的是，小布拉格能充分利用比他父亲年幼时优越得多的条件，努力钻研学问，而且表现出一种善于观察与分析外界事物的天分和能力。据传，小布拉格自小就对父亲从事的射线研究工作感兴趣，一有空就钻到实验室仔细而默默无声地观察父亲做的有关矿物结晶和射线的实验，而且一站就是几个小时，那么全神贯注，表现了非凡的耐心和毅力。小布拉格中学毕业后，也以优异成绩进入剑桥大学就读，并在老布拉格的熏陶下开始了 X 射线的研究。

自伦琴发现 X 射线后，在一段时间内人们还搞不清楚 X 射线究竟是一种粒子流，还是一种辐射波，为解决这个问题，有人试将 X 射线通过一种人工刻制的衍射光栅，看 X 射线能否被光栅所衍射。但这些实验都一一失败了。现在看来，道理很简单：因为能发生衍射的条件是辐射波的波长应大体上等于光栅刻痕之间的间距，而 X 射线的波长极短，人工刻痕之间的间距远远大于 X 射线的波长。所以，对 X 射线不能用一般的衍射光栅作衍射实验。因此，也在研究 X 射线性质的德国物理学马克斯·冯·劳厄便另辟蹊径。他巧妙地采用“天然衍射光栅”——晶体，对 X 射线进行衍射实验，且获得了具有光波特性的 X 射线衍射图，从而以实验证实了 X 射线是一种波。但是，长期对多种射线进行研究的老布拉格则坚持认为 X 射线是一种粒子流，为推翻冯·劳厄的结论，他设计了一种 X 射线分光计，开始了深入探索。当时，年仅 22 岁的小布拉格还是个大学生，经过仔细观察、分析与探讨，他极力支持冯·劳厄的观点，而不同意父亲的看法。但是说服父亲，必须拿出科学的根据。于是，他决定直接参与老布拉格的实验，以便进一步把问题搞清楚。老布拉格深厚的实验功底与对射线的深刻了解，再加上小布拉格的开创性思维的导引，父子俩相互取长补短、扬巧避拙、共同切磋琢磨，用 X 射线对晶体结构进行了精心研究，并于 1913 年提出了著名的晶体 X 射线的“布拉格公式”。根据这一理论，再通过对冯·劳厄的晶体 X 射线衍射图的分析，便能确定晶体内原子层的精确排列方向。它为了解晶体内原子结构提供了有效途径。布拉格父子的这项成果真是彼处开花，此处结果。他们通过对 X 射线谱的研究，提出了晶体的衍射理论，建立了布拉格公式，并改进了 X 射线分光计。为此，他们荣获 1915 年度诺贝尔物理奖。布拉格父子这一珠联璧合式的协作精神，也在科技界传为佳话。至于 X 射线究竟是辐射波还是粒子流的问题，后来已被人们揭示的微观物质世界的最基本特性——波粒二象性解决了。

“反物质燃料”：星际航行的理想能源

安德森

狄拉克

近代物理科学告诉我们：世界上的物质是由100多种元素组成的；不同元素由不同的原子组成；原子由电子和核子组成；核子又由质子、中子，以及介子等“基本粒子”组成。当然，“基本粒子”并不基本，它们又是由更小的粒子（夸克）组成的。迄今为止，已发现的“基本粒子”已有300多种，俨然是个庞大的家族了。目前，科学家们把基本粒子分成四类，即光子（没有静止质量）、轻子、介子和重子（含4种超子）。许多新的粒子都是首先在宇宙射线中发现的。例如，1932年，安德森发现的正电子，1937年安德森和尼德·迈尔发现的μ子，1947年鲍威尔和莱梯斯等发现的π介子，1949年鲍威尔发现的K介子，1951年阿曼特罗发现的λ^0粒子，1953年伯尼特发现的Σ粒子等等。在研究“基本粒子”的过程中，人们发现过一些极有趣的现象。这些现象本身不仅带有神秘色彩，而且还可能预示着未知的物质结构的重大信息。进一步的研究表明，基本粒子并不“基本”，它是由处于物质结构更小层次的成双成对的“夸克”和中性的“胶子”组成的；所有的

“基本粒子”都存在着反粒子（光子的反粒子是其自身）。在探索核子结构的丰富多彩的发现中，人们既然先后发现了“反电子”“反质子”“反中子”“反 μ 子”“反 π 介子”“反 K 介子”和“反超子”，甚至能生产出某些最简单的反原子核，那么，他们就会自然地想到：能否用这些反粒子来产生“反原子”“反分子”“反物质”呢？宇宙间，是否像由普通粒子组成普通物质世界那样，也由反粒子组成反物质世界呢？

1897 年，汤姆逊通过实验证实了电子的存在。1929 年，英国物理学家狄拉克从电子性质的数学处理方法中提出了“反粒子”的概念。1930 年，我国物理学家赵忠尧在研究 γ 射线散射时发现了“反电子”（正电子）存在的迹象。在此基础上，美国物理学家安德逊于 1932 年在宇宙射线中发现了电子的“反粒子”即正电子。1933 年，狄拉克在他的诺贝尔奖颁奖演讲中，大胆猜测可能存在着由“反物质”组成的另一个世界（即“反物质世界”）；而且认为，我们在夜空中看到的许多星辰或许实际上就是由“反物质”组成的。由于电子带负电荷，反电子带正电荷，所以又称电子为负电子、反电子为正电子。当电子与正电子相遇时，它们会立即消失而放出两个光子。这就是物理学上说的电子偶（或电子对）的湮没现象。其实。1930 年，我国物理学家赵忠尧已从实验中发现了电子偶的“湮没现象”，并于当年发表了实验报告。这是一项达到诺贝尔奖水平的研究成果。因后人把该实验报告的发表时间误记为 1931 年，排在次要地位，而失去了历史的真实性。正、反粒子相遇都会发生“湮没反应”。如：μ 子也有正、反之分，由于 μ 子的质量是电子质量的 206 倍，所以当正、反 μ 子相遇而湮没时会发出更多的能量。μ 子，过去有人称它为 μ 介子。后来发现，它除质量与电子不同外，其他方面和电子完全相同。因此，它属于轻子类，人们说它是一种“重电子”。又如，π 介子也有正、反之分，它们的质量都是电子质量的 273 倍，正、反 π 介子相遇而“湮没”时，放出的能量将比正、反 μ 子湮灭时放出的能量大。质子的质量是电子质量的 1836 倍，正、反质子相遇而湮没时放出的能量将更多。

1956 年，意大利物理学家西格雷和美国物理学家钱伯林等人用高能质子同步稳向加速器发现了“反质子”，其实这就是带负电的“反氢核”。同年，英国物理学家皮奇奥尼等人报道发现了“反中子”。1965 年，美国物理学家莱德曼及其合作者用 7×10^9 电子伏的质子轰击铍靶时产生的一个“反质子”与一个反中子组成了“反氘核”。后来，又产生了“反氚核”（由一个反质子和两个反中子组成）和反氦核（由一个反中子和两个反质子组成）。这些成果为“反物质”的研究开辟了道路。

在一度成为热门的科幻电视片《星舰迷航记》中，那艘“企业号”太空船就是由“反物质反应器”（即“湮没反应堆”）提供动力的。但，在真实的科学领域，它正是核科学家们一再努力而未能达到的目标。近几年来，一些核科学家们在此领域取得了相当大的进展。在他们的计划中，首先要制造的是遍及物质世界中最简单的氢（$^1_1$H，由一个电子和一个质子组成）的反氢（即由一个正电子和一个反质子组成）。若能成功，它将为人类进入“反物质世界”时代竖起一座里程碑。尽管粒子物理学家们已有足够的知识和技巧来生产并长时间地保持“反电子”和“反质子”，且使它们和电子、质子相碰撞而发生“湮没反应”，但是，迄今为止，仍未找到把“反电子”与“反质子”结合起来组成“反氢”（氢的反原子）的方法。个中，最主要的原因是，这些反粒子的能量太高，且具有高能量的反粒子都患有“好动症”，没有办法让它“安定”下来“同居共处”。据研究，欲使一个“反电子”和一个“反质子”结合成“反氢原子”，必须使它们的能量降至0.001电子伏。因此，发展降低“反粒子”能量的技术便成为制造“反物质”的关键与努力方向。目前，核物理学家正在沿此方向加紧探索。值得关注的是：1996年1月4日传来了好消息。在欧洲核子研究中心巨大的粒子物理实验所工作的德国和意大利科学家宣称，他们已在一系列持续时间只有4×10^{-10}秒的实验中获得了第一种反物质——反氢原子。据称，从1995年9月开始，他们从实验中一共得到了9个反氢原子。诚然，对此还需进一步论证和确认。

值得一提的是，1999年美国费米国家加速器实验室的科学家在研究一种名为B介子的亚原子粒子的行为中发现：反物质与物质不存在完全对称的“镜像”关系，实验结果表明物质的反物质并不遵守相同的物理学定律。反物质遵守怎样的物理学定律，正是物理学家有待深入探索的课题。

“反原子”与原子、“反分子”与分子，乃至“反物质”与物质相撞发生“湮没反应”，它们的质量全部消失或大部消失而转变成能量或一些较小的粒子。根据爱因斯坦公式（$E=mc^2$）质量越大的湮没反应所释放的能量也越多。现以电子一正电子湮没反应为例来说明。正电子、负电子发生湮没时，它们的质量

全部转变为 1.02×10^6 电子伏能量的 γ 射线。按相同的质量进行比较，它们放出的“湮没能”，比氘氚释放的聚变能大 266 倍，比铀-235 裂变释放的裂变能大 1 000倍，比一般化学能（如碳、氧化合成二氧化碳释放的能量）大 100 亿倍！据此，物理学家已预言未来从地球飞向其他行星的宇宙航行器（如宇宙飞船，太空船等）将采用“反物质燃料”，由“反物质—物质湮没反应堆”提供动力。与现有的所有能源相比，“湮没能”的最大优点是比能量（即单位质量产生的能量）最大。它将是人类进行星际航行乃至宇际航行的理想能源。正如美国詹姆斯博士所指出的，到其他行星旅行需要巨大的能量，目前最大的氢弹爆炸所产生的能量（聚变能）也仅为宇宙飞船所需能量的 1/10。因此，“反物质”是解决星际航行推动力的一种极有希望的手段。细心的读者会发问：“反物质”与普通物质一相遇即刻产生的湮没反应，那么，人们在普通物质环境下制造的“反物质”用何种容器来保存。其实，这正是在普通物质世界实现“反物质—物质湮没反应”的关键。所以，一旦人们制造出“反物质”，并设计出一种结构紧凑的“反物质—物质湮没反应器”，“反物质”才能为星际航行提供理想的能源。

"一个胆大包天的设想"：把太阳能电站建到太空中去

人们赞扬说只有太阳最无私，她每天把阳光和温暖送给了所有的人。那么，太阳能来自何处呢？已被大多数科学家所接受的看法是，太阳能是在太阳环境下某些轻元素的原子核发生热核聚变反应，而释放的能量。可见，实际上它是一种天然的核聚变能。鉴于石油、煤炭、天然气等非再生能源将日趋枯竭，水能、风能、地热能、生物植能等可再生能源的开发潜力有限，大规模开发地面太阳能又受种种条件的限制，以及人工生产的核能应用前景存在着一些不确定因素，而且人类的能源消费将继续大幅度增长、能源短缺严重制约着经济的发展；鉴于天然核能——太阳能是迄今世界上所有能源中最丰富、最清洁的可再生能源，它照射地球 30 分钟的能量约相当目前全世界一年内所消耗的电力，科学家们自然把眼光投向太阳能。专家们认为，把太阳能电站建在太空中，到大气层之外去捕集最丰富的天然核能，使之更好地向人类提供能源将是可行的。

这个"胆大包天"的设想，最早由苏联科学家格卢什科于 1929 年首先提出的。由于当时客观条件尚不具备，因而未引起人们的注意。1968 年，美国工程师彼得·格拉泽尔博士在综合前人设想，以及总结现代航天技术成果的基础上，提出了第一个具有实践意义的建造太阳能太空电站的方案。这个"太空电站"或"宇宙发电系统"实际上是一个巨型的太阳能地球同步卫星。卫星上安装有面积达 50 平方千米的光电板，其上布满太阳能电池。在阳光照射下，它能把光能转换成电能，再由微波发生器（即金属板制作的超高频辐射发生器）把电能转换成微波能，通过直径为 1 千米的发射天线以微波束辐射方式传输至地面。地面则设有微波接收站，站内有一直径为 8 千米的微波接收天线。接收微波后再把微波能转换成电能，并把这种交流电整流成直流电提供给用户，一座发电功率为500万千瓦的“太空电站”相当于地面上5座大型核电站。太阳能太空电站与太阳能地面电站相比，它具有很多优越性。比如，它高悬太空，不占地球上的一分土地；它摆脱了大气层的遮挡，无风无雨，几乎不分昼夜地生产电能并发送给地球；它一年到头几乎都沐浴在特别强烈的阳光里，接收到的太阳能比地面太阳能要大7～15倍。因此，有些能源专家把太阳能太空电站、快堆和聚变堆合称为解决未来世界能源的“三大设想”。

诚然，要建造太空电站绝非易事，根据格拉泽尔博士的设想，除要解决巨额的投入资金外，还要解决好三大技术难题。比如，太阳能卫星发射装置与发射技术；收集太阳能并实施光电转换的光电板；微波发射器与接收器。专家们认为，为控制卫星位置与角度以及把光变电再变成微波的设备跟卫星本身的质量与体积大体相当。据估算一个发电功率为500万千瓦的太空电站将重达几千吨甚至上万吨，而现在发射的卫星最多重9～13吨。所以重达成千上万吨的太阳能电站无法一次送上轨道，必须把它分开来分别送到低空轨道，在那里组装后再用火箭送至约36 000千米的地球同步轨道的固定点。这意味着，需要数千次甚至上万次的发射才能把一个太阳能卫星电站送上太空，工程量是巨大的。目前，在技术上这是可以做到的。但是这些火箭燃料燃烧产生的气体对地球大气环境可能造成的破坏不能不令人担忧。太空电站的第二个技术问题是光电的转换率。太阳能电池是直接把光转换成电能的装置。由于只有一定波长范围的光才能转换成电能，而且其中一部分光会被反射，所以在70年代时光电转换率仅为1%～10%。目前太阳能单硅电池的效率只有17%左右，经过不断改进，也只能达到20%。但是，生产单晶硅成本高，消耗的能量大，以致太空电站的能量回收时间（即抵偿为了建站而消耗的能量的时间）达10多年。现在，科学家们开发了非晶硅生产技术。其生产成本仅为单晶硅的1/10，能量回收时间也只有一两年。据报道，美国贝尔通信研究所人员顺利地解决了薄膜燃料电池生产中的技术难题，日本也试制了宇宙发电系统的微波送电机。据称，太阳能电池在不聚焦时的直接光电转换率已达23%；在利用砷化镓材料代替单晶硅之后，现在光电转换率可达40%。这些都使得太空发电站的设想有可能成为现实。如何把电能传输回地面，这是建造太空电站要解决的第三个技术难题，尽管目前尚未进行大规模试验，但70年代美国研究人员在加利福尼亚州沙漠中曾成功地把 10 千瓦功率的微波传送到几千米外的地方，微波系统是一种极有希望的途径。微波，一般指分米波、厘米波、毫米波段（频率为 $300\times10^{6}\sim300\times10^{9}$ 赫兹）的无线电波，可以通过地球的大气层传输，其能量损失很少。在良好的气象条件下，通过微波将电能传输到地面，电能仅损失 2%。这是完全可以接受的。

1991 年 8 月，几十名来自世界各地的科学家聚集于巴黎，讨论开发太空能源的前景，讨论的重点便是太阳能太空电站。目前，美国、日本等国的科学家都在积极探索与解决太空电站的某些技术难题。日本显得尤为积极。据 1992 年日本《产经新闻》报道，日本通产省决定从 1993 年度起，正式着手“宇宙发电系统”的基础研究，并把它作为下一代的“革新能源”，力争在 2040 年达到实用化。

“轰击原子的新炮弹”：1932年查德威克发现中子

查德威克

1864年，德国物理学家汗道夫发现了阴极射线；1869年，人们把阴极射线称作“电的自由原子”。1874年，爱尔兰物理学家斯托利把“电的自由原子”命名为“电子”。1885年，英国物理学家克鲁克斯用实验证明了阴极射线是一种微小的具有质量、带有电荷的粒子流，而非没有质量的光束。1897年，英国物理学家汤姆逊从阴极射线的研究中证实了“电子”的存在，指出“电子是带负电荷的微小粒子”。

1919年，参与过发现“电子”工作的英籍新西兰物理学家卢瑟福用α粒子（即氦核）作“炮弹”轰击氮核（反应式为$^{14}_{7}N+^{4}_{2}He \rightarrow ^{17}_{8}O+^{1}_{1}H$），首次实现了人工核反应，并发现了质子（即氢核）。其实，1886年，德国物理学家戈德斯坦在研究低气压放电管时就发现过失去“电子”的氢原子核（即质子），但他未意识到。电子和质子的发现揭开了原子结构的面纱。人们自然会问原子中除了电子、质子外还有什么？1920年，卢瑟福在英国皇家学会的一次讲演中提出，可能存在一种质量大体上与质子相似的“中性粒子”。是年圣诞节，他在给少年儿童讲科普知识时，再次指出，既然“原子中有带负电的电子，有带正电的质子，为什么不能有不带电的中性粒子呢？”——卢瑟福关于存在“中子”的假说，当然不是形式逻辑推理，而是有着充分的科学根据。当时，有人认为，原子是由“质子—电子”组成的“复合体”，呈电中性；原子核里也存在着质子—

电子"复合体"。其实，"中子"不能看作是"质子—电子"复合体的。因为两者的核特性不同，前者的自旋为1/2，而后者的自旋可为0或者1。所以，用卢瑟福的"术语"来说，中子应是一种单独的"中性粒子"。1921年，美国化学家哈金斯接受了卢瑟福的假说，并建议以"中子"来命名这种单独的"中性粒子"。其后10余年中，物理学家们一直在努力地证实这一"中性粒子"的存在。

自卢瑟福用α粒子轰击原子，成功地实现首次人工核反应以来，α粒子便成了物理学家们用来轰击原子的"炮弹"。1930年，德国物理学家玻特和贝克尔用α粒子轰击铍，原想能打出质子，但未发现质子，而发现了一种很强的辐射线。为测定其性质，他们在此射线经过的路线上设置了各种障碍，结果得知这种射线的穿透力极强，甚至能穿透几厘米厚的铅。由于，当时只知γ射线有此特性。玻特和贝克尔便误认为，这种很强的辐射线就是γ射线（其实，这种核反应式是：${}^{9}_{4}Be+{}^{4}_{2}He \rightarrow {}^{12}_{6}C+{}^{1}_{0}n$），从而失去了发现"中子"的良机。1932年，法国物理学家约里奥-居里夫妇重复了玻特和贝克尔的实验得到了相同结果。他们在射线通过的路线上放置了石蜡，发现打出了质子。由于γ射线过去未显示出这种本领，他们也感到困惑了！囿于传统观念，他们认为这可能是γ射线的新性质。同玻特和贝克尔一样，约里奥-居里夫妇没有注意卢瑟福多次关于原子中可能存在"中性粒子"的假说。如果，他们4人注意到卢瑟福的提示，他们完全可以获得发现中子的优先权。

1932年，英国物理学家查德威克也在重复玻特和贝克尔的实验，并得出了相同的结果。但，比别人高出一筹的是，他敢于突破传统观点的束缚，大胆地提出了新的见解。他指出：γ射线是具有很强的穿透力，但是它几乎没有质量，因此它没有把质子从原子核打出来所需的能量。从而否定了约里奥-居里夫妇关于γ射线的新性质的说法。考虑到卢瑟福关于存在中子的假说，并根据实验的事实，查德威克推测：任何能把质子从原子核里打出来的粒子，其本身的质量必须与质子质量相当才行。因此，他认为，玻特、贝克尔所发现的"穿透力极强"的射线即是寻觅已久的"中子"。这种情况同1885年克鲁克斯验证阴极射线是具有质量带有电荷的粒子流，而非没有质量的光束一样。至此，查德威克当然还是理论上的猜测。为了证实理论分析的正确性，他必须测定出"中子"的质量。1934年，他仍用α粒子轰击铍，求出了"中子"的质量（1.008665 u），并指出它略重于质子。接着他运用云雾室作了"中子流"实验，证实了在

(α，Be）反应中发现的“强辐射线”就是中子流，而非γ射线。

查德威克从理论分析和实验验证两方面断定了“中子”的存在。“中子”的发现得到了科学界的公认。为此，查德威克荣获1935年度诺贝尔物理奖。

从汤姆逊发现电子，到卢瑟福发现质子，再到查德威克发现中子，一幅原子图像便完成了。中子的发现无疑是这幅图画中最精彩的一笔！这幅图画，按照卢瑟福和丹麦物理学家尼尔斯·玻尔的设想：原子是由一个很小的原子核和围绕它运动着的电子构成的，原子核由质子和中子组成；在不同的元素中，原子的质子、电子和中子的数目各不相同；每一个原子中，原子核内的质子数同围绕着它旋转的电子数相等，每个质子带一个正电荷，每个电子带一个负电荷，正负电荷正好抵消，而中子不带电荷，所以原子呈电中性。据此，他们提出了原子的行星模型。

自居里夫人发现并提炼出纯镭以来，核物理学家们便有了强有力的“大炮”——镭源，于是它发射的α粒子便成了人们用来轰击原子的“炮弹”。用α粒子轰击原子的始作俑者是卢瑟福，因而导致了人工核反应的实现、质子和中子的发现、原子核的发现等一系列成果。中子发现后，以镭－铍作中子源，可以用中子作轰击原子的“新型炮弹”。由于中子不带电，它显然比带电粒子的“炮弹”有优越性。用中子袭击原子的首创者是意大利著名核物理学家费米，他在这方面取得了一系列成果。实际上，费米已得到了铀裂变的信息，只是由于传统观念的束缚使他错过了发现铀核裂变的机会。自中子成为科学家们轰击原子的“新型炮弹”后，人们又获得了许多重要成果。其中，具有划时代意义的重要发现——铀核裂变，是由德国科学家哈恩和施特拉斯曼完成的。

“一比三”：约里奥-居里夫妇的成功与失误

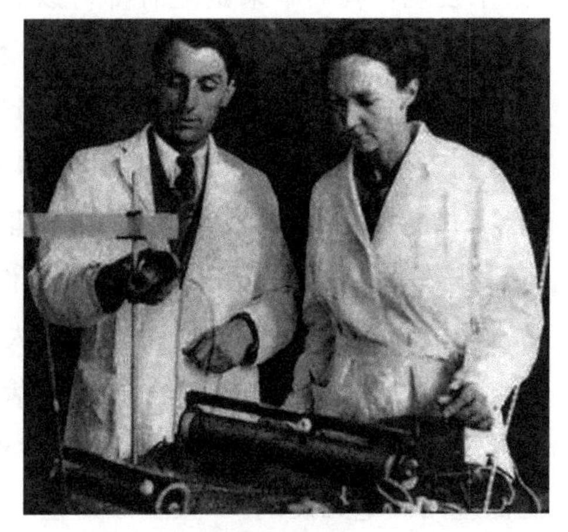

约里奥-居里夫妇

20世纪30年代是核科技史上发现与发明的黄金年代。此间，核科学家们取得了一次又一次令人振奋的发现与发明。其中，有成功，也有失误；有成功的失误，也有失误的成功。历史的辩证法正是如此：失误往往是成功的组成部分，以致可以说，没有此人的失误，便没有彼人的成功。而成功者的共性又往往是：在实践中，能敏感地抓住每一个新现象或疑点，一追到底，务求水落石出；在理论上，勇于突破旧框框，绝不人云亦云，敢于实施概念上的革命；在方法上，勇于标新立异，富有想象力，敢为天下先；在手段上，尽可能自己动手，事必躬亲，拥有先进设备与仪器，富有创造力。

皮埃尔·居里夫妇和贝可勒尔因发现“天然放射性”而共获1903年度诺贝尔物理奖。32年后，老居里夫妇的女儿和女婿——约里奥-居里夫妇则因发现“人工放射性”而获得1935年度诺贝尔化学奖。1934年约里奥-居里夫妇在研究α粒子（即$^{4}_{2}He$、氦核）对轻核的作用时发现，当以α粒子轰击铝（$^{27}_{13}Al$）或硼（$^{10}_{5}B$）时能生成放射性核素磷-30（$^{30}_{15}P$）或氮-13（$^{13}_{7}N$）。其核反应式为

$$^{27}_{13}Al+^{4}_{2}He \rightarrow ^{30}_{15}P+^{1}_{0}n;\quad ^{10}_{5}B+^{4}_{2}He \rightarrow ^{13}_{7}N+^{1}_{0}n$$

磷-30 和氮-13 都具有放射性，可衰变为其他核素。这是人类首次发现的人工放射性现象和首次合成的人工放射性同位素。人工放射性的发现，不仅是自然科学史上的重要事件，也是人类社会史上的重要事件。它既具有重大理论意义，也具有重大实用价值。约里奥-居里夫妇的这一卓绝发现无疑给原子核结构理论赋予了新内容，也为人工制造放射性核素开拓了广阔的道路。

据记载，当美国物理学家劳伦斯和利文斯顿得知约里奥-居里夫妇的新发现，以及回顾约里奥-居里夫妇曾在 1934 年初指出“用氘（$^{2}_{1}H$）核轰击碳（$^{12}_{6}C$）也可制得放射性核素氮-13”的讲话后，立即进行验证（因为他们都是经常用各种粒子轰击碳的行家里手），果然发现了氮-13。因此，劳伦斯的同事们懊悔地说：“这个发现，我们本来是随时都可以做到的。”而利文斯顿说得更干脆：“当时，我真想打大家的屁股!”科技界有一条不成文法规即：不论您的新发现（或发明）有多么惊人，多么伟大，只有当你（或经别人）把它整理出来，并以一定方式先于他人公之于世时，你才能得到公认，因而才能获得这项新发现（或发明）的首次发现权（或发明权）。约里奥-居里夫妇及时整理并公布了自己的成果，得到了科技界的公认。因此，他们荣获了 1935 年度诺贝尔化学奖。从他们首次合成人工放射性同位素至今，人们已通过人工合成的方法合成并鉴别了 2100 多种新核素。据理论物理学家估计，待发现的新核素可能还有 600 多种，这些人工放射性同位素在国防和工农业生产以及众多科学研究领域中得到了广泛的应用。毫无疑问，“人工放射性”的发现，对提高人类认识自然和改造自然的能力做出了巨大的贡献。

在科学实验中，约里奥-居里夫妇除上述成功外，也有过三次失误。这使他们与核科技史上的三次重大发现失之交臂。

其一，正电子的发现。1929 年，英国物理学家狄拉克从电子性质的数学处理方法中预言了“反粒子”（正电子）的存在。1930 年，我国物理学家赵忠尧在研究 γ 射线散射的实验中发现了电子偶的“湮没”，这是存在“正电子”的迹象。1932 年，美国物理学家安德森在研究宇宙射线时发现了“正电子”即电子的“反粒子”或“反电子”。因此，安德森和奥地利物理学家维克多·赫斯荣获 1936 年度诺贝尔物理奖。其实，约里奥-居里夫妇本来是完全可以先于安德森发现“正电子”的。在安德森发现宇宙射线中存在正电子之前，约里奥-居里夫妇在实验中已注意到威尔逊云室里有些电子的行为颇“奇特”，即它们的径迹弯曲方向与其他来源相同的电子正好相反。但是他们对实验出现的这类"奇特电子"未予深究，就去干别的事了，以致错失发现"正电子"的良机，后来，安德森得知这一信息，重复了约里奥-居里夫妇的实验，果然也发现这类"奇特电子"。安德森对它们进行了深入研究并证明所谓奇特电子就是正电子。并指出，这表明正电子不仅存在于宇宙射线中，也能单独存在于地球上。

其二，中子的发现。1919 年，著名物理学家卢瑟福用 α 粒子（氦核）作"炮弹"轰击氮核时，实现了人类的首次人工核反应，并发现了带正电的"质子"（氢核）。由此，1920 年卢瑟福多次预言了"中子"的存在。是年圣诞节，他在讲科普时再次指出，既然"原子中有带负电子的电子，有带正电的质子，为何不能有不带电的中性粒子呢?"果然，12 年后英国物理学家查德威克终于宣布他发现了"中性粒子"——中子，并从理论上作了令人信服的论证。为此，他荣获了 1935 年度诺贝尔物理奖。其实，1931 年约里奥-居里夫妇已走到了发现"中子"的门槛，仅一步之差，没有跨进发现"中子"的大门。事后，约里奥-居里夫妇是极懊悔的。自卢瑟福用 α 粒子作"炮弹"以来，物理家们纷纷效法。1930 年，德国物理学家玻特和贝克尔用 α 粒子轰击铍靶时观察到一种穿透力很强的"辐射"，但是他们误以为是 γ 射线，而未予理会。1931 年，约里奥-居里夫妇重复了上述实验，并在这种"强辐射线"通过的路线上旋转了石蜡，结果发现打出了质子。如果说这种"强辐射线"就是 γ 射线，太不合理了，因为 γ 射线从未显示出这种本领。他们更困惑了。但是，囿于传统观念，他们仍以"可能是 γ 射线的新性质"而作罢。实际上，这种"强辐射线"就是"中子"。显然，矛盾已经暴露，但约里奥-居里夫妇未能穷追到底，以致再失发现"中子"的良机。

其三，铀核裂变的发现。1938 年圣诞节前夕，德国物理学家哈恩和施特拉斯曼正式宣布他们发现了铀核裂变现象。1939 年，哈恩早先的长期合作者奥地利物理学家梅特涅根据哈恩和施特拉斯曼提供的信息，就质量亏损问题经周密计算，从理论上阐明了铀核裂变现象。当丹麦物理学家玻尔把这一信息带到美国时，一个月内竟有 6 人次宣布证实了哈恩和施特拉斯曼的发现。"铀核裂变"立即得到世界的公认。为此，哈恩获得 1944 年度诺贝尔化学奖。其实，1935 年前后，意大利物理学家费米在以"中子"为"炮弹"轰击铀核时，已能摸到"铀核裂变"的大门，但他却认定轰击后产物只能是"超铀元素"，因而失去了发现“铀核裂变”的机会。1938 年，约里奥-居里夫妇也开始了寻找费米的“超铀元素”的实验。并连续发表了三篇论文，特别是当年秋天的第三篇论文给施特拉斯曼和哈恩以很大启示。他们看完此论文后，立即在实验室工作了几个星期：不仅复核了约里奥-居里夫妇的实验，弄清了自己先前工作中的错误，而且发现轰击后的产物中确有钡存在（钡的原子序数为 56，当然不是什么“超铀元素”）。于是，一切迎刃而解了。事实是：铀核受中子轰击后，产生了镧-57 和钡-56，说明铀核确实被中子击成碎片了。后来哈恩说，约里奥-居里夫妇的实验为“发现铀核裂变线索提供了奇妙的效应”。可见，约里奥-居里夫妇同费米一样已经临近了真理的门槛。如果他们能认真地考虑一下德国女化学家诺达克夫人在 1934 年提出的关于铀核有可能被分裂成几大块的新思想，他们完全可以首先发现铀核裂变。但因传统观念和定势思维的束缚，致使他们先后与发现铀核裂变现象失之交臂。

"一种新媒介子的发现"：汤川秀树的介子理论得到证实

汤川秀树

粒子物理学的基本理论认为，基本粒子间的相互作用有 4 种，即引力相互作用、电磁相互作用、强相互作用与弱相互作用。理论上认为，引力相互作用是通过称为"媒介子"的引力子来传递的。引力是一种长程力，粒子间的引力相互作用极其微小，可以忽略不计。电磁相互作用的"媒介子"是光子。电磁相互作用由光子来传递。实验证明，一些中性粒子（如 π^0，Σ^0，λ^0 等）也参与电磁的相互作用。强力与前两种不同，它是一种短程力。在原子核内把核子结合在一起的核力就是强力，它比原子内原子核结合电子的电磁力强约 1 000 倍。至于弱力，也是一种短程力，轻子之间或轻子衰变都存在着弱力相互作用。80 年代，科学家们也证明了弱力相互作用是通过所谓中间矢量玻色子的"媒介子"来传递的。人们已经知道，引力和电磁力作为长程力仅仅反比于距离的平方而衰减，但作为短程力的核力则衰减极快，以致当两个相互作用的粒子离开的距离等于它们自己的半径之和时，这种作用力便几乎降到零值。因之，强相互作用有两个特点：一是作用距离极小，二是作用时间极短。在研究核力时，人们自然会想：为何如此大的核力能集中在原子核这么小的范围内？核力是靠什么媒介来传递的？既然引力相互作用和电磁相互作用都是由各自的"媒介子"来传递，强相互作用为什么不能由一种尚未发现的"媒介子"来传递呢？

1935 年，日本物理学家汤川秀树深入地研究了这些问题。他提出在核力相互作用中可能存在着一种“介子”，正是它起着传递核力的作用；他还明确指出这种介子的质量应当介于 200～300 倍电子质量之间。这就是有名的“介子假说”。根据汤川秀树的介子理论，所有的介子都拥有一个相同的赤裸的核，核的周围被介子云包围：介子可以是中性的，也可以是带正、负电荷的。那么，这种假设的介子是否存在呢？只有靠实践来证实它。于是，物理学家像寻找“引力子”一样地投入了寻找“介子”的工作。由于“介子”可以带电，人们便利用云室来寻找它。因为利用云室，不但能直接观察到带电粒子的径迹，还可以根据液滴的密度计算出带电粒子的电离本领，亦可根据粒子在磁场中的径迹的半径，计算出粒子的动量。知道了粒子的电离本领和动量就能估算出粒子的质量。

1937 年，美国物理学家安德森、内德迈耶利用云室在宇宙射线中找到了一种质量约为 700 倍电子质量的粒子。当时，人们认为，这就是汤川秀树所预言的介子。但是，进一步的分析研究后，发现这种粒子与核的相互作用很弱，这与强相互作用不符。因此，它很快就被否定了。10 年后，英国物理学家鲍威尔、莱梯斯又将核乳胶放在宇宙射线中照射，由于核乳胶是固体，有极大的阻止本领，所以得到的粒子径迹比在云室中要短，因而增加了记录各种事件的机会。他们在核乳胶胶片上获得了两种粒子的径迹，由此确认了两种粒子的存在。他们把第一种称之为 π 介子，后来证明这就是汤川秀树预言的传递核力的介子；另一种是 μ 子，就是安德森等人在 1937 年找到的粒子。为此，鲍威尔获得了 1950 年度诺贝尔物理奖。1949 年，鲍威尔又在宇宙射线中发现了比 π 介子还重的 K 介子。它和 π 介子一样，可以带正电荷、负电荷或不带电荷；π 介子的质量是电子的 273 倍，K 介子的质量则是电子的 966 倍。1948 年人工生产 π 介子获得成功。汤川秀树由于提出介子理论并经实践证实是完全正确的，而荣获 1949 年度诺贝尔物理奖。

自介子被发现之后，人们对“基本粒子”的结构有了进一步的认识。美国物理学家霍夫斯达特曾利用极高能量的电子研究过原子核，他认为质子和中子都有一个由介子构成的核心。1969 年，美国斯坦大学的科学家用 170 亿电子伏的高能电子轰击质子时，观测到的非弹性散射表明，质子内部存在着一些自由活动的“点状粒子”，估计它们的半径小于 0.05×10^{-13} 厘米。科学家们将之起名为“部分子”。后来，科学家们进一步证实了质子中确实存在着均匀分布的“部分子”。据此，他们提出了核子（质子和中子）是由被称为夸克的更小粒子和中性的胶子构成的。目前，物理学家果然都发现了理论预言的6种夸克，正在进一步寻找不带电的“胶子”。

“并非荒诞的梦”：卢瑟福首创的现代炼金术

卢瑟福

1937年，杰出的英籍新西兰物理学家卢瑟福出版了他的最后一部著作《当代炼金术》。这是一部根据他的科学实验来描述“元素转化”（即把一种化学元素转变为另一种化学元素）的著作。它同古代炼金术士所企求的把铜、铅变为金、银有着共同之处，并能实现他们这种看似“荒诞的梦想”。因此，卢瑟福便将它命名为《当代炼金术》。那么，当代炼金术与古代炼金术又有何不同呢？

客观地说，古代的“炼金术”是处于初始阶段的、尚未具有科学意义的化学。早期的炼金术是一种企图把普通金属（铁、铅、铜等）变为贵金属（黄金、白银）的方术，古时又称“黄白术”。“炼金术”的历史源远流长。在纪元之前，“炼金术”的思想早就在东方各国传播了。古代炼金术最早产生于中国、埃及、亚述（巴比伦）以及印度等地，后传入阿拉伯，再经拜占庭传入西欧。在奴隶制国家崩溃后的阿拉伯人那里，炼金术已染上了神秘主义的色彩；而在西欧，进入封建制社会后，这种色彩就愈加浓厚了。当时，化学正处在幼年时期，有些炼金术士在企图从铁、铅、铜等金属中“炼”出金、银的实践中确实对积累化学知识、促进化学发展作出了贡献。遗憾的是，与他们的愿望相反，他们把砷化物或其他化合物加进铜熔液时，“炼”出来的却不是黄金、白银，而是黄铜或白铜。在当时知识水准下，炼金术士们还不明白用化学方法永远不能达到把一种元素变为另一种元素的目的。当此路不通时，他们便转而去求助古希腊亚里士多德的学说。依据这一学说，世界是火、风、水、土四种“元素”构成的。

这四种元素又如何组成世界上的万物呢？亚里士多德指出，还存在着一种能把各种“元素”合成为一个东西的所谓“第五本质”。这个“第五本质”到底是什么，是物质还是精神，抑或一种功能？亚里士多德均未说明白。但是“炼金术家”认是此“第五本质”为“哲人之石”“圣人之石”或“万能之丹”。有人甚至断言，亚里士多德的“第五本质”其实是一种神秘的元素。它具有“点石成金，医治百病，能使人长生不老、返老还童”的奇异功能。于是，盛行于欧洲中世纪的炼金术又被称作“点金术”或“炼丹术”。中国“炼丹术”的产生远早于欧洲，有位西方学者认为“氧”是中国人首先发现的。

在欧洲中世纪漫长的岁月中，炼金术士们一直四处鼓吹并梦想把普通金属炼成黄金。这使一些渴求财富的王公贵族们也着了迷。例如，捷克国王卢道夫二世就是一个狂热的炼金术迷。他曾在城堡里盖了一排房子，邀请了许多有名的炼金术士为他炼金，以充实自己的财库。事实上，应聘的炼金术士的下场是可悲的：当他们炼不出黄金，或无法解释自己的失败时，他们就会无情地被吊死在绞刑架下。如同中国古代方士求不到“不死之丹”，会被人称为骗子而身败名裂一样，欧洲的炼金术士中也出现过不少骗子而名裂身亡。例如，1782 年，英国的“著名炼金术士”普莱斯，因“炼金成功”而受到英皇乔治二世，乃至牛津大学的器重，并红极一时。后来，有人对他的骗术表示怀疑，要他再当众表演。当他被迫当众表演时，终因感到“天机已经败露”，再也骗不下去了，只得在众人面前饮毒自尽。然而，137 年后，也是在英国，随着科学技术的发展，著名英籍新西兰科学家卢瑟福却圆了古代炼金术士们的“古老而荒诞的梦。”

当人类历史进入 20 世纪后，物理学家们先是发现了某些元素能自发地转变成另一种元素。接着，他们又以与古代炼金术士所用的化学方法不同的核反应方法开辟了将一种元素转变为另一种元素的新途径，并取得了巨大的成功。1902 年，卢瑟福和索迪以镭能发射出“镭射气”（氡）、镭射气中又存在氦的实验结果为出发点，大胆地提出了放射性物质能自行衰变的假说，即带放射性的某种元素，经自行衰变后可变为另一种元素。后来的事实证明他们的假说是科学的预见，是完全正确的。1919 年，卢瑟福用 α 粒子（即氦核$_{2}^{4}He$）轰击氮时，产生了氧的同位素（氧-17）和质子（即氢核$_{1}^{1}H$），反应式为$_{7}^{14}N+_{2}^{4}He\rightarrow_{8}^{17}O$

$+{}_{1}^{1}H$，这是有史以来的第一次实现的人工核反应，它把一种元素转变成另一种元素。1932 年，查德威克以 α 粒子轰击铍（${}_{4}^{9}Be$）时，产生了碳（${}_{6}^{12}C$）和中子（${}_{0}^{1}n$），其核反应式为${}_{4}^{9}Be+{}_{2}^{4}He \rightarrow {}_{6}^{12}C+{}_{0}^{1}n$。它导致中子的发现。

1932 年 4 月 20 日同样是核科技史上一个重要的日子。这一天，卢瑟福在皇家学会上介绍了卡文迪许实验室的两位年轻人瓦耳顿和科克拉夫特在一架取名为“当代炼金术”的巨型机器上所取得的成果。当时这架机器上发生了这样一件事，即轻元索锂的同位素锂-7（${}_{3}^{7}Li$）捕获一个质子（${}_{1}^{1}H$），由此形成一个原子量为 8 的原子（我们记它为${}_{4}^{8}X$，我们还知道质量数为 8 的原子是不稳定的），并立即分裂为两个原子量各为 4 的氦原子（${}_{2}^{4}He$）。这显然是一项崭新的成就。它表明人们可以在实验室里进行轻金属元素的人工嬗变了。其实，1919 年卢瑟福已通过人工核反应使氮变成氧，只是为数太少，未能引人注目。这次不同了，几乎英国的各种报纸都以显著地位刊登了这个重要消息——“原子分裂了!”这是核科技史最早报道的轻金属原子分裂为氦原子的消息。用质子代替 α 粒子轰击原子的方法后来被称为瓦耳顿－科克拉夫特方法。它使物理学家又多了一项进行核反应试验的有效手段。

1933 年，法国物理学家约里奥-居里夫妇用 α 粒子轰击铝（${}_{13}^{27}A1$）时，得到了磷的放射性同位素（磷-30）和中子（其反应式为${}_{13}^{27}Al+{}_{2}^{4}He \rightarrow {}_{15}^{30}P+{}_{0}^{1}n$）。1934 年，费米另辟蹊径地采用以中子轰击原子的方法对已知的 90 多种元素逐一实施轰击。这样，他从氯得到放射性磷，从硅得到放射性铝，从铁得到放射性锰等。

由上述可知，物理学家们用 α 粒子、用质子或用中子轰击原子等核反应都能把一种元素变成另一种元素。古代炼金术士的宿愿终于被现代的炼金术实现了。1941 年，美国一位科学家用加速器中的带电粒子轰击汞原子（如反应式可为${}_{80}^{200}Hg+{}_{1}^{1}H \rightarrow {}_{79}^{197}Au+{}_{2}^{4}He$），真的制造出几百万个金原子来。在此前后，一些国家的科学家用类似的方法制造了相当数量的人造黄金。据传，苏联是积极从事“人造黄金”的国家之一。诚然，这种人造黄金的成本要比采炼自然黄金贵得多，在经济上未必合算。但，它却表明了：把普通金属变为贵重金属并非无稽之谈。另据 1994 年报道，一批美国科学家通过核反应获得了一些珍贵的金属材料。美国研究员乔·钱皮恩称，这些新技术在于可用普通金属通过放射性同位素合成贵金属。他们是将一些金属的同位素置于电磁共振场中，以引起裂变反应。由于核反应是在低能条件下产生的，放射性废料很快失去放射性，因而不存在放射性带来的危害。乔·钱皮恩还强调，通过核反应合成的珍贵金属在市场上将具有与纯金相同的价值。而且，据报道，墨西哥瓜纳华托州州立大学的科学研究所已经试验证实了美国这项被命名为“费拉德尔菲亚计划”的理论。

“海底骄子的诞生”：核潜艇与航海史的一大飞跃

16 世纪初，葡萄牙著名航海家麦哲伦向国王提交了拟进行一次规模宏大的远航申请，因得不到支持，便转而跑到邻国西班牙求援。当时，有“海上强国”之称的西班牙正处于鼎盛时期，西班牙国王对麦哲伦想开辟新的航道一事极感兴趣，遂决定给予全力支持。经过一番准备，1519 年，麦哲伦便率军舰 5 艘、水手 265 人从圣罗卡港起航向西航行。舰队穿过大西洋到达南美巴西，沿海岸南下，绕经南美洲最南端后再横渡太平洋，以寻找到达印度的西航道。麦哲伦一行历经艰险，于 1520 年年底抵达菲律宾。后因他们干涉岛上部族的内讧，麦哲伦为当地居民所杀。群龙无首，余下的人待不住了，便慌忙乘船逃往摩鹿加群岛。直到 1522 年 9 月，当初声势浩大的麦哲伦舰队只剩下一艘“维多利亚号”和幸存的 18 名水手返回西班牙。麦哲伦舰队历时 3 年完成了人类首次环绕地球一周航行的壮举，开辟了新航道，为后来资本主义的发展作出了贡献。然而，这次水面上环球航行的损失毕竟太大了。随着科学技术的发展与航海事业的进步，400 多年以后，美国人制造的一艘新舰艇“美人鱼号”却轻而易举地按当年麦哲伦所走的航线环球航行了一周，只不过“美人鱼号”是全部在水下航行的。它是一种不同于常规潜艇的新型核潜艇。

我们知道，常规潜艇是号称“潜艇之父”的美国工程师富尔顿首先发明的。他也是蒸汽机轮船的发明者。据传，富尔顿在法国巴黎时，曾听说拿破仑想征服英国，便向拿破仑建议：法国应建造蒸汽机轮船以取代传统的帆船，组成一支以蒸汽轮机为动力的舰队；这支舰队不用风帆、不管风向、不论晴雨，都能迅速横渡英吉利海峡去征服英国。但是，拿破仑听后却一笑了之，未以理睬。

如果，拿破仑慎重考虑并接受富尔顿的建议，建立起这支舰队，那么，19 世纪欧洲的历史的进程或许将是另一番情景。正是这位富尔顿在 1801 年设计建造了第一艘潜艇，并取名为"舡鱼号"。在一次演习中，他用这艘潜艇炸毁了一只 200 吨的帆船，从而揭开了潜艇作为海军武器历史的第一页。但那时是以风力或人力为动力的，后来才改用柴油机或蓄电池为动力。它在第一、第二次世界大战中获得很大发展。常规潜艇的出现，使得水面航行变为水下航行，航海技术为之一新，当是人类航海史上的一次飞跃。

但是用柴油发电机的常规潜艇，燃烧时需要氧气，水下航行只得靠蓄电池推进。蓄电池充电一次只能用几小时至几十小时。因之，潜艇得浮出水面，或上升到吸气管可以使用的深度，用柴油发电机对蓄电池充电，才能继续潜行。当常规潜艇接近或浮出水面时。它就成了海上猎潜飞机或军艇的侦察与攻击的目标，以致葬身海底。为克服常规潜艇的缺点，以提高潜艇的防卫和攻击能力，军事技术人员只有另谋出路。

就在此时，1939 年玻尔在美国宣布了德国科学家奥托·哈恩和施特拉斯曼发现"铀核裂变"的消息。同年 6 月，美国海军实验室机电处处长高恩即大胆提出了"核潜艇"的设想。当时，由于研制核武器的任务更为急迫，而在技术上动力堆又比生产堆复杂得多，所以高恩的设想未被海军当局所重视。第二次世界大战一结束，美国就开始执行核潜艇的研制计划。1946 年，美国 46 岁的海军工程技术军官里科夫被派到卡林顿核研究所（后改名橡树岭实验室）学习核科学技术。正是这位里科夫为建造核潜艇做了大量实际工作，立下了汗马功劳，以致被称作"美国核潜艇之父"。当时，卡林顿研究所物理部主任温伯格提出了以加压的水作为冷却剂和慢化剂的压水堆的概念，指出压水堆比气冷堆或钠冷堆更可靠、更容易建造。实践证明，温伯格的观点是正确的。目前世界上核潜艇所采用的核动力装置都是压水堆蒸汽动力装置。在里科夫的积极鼓动与努力下，1951 年 8 月，美国海军同厂方正式签订了建造第一艘核潜艇（命名为"鹦鹉螺号"）的合同，次年，美国国会批准了第一艘核潜艇的经费计划。由于 1950—1951 年，美国已在两座反应堆上尝试用核能发电并取得了成功，1953 年为核潜艇建造的首座陆上模式堆亦顺利发出电力。1954 年初，美国第一艘核潜艇——舡鱼号（为纪念富尔顿的首座常规潜艇"舡鱼号"，改"鹦鹉螺号"为"舡鱼号"）下水，1955 年初驶入大西洋试航。经过 50 多次下潜试验，性能令人满意，遂于同年4月正式加入美国海军服役。不久，它又进行了横贯大西洋、太平洋，并从阿拉斯加的巴罗角下潜作北冰洋冰冠下的航行，于1958年8月3日23点15分，通过了地理上的北极点，完成了航海史上的首次水下极地航行。

经过40多年的发展，现在的核潜艇已远远超过了第一代核潜艇。第一艘核潜艇“魟鱼号”：全长94.7米，重2 800吨，水下排水量3 750吨，水上航速每小时20海里，水下23海里。而1981年底服役的美国第一艘三叉戟核潜艇“俄亥俄”号，全长170米，最大宽度12.8米，水下排水量18 700吨，水上航速每小时25海里，水下35海里。1958年，苏联建成了第一艘攻击核潜艇；1980年建成“台风级”战略核潜艇，该潜艇排水量达2.5～3万吨，长187米，最大宽度22.9米，比第二次世界大战时的德国潜艇大50倍，比美国“三叉戟”核潜艇也大得多。继美苏之后，1963年英国建成攻击型核潜艇“无畏号”；1970年法国建成战略核潜艇“可畏号”；1971年我国第一艘核潜艇下水。

核潜艇的隐蔽性好、续航力大、潜航时间长、航速高，下潜深度超过300米，水下时速可达30海里以上，续航力可达75 000海里，大大提高了它的生存能力和攻击能力。可见，核潜艇较常规潜艇具有无比的优越性。它的出现，无疑是人类航海史上的一大飞跃，也是海军武器史上的一大进步。

"第 93 号元素之谜"：核科技史上一项划时代的发现

在核科技史上，用 α 粒子轰击原子的方法是一个创举。人们用这种方法，完成了一系列的重大发现。这应该首先归功于杰出的英籍新西兰核物理学家卢瑟福。正是他用 α 粒子轰击金箔，做了著名的 α 粒子散射实验，确定了原子中有"核"存在，并于 1911 年公开了这一结果。1919 年，他又用 α 粒子轰击氮，首先实现了人工核反应，并得到了质子（即氢核）。1932 年，英国物理学家查德威克也从用 α 粒子轰击铍的核反应过程中发现了"中子"。1934 年，约里奥-居里夫妇以 α 粒子轰击铝时，发现了人工放射性现象，得到第一个人工放射性核素磷-30。

奥托·哈恩

为研究人工放射性核素，著名意大利物理学家费米对发现不久的"中子"产生了极大兴趣。他基于用不带电的中子轰击原子核显然比用带电的 α 粒子更优越的想法，于 1934 年首先制作了氡铍中子源（核反应式为$^{9}_{4}Be+^{4}_{2}He\rightarrow ^{12}_{6}C+^{1}_{0}n$），此中子源每秒可放出约 100 万个中子。费米以此源的中子逐一地轰击元素周期表上列出的从氢到铀等 90 多种元素。在短短几个月内，他取得了巨大成功，先后制备出 37 种放射性核素。当费米轰击到最后一个元素铀时，发现铀也被激活了。从实验中，他知道，用中子轰击方法是很容易把一种元素变为原子序数加 1 的下一种元素的。所以，费米以为他突破了元素周期表的边界，又找到了一种新元素，它是原子序数比铀（原子序数为 92）大 1 的"第 93 号元素”，并把它命名为铀 X。其实，此时的费米已窥视了“铀核裂变现象”的曙光，只是由于定势思维的束缚，使他毫不犹豫地断定：铀俘获中子后，只能生成比铀更重的“超铀元素”，而不会生成比铀轻的其他元素。费米的这种定势思维，使他吃了大亏！甚至当德国女化学家诺达克夫人大胆预言“用中子轰击重原子核时，可能使它分裂成几大块”时，费米也不予理睬。旧观念往往是新发现的强大阻力。已现端倪的“铀核裂变”的重大发现，就这样轻易地与费米失之交臂。

自英国科学家卡文迪许发现氢以来，历时约 170 多年，人们才陆续鉴别和发现共 92 种元素。所以，当传出费米发现了“第 93 号元素”时，立即引起了轰动。当时，《纽约时报》以“意大利人通过轰击铀制成第 93 号元素”为醒目标题，对此作了长篇报道。意大利的许多报纸则想利用它来宣扬“法西斯主义在文化领域的胜利”。各国科学家们虽然相信意大利人首创中子轰击方法制成了许多新的人工放射性核素，但是却不敢贸然相信意大利人真的制成了一种元素，特别是以此来证明“法西斯主义在文化领域的胜利”。他们都在议论这个信息是否真实。对此，连费米本人也发表声明称铀 X 到底是什么元素，在得到实证之前，还需要继续进行许多精密的实验。费米的声明表明了一个科学家严肃而诚实的态度。此时，有人指出铀 X 可能是第 91 号元素镤的同位素。

“以中子轰击铀元素产生的铀 X 可能是第 91 号元素镤的同位素”的说法引起了镤元素的权威研究者德国化学家奥托·哈恩和奥地利物理学家丽丝·梅特涅的极大关注。他们重复了费米的实验。在以中子轰击铀的产物中，他们发现的生成物比费米发现的要多，但并没有发现镤。根据分析，他们先后选用铼和钡作载体，把它们同用中子轰击铀而得的产物相混合，再以化学分离方法从分离的铼或钡中带出铀 X 来，但都事与愿违。后来才弄清楚，所谓铀 X 正是钡本身。这就不得不令人奇怪，“第 92 号元素吸收一个中子”竟变成了第 56 号元素钡。因此，费米的“第 93 号元素”的确成了一个谜。

“第 93 号元素之谜”是从两方面解开的。其一，是 1938 年年底，哈恩和施特拉斯曼发现铀受中子轰击后产生一种重要物质，它既不是所谓超铀元素，也不是铀放出 α 射线后的衰变产物，而是质量约为铀原子一半的钡（$^{137}_{56}Ba$）。这一发现，使他们大为惊奇，他们无法解释这一现象。于是，他们便写信，把情况告诉了远在瑞典居住的梅特涅。具有丰富实践经验的梅特涅此时又表现出卓越的理论分析的才华。她根据玻尔的液滴模型于1939年年初阐明了铀核裂变现象，并根据铀核分裂时的质量亏损运用爱因斯坦的质能公式，推算出铀核裂变时还能释放出巨大能量。于是，她赶往哥本哈根，将这一发现及其理论分析告诉了玻尔。后来，玻尔把这一消息带到了美国。这时，在美国的费米才如梦初醒：原来，他所称的“第93号元素”（铀X）并非“超铀元素”，而是铀核裂变的产物——裂片元素。其二，“超铀元素”的第93号元素的发现。它是1939年美国科学家麦克米伦和艾贝尔森在用慢中子轰击铀的实验中鉴别出来的。这就是原子序数为93的镎（^{93}Np）。至此，真相大白，“第93号元素之谜”便解决了。

1939年年初，当玻尔在华盛顿的物理学界会议上宣布“铀核裂变”现象的发现及其解释时，在场的许多物理学家未听完报告就奔回自己的实验室做起实验来。以致一个月内，竟有6人次宣布这一实验的成功。于是，铀核裂变的发现，立即得到世界的公认。我们知道，铀元素的原子量最初被确定为238。1935年加拿大出生的美国物理学家登普斯特发现铀原子中约有0.7%的铀-235，不久又找到了少量的铀-234。后来美国科学家邓宁很快就清楚了：“铀核裂变”实际上是仅占0.7%的铀-235核的裂变。在英语中，“分裂”“裂变”是同一个词(fission)。1939年，美国生物学家阿诺德建议把铀核分裂成两半的现象依照活细胞一分为二的叫法称为“裂变”。所以“裂变”一词一直沿用至今。1941年，苏联科学家弗辽洛夫和彼得夏克又发现了铀核的“自发裂变”现象。

1938—1939年由哈恩、施特拉斯曼等人发现与阐明的在中子轰击下铀核产生裂变并释放出巨大能量的现象，不仅具有巨大理论意义，而且具有重大实用价值。这是一项具有划时代意义的发现，是人类步入核能时代的一声春雷。在这一重大发现中，意大利杰出科学家费米贡献卓绝、功不可没。正是费米首先使用的以中子轰击原子的新方法导致了一系列的重要发现。铀核裂变的发现是费米首创的以中子作为轰击原子的“新型炮弹”的必然结果。在核科技史上，卢瑟福用α粒子轰击原子，以及费米用中子轰击原子的方法都是伟大的创举，也是实验核物理学家的杰作。关键在于，它提供了一种思路。这种思路在当今合成新核素的实践中仍起着重要作用。

“不平凡的六响”：铀核自发裂变现象是怎样发现的?

库尔恰托夫

1939 年 4 月 7 日，法国物理学家约里奥-居里等人给《自然》杂志寄去一封信，信中叙述了有关铀核裂变一旦开始就有可能自行持续下去的研究结果。这就是铀核裂变的链式反应。当时，苏联的物理学家库尔恰托夫及其学生彼得夏克和弗辽洛夫也在进行同一问题的研究并取得了类似的结果。他们注意到，为实现铀核链式反应需要的是慢中子，但铀在裂变过程飞出的却是快中子。虽然人们已掌握了使快中子变为慢中子的方法，但慢中子只能使天然铀中含铀极少的铀-235裂变。能否直接使用快中子让天然铀中的铀-238裂变呢？库尔恰托夫提出了这个问题，并委托彼得夏克和弗辽洛夫来完成这项实验。

于是，弗辽洛夫和彼得夏克开始了用快中子照射天然铀的实验设计。实验的方案很简单。他们把镭射气（即放射性氡气）装入玻璃管中，再往管中放进少量的铍粉。这样，管内的氡释放出的 α 粒子（即氦核$^4_2$He）轰击铍（$^9_4$Be）核引起核反应，从玻璃管中飞出中子。其核反应式为

$$^9_4\mathrm{Be}+^4_2\mathrm{He}\rightarrow^{12}_6\mathrm{C}^*+^1_0\mathrm{n}$$

式中，$^1_0$n代表中子，* 号表明碳-12 处于激发态。这就是实验核物理学家们常用的镭铍中子源。于是，他们把玻璃管（中子源）放到一个铀电离室旁边。所谓铀电离室，实际上是一种平行板电容器，平行板即为板状电极，其上涂着

含有天然铀的薄层。在中子照射下，铀的裂变碎片从薄层中飞出。于是，通过电离室气体而快速飞行的裂变碎片离子流便使板状电极充电；电极板上的电脉冲送到放大器并由记录仪记录下来。当然，最关键之点在于，要使装置得到最高的灵敏度，因为实验中用的是裂变效应很弱的天然铀。显然，在电离室中含有的铀越多，它的灵敏度也就越高。鉴于无线电收音机的可变电容的启发，他们在电离室中装了许多块薄板，同时使正负电极相间排列起来。薄板愈多，载铀量也愈大，电离室的灵敏度就愈高。

彼得夏克和弗辽洛夫安装好实验装置，调好放大器便开始实验。按实验观测应首先在没有中子源的情况下进行测试，看一看“零效应”如何。但他们决定先测量实际效应。他们把充氡气的玻璃管放至电离室近旁，只听计数器正常地劈劈啪啪地响了起来，记录着中子引起的铀裂变。他们拿走了玻璃管，劈啪声也停止了，这时可以认为没有“零效应”了。正当他们观察仪器时，却突然意外地传来一响！这使他们很惊奇，因为中子源已拿开了，这一响来自何处呢？正在他们思考间，突然又传来一响！过一会又是一响！真是一波未平，一波又起。就这样，在没有任何中子源的情况下，计数器硬是响了6下，电离室1小时内记录了6次衰变！——这是什么响声？它来自何处？它是不是有些论文上提到的铀核的自发裂变？

“铀核的自发裂变”，引起了彼得夏克和弗辽洛夫的极大兴趣。因为，自1938年年底，德国科学家哈恩和施特拉斯曼发现中子引起铀核裂变现象后，有人就从理论上预言了可能存在铀核的自发裂变现象。著名的丹麦理论物理学家、诺贝尔物理学奖获得者尼尔斯·玻尔还计算了铀核自发裂变的寿命，他得到了一个巨大的数字——10^{22}年。著名的美国化学家、诺贝尔化学奖得主、放射性碳-14的发现者利比曾企图观察铀的自发裂变，但是什么也没有看到，然而他判明了铀核自发裂变寿命的下限为10^{14}年。当时，彼得夏克和弗辽洛夫想，铀核自发裂变的寿命数值是否可能在未被研究的10^{14}～10^{22}年之间呢？他们把自己实验装置与利比的实验装置作了细致的对比，发现自己装置的灵敏度大大超过了利比的装置。他们将自己的发现告诉了库尔恰托夫。但后者极谨慎地说，最可能的情况是，你们的装置是否被什么东西沾污了，你们应该仔细检查检查。为此，他们开始分析并逐一地排除可能的干扰因素。首先，为排除外部干扰和感应（如电网和轰隆作响的有轨电车），他们便在夜深人静时进行实验。为排除镭学研究所实验室放射性污染的影响（该所从事放射性工作已有 20 年历史），他们把实验装置搬到了远离该所的技术物理研究所。但是，实验的结果仍然如前，电离室仍每小时发出 6 个脉冲。似乎到了可以宣布发现铀核自发裂变的时候了。但是，在科学实验中，往往一个否定的结论比 10 个肯定的结论还有分量。库恰尔托夫是深知这一道理的。他对两位年轻的物理学家说："如果这一切真的像你们得到的那样，你们则需放弃其他一切事情而仅仅从事这一件工作。……须知，观察新的现象这种事情，在人的一生往往只能遇到一次，也不是每个人都能遇到的。"这样，库尔恰托夫做了总结，同时拟定了新的验证性实验的计划。

检验的内容主要是完全排除可能与铀核裂变毫无关系的其他来源。例如，它可解释成为铀核的 α 衰变，若同时飞出几个 α 粒子，则它们的合成脉冲会被误认作是来自裂变碎片的信号。或者在电离室的电极板上可能发出偶然的放电。或者是宇宙射线打到铀薄层上给出这种劈啪的响声，验证性实验一个一个地进行，结果依然如故。其中，要躲开宇宙射线的影响却颇费周折。开始，他们想乘潜艇到海底去实验，但列宁格勒附近的波罗的海水很浅，20 米的水层不能有效地屏蔽宇宙射线辐射。最后，他们选择了莫斯科地下铁道。为此，技术物理所所长约飞博士亲自以报告的形式给苏维埃人民委员会写了一封信，提出这一要求。很快他们收到了回信，回信不仅完全同意这一方案而且答应给物理工作者以全面协助。于是，他们顺利地把全部仪器运到了莫斯科。莫斯科地下铁道的"迪那莫"站特地腾出一间办公室作为实验室。这里的深度对实验来说是足够了。宇宙射线的辐射比地面要弱 95%。他们在半年内，认真地重复了在海平面高度所做的一切实验，并精细进行测量，结果仍是每小时电离室正常地发出 6 个脉冲。在排除一切可能干扰的因素后，治学严谨的库尔恰托夫和约飞都对他们的发现表示了认可。

1940 年年初，约飞博士直接打电报给美国《物理评论》杂志，发出了苏联年轻物理学家弗辽洛夫和彼得夏克发现铀核自发裂变现象的报道。《物理评论》是一个很有权威的刊物，当时几乎所有的关于铀核裂变研究的主要文章都刊登在这个杂志上。这一消息引起了核物理学界的关注。

铀核自发裂变现象发现者之一的弗辽洛夫后来说，关于这项工作的第一个总结报告侥幸地保存下来了，其中最后一页上写着："重核能够发生自发裂变。这一事实不但在核物理中，而且在化学中引导出极重要的结果，给出了关于元素周期边界问题的答案……”

从铀核自发裂变的发现的全过程可以看到库尔恰托夫的治学态度的严谨与公布成果的严肃。对比之下，现在某些科学工作者抢先宣布连自己都未完全弄清楚的“成果”，实在是不可取的。列宁写过一篇文章叫“图快出丑”。在以往与现在在公布科学技术的发现与发明事件中，“图快出丑”者，大有人在。应该引以为训。“图快出丑”不可取，伪科学与反科学就更不可取了。当苏联第一颗原子弹爆炸试验成功后，就如同李森科“学说”与遗传学一样，有些人想把物理学上的这一成就纳入苏联意识形态的框框中去，即将相对论和量子论宣布为反革命学说。这些人甚至打算在 1949 年 3 月 21 日为此召开一个大会。幸而库尔恰托夫在得知此事后立即表态说：“如果量子论和相对论消灭了，任何原子弹也将不复存在。”斯大林接受了库尔恰托夫的意见，于 3 月 16 日断然取消了这次荒唐的集会。

“杰出的意大利航海家”：世界上首座人工反应堆的诞生

费米

1942 年 12 月 2 日下午，负责制备裂变燃料的美国物理学家康普顿博士在世界上第一座人工反应堆现场正小心翼翼地与华盛顿的科南特教授通话。为防止窃密，他们便用了暗语：

——“那位意大利航海家已经到达新大陆了!”

——“真的吗？当地居民表现得怎么样?”

——“非常友好。每个人都安全登陆了，愉快得很!”

对话中的“意大利航海家”，当然不是指 1492 年在圣萨尔瓦岛登上美洲新大陆的意大利航海家哥伦布，而是指 450 年后登上“原子时代新大陆”的意大利杰出物理学家费米。科南特教授非常关心费米等人用暗语询问他们的下落和安全。康普顿回答的是，费米等人平安无事。世界上第一座人工反应堆的诞生，正式宣告了“原子时代”的开始。

1938 年年底，德国物理学家、化学家哈恩和施特拉斯曼发现铀核裂变现象后，1939 年法国物理学家约里奥-居里、冯·哈尔班，以及科瓦尔斯基等人通过实验发现了铀核裂变的链式反应。冯·哈尔班等人发现在硝酸铀酰溶液中，由于核裂变会释放出“次级中子”（即释放新的中子），并证明还存在约 10％的缓发中子。为此，他们取得了为获取“原子能”而建造“原子堆”的专利。同年，费米曾尝试用天然铀和轻水建造一座装置，以实现链式反应，但遭到失败。进一步的试验表明，碳吸收中子只有氢的 1/100。由此，费米想到，若用天然铀和石墨来建造一座实现链式反应的装置，将会成功。这为以后首座人工反应堆的设计奠定了技术基础。1940 年，苏联科学家哈利顿和捷列多维奇提出了维持铀核裂变链式反应的条件，并进行了铀核裂变的链式反应试验。1942 年，美国的“曼哈顿工程”计划已进入一个新阶段，当时美国不仅拥有丰富的“人才资源”，而且制备了足够的金属铀、氧化铀以及高纯度、高密度的石墨，从而给费米等人建造核反应堆提供了物质基础。建造世界上第一座人工反应堆的关键人物是意大利著名物理学家费米。正如康普顿博士说的：“事实已经很明显，如果要进行核反应堆的研究工作，则其中心人物非费米莫属。他不但知道什么事要做，而且在用铀和石墨结合起来试验链式反应成功的可能性方面，他也具备了一整套很重要的经验。”1941 年 7 月，在费米的领导下，美国哥伦比亚大学实验室开始了核反应堆的设计、研究工作。同年底，康普顿被任命为该实验室负责人，正是他选中了芝加哥大学的一座旧网球厅作为第一座人工反应堆的诞生地。

1942 年 10 月，他们调来了天然铀核燃料 52 吨，高纯度、高密度的石墨 1 000多吨。其中，有 6 吨金属铀被加工铣铸成许多圆柱体（因其铀核密度高，将置于反应堆的中心）；46 吨氧化铀粉末被压制成许多准球形体（其铀核密度只有金属铀的一半，将置于金属铀的外围）。高纯石墨置于中心部分，次纯石墨置于外层用作慢化剂；最外层将是 30 厘米厚的石墨层，用作中子反射层。在建造第一座人工反应堆时，人们先在地板上放几层石墨块，外边用木板框住，在其中央放上一个大木架，然后放置一层石墨，再把铀块与石墨从中心到外围、由下至上地分层交叠堆砌。这样，就把铀块排列在慢化剂（石墨）中，形成一个有规则的立方栅格。此外，他们还用镉做了三根控制棒，以插入按预定高度留下的一些贯穿各层间的孔道；用三氟化硼中子探测器监测中子的增殖；用安放在堆的中心处的标准铟箔的活度来监测堆趋近临界的程度。1942 年 12 月 1 日，费米的第一座核反应堆就这样“堆”成了。后来，人们把它命名为芝加哥一号堆（CP-1）。该堆的总重量为 1 400 吨，其中，铀和氧化铀共 52 吨；堆的最后尺寸是，宽 9 米，长近 10 米，高 6.5 米。

在建堆过程中，随着铀层和石墨层的增加，中子增殖系数也慢慢变大，费米等人的心情也随着测量结果而逐步紧张起来。无疑，此时他们都在渴望自持链式反应能早点实现。其实，1942 年 12 月 1 日下午测量的结果表明，反应堆已达到临界。但是，费米还是按原定计划在安全系统的监护下，堆砌了最后一层铀块和石墨块。次日上午，由于安全警戒点定得太低，在提升功率过程中，控制棒自动插入堆内中断了链式反应，致使启动反应堆的首次尝试未获成功。午饭后，在费米主持下稍作调整，随着控制棒的缓缓抽出，下午 3∶25 分终于实现了第一次自持铀核裂变链式反应！下午 3∶53 分，费米下令停堆。人类堆砌的首座核反应堆从启动到停堆共运行了 28 分钟，试验成功了。

世界上第一座人工反应堆

这座反应堆的功率很小（首次达到临界时，功率只有 0.5 瓦，后来曾达到 200 瓦），大概需要 260 多座这样的堆才能点亮一只 40 瓦的灯泡。但这无关紧要，因为，实现了可控铀核裂变反应，已足以显示它的划时代意义了。自第一座人工反应堆启动成功后，由于战争的目的，即为了生产另一种核武器装料钚-239，美国在 1943—1944 年建造了一批产钚生产堆；1945—1948 年，加拿大、英国、苏联和法国也先后建造了核反应堆。这便是世界上的第一批反应堆。1943年年初，世界上第一座人工核反应堆在完成了它的历史使命后便拆除了。1947年，即首座人工反应堆诞生5周年时，人们在芝加哥的一座古堡式的灰色外墙上看到了一块金属匾额：

“1942年12月2日
人类在此实现了
第一次自持链式反应
从而实现了
受控的核能释放”

——这就是世界上第一座人工核反应堆的出生证。人们将永远缅怀这些核科学家和工程人员的历史功勋。

1952年是第一座人工核反应堆诞生10周年，人们在芝加哥大学举行了隆重的庆祝活动。一位因此次纪念活动而发财的烟酒商还送给费米及当年参加建造核反应堆的物理学家每人一份礼物——整箱进口的意大利吉安提红葡萄酒，以示祝贺。

“奇特的重水”：水大家庭里的重要成员

玻尔

挪威的诺尔斯克氢公司在生产合成氨用的氢气时，能从电解废液中获得重水，到 1938 年，该公司生产重水共 40 千克。1940 年，德国突然派人来挪威，要购买该公司的全部库存重水，并要求能扩大重水的生产，能生产多少德国就要多少。德国人的此举，引起了挪威人的疑心，经过研究，他们最终拒绝了这一要求。事隔不久，受著名法国物理学家约里奥-居里的委托，名为商人而实为法国保安机关的阿莱尔少尉也来到挪威，经过交涉，法国人无偿地得到了这些重水。气急败坏的德国纳粹于同年 5 月占领了挪威。诺尔斯克公司的重水生产装置也完整无损地被他们占有，并随即引进新的工艺，加紧了重水的生产。德国人为何如此重视重水呢？因为当时德国也在研究核反应堆，他们用重水作反应堆用的慢化剂，于是重水便成了关键物资。到 1942 年 6 月，德国人才得到 800 千克重水。而英国人集中了世界上全部重水库存也仅有 200 千克。当时交战双方都在加紧原子武器的研制工作，宝贵的重水成了双方竞争与争夺的目标。于是一场惊心动魄的“重水之战”便拉开了帷幕。

1943 年 2 月 28 日夜，英国人成功地组织了对德国控制的重水生产厂的袭击。结果有约 500 千克的重水经下水道流到河里，并使德国人的重水生产延误了近半年的时间。同年 11 月 16 日，一支由美国飞行联队 140 架飞机组成的“空中堡垒”又空袭了该重水工厂，并彻底摧毁了它的供电系统。德国人此时已无计可施，只得火速地把电解槽里剩下的重水灌进39个大钢瓶中（每个钢瓶约装12.8千克重水，共有重水约500千克），并组织力量，想把它们全部运回德国。1944年2月20日，装着39个大钢瓶的两节火车车厢被载上了巨大的渡轮。在一片神秘的气氛中，庞大的渡轮起航了。但是，这一信息早被美国人探知了，他们派了一支几十人的分队，分散在沿途的水、陆要地，严密监视着渡轮的一举一动。当纳粹的渡轮戒备森严地行至廷西欧湖最深处时，突然响起了一阵激烈的爆炸！船首的水线下部被炸飞，装有重水的两节车厢即经船首滑入湖水，沉向湖底的最深处。这是美国人为阻止德国纳粹研制原子弹而作的最漂亮而又最艰苦的一次努力。这场“重水之战”使双方前后共丧失百余条人命。经此事之后，世界上的重水显得更珍贵了。

1943年，丹麦正处于纳粹德国残暴统治的水深火热之中。某日黄昏时分，一名全副武装的当地警官赶至著名理论物理学家尼尔斯·玻尔的住宅，突然破门而入，把正在实验室里做实验的玻尔吓了一跳。来人急促地说：“玻尔教授，现已得知盖世太保制定了逮捕你的计划。上级命令你今晚必须离开丹麦。请赶快准备!”玻尔一听，当即决定携全家出逃。想到马上要离开祖国、离开家，他不觉潸然泪下。在短促的准备过程中，他要处理实验室里两件最珍贵的物品——一瓶重水和一枚诺贝尔金质奖章。他想这些东西绝不能落到德国人手里。玻尔拿着熠熠生辉的诺贝尔奖章想了一会，斩钉截铁地说：“看来，我要把它留下，以表示我一定要返回祖国的决心!”

“教授，难道你不担心狡猾的盖世太保会抢走你的金质奖章!?”警官担心地问道。

“这些愚蠢的家伙绝不可能找到我藏这枚奖章的地方!”玻尔毫不迟疑地回答。

说罢，只见他娴熟地把1体积的浓硝酸和3体积的浓盐酸先后注入一个大的烧杯，配制成能熔化金子的“王水”。接着把金质奖章放入烧杯，不一会奖章便不见了。于是，他把烧杯放进实验室的玻璃柜中，对警官微微一笑。他又找来一个空啤酒瓶，把重水小心翼翼地倒进瓶里，并拧紧盖子，准备带走。在丹麦抗敌组织的帮助下，玻尔带领全家逃往瑞典。在瑞典落脚后，玻尔极其懊丧地发现：原来自己在慌忙中带至瑞典的“一瓶重水”竟是一瓶普通的啤酒！把真正的一啤酒瓶重水留在家里了。

尼尔斯·玻尔全家出逃的第二天，一群疯狂的法西斯匪徒冲进了玻尔的实验室，他们很快发现并抢走了那瓶重水，但没有拿走那个溶有诺贝尔金质奖章的烧杯。后来，几经周折，丹麦抗敌组织才从敌人手里追回了那瓶重水。1945年，第二次世界大战一结束，玻尔风尘仆仆地从美国回到哥本哈根的实验室，当他拿到那瓶重水时，他很感动，并对抗敌组织表示了深深的敬意；当他看到玻璃柜里的烧杯原封未动时，他快乐地笑了。后来，他巧妙地从那杯“王水”中取出了金质奖章的全部金子，并重新铸成与原来一模一样的诺贝尔金质奖章。这枚新生的金质奖章显得更加光彩夺目，它不仅凝聚着玻尔的智慧，而且凝聚着对自己祖国的一片深情。

这奇特的重水为何如此珍贵呢？什么叫“重水”呢？这得从氢、氧两元素的同位素谈起。我们知道，自然界中绝大多数元素都是“多胞胎”的，即都有同位素。其中，双胞胎者有，四胞胎者有，十胞胎者也有。比如，化学元素氢（H）就有：氕（H），氘（D）和氚（T）三种同位素，原子序数都是1，但质量数不同。其中，氘是美国化学家尤里于1931年发现的。氚是英国物理学家卢瑟福于1934年发现的。但氚会自发衰变为氦-3（^{3}He），所以自然氚的数量极微。又如，化学元素氧（O）就有：氧-16（^{16}O），氧-17（^{17}O），氧-18（^{18}O）。氧的同位素的精准测定是由美国化学家吉奥克完成的。普通化学告诉我们，一个水分子是由两个氢原子和一个氧原子化合而成的，其分子式为H_2O。一般而言，一种元素的各个同位素的化学性质是相同或相近的。因此，组成分子的氢原子可以是H，或D，或T；而组成水分子的氧原子也可是^{16}O，或^{17}O，或^{18}O。于是按照氢、氧原子各种可能的组合，水的大家庭里便有18个兄弟。其中，由两个氘原子（D）和一个氧-16（^{16}O）原子组成的水（$D_2{}^{16}O$，简写作D_2O），即是重水。天然水中，以$H_2{}^{16}O$含量最多（占99.74%），重水仅占0.0147%。一般地以H_2O表示普通水，以D_2O表示重水，重水的含量虽少，但它同普通水一样，也广泛地分布于自然界乃至其他的天体。重水之所以珍贵在于：

其一，它有一些重要的特性，最突出的是具有良好的慢化中子的性能。在反应堆中，它是一种非常理想的中子慢化剂和冷却剂。

其二，在天然水中，重水分子仅占1/7 000，考虑到其他因素，大约25×10^6个水分子中才有一个D_2O分子，加上作为慢化剂，要求重水浓度达到

99.8％。因此，要像从天然铀中分离浓缩铀-235那样，把重水从天然水中分离出来，并加以浓缩。因而，重水工厂的规模和耗电量都很大。生产1吨重水要处理约3.4万吨天然水。

其三，在7个主要的热核聚变反应中，氘参与的核聚变反应就有6个，可见，氘是聚变反应的主角。地球上的氘含量十分丰富，每升水中约含0.03克氘，它释放的能量相当于300升汽油。地球水中的氘足够人类使用200亿年。所以，受控热核反应一旦实现，就能为人类提供一种经济、清洁、安全、取之不尽的新能源。

“玩龙尾巴的人”：哈·达格里安与路·斯洛廷

1945年7月16日凌晨，在号称“美国原子弹之父”的奥本海默的周密计划下，美国在新墨西哥州阿拉莫戈多附近的沙漠里成功地进行了第一颗原子弹的爆炸试验。当时，应邀在现场参观的1 000多位各界代表都被原子弹的巨大爆炸威力所震惊。

在研制原子弹的过程中，以奥本海默为首的核科学家和工程技术专家解决了数百个种类大大小小的难题。其中，装配原子弹弹芯时，需要精确知道的核装料（军用铀-235或钚-239）的“临界质量”，即是最重要的问题之一。“临界质量”这一概念是法国物理学家F·佩兰于1939年首先提出的。1941年10月，在美国斯克内克塔迪的通用电气公司实验室里召开了一次重要会议，会上奥本海默提出了制造一枚原子弹所需铀-235的数量和计算结果。这次会议的总结报告是阿瑟·康普顿执笔写的，它成为原子弹设计的一份蓝图。报告的基本结论为：“将足够数量的铀-235迅速压拢到一处，就可以构成一枚具有空前巨大破坏力的裂变炸弹。”此处的“足够数量”一词是全部关键所在，它就是原子弹的设计奥秘。奥本海默估计，大约100千克左右那样大的铀-235块，就足以引起爆炸。这个质量称为“临界质量”。低于这一质量的铀块就没有足够的机会来产生链式反应，因为大部分中子都泄漏到铀块以外的空间去了；超过这一质量的铀块将在一瞬间爆炸。报告中另一个关键词就是“迅速”两字。如何把这些亚临界质量的材料“迅速”压拢到一起呢？从理论看，按奥本海默的估算，似乎很简单：

50千克（亚临界）＋50千克（亚临界）＝100千克（超临界）

但是，要实现这种"迅速压拢"却非常困难。若两铀块的压拢速度不够快，由一块内飞出的中子可能在另一块内触发核反应，而这些反应产生的能量足够大，可能将两个铀块炸开，从而阻止了实现所期望的猛烈的链式反应。这就是所谓提前起爆现象。它是原子弹设计者必须解决的另一重要问题。奥本海默对原子弹的临界质量进行理论计算后，并未通过实验来肯定或否定他的计算结果。这意味着那时科学家们实际上并未确切知道制造一颗原子弹到底需要多少铀-235?

一个核装置（或核系统）的临界质量同其所含裂变物质的种类、数量、纯度、密度、布置方式及特殊结构等因素有关。为了获得铀-235或钚-239的临界质量的精确数据，当时成立了一个以英国科学家奥托·弗里施为首的临界装置试验小组。它的任务是尝试用实验方法直接取得裂变物质临界质量的精确数值。在1944—1945年间，奥托·弗里施领导的小组在一座偏僻的"奥米加"实验室里成功地进行了一系列令人毛骨悚然的实验。他们把一块极小氢化铀射入一堆接近临界的铀块中心的孔道内，小氢化铀块由四根轨道导引，当射入铀块中心之后，整个装置在极短时间内达到临界而释放出大约2万千瓦功率的巨大能量。通过测量这种微型爆炸的能量输出，可以推算到原子弹所需铀-235的精确数量。这类实验是真正的微型核爆炸。因此，弗里施小组的成员们称这种充满危险的实验是一种"玩龙尾巴的实验"。此外，费米利用由橡树岭实验反应堆取得的钚-239，第一次进行了直径为22.86毫米钚球的中子倍增试验，并由测量结果推算了内爆型原子弹的临界质量。他给出的外推临界质量数值为5千克左右的钚-239。不久，弗里施小组也获得了钚的临界质量的确切数值。这类"玩龙尾巴"的试验往往是由青年科学家负责操作的。他们眼疾手快、反应灵敏。通常他们是用两把螺丝刀将两个处于亚临界的铀或钚半球沿方向轴相对衔合，然后聚精会神、一丝不苟地仔细观察，并严格要求在两个半球达到临界时瞬即将它们分开。正是这些青年科学家们的工作，为美国初期制造的三颗原子弹的临界质量提供了第一手的精确数值。1945年8月21日，青年科学家哈里·达格里安在两个接近临界的半球形钚块外面顺利地安装着作为反射层的铀块（每块重约5.40千克），当安到最后一块时，不小心将它滑进了临界装置的中心。于是，该装置立即达到临界，并发出了一道特有的"蓝色闪光"。就在哈里·达格里安拼命想把铀块敲出去的一瞬间，他受到了致死剂量的照射。他的双手和胸部受到二度烧伤，同时发烧；两星期后烧伤部位起泡，同时头发脱落，在事故的第 28 天死去。此外，在准备比基尼珊瑚岛的第二次水下原子弹爆炸试验中，当加拿大青年科学家路易斯·斯洛廷在衔合两个铀半球时，他用的螺丝刀突然从手里掉了下来。此刻两个半球已相当接近，并达到临界，顷刻间整个房子都充满了特有的炫目的蓝色闪光！此时，斯洛廷若迅速躲避，还是可能自救的。但是，他并未这样做，而是不顾一切地徒手将两个铀半球分开，立即中断了链式反应。斯洛廷此举拯救了在场的 7 个人的性命。但他本人却受到了足以致死的辐射剂量的照射。他这种英勇无畏、舍己救人的壮举，赢得了人们的尊敬。当时，他还很镇静地坚持要求在场的人都回到自己原来的位置，并在黑板上把每个人的位置标画出来，以利事后医务人员进行测试。事后，他对身边的一位同事说："您是完全可能恢复健康的，而我却一点希望也没有了。" 9 天后，这位献身于临界质量试验的青年科学家便离开了人世。

“良好的动机，无价的援助”：漫话打破美国核垄断的几位先驱者

1945 年 7 月 16 日凌晨 5 时 29 分 45 秒，美国的新墨西哥阿拉莫戈多沙漠的天空突然仿佛被成千个太阳所照耀，明亮得令人目眩，伴随着震天动地的巨响，升起了一朵巨大的蘑菇云——美国的第一颗原子弹爆炸试验成功了！

奥本海默

这是来自各国的众多科学家，在对纳粹德国即将制成其破坏力大到可能导致盟国失败的原子武器的恐惧的推动下，经过三年多近乎疯狂的努力，终于制造出的美国的第一颗原子弹。当这次试验的现场指挥员、号称“美国原子弹之父”的奥本海默走出坑道来观察着巨大的火球上升时，人们纷纷向他祝贺。然而，他却高兴不起来，他突然想到了古印度史诗《罗摩衍那》中的几句诗：“漫天奇光异彩，有如圣灵逞威，只有一千个太阳，才能与之争辉！”后来，奥本海默回忆道：“有几个人笑了，有几个人却哭了，大多数人惊呆了，一声不响。我心中又浮上了古印度圣诗《勃哈加瓦基达》中克里希那试图说服王子执行他使命的一句诗：‘我成了死神，世界的毁灭者。’”奥本海默当时年仅 41 岁，是精通八种语言的原子物理学大师、美国原子弹研制计划的主持人。正如西方评论家指出的，奥本海默本质上是一位和平主义者。同年 10 月 16 日，莱斯利·格罗夫斯将军代表美国陆军授予洛斯阿拉莫斯实验室以荣誉状时，奥本海默在致答词中说，首先希望将来在洛斯阿拉莫斯的每一个人都要以这份荣誉状而自豪，

但他接着却说："如果原子弹被一个好战的国家用于扩充它的军备，或被准备发动战争的国家用于武装自己，则届时人类将要诅咒洛斯阿拉莫斯的名字和广岛事件。""全世界人民必须团结，否则人类就将毁灭自己。这场引起了如此巨大破坏的战争，已清楚地表明了这一点，原子弹更向所有的人揭示了这一真理，令人无可置疑……由于我们所从事的工作性质，使我们在人类的共同危险面前更有责任根据法律与人道立场促进这个世界的大联合。"1946 年 3 月 5 日，美国陆军部长授予奥本海默以功绩勋章。1948 年，奥本海默处于战后生涯中的高峰。人们称他为"原子弹之父"，美国《时代》杂志在封面上刊登了他的巨幅照片，他因此而名扬四海。各报刊还广泛引用他一段得体的谈话，其中表达了他与其他参加原子弹研制计划的科学家的那种忏悔心情。他说："无论是指责、讽刺或赞扬，都不能使物理学家们摆脱本能的内疚。因为，他们知道，他们的这种知识本来不应该拿出来使用。"奥本海默由于在洛斯阿拉莫斯的成就受到那样广泛的赞扬，而且以后又在政府中担任地位显赫的顾问职务，他受到绝大部分科学家的衷心尊敬。

但是，1952 年以后，形势产生了逆转：奥本海默被撤掉多项高级职务，并被取消接触军事机密的资格，罪名是与共产党关系暧昧，故意拖延氢弹的研制等等。直到 1963 年，美国政府授予他"费米奖"，才算为他部分地恢复了名誉。然而，1994 年，苏联谍报高级官员帕维尔·苏多普拉托夫出版了一本名为《特殊使命》的回忆录。书中透露出鲜为人知的秘密而在西方引起轰动。这本回忆录是苏多普拉托夫的儿子阿纳托利和两位美国作家——里昂娜·谢克特和杰罗文德·谢克特三人联合撰写的。苏多普拉托夫在书中说："已故的原美国新墨西哥州洛斯阿拉莫斯原子能研究主任罗伯特·奥本海默……把当时制造原子弹的一些秘密传递给了苏联"，"除了奥本海默之外，从事第一颗原子弹研制的科学界先驱，如恩里科·费米、尼尔斯·玻尔、利奥·西拉德，也参与了向苏联传递原子弹秘密的行动。"书中认为，奥本海默、玻尔等物理学家一直故意地让苏联分享美国的原子弹秘密，从而使苏联能够打破美国的核垄断并成为一个钳制与威胁西方国家达 40 年之久的超级大国。据报道，最近一位英国高级核物理学家在阅读了已经公开的 50 年前的克格勃秘密档案后称，当年一位西方最著名的科学家曾为苏联制造原子弹提供了无价的援助。

历史学家说，在二战期间玻尔曾向美国总统罗斯福和英国首相丘吉尔建议把有关核技术传递给苏联，以避免战后出现军备竞赛。丘吉尔曾震怒地对美国总统说："一定要对玻尔教授加以限制，他已到了危险的犯罪边缘!"尼尔斯·玻尔教授是丹麦著名理论物理学家，1943 年从纳粹占领下的丹麦逃到英国，后作为英国小组的一员到了美国。他虽未直接参加美国原子弹的研制工作，但他的出现是对从事原子弹研制的核物理学家们的鼓舞，而且他也十分了解第一颗原子弹研制的情况。战后，他回到了哥本哈根。在 1945 年 11 月及 1946 年 4—5 月间，玻尔曾两次应苏联人的要求会见了苏联官员。玻尔教授认为，他同意与苏联人会见是出于良好的动机。当他被问及："你知道防原子弹袭击的有效方法吗?"他明确地回答道："唯一的方法是在所有国家建立国际控制机构。"玻尔曾详细回答了由苏联原子能研究计划的负责人伊格尔·库尔恰托夫事先设计的 22 个问题。他还曾指出苏联的反应堆未能启动的原因使该堆终于投入运行。

对于《特殊使命》及克格勃档案披露的秘密，有人表示怀疑，有人谴责苏联的这一间谍行为，有人认为不应给奥本海默恢复名誉，有人认为让苏联分享原子弹机密的几位物理学大师绝不是什么间谍。例如美国作家里昂娜·谢克特女士说："奥本海默和其他科学家是在知情的情况下做的。他们是出于信仰动机而不是间谍行为。因为他们既没有收取任何报酬，也没有受到其他任何人的指示或控制。"另一位作家杰罗文德·谢克特说："奥本海默等科学家是担心纳粹德国会首先研制出核武器，于是他们在对研究速度之缓慢感到十分苦恼的情况下，就把其中一些秘密传递给了盟国苏联。"苏多普拉托夫在《特殊使命》中回忆道："我们不时地从奥本海默和他的朋友那里得到有关'曼哈顿'计划进展情况的报告。前后总共有 5 份机密报告描述了原子弹研制的进展情况。""对于同奥本海默的关系，我们一直强调把他当作一个受尊敬的朋友，而不是为我们效力的间谍。在这个过程中，我们处处周密计划以保护他的安全"。苏多普拉托夫还进一步认为，"现在看来，奥本海默在某种程度上还有费米和玻尔这两位物理大师，愿意跟我们分享情报，是因为他们强烈反对暴力，他们希望避免一场核战争，因此想通过分享原子弹秘密来建立起一种力量均势。其次，苏联当时是反法西斯盟国。这也是一个重要原因"。

二战期间，以美国为代表的盟国一方与纳粹德国就制造威力巨大的原子弹展开了极为复杂、激烈而残酷的斗争。例如，双方仅因 500 千克重水，就丧失近百条人命。其结果是美国首先制成了原子弹，而纳粹德国的原子弹却始终未响。但在盟国内部，由于美英等国首脑出于对共产主义的戒心与敌视，仍企图封锁原子弹机密，以实行核垄断。在此背景下，围绕原子弹机密的间谍战中曾出现过几个小插曲。如 1944 年，美国科学家卢森堡的姐夫、洛斯阿拉莫斯实验室的机械师大卫·格里拉斯曾向苏联间谍提供过原子弹临界质量的情况；卢森堡夫妇也提供过原子弹的一般情报；1946 年，英、加研究小组的物理学家阿兰·纽恩·马伊因向苏联提供了绝密情报并盗出铀-235 样品而被判 10 年徒刑；自 1942 年以来一直参与曼哈顿计划的英国小组的物理学家克劳斯·富克斯（英籍德国人）1950 年在英国以间谍罪被捕；1951 年，美国政府以泄露原子弹机密罪判处卢森堡夫妇死刑，把他们送上了电椅，美国当局此举显然是借卢森堡夫妇事件大造舆论，完全出于一种政治目的。

奥本海默、玻尔等几位打破美国核垄断的先驱者的行动，显然是不能也不应与上述间谍战的小插曲相提并论的。

"三分裂与四分裂"：一对科学家夫妇的新发现

1937年正是核科技史上一个划时代的发现——铀核裂变临产的前夜。这年夏天，著名的巴黎居里实验室里来了一位年轻的中国留学生。他好学勤思、才华横溢，且人缘极佳、工作顺利，不久便在铀核裂变的研究中取得新的发现。这位年轻人就是后来成为世界著名核物理学家的钱三强教授。1953年，华罗庚教授在随中国科学院代表团出访途中戏吟了一副有名的嵌名联。联文是：

钱三强与何泽慧

三强韩赵魏

九章勾股弦

此联上、下联分别嵌进了代表团团长、著名核物理学家钱三强和代表团团员、著名空间物理学家赵九章的名字。上联讲战国时"三强"韩、赵、魏三国；下联是讲《九章算术》中第九章勾股定理。此处"三强""九章"均语带双关。全联，由名及事、贴切自然、顺理成章、对仗工整，当是嵌名联中之佳作。

1936年，钱三强在清华大学毕业后，经吴有训先生推荐来到当时的北平研究院物理研究所工作。不久，在所长严济慈教授的支持与鼓励下，他参加了"中法教育基金会"组织的公费留法考试，并考取了到巴黎学习镭学的名额。因此，1937 年夏在巴黎出席国际文化合作会议的严济慈教授得以亲自把钱三强介绍给居里夫人的长女伊伦娜·居里教授。钱三强的博士论文，正是在巴黎大学镭学研究所居里实验室和法兰西学院原子核化学实验室同时进行，并由这两个著名实验室的主持人——伊伦娜·居里和弗莱德里克·约里奥教授共同负责指导的。钱三强没有辜负历史赐给的机遇和导师们的信任。他勤奋好学、对科学事业满腔热忱、聪慧而富创见，因而研究工作进展迅速，成绩显著，遂于 1940 年获法国国家博士学位。

1938 年年初，约里奥-居里夫妇正在研究费米的所谓超铀元素——铀 X（即原子序数大于 92 的未知元素）。是年，他们连续发表了三篇论文，在秋天发表的那篇论文中，约里奥-居里夫妇描述了他们在受中子轰击铀核后的产物中发现了钡-56（显然，这不是什么超铀元素）的情况。这一结果给当时正在进行中子与铀核的作用所形成的各种放射性元素分析的奥托·哈恩和施特拉斯曼以很大启示。当柏林的奥托·哈恩与施特拉斯曼于 1938 年圣诞节前夕宣布他们发现“铀核裂变现象”时，约里奥-居里激动得半夜起来跑到实验室里做实验，当时，伊伦娜·居里及时让钱三强用云室拍下了世界上第一张铀核裂变的照片。由于铀核裂变时释放的能量使得两块几乎相等的裂变碎片发生反冲，于是在钱三强拍的这张照片上形成了一条粗径迹。1939 年年初，奥托·哈恩提出了“分裂核”的概念。同年美国化学家阿诺德根据活细胞一分为二的分裂现象，建议把铀核分裂成两半的现象称为“裂变”。后来，物理学家们发现，在大多数情况下，铀核裂变都分裂为几乎相等的两块碎片。通常人们称这些裂变产物为“裂片元素”，而把这种现象称为“二分裂”。

1945 年春，受伊伦娜·居里的派遣，钱三强赴英国威尔斯实验室学习核乳胶新技术，并出席了英国宇宙线会议。其间。在中共旅法支部的安排下，他会晤了邓发将军。从此，钱三强对中国的命运和前途，以及自己的责任都有了新的认识，并开始了新的实践。1946 年春，钱三强同在巴黎的何泽慧博士结为伉俪。从此，这一对科学家夫妇便开始了共同的卓有成效的科学生涯。此时，钱三强正领导一个研究小组（有何泽慧和法国两位研究生参加）开始用核乳胶技术对核裂变现象作深入探讨。

早在 1938 年，丹麦物理学家玻尔和美国物理学家惠勒在提出原子核的液滴模型时曾预言过：重核裂变有可能分裂为三个带电的子核。1941 年，美国科学家普赖森特首先指出，铀核在吸收一个中子获得足够的激发能后，从动力学上考虑，可能分裂为三个带电子核。但这些预言未引起人们的注意。1946 年秋，钱三强、何泽慧应邀出席了在英国召开的“国际基本粒子与低温会议”。钱三强代表何泽慧宣读了题为“正负电子弹性碰撞现象”的论文。会上，两位英国学者格林和李弗西投影了一组用核乳胶研究裂变的照片。人们看到其中有一张记录到一条三叉形的径迹。在介绍中，他们认为，两条粗而短的径迹是裂变的两个碎片，另一条细而长的径迹似乎是 α 粒子造成的，只不过其能量比已知天然放射性核素中能量最强的 α 粒子还要强。这一信息引起了对用核乳胶研究裂变现象颇有心得的钱三强的兴趣。回到巴黎后，钱三强领导的小组便用核乳胶作探测工具，经过反复实验和上万次观测（统计表明，约 300 张铀核裂径迹照片才可能出现一张带有三叉形径迹的照片），特别是他们依据有关粒子发射方向和质量的关键资料，首先证实了铀核裂变的一种新方式即“三分裂”。他们于 1946 年 12 月 9 日在法国科学院的《通报》上正式公布了“三分裂”的发现及其初步研究成果。仅隔 14 天，又公布了由何泽慧首先发现的“四分裂”径迹照片。铀核裂变的新方式——“三分裂”“四分裂”的发现，在各国科学界引起了很大的反响。

当时，以格林和李弗西为代表的一批学者对实验中观察到的“第三条径迹”（即第三裂片）也先后发表了研究报告，但都简单地认为是 α 粒子所致。对此，钱三强是以深入地探讨来作答的。经深入研究，他又得到了有关能量与角分布等的关系，并于 1947 年春向法国科学院提出“论铀的三分裂变的机制”的论文，进一步对“三分裂”从实验和理论两方面进行全面论证。他预言，按照“三分裂”说，第三碎片中可能存在一个质量谱，其中可能有氚（T）和氦-6（^{6}He）。到 60 年代，美、苏、波兰等国的实验室先后利用新的半导体探测手段研究铀核裂变后，果然证实第三碎片确有一个质量谱，除有 90% 的 α 粒子（^{4}He）外，还有约 10% 的氚、氦-6 以及少量的氢、氘、锂、铍、硼、碳核等。这样，钱三强、何泽慧发现与论证的“三分裂”才得到物理学界的公认。不久，“四分裂”也得到证实。

由“三分裂”“四分裂”实验为开端而引发的一系列研究，使人们对核裂变的物理过程有了深刻的了解，并从核裂变方式上揭示了裂变反应及裂变产物的复杂性和多样性。尽管迄今人们还未能从“三分裂”“四分裂”现象得到直接经济收益。但可断言，随着科学技术的发展，它们会显示发挥自己作用的潜力。

“广告史上的小插曲”：意大利吉安提空葡萄酒瓶的故事

1942 年 12 月 2 日，以意大利著名科学家恩里科·费米为首的一批核物理学家和工程技术人员在美国芝加哥大学成功地建造并启动了世界上第一座人工核反应堆，实现了可控、自持的铀核裂变链式反应。它宣告了人类驾驭与开发核能时代的开始。

当时，由于这座核反应堆的研制工作是极其保密的，以致亲眼目睹这一人类重大研究成果的人们都未能很好地庆祝一番。但是，在场的科学家们仍无法抑制自己取得这一预期结果的内心的喜悦。就在费米当天下午 4：13 下令停堆以后，曾因研究反应堆并找到若干问题的答案而为反应堆增添了许多成功希望的匈牙利物理学家尤金·威格纳，把事先藏在身上的一瓶意大利吉安提红葡萄酒郑重地送给这座反应堆的总设计师、主持人费米，向他表示了热烈的祝贺！为了表达大家的喜悦之情，满足同事们的心愿，费米在大厅里迅速打开瓶盖，在每个纸杯里都倒了一点红葡萄酒，让在场的每个人都来分享这一成功与幸福时刻的快乐。于是，同事们纷纷高举纸杯，兴致勃勃而悄然无声地为第一座人工核反应堆的诞生而干杯！随之，在一位科学家的带动下，人们都激动地在酒瓶的商标上签了自己的名字，以示纪念。签名的共 42 个，恰好与这座核反应堆诞生的年份相合。其中，唯一的一位女科学家是工作非常努力而勤奋的利昂娜·伍德。这只具有历史纪念意义的意大利吉安提红葡萄酒空酒瓶后来被一位有心的青年物理学家珍藏起来，并一直作为美好的纪念品带在身边。

1952 年 12 月初，即第一座人工核反应堆诞生 10 周年时，人们在芝加哥大学举行了隆重的庆祝活动。当年，参与这座核反应堆工作的人几乎全来了。但是，那位珍藏意大利吉安提空酒瓶的青年物理学家正在外地，无法参加这一盛会。情急之下，他灵机一动便把一直带在身边的那个历史见证人——意大利吉安提红葡萄酒的空瓶邮寄给大会组织者，以唤起当年首座人工核反应堆参加者的美好回忆。为避免损坏这一珍贵的纪念品，他特意把这只空酒瓶以 1 000 美元的保价邮出。"一只空酒瓶保价 1 000 美元"——这在 50 年代的确是件罕见的事。事情传开之后，当时芝加哥的报纸便以显著的地位报道了这一消息。谁知这条新闻旋即产生了轰动效应，并成了芝加哥市民们议论的热点话题。此时，一件有趣的商业奇迹发生了：芝加哥市场上的意大利吉安提红葡萄酒顿时身价倍增，成了畅销货。一夜之间，这种红葡萄酒销量大增，人们都以饮当年费米等人用的首座人工核反应堆的庆功酒为荣！仁者见仁，智者见智。此时，芝加哥的一位机警的烟酒进口商抓住这一机遇，迅速进口了大量意大利吉安提原装红葡萄酒投放市场。这样，既满足了市场的需求，又赚了一大笔钱，自己连一分钱的广告费也未花。

首座人工核反应堆诞生 10 周年庆祝活动结束两个月后，费米和他当年的同事们每人都收到了一份礼物——一整箱原装的意大利吉安提红葡萄酒。互通信息之后，大家都感到莫明其妙。后来，他们才知道，这份礼物正是那位机灵地乘庆祝活动之机推销红葡萄酒而赚了一大笔钱的烟酒进口商赠送的。他以这种方式，一来表示对首座核反应堆诞生 10 周年的祝贺，二来也是表示对那只引起轰动效应的"免费广告"（以 1 000 美元保价邮寄的吉安提空酒瓶一事）的酬谢。这是广告史上的一个小插曲。它给下海经商的人们留下了回味的余地。

核物理学家们历来把他们的科学发现与发明视作人类的共同财富，坚持无偿地公之于世，让大家去应用，以为人类造福。因此，他们往往都缺乏商界人士的那种经营意识，从伦琴、玛丽·居里到费米、哈恩、施特拉斯曼、梅特涅、弗里施乃至卢瑟福、玻尔、爱因斯坦莫不如是。但是，具有商场战略的意识而机警的企业家却敢于并善于抓住某些新的成果与有关信息导演出一出出的"经营之剧"来。传统的科学道德与传统的商业道德从来就是不相同的。1939 年，约里奥-居里等提出了铀核裂变链式反应的可能性，并因此取得了为获得原子能而建造原子堆的专利权。这似乎是沟通这两种职业道德的一种尝试。虽然他并未成功。因为，出于政治原因，同年 4 月 22 日，约里奥-居里在英国科学杂志《自然》上发表了一篇通讯。他在通讯中证实了核裂变过程除产生巨大能量外，每次分裂平均放出3～4个新的中子。他还进一步表明，这些中子内有一大部分可使其余的原子核继续发生裂变，进而产生更多的能量和更多的中子，这样就导致一种“链式反应”。这篇通讯，无疑确认了制造原子弹的可能性。出于同样的原因，1939年4月29日在德国柏林的教育部总部内举行的秘密会上，有人就指责奥托·哈恩和施特拉斯曼公布了有关铀核裂变的研究结果，致使全世界都能利用这一成就。

"τ-θ" 之谜：李政道、杨振宁发现宇称不守恒性

科学家在宏观物理学中发现自然界存在着一些基本对称性现象。比如，同一个物理实验在不同的地方去做，其物理规律是不变的。这种对称性又叫空间均匀性。又如，同一个封闭的物理系统，在不同的时间内，其内部的物理规律是不变的。这种对称性亦称时间均匀性。再如，在一个转动的实验空间内，物理实验的结果不会因转动方向不同而不同。这种对称性又叫做空间各向同性。物理学中，常把这些不变性称作守恒。它们在微观物理学中也同样存在。不但如此，科学家还在微观物理学中发现另外三种新的基本对称性。现分述如下。

李政道

杨振宁

Ⅰ. 空间反演不变性，亦称空间左右对称性。比如，我们在镜前做实验时，镜内会出现对称的"实验现象"，且镜内"实验"也符合镜前实验所遵循的物理规律。

Ⅱ. 时间反演不变性。比如，我们把 0 ℃的冰逐渐加热至 100 ℃的水而沸腾这一物理过程拍成电影，然后，把胶卷倒过来放映，于是我们看到的逆物理过

程也符合同一物理规律。

Ⅲ. 电荷共轭变换不变性。比如，我们把参与相互作用一群粒子都换成它们各自的反粒子，那么这群反粒子相互作用也符合同样的物理规律。举例说，我们在氧气中燃烧氢而得到水，反应式为

$$2H+O \xrightarrow{\text{燃烧}} H_2O$$

在此，参与相互作用的粒子有：电子（10 个）、质子（10 个）、中子（8 个）。若把这群粒子都换成它们的反粒子，那么这群反粒子间的相互作用也符合同样的物理规律而组成反氢（$\overline{H}$），反氧（$\overline{O}$），反氢在反氧物质中燃烧后生成“反水”（$\overline{H}_2\overline{O}$）。当然，这里涉及反物质问题。合成反原子、反分子，正是科学家们探索的一个课题。据报道，1996 年 1 月 4 日，在欧洲核子研究中心工作的科学家宣称，他们已在实验中获得了第一种反物质——反氢原子。

从数学上看，就基本粒子而言，以上每种对称性（即不变性）都可以看成是对粒子所作的变换。在这类变换下，某一粒子所处的“场”也发生相应变换。比如，在空间反演变换下，某粒子相应的“场”变换为原来相应的“场”乘以一个相因子，这个相因子便称为该粒子的 P 宇称。类似地，在时间反演变换下，得到的相因子称 T 宇称；在电荷共轭变换下，得到的相因子称 C 宇称。上述三种“不变性”（或 P，T，C 宇称）是微观物理学中三个重要的基本对称性。我们知道，物理学家已经证明，在量子场论中符合相对论的基本粒子理论在 P，T，C 联合作用（联合变换）下总是不变（守恒）的。但是，1956 年以前，物理学家还普遍相信，依据基本粒子理论在 P，T，C 中任一个单独作用（变换）下也都是守恒的。而且，非常有趣的是在此以前，几乎所有基本粒子实验都在支持物理学家们的这一信念。历史进入 1956 年情况发生了变化。此时，有一个令人困惑的实验却向空间左右对称性提出了挑战，这就是物理学界有名的“τ-θ”之谜。τ 和 θ 是两种粒子，它们在质量和寿命方面几乎完全一样，据此看来它们应是相同的粒子；如果 τ 和 θ 确属相同的粒子，那么在空间左右对称性严格成立的情况下，它们的衰变方式也应一样。然而，物理学家进行的大量实验表明，它们的衰变方式并不相同：τ 粒子能衰变为三个 π 介子，θ 粒子只能衰变为两个 π 粒子。由此看来，它们又是不同的粒子。如何解释这“τ-θ”之谜呢？经过严谨分析和理论思考，李政道和杨振宁教授突破传统观念的束缚，大胆提出：在

弱相互作用下，空间左右对称性是不存在的，或者说在弱相互作用下，P 宇称是不守恒的。因此，τ 和 θ 应是相同的粒子。"在弱相互作用下，P 宇称不守恒"，这一理论假设是否正确呢？它要靠实验来证实。

吴健雄

不久，著名实验物理学家吴健雄等人以出色的实验技巧证实了李政道、杨振宁二人的论断。弱相互作用下的宇称不守恒性是一项重大的理论发现，它对基本粒子物理学的研究做出了贡献。不久，又证明了在弱相互作用下，C 宇称也是不守恒的。为此，李政道、杨振宁共同荣获 1957 年度诺贝尔物理奖。

“基本粒子家族中的新成员”：王淦昌教授发现反西格马负超子

王淦昌

1929年，王淦昌作为首届毕业生，以优异成绩毕业于清华大学物理系。1930年，在吴有训、叶企荪教授的推荐下，他进入德国柏林大学，师从早先与德国化学家、铀核裂变现象的发现者奥托·哈恩长期合作的奥地利物理学家 Lise Meitner（丽丝·梅特涅）教授。达列姆小镇位于柏林之郊，是一方优雅而静谧的科学圣地。在梅特涅教授的指导下，王淦昌正在此处攻读博士学位。同时，他也经常听哈恩、薛定谔和约里奥-居里夫妇等著名科学家的学术报告。1933年，王淦昌在德国柏林大学获得博士学位。不久，德国纳粹分子的反犹运动株连到梅特涅教授。由于朋友们的告诫，她不得不中断与哈恩持续了30年的长期合作，设法逃出德国，前往瑞典避难。由于事关重大，她对出逃之事一直守口如瓶。临行前的某一天，梅特涅教授忽然来向王淦昌告别：

——“我要到瑞典去了！”梅特涅不无遗憾地说道。

——“噢，教授，您什么时候回来？”王淦昌关切地发问。

——“我不能回德国了。”梅特涅教授神色黯然地回答。

——“……”王淦昌沉默了。

因为，王淦昌知道，他的导师是奥地利犹太人。这样一位举世闻名的研究镤的权威，以及在研究放射性使用的特殊方法方面卓有成就的科学家也同样遭到德国法西斯的迫害，使他十分震惊。当时，中华大地也正处于日本法西斯的蹂躏之下。于是，他决定回国。一位德国同行劝他留下来，并说：“科学是没有国界的。你是科学家，中国并没有你需要的从事科学研究的条件。”但是，王淦昌认为，虽然科学没国界，然而科学家应该承担社会和道德的责任，自己绝不能留下来为德国法西斯效劳。当然，他不便直截了当地回答他的德国同事，而是婉转地说：“我是学科学的。但我首先是中国人。现在，我的祖国正遭受着苦难，我应当回去为她服务。”不久，他便毅然离开柏林，返回硝烟弥漫的祖国。1937 年“七七事变”爆发后，王淦昌为了支援前线的抗日将士，将自己多年的储蓄连同妻子的首饰都捐献了，就连他们的结婚戒指也未留下。抗日战争时期，王淦昌任浙江大学物理系教授、系主任。在动乱中，该校最后迁至贵州。王淦昌是实验物理学家，他在从事教育与培养人才的同时，仍关心着核物理研究的进展，顽强地在核物理学的前沿阵地开展研究工作。1930 年，奥地利物理学家泡利曾提出有名的中微子假说，但因中微子不带电荷，很难找到它的踪迹，以致实验物理学家们辛苦了整整 10 年，仍一无所获。1941 年，王淦昌教授在贵州设计出一种验证中微子存在的实验方案。由于当时没有条件去完成这项实验，他便向美国的《物理评论》寄去了自己的论文，建议用 K 电子俘获法寻找中微子。10 年后，美国科学家阿伦·戴维斯终于用这种实验方法证实了中微子的存在。1956 年，美国物理学家莱因斯和科恩果然在萨凡纳河反应堆附近首次观测到中微子。1991 年，杨振宁教授指出，王淦昌设计并公开发表的验证中微子存在的实验方案，是一项具有诺贝尔奖水平的工作。可是，现在人们提到中微子存在的实验时，却把王淦昌的原始构想忽略了。

1949 年 10 月 1 日，新中国宣告成立。它给中国带来了科学的春天，也使王淦昌欢欣鼓舞。那时，在美国柏克莱加州大学从事了一年半研究工作的王淦昌刚从美国归来。1950 年上半年，他由浙江大学调至中国科学院近代物理所任副所长，主持宇宙射线的研究工作。王淦昌及其同事们很快就取得了一批研究成果。其中，最引人注目的是一种新的反粒子——反西格马负超子的发现。

我们知道，从经典力学来看，作为一个粒子，首先想到它有一 定的质量和大小等等，一般不考虑它存在时间的长短。但对基本粒子则必须考虑它的平均寿命，不稳定的粒子之平均寿命有长有短。比如，自由中子的平均寿命为 11 分钟，而 μ 子的只有 2×10^{-6} 秒。其实，它们都是不稳定粒子中的“老寿星”。因为，其他不稳定粒子的平均寿命都小到无法同它们相比的程度。因此，科学家们特地把平均寿命大于 10^{-23} 秒的称作粒子，而小于 10^{-23} 秒的称作“共振态”。所谓共振态是指两个粒子相遇形成“复合体”后存在的物理过程，其平均寿命不超过 10^{-23} 秒。于是，探测粒子存在的时间，便成为确认新的基本粒子的一个重要参数。1961 年美国物理学家盖耳曼等通过 SU（3）对称性理论对基本粒子进行分类，为此获得 1969 年度诺贝尔物理奖。目前，人们把已发现的 300 余种基本粒子分为四大类：光子、轻子、介子与重子。重子中的 Λ，Σ，Ω 的质量都超过核子（质子、中子）的质量，又称作超子。理论研究表明，所有基本粒子都存在着各自的反粒子，已发现 Σ 超子有正、负和中性三种，分别记作 Σ^{+}，Σ^{-}，Σ^{0}。Σ 粒子是 1953 年伯尼特在研究宇宙射线时发现的；1957 年，利用高能加速器产生的 11.5 亿电子伏 π^{-} 介子打到丙烷气泡室内，在磁场中发现了 Σ^{0} 粒子。1959 年，我国物理学家王淦昌领导的研究组利用杜布纳核子研究所的 100 亿电子伏同步稳相加速器，以能量为 83 亿电子伏 π^{-} 介子作“炮弹”、长度为 55 厘米的丙烷气泡室作靶子和探测器，首次发现了超子的反粒子即反西格马负超子。这是世界上第一次发现的带电反负超子，是高能粒子实验物理的一项重要成果。它填补了粒子-反粒子表上的一个空白，为基本粒子家族增加了一个新成员，因而引起了国内外科学家的重视。后来，人们利用泡室还观察到反西格马中性超子。

20 世纪 60 年代以后，王淦昌教授离开了实验核物理和基本粒子的研究，以“我愿以身许国”的誓言一直参与了我国两弹原理突破及第一代核武器的研制与组织领导工作，为我国核工业建设和核科技事业的发展做出了卓越的贡献。王淦昌教授在辞去一系列领导职务之后，仍以敏锐的目光关注着世界科技前沿的发展变化，关心着中国的科技决策和高科技事业发展，并不减当年地活跃于科研第一线，一直关心并指导着我国高功率激光聚变和粒子束聚变的研究工作。

1998 年 12 月 10 日，“以身许国”的科学家的杰出代表王淦昌院士因病去世。他于 1999 年被追授“两弹一星”功勋奖章。

正是：宝刀不老君真健，古往今来见几人！

“光源领域里的一场革命”：人工激光与天然激光的发现

20 世纪 60—70 年代，对微波波长加以放大产生脉冲受激辐射和对可见光波长加以放大产生激光的实验，已在实验室里获得成功，而且人们在星际与拱星盘气体云中也实际观测到脉冲受激辐射。因此，20 世纪 80 年代，科学家们预测太空中可能存在着“天然激光”。1995 年 8 月，有消息报道，美国科学家发现了“天然激光”。这是 20 世纪 90 年代的一项重大科学发现。美国科学家是借助机载天文台上安装的红外线望远镜，对准天鹅星座内一颗诞生时间不久、温度极高，且十分明亮的恒星时，才首次发现太空环境中是存在着天然激光的。如同科学家先用人工方法制取了钚、然后再在自然界发现钚那样，科学家们也是先制出人工激光，才从太空环境中发现了天然激光。

卡斯特勒

其实，激光的历史也是相当久长的。据法国《世界报》报道，远在 1893 年，在法国波尔多一所中学任教的物理教师布卢什就已经指出，两面靠近和平行镜子之间反射的黄钠光线随着两面镜子之间距离的变化而变化。布卢什虽然不能解释这一点，但为未来实施人工激光发现了一个极为重要的物理现象。不久，布卢什的两位同事法布里和珀罗根据他发现的现象，制造了“法布里-珀罗空腔谐振器”，只要根据光的波长调整距离，谐振器就可以把光放大。它的作用与共鸣器相似。1950 年，也在波尔多一所中学任教的卡斯特勒和让·布罗塞尔一起发明了“光泵激”技术。这一发明后来被用于发射激光。为此，卡斯特勒获得 1966 年度诺贝尔物理奖。

1917 年，著名物理学家爱因斯坦在光量子理论的基础上阐明了自发辐射和受激辐射原理，预言存在着原子产生受激辐射放大的可能性，为研制微波激射器和激光器提供了理论依据。但受激辐射理论并未立即导致激光的发现。直到 20 世纪 50 年代人们才知道可通过粒子数分布反转状态的原子、分子系统产生受激辐射。20 世纪 50 年代末，纽约哥伦比亚大学的一个研究小组成功地研制了第一台微波受激辐射放大器（亦称微波激射器）——脉塞（Maser）。今天，射电天文学已用它们来放大几乎感觉不到的信号。1960 年，美国西奥多·梅门博士依据汤斯、巴索夫和普罗克哈洛夫等人关于将 Maser 的原理推广到光波波段的建议，研制成世界上第一台激光器（莱塞，Laser）——红宝石激光器。它宣告了激光技术的诞生。Laser 激光是 Light Amplification by Stimualated Emission of Radiation（受激辐射式光频放大器）的缩写。首台激光器问世不久，人们很快意识到激光将是科学研究与技术进步的重要工具。于是，许多科技工作者和专家便致力于激光现象的基础研究，使激光技术得以迅速发展。在 20 世纪 60—70 年代间，人们相继制成了氦-氖混合气体连续波激光器、钕玻璃激光器、可见光波段的氦-氖激光器、砷化镓半导体激光器、氩离子激光器、二氧化碳激光器、化学激光器、掺钕钇铝石榴石激光器、染料激光器、可获得超短激光脉冲的固体锁模激光器，以及准分子激光器、自由电子激光器、X 光激光器，等等。现在形形色色、大大小小、林林总总的激光器已构成了一个庞大的激光器家族。

激光为科研工作者开创了意想不到的前景和研制领域。30 多年来，迅速发展的激光技术及其应用的开拓，有力地促进了科学技术的进步。在现代物理学中占有重要地位的新学科——量子电子学的形成和发展，便是突出的例证。激光除开辟了全息摄影、非线性光学等应用研究领域外，还与许多科学技术交叉渗透，产生了一系列新的学科，如激光光谱学、激光化学、激光医学，以及新兴的高技术如激光加工、激光通信与激光显微，等等。激光固有特性——亮度高、单色性好、方向性佳、相干性强，使得它在科研、工农业、能源、生物学、医学、通信、国防军事、新闻出版等领域获得了广泛的应用。例如，今天的光谱学研究就大量应用激光。配备了超速脉冲激光器的光谱仪，使得化学家能观察到只有飞秒（fs，10^{-15}秒）时间的反应过程。激光器的光谱纯度和精确度，又使它成了无与伦比的计量仪器，它能以光速测量地球与月球之间的距离。激光也可以被认为是一种光量子（光微粒）流，像喷火器一样，它能产生一种压力。这种压力可用于特殊固定技术，如人眼视网膜的固定。1990 年，巴黎高等师范学院的一个研究小组利用这种技术固定了一小撮铯原子。从物理角度来说，他们取得了创纪录的温度（即超过绝对零变百万分之二点五度）。这一技术还为研究少量物质的物理与化学特性，以及改善原子钟的稳定开辟了道路。其次，这种压力使人们能够借助激光操作极小的物体，如能移动细胞内的细胞器而不损伤细胞。这种技术还可测量细菌鞭毛所产生的微小力量和 DNA 的双链螺旋片断的弹力，据报道，最近美国的劳伦兹-利弗莫尔国家实验室的科研人员正在执行 X 光激光显微镜计划。据称经过这激光器的几纳秒（ns，10^{-9}秒）脉冲，可适时产生细胞内部的图像和有关其化学合成的数据。

激光之所以能显示出如此巨大而神奇的力量，还有一个重要原因，即它具有极佳的聚焦性能，因而能产生相当高的功率密度。这类激光作用于物质上能使其被照射部分很快升温、熔化、气化，甚至形成高温、高密度的等离子体。这一性能是任何一种传统光源所不具备的。这使得汽车、飞机、航天机械、电子和金属加工等行业广泛地应用激光加工技术。物质在强激光所形成的高温、高功率密度或高电场的作用下，很快形成等离子体，产生各种物理效应。因而，激光束聚焦能产生高功率密度，是军事人员研制各种激光武器的基础，也是实验核物理学家以激光来实现可控热堆聚变的依据。例如，20 世纪 80 年代初，美国五角大楼曾进行了一项试验，他们用一个功率为 400 千瓦的二氧化碳激光器装置成功地截击了五枚响尾蛇式导弹。又如，目前一些国家已研制成一种威慑力很大的激光致盲武器，美国、俄罗斯和德国等已将它们装在坦克、战斗机、装甲车，以及 B-52 战略轰炸机上。这种激光武器能使敌方人员致盲、使敌方电子设备失灵而丧失战斗力。美国研制的化学氧-碘激光器能发出 1.3 微米波长（1 微米$=1\times10^{-6}$米）的激光，光束质量高，已达到机载激光系统的设计要求，他们正准备组建基地设在美国本土的、由 7 架机载激光飞机组成的机载激光机群。此外，1994 年 10 月 21 日，美国《纽约时报》报道，美国能源部已批准在劳伦兹-利弗莫尔国家实验室建造一台造价 18 亿美元的大型激光装置，即通称的

NIF 装置（国家点火装置）。这是冷战结束后美国重建其核武器设施的第一个重大步骤。这台装置将释放出小规模的热核聚变能冲击波，用以研究恒星怎样发光，地球上如何利用聚变能发电，以及在不采用爆炸试验的情况下，如何保持氢弹的可靠性与美国核武库的完整性。NIF 如果成功的话，它将可能成为世界上第一台能够控制热核点火的装置。NIF 的运转过程是：把从 192 个激光器发出的令人目眩的光射到一组像迷宫一样错综复杂的反射镜上，从而把比美国的总发电能力还要大 1 000 倍的巨大能源聚焦在一个超冷氢燃料小球上，以引起小规模的热核爆炸（热核聚变）。从理论上讲，NIF 的功率极强，在探索受控热核聚变的努力中，是以超越运行时的能耗与释放能量相等的平衡点。因此，它可能进入能产生足够的热量，使热核聚变反应自行维持的“点火”领域。

激光的发现、激光器的发明与激光应用技术的发展是本世纪重大科技成果之一。它深化了人类对光的本质的认识，开拓了光服务于人类的新天地，引发了光源领域的一场技术革命，表明人类对光的驾驭已步入一个崭新的历史时期。

“中子活化分析”：破解拿破仑与牛顿的死亡之谜

法兰西第一帝国皇帝拿破仑·波拿巴一生东征西讨，战绩赫赫。他多次粉碎了欧洲封建反动势力的反法联盟，以颁布著名的《拿破仑法典》的形式巩固了法国资产阶级革命的成果。但是，后来他的对外战争逐渐变成与英、俄等国争霸和掠夺、奴役其他国家的侵略战争。1814 年，欧洲反法联军攻陷巴黎，拿破仑战败，被放逐于厄尔巴岛。1815 年 3 月，在他的旧部的策划下，拿破仑成功地逃出了厄尔巴岛，立即召集余部，率军重返巴黎，赶走了复辟的路易十八，再掌政权。为此，英、俄、奥、普等国结成第七次反法同盟，进逼法国。同年 6 月，英、普联军在滑铁卢大败法军，拿破仑兵败被俘。至此，拿破仑的“百日执政”宣告结束。他被流放于圣赫勒拿岛。在该岛上，他度过了五年半的幽居生活后终于一病不起，于 1821 年 5 月 5 日死去。拿破仑是怎么死的？众说纷纭，莫衷一是。有人说他死于胃癌，有人说他被人谋害，有人说他曾进入埃及金字塔因受惊致病而终。史学家们一时也弄不清楚，拿破仑之死遂成不解之谜。

拿破仑翻越阿尔卑斯山

1961 年，有位瑞士人弗雷在走访英国法医部门时，送去了一个写有“不朽的拿破仑之发”的信封。据称，此信封内装的是在拿破仑死亡的第二天，他的随从诺弗拉为之整容时剪下来的头发。随后几经易手，最后传到弗雷手中，成了他的传家之宝。头发是一种代谢活动很低的蛋白质组织。人体中含有的约40种微量元素，大都能在头发里检测到。因之，一位法医科学家便取出一根“拿破仑的头发”放到反应堆实验孔道里去照射。样品分析表明：头发中部约45厘米长的范围内砷的含量高达 1.1×10^{-5} 克，高出正常人砷含量的13倍。由此推断，拿破仑的死可能与砷中毒有关。若按照人类头发平均每天生长约0.35厘米，那么他的砷中毒竟达4个月之久（45厘米÷0.35厘米÷30＝4.28月）。由此得出的结论是：拿破仑是死于砷慢性中毒、急性发作。在拿破仑死后的140年，这样的结果曾轰动一时。因此，他的死因又多了一说即“阴谋说”：有人在连续4个月的时间里在他的饮食中投放了毒物（砷），使他因此中毒而死亡。但是问题并未因此而澄清。关键是这些头发真的是“拿破仑之发”吗？

事隔34年，即1995年6月，美国联邦调查局接到了一项“历史性”的任务：要对8根据称是拿破仑的头发进行分析，以断定他在1821年是自然死亡还是遭人毒杀。据称这8根头发原本长于拿破仑的前额，在其逝世时被人剪落。它们和220根头发缠成一团，被贮存在一个设计华丽的红色皮革盒子里。专家们利用显微镜将8根头发小心挑出，并速送联邦调查局。拥有这团头发的71岁的法国人菲舒观看了挑选这8根头发的全过程。事后他说：“我十分忧疑……，我有责任保存这些国宝。”他是在1964年把这些“国宝”买下来的。把拿破仑的头发送往联邦调查局研究的想法来自美国拿破仑学会。该会希望确定拿破仑的真正死因，因而一直向菲舒游说。菲舒直至诺曼底登陆战50周年纪念时方才首肯。此外，还有第九根据称属于拿破仑的头发，已由加拿大医生韦达提供。他曾编写了一部有关拿破仑之死的畅销书。他提供的头发将接受一项比较研究，以断定整项研究分析的可信性。韦达及越来越多的历史学家相信，这位曾征服大半个欧洲及统治法国近20年的人，被英国流放到圣赫勒拿岛后，一名陪同他生活、对他已极度失望的保皇党人便以慢性下毒的方式将他杀害。他晚年患有手脚痉挛及阵痛，可能是慢性中毒的征象。美国联邦调查局的分析如何呢，人们正在拭目以待。

无独有偶。在英国，人们对伟大物理学家牛顿之死也关心起来。由于对牛顿的死因也众说纷纭、莫衷一是，于是又产生了牛顿死亡之谜。近年来，据报道，根据四位有关人员的最新研究结果，认为牛顿是死于慢性铅、汞、锑中毒，从而否定了认为牛顿是死于内脏结石症的传统说法。他们是通过分析牛顿的头发，发现它含有过量的有害元素而作出牛顿死于铅、汞、锑慢性中毒之结论的。

人们对拿破仑和牛顿的死因能作出上述结论是采用中子活化分析方法得到的。我们知道，中子活化分析法是G·赫维希和H·莱维于1936年用镭-铍中子源（镭不断放出α射线，后者轰击铍产生中子，其反应式为$^{9}_{4}Be+^{4}_{2}He \rightarrow ^{12}_{6}C+^{1}_{0}n$）测定稀土氧化物中的镝和铕的含量而创立的一种先进核分析方法。当人们需要分析某种样品时，可把样品置于中子源附近，接受中子照射。经中子照射后，样品中的某些元素便被"活化"为它们各自的放射性同位素。由于每种放射性同位素都有着自己特定的半衰期，除少数外又都会放出具有一定特征能量的γ射线，而且γ射线的强度同放射性同位素的数量成正比关系，所以，可利用核仪器测出放射性同位素的半衰期、γ射线能量及强度，就能知道被照样品中所含的元素及其数量。上述拿破仑头发中的有害元素砷及其含量，以及牛顿头发中的铅、汞、锑三元素及其含量都可用这种先进的核分析技术来测定。

迄今为止，中子活化分析已有100多年的历史。核反应堆的运行、各类加速器的启动、各种核探测器的出现、大中型电脑的使用，以及特效放射化学分离技术的发展，都对中子活化分析技术的完善起着巨大促进作用。作为一种先进而重要的核分析技术，它具有灵敏度高、准确度好、分析速度快、基体效应小，以及可同时作多元素测定、不损破样品、能分析化学性质相近的元素或同一元素的不同同位素等优点。目前，它已成为常量、次常量、微量及痕量元素的重要分析方法之一。世界上约有200余座研究堆用于中子活化分析工作。国际上活化分析发展的动态表明：其方法学本身已趋成熟，而在各学科中的应用却方兴未艾。它在工业、农业、地质勘探、医学、环保、法学及天体化学、考古学等方面都有着广泛应用。

“瓦胡岛之谜”：高能核爆炸的第五种破坏力

1982 年以前，人们在谈及高能核爆炸的破坏力时，一般将之归纳为四种：一是冲击波，它自爆炸中心区以超声速向各个方面传播。它共约携带核爆炸总能量的 55%，冲击波所到之处人仰马翻、墙倒屋塌，具有很大的破坏力。二是光热辐射，约携带核爆炸总能量的 30%，所到之处能可燃之物立即浓烟滚滚、火光熊熊。三是贯穿辐射，约消耗核爆炸总能量的 5%，作用时间为 10～15 秒，其主要成分是 γ 射线和中子流，能引起爆炸地区人员的放射病。四是放射性污染，约消耗核爆炸总能量的 10%，其主成分是附着有铀或钚的裂变碎片的落下灰（放射性尘埃），也能引起放射病。当然，核武器的杀伤破坏范围和核武器的威力有着密切关系。例如，在日本广岛没有防护准备的情况下，约 1.5 万吨 TNT 当量的原子弹在空中爆炸时，造成人员损伤的最远距离在距爆心约 3～4 千米处，而严重损伤亦达到距爆心约 1.5 千米处。核爆炸造成的人员损伤和物体破坏的程度，从爆心向外随距离增加而逐渐减轻。核武器的杀伤、破坏范围还受爆炸方式、地形和气象条件、人员分布情况、防护条件和物体坚固程度等因素的影响。其中，防护条件的影响尤为显著。这表明核爆炸虽具有很大的破坏力，但也是可能防护的。除核爆炸上述的四种破坏力外，科学家们还于 1982 年发现了核爆炸的另一种破坏力，即电磁脉冲波（缩写为 EMP）。

事情还得从 1962 年的一次高能核爆炸说起。1962 年 7 月，美国在太平洋的约翰斯岛上空约 400 千米处爆炸了一颗百万吨级 TNT 当量的氢弹。而远距该氢弹爆炸中心东北方向约 1 300 千米的夏威夷瓦胡岛上却发生了一种奇怪现象，即数百个防盗警报器突然同时鸣叫起来，大大小小马路上的数千盏路灯也几乎突然同时熄灭。事后，人们对此次发生的怪现象一直百思不得其解。经过约 20 多年的调查、研究、分析对比，科学家终于在 1982 年揭开了 1962 年发生的瓦胡岛之谜。原来，当年使岛上的防盗器同时报警、路灯全部熄灭的“案犯”不是别人，而是 1 300 千米处的约翰斯岛上空那次高能核爆炸所产生的电磁脉冲波。

现在看来，电磁脉冲波是由贯穿辐射间接引起的一种不同于其他四种破坏力的次级破坏力。研究结果表明：在高能核爆炸最初的十亿分之几秒内所释放的 γ 射线（γ 粒子）与上层大气中的电子发生碰撞，于是被撞散的电子群受到加速。加速后的电子在地球磁场的作用下产生偏转。上述过程可导致极高的电压。当这种高电压所产生的电磁脉冲波射向地球表面时，任何金属物体（如电线、电缆、天线、金属管道和铁栅栏等）都成了电磁脉冲波的收集器。这些“收集器”能将感应电荷的能量迅速地汇集起来，并传导至与之相连的设备上，最终将干扰或破坏所有的电气、电子设备。这就是科学家们发现的高能核爆炸的第五种破坏力——电磁脉冲波。它的持续时间极短，仅为一次闪电时间的 1%，所带的能量也不大，大约占核爆炸总能量的百万分之一。但是，它对电器设备，尤其是对先进、精密、自动的尖端电子设备的破坏作用是不容忽视的。有些物理学家认为，某些自然现象也能产生这种电磁脉冲波。

鉴于家用电器、工厂的电气控制系统、广播电视设备或电子计算机等极易受电磁脉冲波的干扰破坏而失灵；

鉴于电磁脉冲波对核电厂也能造成很大威胁，如核电厂的各控制系统失灵后将可能导致堆芯熔化，以致酿成重大核事故；

鉴于一些尖端的国防军事设备，特别是先进的电子通信系统在高能核爆炸产生的电磁脉冲波面前更是不堪一击；

一些军事大国正在忙于“加固”它们的军事设备（包含核设施），以防可能出现的电磁脉冲波的袭击。比如，美国国防部、俄罗斯、德国、法国以及日本等国的军事部门都在不动声色地加速军事通信网络中金属材料电缆的更换，加紧中微子通信试验或射流通信试验研究，以确保军事通信设施的安全与有效。

"物质变成了光"：太阳能的来源与太阳能电站的开发

牛顿

著名英国物理学家牛顿曾经发问："在太阳那里是否物质变成了光?"这是一个闪烁着智慧之光的发问。可惜，他晚年转而研究神学，竟以 25 年的时间去企图证明上帝的存在，而未对这一发问作深入探索。

20 世纪初，伟大物理学家爱因斯坦提出著名的相对论后，根据他的质能转换公式（$E=mc^2$，E 为能量，m 为质量，c 为真空中的光速），人们得知：一切质量都具有能量，反之亦然；质量与能量可以互相转化，质量的耗损与能量的产生成正比。不过，现代科学技术还做不到把一定的质量全部转化为能量，但部分质量的转化已经实现。例如，原子核的聚变反应、裂变反应，以及某些质量不大的正、反基本粒子的"湮没反应"等。

牛顿虽未去探索"太阳那里是否物质变成了光"，但后来人们却一直探索这一发问。1928 年，德国的两位年轻大学生特金森和霍特曼提出了太阳能来源于以"C-H-N-C"循环聚合反应的假说，其反应式为：

$$^{12}_{6}C+^{1}_{1}H\rightarrow^{13}_{6}C+\beta^{+}+E_1$$

$$^{13}_{6}C+^{1}_{1}H\rightarrow^{14}_{7}N+E_2$$

$$^{14}_{7}N+^{1}_{1}H\rightarrow^{15}_{7}N+\beta^{+}+E_3$$

$$^{15}_{7}N+^{1}_{1}H\rightarrow^{12}_{6}C+^{4}_{2}He+E_4$$

上式中的 E_1，E_2，E_3 和 E_4 为聚合反应时释放的能量。循环聚合反应的结果是：碳-12（${}^{12}_{6}C$）未变化、放射性同位素碳-13（${}^{13}_{6}C$）和氮-14（${}^{14}_{7}N$）、氮-15（${}^{15}_{7}N$）相抵消产生了两次 β^+ 衰变，放出能量（太阳能的来源）。若将以上 4 个反应式两端各自相加，消去相同的核素就一目了然了：$4{}^{1}_{1}H \rightarrow {}^{4}_{2}He + 2\beta^+ + E$。此处 $E = E_1 + E_2 + E_3 + E_4$，后来的计算表明此处的 $E = 24.16$ MeV。这就是说，在太阳那里，4 个氢原子发生聚变反应、结果产生一个氦原子，β^+ 辐射和大量能量。1929 年美国天文学家抽塞尔曾报道过有迹象表明：太阳能是由氢的热核反应所形成的。1933 年，人们利用加速器在实验果然发现了轻元素的热核聚变现象。1938 年，美国物理学家贝特和德国天文学家魏扎克各自独立地指出：在太阳上可能产生着 H-H，C-N 循环聚合反应，并证明了氢核反应的聚变能足以维持太阳能的规模。贝特等人提出的太阳及其他恒星释放的能量都源自轻元素热核聚变的假说，已被部分证实，目前也被大多数人所接受。天文学的研究成果告诉我们：太阳主要是由氢元素组成的，其总质量约为地球的 33 万倍，太阳中心处的温度约为 1 500 万摄氏度，压力高达 3.04×10^{16} Pa。如上所述，在太阳环境中，4 个氢核不断合成一个氦核，同时，释放出大量能量。太阳的这些能量以光的形式不断地射向茫茫宇宙之中。据推算，太阳每秒钟要"烧掉" 6.57 亿吨氢，但又产生 6.53 亿吨氦，两者相差的质量为 $6.57 - 6.53 = 0.04$（亿吨），即太阳每秒钟要损失 400 万吨质量！那么，这些质量到哪里去了呢？根据爱因斯坦的质能转换公式，这些质量都转换成能量，以光的形式释放了。这样一来，太阳每昼夜损失 3 456 亿吨质量，每年便损失 126.144 万亿吨质量！因此，人们担心这样下去，人类赖以生存和发展的太阳不是很快会熄灭吗？其实不会。原因有二：一是，太阳的体积异常庞大、质量异常可观，即令以现有的规模损失其质量，大约历经 150 亿年后，损失的总质量也仅占其总质量的千分之一；二是，上述热核反应虽然异常活跃，但完成一个完全反应的速度也异常缓慢，据估算约需 500 万年，诚然，太阳终究会熄灭的，但现在离它熄灭之日为时尚早。

现时，人们所说的核能，通常是指可控的、由人工方法实施原子核结构变化而释放的能量。在能源科学中，我们不妨称它为"人工核能"，而把太阳或其他恒星所释放的能量称为"天然核能"（最近有些作者称它为"太空能源"）。因此，可以说，人类接触和应用核能的历史源远流长。天然核能给地球带来了活力、带来了生命，成了人类赖以生存和发展的必要条件。那么，人类能否更多更好地利用它呢？应该是完全可以的。实际上，太阳所释放的光能仅有0.045%射向了地球，其余的99.955%都射向无垠的宇宙，而未被人类所利用，更不用说人类去利用其他恒星所释放的能量了。

当前，天然核能主要是太阳能的利用，从技术上讲有软技术（指采暖、制冷、供热等）和硬技术（指工业供热、海水淡化和发电等）之分，我们利用太阳能的软技术有较大发展；从能量转换技术看有热电转换与光电转换之别。人们着手建造的地面太阳能电站主要采用热电转换，即用反射镜将太阳能聚积起来以烧开锅炉里的水、产生蒸汽再推动汽轮机组发电。例如，1982 年美国建造了“太阳能一号电站”，功率为 1 万千瓦，共用 1 800 多块反射镜，占地 30 万平方米，投资 1.4 亿美元，每千瓦电的投资比火电、核电高出 10 倍以上。当前地面太阳能电站存在着成本高、占地面积大、回收投入能量时间长、不能稳定供电等缺点。因此，从短期的经济效益看，它不是核电的竞争对手。1968 年，美国工程师格拉泽尔大胆提出了建造空间太阳能电站的设想，并于 1973 年获得专利。他建议在离地面约 36 000 千米高空的同步轨道上建造太阳能电站（其实，就是一颗巨型的太阳能同步卫星）。这个电站上安装有面积达 50 多平方公里的太阳能电池板，其上布满太阳能电池。在太阳光的照射下，太阳能电池把光能转换为电能，超高频辐射发生器又把电能转换成微波能，通过直径为 1 千米的发射天线，以微波集束辐射方式传输到地面；地面微波接受站有直径约 8 千米的接受天线，能接受微波并把它转换成电能，并把交流电整流成直流电提供用户使用。这种空间太阳能电站可克服地面太阳能电站的诸多缺点，能不受地球环境的影响，连续不断进行光电转换，保证地面接收站稳定供电。不过，它只能将一定波长范围内的光转换成电能，一部分光则被反射掉。格拉泽尔关于建造空间太阳能电站的建议已于 1978 年被美国列入航天局的计划。美国、俄罗斯、日本都在积极从事太空发电的研究，并取得一定进展。比如，在 20 世纪 70 年代太阳能电池的光电转换率只有 1%～10%，而现在利用砷化镓材料代替硅材料之后，光电转换率已提高到 40%，这就使格拉泽尔的设想有可能成为现实。太阳能是一种最丰富、最干净的可再生能源。太阳照射地球 30 分钟所带来的能量就相当于目前全世界一年所耗费的电力。它对面临能源短缺的人类具有巨大的魅力。人类对天然核能的有效利用正处于起步阶段，一旦在技术上有重大突破，这一由空间太阳能电站生产的太空能源有可能成为未来世界的主要能源。

"向月球要能源"：科学家研究开采月球核聚变原料氦-3

我们知道，原子核之间的相互作用力即核力是一种短程力。两个带正电的原子核相互接近时，它们之间的静电斥力也越来越大。只有当它们足够接近时，核力才起作用。轻元素及其同位素如氘（D）、氚（T）、氦（He）、锂（Li）等的原子核在克服了静电斥力，使核与核之间的距离小于 10^{-13} 厘米时，就进入核力作用范围，从而使核与核充分靠近而发生聚变反应，生成较重的核，并放出巨大能量。这就是核聚变反应。氘、氚、氦、锂等轻元素都可作为聚变反应的原料。常见的轻核聚变反应有以下几种。

（1）$D+D \rightarrow T+p+0.4\ MeV$

（2）$D+D \rightarrow {}^{3}He+n+3.2\ MeV$

（3）$D+T \rightarrow {}^{4}He+n+17.6\ MeV$

（4）$D+{}^{3}He \rightarrow {}^{4}He+p+18.3\ MeV$

（5）$D+p \rightarrow {}^{3}He+$辐射

（6）$T+T \rightarrow {}^{4}He+2n+11.4\ MeV$

（7）$T+p \rightarrow {}^{4}He+$辐射

（8）${}^{3}He+{}^{3}He \rightarrow {}^{4}He+2p+12.8\ MeV$

（9）${}^{6}Li+n \rightarrow {}^{4}He+T+4.8\ MeV$

（10）${}^{7}Li+n \rightarrow {}^{4}He+T+n+2.8\ MeV$

上述反应式中，n，p 分别代表中子和质子；其能量表征是反应产物的动能总和。

由此可以看出：氢最难发生聚变反应（1944 年，费米指出在地球环境下，为实现氢-氢聚变反应需要 10 亿以上摄氏度），但在太阳环境下，发生的是 4 个氢合成一个氦-4 的聚变反应，并释放大量能量；氚（T）易发生聚变反应如（3），（6），（7），但它在自然界中含量极少，成本太高；氘（D）则是聚变反应的积极参加者如（1）～（5）。氘在自然界中有一定含量，在普通海水中占0.0148%，即 6 757 个氢原子中有一个氘原子。据估算，地球上水中的氘约达 3.5×10^{13} 吨，足够人类使用千百亿年。此外，还可看出：氦-3（^{3}He，氦的同位素）也是易聚变原料如（4），（8）。目前的研究结果已经表明，作为聚变原料的氦-3 比氘、氚更有优越性。以氦-3 为原料的核聚变比氢聚变更清洁、效率也更高。而且与具有放射性的氚不同的是，氦-3 是一种惰性气体，操作安全。美国著名物理学家、钚的发现者和铀-233 的制得者西博格，以及当过从杜鲁门到里根的历届总统军备控制顾问的尼采在 1991 年曾撰文指出，没有其他能源能像氦-3 一样几乎没有污染。既然氦-3 聚变能是一种比氢聚变能更清洁、更安全、效率更高的聚变能源，科学家们为什么又不去开拓它呢？关键是这种气体很难获得。据美国能源部顾问、1993 年考察过世界上氦-3 储量的威廉·威尔克斯说，全球氦-3 的总储量只有 100 千克，其中大部分是由核弹中的氚衰变而产生的。我们知道，核爆炸可以产生一些氦-3［如上述轻核聚变反应式中的（2）和（5）］。但这些氦-3 只够研究的需要，对商业应用则嫌太少了。

1969 年 7 月，美国阿波罗 11 号飞船登月，从月球带回岩样和土壤样品，人们发现大多数样品中富含氦-3，但未引起足够重视。现已查明，大量的氦-3（可能有 100 万吨）储藏于月球表面的岩石中，其蕴藏的能量相当于地球有史以来所有可开发矿物燃料的 10 倍！这无疑是一笔巨大财富。1994 年，日本宣布了计划去月球开始勘探氦-3 的项目。美国威斯康星大学核聚变技术研究所的杰拉尔德·库尔辛斯基估计，在氦-3 聚变研究项目上，日本比美国的投资要高出 100 倍。日本的投资者已与俄罗斯的大规模运载火箭承包商合资成立了联合企业，而且日本与俄罗斯正在研究两国科学家间进行月球飞行合作的事项。美国直到 1986 年才真正重视月球上氦-3 的问题。当时威斯康星大学的研究人员重新检查了阿波罗飞船带回的样品。此后，威斯康星州的麦迪逊便成了美国的氦-3 研究中心。“阿波罗 17 号”宇航员哈里松·施米特相信，小巧的氦-3 核聚变反应堆有朝一日将加大宇宙飞船的航程，如同核裂变反应堆已使核潜艇能在水下一次航行数个月一样。施米特是迄今为止去过月球的唯一一位地质学家，他坚信从月球上土壤中经济而有效地提取氦-3 是可能的。他颇为乐观地认为，在航空舱中装入 25 吨氦-3，就可满足美国大约一年的能源需求。可以预言，以氦-3 核聚变微型堆替代目前微型空间核动力堆的日子不会太远了。

"J 粒子的发现"：丁肇中打开了一种新夸克的大门

丁肇中

早在 1970 年，美国布鲁克海文实验室的科学家就曾发现过与某种未知粒子有关的迹象。但是，由于当时的观测仪器精度不够，人们无法辨认这一迹象是否由某种新粒子造成的，因而失去了首先发现这一新粒子的良机。这种新粒子是 4 年后才被发现的 J 粒子（或称 ψ 粒子）。

1974 年 11 月，美籍华裔物理学家丁肇中教授领导的研究小组，在布鲁克海文实验室 30 GeV 交变梯度同步加速器上，利用丁教授设计和研制的大型精密双臂变谱仪通过测量高能质子打击铍靶产生正负电子对的有效质量谱时，发现了质量为 3.1 GeV/c^2，而寿命相当长的重粒子。他们将之命名为 J 粒子。与此同时，美国物理学家里克特在斯坦福大学直线加速器中心的电子-正电子对撞机上，利用洛伦兹实验室的磁探测器测量电子对湮没时，发现了同一种粒子，而他们将它命名为 ψ 粒子。其实，这是同一种粒子。后来统称为 J/ψ 粒子，习惯上简称为 J 粒子。为此，这两位物理学家共同荣获 1976 年度诺贝尔物理奖。

在未发现 J 粒子以前，科学家们认为，只需用已发现的三种夸克（即质量较轻的上夸克、下夸克、奇夸克）就可以得到强子（即介子、重子，以及它们的共振态）谱。但，丁肇中等发现 J 粒子后，为了解释其寿命特别短（相对于强子与轻子）的原因，科学家引入粲量子数。后来的研究表明，J 粒子是一种介子，其反粒子为自身；J 粒子是由一对正反粲夸克（又称魅夸克）组成的。J 粒子的发现，打开了新夸克的大门，人们由此得知，“夸克”并非只有预言的三种，除第四种外可能还有第五、第六种。1977 年果然发现了第五种（底夸克），1995 年又发现了第六种（顶夸克）。

据称，自 20 世纪 60 年代起，丁肇中和他的研究小组就对重光子进行 10 多年的实验研究。在这类实验中，他们碰到的最大困难乃是所需观察的事件的概率极低。1972 年，丁肇中教授提出了改在高能质子束上进行电子对实验的设想。这种实验设计，将使产生所需观察的新粒子的概率大大提高。但，由于高能质子与靶核相互作用时可能发生的反应方式很多，会产生大量 π 介子、核子对、奇异粒子和它们的共振态等。这些粒子又会衰变成各种强子和轻子。因此，必须在极其复杂的相互作用事例中，在极其短的时间内（纳秒级），从大量的带电粒子里，把所需观察的电子对选出并记录下来。在此情况下，能否取得一种有效的观察手段，便成了实验成败的关键。于是，丁教授决定研究新的观测仪器。“士欲成其事，必先利其器”的古训是极有道理的。丁教授为他们提出的实验专门设计、研制了一台新的观测装置——大型精密双臂谱仪。据悉，在此大型装置中，就用了 6 个大型气体阈式切伦科夫计数器。丁肇中研究组正是借助于这台大型观测装置，达到了该实验预期目的，发现了新的 J 粒子。人们都自然地把这次成功归功于丁教授。

可是，在 J 粒子的发现完成之前，有不少人包括某些著名的学者，曾经反对研制这种新型观测仪器的计划。但，丁教授力排众议，坚持到底，终使这台后来立下大功的仪器得以诞生。丁教授之所以能不顾别人反对，不惜花费巨额资金和大量的时间与精力亲自督战、直至成功，就是因为他充分认识到研制这种新型观测仪器对他所设计的实验所具有的极端重要性。实践证明他是正确的。

人类要正确认识与有效改造世界，就必须通过科学观测去探索客观世界的奥秘，并将获取的感性知识上升为理性知识。正如伟人毛泽东所说：“我们的实践证明，感觉到了的东西，我们不能立刻理解它，只有理解了的东西才能更深刻地感觉它。感觉只解决现象问题，理论才解决本质问题。”只有理性认识才能揭示客观事物发展的一般规律。古代，人们对客观世界的观察，主要地或大量地靠天然的感官，相应地产生过思辨哲学或玄学。历史的进步，促使历代科学技术工作者开始重视微观、宏观或宇观方面观测仪器的构思、设计和研制，并在某些领域取得了重大成果。随之"思辨式"的研究转向了"实验式"的研究。人类在认识和改造世界的水平上前进了一大步。时至今日，随着科学技术的进步与发展，人类要观测的时间、空间和事物的范围都扩宽了。其中，小的东西已小于 10^{-15} 厘米，大的东西可大至 100 亿～150 亿光年；小的时间度量可小到 10^{-23} 秒，大的可大于 150 亿～200 亿年（有个别科学家甚至将之推至 800 亿年）。显然，若仍旧只靠人的天然感官来观测这些时空里的对象已远远不行了，人们必须把自己的感官性能加以放大或缩小，加以延伸或紧缩，为此就必须依据需要去创造、研制和使用科学仪器。这是人类科学认识的能动性的表现。马克思主义把科学技术看作是第一生产力；把劳动手段（劳动工具）作为生产力发展阶段的主要标志，道理就在这里。

“中微子通信”：可能引发一场新的通信革命

中微子是一种不带电的中性粒子。意大利语意为“小中子”。早在 20 年代末、30 年代初，物理学家在研究放射性元素衰变时，发现放射性元素发射的 α 粒子，其能量是确定的或者说是单能的，而 β 粒子的能量却是连续的，得到的是连续能谱。这使得科学家困惑不解。为解释这种“β 衰变佯谬”，曾出现过种种假说。其中，最有名，而且后来经实践证明是正确的，便是奥地利物理学家泡利提出的“中微子假说”。他是在一封写给参加丢秉根市物理会议朋友的信中，首次提到“中微子假说”的。这是核物理学发展过程中带有革命性的一步。然而，当时却被某些科学家斥为“异端”，只有少数核物理学家接受了他的思想，并取得了重大理论成果。著名实验核物理学家费米就是其中之一。诚然，证实“中微子”的存在不是一帆风顺的。人们越是期望能找到它，它越是姗姗来迟。1952 年，美国科学家戴维斯采用我国物理学家王淦昌教授关于寻找“中微子”的构想证实了中微子的存在；1956 年，1959 年物理学家们终于先后在反应堆和宇宙射线中找到了中微子。原来，中微子也有天然存在的，太阳和宇宙射线无时无刻不在向地球大量倾泻着中微子。由于它与其他物质粒子的作用极其微弱，以致每秒钟虽有数百万个中微子穿过人体，人们也全然不知。它不对人类造成危害。但是，极为遗憾的是，至今人类还无法控制和利用这种极其丰富的中微子源。

1978 年 12 月 19 日，在美国伊利诺斯州费米国家加速器实验室附近的旷野上，竖立着三个大水桶，每只桶足足装有约 2 000 千克的水。水桶旁有架仪器，以导线与水桶相连，水桶中不断地发出微弱的蓝色闪光，仪器能自动地将这种蓝色闪光记录下来。此处正在进行着世界上首次中微子通信的试验。为什么要进行中微子通信实验呢？它比通常采用的电磁波通信有何优越性呢？

所谓中微子通信是指采用中微子来代替电磁波进行传递信息的一种无线通信方式，如上所述，目前人们还无法控制巨量的自然中微子流为通信服务，所以只有用人工方法产生中微子。上述中微子通信试验用的中微子便是由费米国家实验室的一台 44 亿电子伏的高能质子加速器引发的。他们用该加速器将质子流加速到几千亿电子伏，然后用它去轰击一块铝靶，使之产生许多"短寿命"的介子（如 π 介子，K 介子等)。这些介子一边运动，一边衰变成 μ 子、中微子以及质子、中子等（衰变方式有：$\pi^+ \rightarrow \mu + \nu$，$\pi^- \rightarrow \mu^- + \bar{\nu}$；$K^{\pm} \rightarrow \mu^{\pm} + \nu$。此处 ν 代表中微子，$\bar{\nu}$ 代表反中微子)。由于 μ 子和质子都是带电的，可利用电场将它们除去，于是就能得到不带电的中子流和中微子流。当中子、中微子流透一堵混凝土高墙时，又可把中子全部筛除，只让中微子通过。如果，我们用通信中常用的莫尔斯码对加速器产生的高能质子来进行调制，也就间接地最终地调制了中微子流。于是，莫尔斯码便可随着中微子的发射而被发送出来。这就是中微子通信的工作原理。上述中微子通信实验的接收地点距发射地点为 6.4 千米。因中微子不带电，它不能用普通的无线电天线来直接接收。但是，中微子通过水时，会与水中物质的原子核发生反应而产生带电的 μ 子，而 μ 子在水中高速前进时会发出光子（这使得上述试验中的 3 只大水桶出现微弱的蓝色闪光)。由此，可利用光子探测器来间接接收中微子的信号。显然，接收中微子的水用得越多，接收的灵敏度也就越高。

中微子通信有着电磁波通信不可比拟的优点。电磁波通信中的电磁波是带电的，可用电子干扰手段使之失灵，而中微子不带电，中微子通信不受电子干扰手段的影响。其次，通常的电磁波通信会被山丘所阻挡或被海水所吸收，因此，地下通信和水下通信就成了电磁波通信的两大"禁区"，而中微子通信恰恰可以突破这两大禁区。在地下深处设置的中微子通信系统，可与世界各海域的潜艇进行通信。有人甚至认为利用它与其他星球的"外星人"进行通信，应是最理想的通信工具。再者，中微子通信的保密性极强，通信质量好，而电磁波通信中，保密性差，往往会被对方截获乃至破译。此外，中微子通信不污染环境，对人体亦无损害，不怕外界干扰，是极端环境中的一种极理想的通信技术。

总之，中微子所具有的不带电荷，无磁性，以光速运动，方向性极好（发散度仅1毫弧度)，穿透力极强，只走直线，不会反射、折射、散射等性能在未来战略通信中具有重要意义。中微子通信有广阔发展前途，它的试验成功以及推广应用，很有可能引发一场新的通信技术革命。

"中微子缺失之谜"：神出鬼没的中微子具有静止质量吗？

沃尔夫冈·泡利

1930年年底，奥地利物理学家沃尔夫冈·泡利在研究放射性β衰变时，提出了中微子假说，以解释β能谱的连续性。他指出在β衰变过程中不仅放出β^-粒子，还放出一种不带电的"中微子"（ν）。泡利的"中微子假说"得到了意大利著名物理学家费米的支持。1934年，他们共同提出了中微子理论。他们认为，这是一种不带电的、稳定的、静止质量为零的中性粒子。后来它被人们命名为"中微子"，在意大利语中即"小中子"的意思。由于中微子同其他物质粒子的相互作用及其微弱，人们很难找到它的踪迹。

1941年，我国物理学家王淦昌提出了一种寻找中微子的方法。他在美国《物理评论》发表的一篇论文中，首先提出用K电子俘获法来寻找中微子。这是一个极有创见的构想。1952年，美国科学家戴维斯终于用这种方法证实了中微子的存在。1956年，美国物理学家莱因斯和科恩在萨凡纳反应堆附近观测到中微子。1959年，人们利用闪烁计数器的双闪烁在宇宙射线中也证实了中微子的存在。原来，中微子有天然存在的，如太阳和宇宙射线无时不在向地球大量倾泻着中微子；也有人工制造的，如β衰变、介子衰变都可产生中微子。在现代物质基本结构的标准理论中，中微子（包括反中微子）是不带电荷的粒子，它们没有质量，以光速从粒子之间的相互作用中带走能量和动量。物质中存在三种类型的中微子，它们分别与电子、μ子及τ介子配对结合，相应地称为电子中微子（ν_e），μ 中微子（ν_μ）和 τ 中微子（ν_τ）。但是，1980 年，有人提出中微子的静止质量并不为零。这对传统的中微子理论是一个颠覆性的挑战。

20 世纪 80 年代以来，美国、法国、瑞士和苏联的科学家先后通过实验发现了一些迹象，由此可说明中微子具有静止质量。科学家们认为，如果中微子有质量，则它们之间可以相互变换，这种相互变换的现象称之为“振荡”。比如说，中微子若有质量，那么一个中微子可变成一个 μ 中微子；若无质量，则不可能发生这种转变，于是，一个电子中微子永远仍是一个电子中微子。目前，科学家们正在循着两条途径小心翼翼地论证中微子有无质量的问题，因为此问题事关重大。其一，是实验。比如，美国洛斯阿拉莫斯国立实验所介子物理工厂的物理学家小组多年来一直在寻找上述的“振荡”现象（即证实中微子有质量）。他们使质子加速器的射线进入水槽，当高速运动的质子与水槽中的原子核发生碰撞时就会产生多种中微子，但不会产生电子反中微子。他们按近 30 米的间距安装了只对中微子产生反应的探测器。最近，该小组的负责人怀特在《纽约时报》上（后来又在《科学家》）著文说，他的仪器已验证了 80 个电子反中微子的存在。要证实这 80 个电子反中微子是由水槽中的电子中微子转换来的，就必须将它们转换成其他的中微子，才能被探测器所探知。由此，怀特推导出电子中微子和 μ 中微子的质量在 0.5～5 eV 之间，即它们的质量可能是电子质量的 10 万分之一至 100 万分之一。洛斯阿拉莫斯的研究人员声称他们找到了肯定的答案，即中微子有质量。但许多研究者告诫应持谨慎态度。例如，美国布鲁克海文国立研究所和英国牛津奇尔顿研究所的物理学家迄今一直在从事类似的实验，但均未见到这种振荡现象。其二，是观测。我们知道，太阳本身就是一个丰富的天然中微子源。神出鬼没的中微子与其他物质粒子的作用十分微弱，以致每秒钟都有数百万个中微子穿透我们的身体，而我们却全然不知。太阳通过放射中微子为科学家们提供了实验和观测的机会，现在的关键是改善和提高阅读中微子所携带的信息的本领。世界各地的一些中微子观测站的种种设备正是为此而设置的。对来自太阳所产生的中微子所携带的详细信息的分析，使科学家们建立一个太阳理论模型，但也带来了一个难以回答的问题即所谓“中微子缺失之谜”。科学家们实际观测到的中微子流量比这一太阳理论所预测的要少得多。30 多年来，世界上不同的观测站利用不同的技术不断地观测出“中微子缺失”的现象。目前，人们所观测到的主要是电子中微子。如果，这种电子中微子能变成另一类型中微子的话，它就会引起所观测的那种中微子缺失现象。这意味着，至少某种类型的中微子是有微小质量的。由以上论述可见，如果中微子确有质量的话，它将使科学家们得到赖以发展有关物质结构理论的新事实，可以解释中微子缺失现象，可以解释天文学家说的在宇宙确实存在但却看不见的"神秘物质"；它将开创现代物理学和天体物理学的新纪元。

中微子如果确有质量，即使是电子质量的百万分之一，从微观上看一个中微子的质量的确微不足道，但从宏观上看中微子的质量却不容忽视。因为，这意味着中微子大概是浩瀚宇宙中最为重要的一类物质。我们知道，在茫茫宇宙空间，中微子是无处不在，无时不在的。太阳及遥远的天体都是强大的中微子源，据统计宇宙空间每立方厘米平均就有 100 个中微子。若中微子确有质量，根据牛顿万有引力定律，它们之间或它们与其他物质之间仍会产生引力相互作用。这种引力作用叠加在一起仍是相当可观的。它可能会对大尺寸范围内天体的天体演化产生很大影响。例如，从目前流行的大爆炸宇宙学的观点来看，我们现在所观测到的这部分宇宙是在约 150 亿～180 亿年前，由一团处于超高温度下的超高密度物质发生一次空前规模的大爆炸而形成的（它称作"原始爆炸"）。依据观测到的红移现象，大爆炸宇宙学家断言：我们所能观测得到的这部分宇宙至今仍处于不断地膨胀之中。如果证实中微子确有质量，那么充塞于宇宙的中微子的引力的总和将足以使宇宙膨胀的过程有朝一日停下来，而且这种引力的总和有朝一日也能把广袤宇宙范围的物质重新集聚到一处，重新组成一团新的超高温度、超高密度、超高压的物质，从而形成另一次新的宇宙大爆炸。

至今人类仍未掌握利用极其丰富的天然中微子的技术。但人们已经用高能质子加速器将质子加速来轰击铝靶，以产生许多"短寿命"的介子（π 介子、K 介子等），并通过它们的衰变获得中微子。目前，科学家们正在利用中微子的某些特性（如不带电荷，无磁性，以光速运动、方向性极好，穿透力极强，只走直线、不会反射、折射和散射等）进行"中微子通信"试验，它很有可能引发一场新的通信革命。

“纳米结构材料”：大有前途的新型高科技材料

被国家科委、中科院列入“八五”期间重点支持研究项目的新型高科技材料——纳米结构材料（Nanostructured Materials）因其特殊性能而显示出巨大的技术潜力，正在日益广泛地引起科技工作者和实业家的关注。

20 世纪 90 年代初，国际上出现了一种崭新的科学技术，即纳米技术。它包括纳米材料学、纳米生物学、纳米电子学及纳米机械学等。纳米技术研究的主要目的，是利用越来越小的精细技术生产出某些行业所需要的超精细产品。纳米结构材料属于纳米材料学或纳米物理学的范畴。那么，什么是纳米结构材料呢？所谓纳米结构材料系指将由直径为纳米（即 10^{-9} m）数量级的粒子压结而成的材料。早在 20 世纪 60 年代胶体化学诞生之际，人们就对直径为 1～100 纳米（nm）的所谓弥散粒子（又称胶体粒子或超微粒子）进行了研究并取得可喜的成绩。比如，1963 年，Rgozi，Uyda 等人采用气体蒸发法获得了比较纯净的超微粒子，进而测定了单个超微金属粒子及其化合物粒子的形态学和晶体结构。1976 年，Granqvist 和 Buhrman 用改进了的气体蒸发法产生了铝、镁、锌等多种超微金属粒子，并对它们进行了广泛研究。不过以上研究工作均以单个超微子及其化合物粒子为对象。

真正纳米结构材料的研究是从 1980 年开始的。首先对纳米固体块状材料进行研究的是德国著名学者克莱特教授及其合作者。当时的思路是，想利用晶体结构之核心部位的原子排列来发展新型结构材料，以满足科研和生产的某些需要。具体地说，是将某些“缺陷”（如晶界、相界、空位或错位等）组合到原本是完整的晶体内，从而使缺陷核心的总体积分数可与缺陷间的剩余点阵区域相比。这一想法的依据是，在缺陷核心中所形成的原子排列状态若与化学成分相同的其他传统材料（如晶体或玻璃等材料）不同，那么，其密度将显著减小并具有不同的配位数。我们知道，固体的性质主要是由其密度和不同的最近邻配位数决定的。据此，人们确信由纳米结构材料有可能获得在传统结构材料中并不存在的新性质。例如，已经知道，纳米结构材料具有把以其他方法不能配成合金的化学元素或化合物配成合金的新性能。

1984 年，克莱特及其合作者把直径约为 6 纳米的铁粒子压结成纳米固体，并用 X 射线衍射穆斯堡尔谱和磁学测量其内部结构。他们发现纳米固体材料确有一种奇异的结构类型。1986 年，克莱特等首次对纳米固体材料的结构和性能作了综合报道。他们的研究表明，纳米结构材料确实由体积分数大致相等的两部分组成：一是直径为几个纳米的粒子；一是纳米粒子间的界面。前者基本为具有长程序的晶状结构，后者则属于既无长程序也无短程序的无序结构。正是由于这一结构特点，使得纳米材料成为一种新型的具有与传统材料不同的固态结构和新性能的高科技材料，并显示出崭新的物理效应。克莱特及其合作者的工作为纳米材料的研究、开发与应用展示了广阔的前景，为发展新技术和新材料提供了可行的途径。

1992 年，克莱特教授在为中译本《纳米材料》写的“序言”中指出，纳米结构材料的进一步研究工作应瞄准下列方向；探索具有密度远较传统材料（如晶体、玻璃）为低的固体物质状态的物理理解；探索与缺陷之间的结晶区域的密度减少和尺寸变小的有关新效应；探索用纳米结构材料代替传统材料以得到改进的性能。当前发表的论文表明，大多数是属于应用研究的，而基础研究部分较少。但从长远看，基础研究似更重要。显然，揭示纳米材料的新物理效应不仅具有理论意义而且具有实用价值。纳米结构材料在科研、冶金、核工业、航空航天、计算机与电子工业、精密仪表、医学，以及国防建设等领域有着广阔的应用前景。从应用角度看，20 世纪 90 年代初出现的纳米技术的核心已进入装配分子的阶段。1995 年，美国科学家宣称，他们成功地发明了以一次一个分子的准确度来改变材料表面化学成分的反应，并首次推出了纳米量级上的催化剂。利用航天时代的原子力显微镜（AFM)，研究人员所从事的开拓性工作证明了在纳米量级上进行分子合成的可行性。这是朝着纳米级制造方向迈出的令人鼓舞的一步。科学家们还从理论上推导说，选择合适的反应物和催化剂以及其他分子，人们就可能会组装出各种各样的复杂的纳米结构的粒子。美国劳伦兹-伯克利实验所材料科学部化学家彼得·舒尔茨说："科学家一旦掌握了操作复杂的纳米级制造装置技术，世界将进入纳米技术时代。"纳米技术革命的基本特征是以完善的控制和离散原子（与分子）的方式快速排布原子的结构，从而将产生物质处理技术的革命。我们知道，数字计算机一直是建立在微电子学基础之上的，而纳米技术则使它能建立在分子电子学基础之上。届时可能出现掌上型超级计算机所用的千兆位存贮芯片。这便是人类设想中的新一代的纳米计算机。

"中间玻色子的发现":物理学家走出了迈向统一场论的第一步

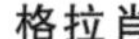

格拉肖

温伯格

萨拉姆

科学家们在概括自己研究客观事物的最终成果时,总期望能找出简单的而普遍的规律,并用简明的数学形式加以表述。例如牛顿概括的力学三大定律和万有引力定律,开普勒概括的行星运动三大定律,以及麦克斯韦概括的把电、磁、光统一为一体的电磁学方程等。20 世纪 40 年代,近代物理学巨匠爱因斯坦开始企图把引力和电磁力统一起来,以建立描述这两种自然力的统一场论。虽然他耗费了后半生几乎全部的精力仍毫无结果,但是他的不畏艰难、敢于攀登的精神却给后人树立了光辉的榜样。随着原子核物理学的发展,人们自 30 年代起开始认识到,自然界中力的基本相互作用除了称为长程力的引力相互作用和电磁相互作用外,还存在着称为短程力的弱力相互作用和强力相互作用。既然爱因斯坦在统一长程力(引力和电磁力)方面遇到了困难,那么能否另辟蹊径,探索弱力与电磁力的统一(简称弱电统一),来建立统一场论呢?有些科学家确实这样做了,并取得了成果。

我们知道，有一种理论认为，传递引力相互作用的是“引力子”（或称“引力波”，为爱因斯坦所预言；人们正在寻找它），传递电磁相互作用的是光子，传递强相互作用的是介子，以及“胶子”（人们也在寻找它）。据此，人们会发问：传递弱相互作用的“媒介子”是什么？这对建立弱电统一有重要意义。由于光子不带电荷，所以作用前后粒子的电荷不发生转移。但是，依据费米理论，弱相互作用则是两个粒子相接触时才发生的，且有电荷的转换。可见，把弱力和电磁力统一起来有一定困难。要把这两种力统一起来，必须求同存异才行。为此，必须假设存在着传递弱相互作用的“媒介子”。这样，弱相互作用与电磁相互作用便有了“相似点”。物理学家们正是在这个“相似点”上提出并小心翼翼地构筑他们的弱电统一理论的。物理学家们把这种传递弱相互作用的媒介子称为“中间矢量玻色子”(简称中间玻色子)。20 世纪 50 年代后期，有些物理学家意识到弱力和电磁力可能是同一种力的两个侧面。此时，年轻的美国物理学家格拉肖首先提出了一种弱电统一理论。但在他的理论中，所有中间玻色子都应同光子一样，不带电荷，静止质量为零，这显然与实验结果相矛盾。为克服这一困难，1967 年，美国物理学家温伯格和巴基斯坦物理学家萨拉姆在格拉肖理论的基础上分别提出了弱电统一的规范理论，这就是有名的温伯格-萨拉姆模型。与格拉肖理论不同的是，他们在弱相互作用中大胆预言了带电的中间玻色子 W^+、W^- 和中性的中间玻色子 Z^0 的存在，并明确预计 $W^\pm$ 粒子的质量应大于 $(82\pm2)\times10^9$ 电子伏，Z^0 粒子质量大于 $(92\pm2)\times10^9$ 电子伏。他们的预言是否对呢？这需要实验来验证。于是，物理学家们开始了寻找这三种中间玻色子的实验工作。

实验核物理学家首先看到，由于温伯格、萨拉姆预言了中间玻色子 Z^0 的存在，那么弱相互作用的传递（媒介子 Z^0 的传递）将同电磁相互作用的传递一样即作用前后的粒子不发生电荷转换。因此，能否在实验中发现 Z^0 粒子或由它引起的可被检测的弱相互作用（物理学家称之为“中性流”）便成为这一理论正确与否的关键。1973 年，欧洲联合核子研究中心传来了好消息，他们从名为“加加梅尔”的大型气泡室的 70 万张实验照片中发现了一起由 Z^0 粒子引起的中性流事例。不久，美国费米国家加速器实验室重复这一实验，也发现了由 Z^0 粒子引起的类似反应。因此，初步证实了他们理论的正确性。为此，格拉肖、温伯格和萨拉姆共同荣获了 1979 年度诺贝尔物理奖。当他们接受这项世界科学的最高奖时，他们的理论的最重要、最直接的实验支持即理论所预言的 W^+、W^- 和 Z^0 粒子都还没有找到。因此，当时有人打趣地说：“如果将来一旦找不到中间玻色子，他们三位会把诺贝尔奖金退出来吗?”问题在于，由于他们预言的这三种粒子质量太大，以致当时最大的加速器都无法把它们轰击出来。于是，物理学家们便把欧洲联合核子研究中心的超级质子-质子对撞机改建成质子-反质子对撞装置以寻找中间玻色子。1982 年 7 月，来自欧美 11 个国家的 200 位物理学家在这台质子-反质子对撞装置上分成两个实验小组开始了他们的实验，两束能量高达 270×10^9 电子伏的质子-反质子束在实验装置里发生了规模空前的对撞。据理论分析，质子中的上（下）夸克与反质子中的下（上）夸克在对撞时可能转化为 $W^\pm$ 粒子，但它们寿命很短，很快衰变为正、负电子，并放出中微子。1983 年年初，由鲁比博士和达林格博士领导的这两个实验小组分别在 10 亿次质子-反质子对撞中记录到 9 起正、负电子事件。进一步分析表明，这些正、负电子是一种重粒子衰变的产物，并估计这种重粒子质量为（81 ± 5）$\times10^9$ 电子伏。这同理论预言的 $W^\pm$ 粒子的质量相近。而且重粒子产生的概率与理论估计的 $W^\pm$ 粒子产生的概率相一致。同年 1 月 20 日，鲁比博士和达林格博士在罗马大学讲演厅，详细宣布了这次实验的有关数据。次日，欧美各大报纸便竞相刊登了“物理学家发现 $W^\pm$ 粒子”的消息。弱电统一规范理论预言的 $W^\pm$ 粒子的发现，使现代物理学的历史又翻开了新的一页。

但 Z^0 粒子尚未出现。据理论分析，Z^0 可由质子中的上（下）夸克和反质子中的下（上）夸克相互作用而产生。但平均说来，即令是 10 亿次的质子-反质子的剧烈碰撞也不足以产生一个 Z^0 粒子。因此，在 1983 年年初结束的第一轮实验数据中毫无 Z^0 粒子存在的迹象。1984 年 4 月，物理学家们在提供了比第一轮实验强 7 倍的质子-反质子流的条件下，开始了第二轮实验。4 月 30 日，鲁比博士领导的实验小组在探测器上发现有两个能量很高的电子、正电子以很大的角度从碰撞中飞出来。它们显然是从一个未知的重粒子衰变而来的。由于一个电子的负电荷与一个正电子的正电荷相加为零，根据电荷守恒定律，这个未知粒子的电荷为零，即不带电；再从这对正电子、电子的能量和速度，可估算出未知粒子的质量约为 100×10^9 电子伏。这一质量和理论上预计的 Z^0 粒子的质量相近。实验表明，这个未知的重粒子可能就是 Z^0 粒子，后来的实验中又发生了几起类似的事件。经过进一步分析，欧洲联合核子研究中心终于向世界宣布发现了第三种中间玻色子 Z^0。

欧洲联合核子研究中心科学家们的上述发现（即 $W^{\pm}$ 粒子，Z^0 粒子的发现）是具有划时代意义的重大事件，标志着人类对核子间相互作用的机制的认识迈出了一大步。从目前看来，要建立起自然界中四种基本力相统一的统一场论，依然任重而道远。据报道，目前美国、德国、欧洲都在积极建造投资 10 亿甚至数 10 亿美元的大型加速器，以进一步揭示原子的奥秘。

"中子带有微量电荷"：一种离经叛道的新理论

盖尔曼

中子的发现无疑是核物理学家们勾划原子结构图像时最精彩的一笔。中子自在它处于假说阶段就便认定是不带电的。它的预言者卢瑟福在演讲中就说过，既然原子里存在带正电的质子和带负电的电子，为什么不存在不带电的中子呢？自1920年卢瑟福预言原子内存在不带电的"中性粒子"、1932年查德威克发现中子以来，中子一直被认定是不带电的中性粒子。在约半个世纪里，无数次的实验都似乎证实了：中子不带电，或中子的总电荷为零。但随着现代粒子物理学的发展，以及实验测量技术的进步，物理学家们发现，所谓质子、中子、电子和π介子等基本粒子并非是构成世界万物的基元。尚未被人们所了解的"基本粒子"所具有的结构层次，至今仍是高能物理学家们精心探索的重要课题。可见，"基本粒子"并不基本。它只表明了人们目前所认识的物质结构一个层次。

1963年，美国物理学家盖尔曼和兹维格正是突破原子结构的三层次（原子—原子核—核子）概念而提出原子结构的四层次说。这是物质组成的新理论，它认为质子及中子等并不是"基本粒子"，而是由更基本的粒子"夸克"（Quark）组成的，并提出存在三种夸克，分别命名为u，d，s即上夸克、下夸克，奇夸克。10年后，这个理论得到证实，它所预言的三个夸克也相继被发现。高能实验核物理学家已经证实："基本粒子"是由被称为"夸克"的更小单元构成的。比如：质子由两个上夸克、一个下夸克构成；中子由一个上夸克、两个下夸克构成；π^+介子由一个上夸克、一个反下夸克构成等等。理论物理学家们认为，原子核内的各种粒子是由六种夸克（即上夸克 u，下夸克 d，奇夸克 s，粲夸克 c，底夸克 b，顶夸克 t）构成的；夸克是成对出现的，正如“基本粒子”都存在反粒子那样，夸克也存在反夸克。1974 年，美国华裔物理学家丁肇中发现了 J 粒子，由 J 粒子可以证明第四种夸克 c 的存在；1977 年，美国物理学家李德曼发现了底夸克 b。自此以后，实验物理学家们一直在努力寻找理论物理学家所预言的顶夸克 t。20 世纪 80 年代以来，关于夸克的研究取得了突飞猛进。1983 年，美国斯坦福大学的科学家宣称，他们取得了“t 夸克”存在的“第一个实验证据”；1984 年，日内瓦欧洲联合核子研究所的一组科学家宣布，他们从实验上找到了 5 例新的关于 t 夸克存在的迹象。直到 1994 年 4 月，美国费米国家实验室的一个加速器小组宣布，他们发现了 t 夸克存在的“第一个直接实验性证据”。当时，该实验室的两个研究组的科学家们说，这一发现是很吸引人的，但承认证据不足。1995 年 3 月，美国费米国家加速器实验室正式宣布发现了第六种夸克——顶夸克。该室主任约翰·皮普尔斯说：“这项发现的意义是告诉我们宇宙是可以认识的。”参与这项研究的华裔高能物理学家叶恭平说：“宇宙刚开始瞬间，只是基本粒子存在的状态，找齐六种夸克等基本粒子，将可以协助科学家回溯宇宙的初始阶段。因此，可以知道宇宙由过去到未来的演化历程。”

如上所述，中子是由三个更小的带电粒子组成的：一个是上夸克，它带有 2/3 正电子的电荷，两个下夸克，带有 1/3＋1/3 电子电荷。因而，中子的总电荷为零。但是，近年来，许多理论物理学家根据实验观测和理论推算，提出了一种离经叛道的新理论，即中子带有微量电荷。中子所带电荷极其微小，据估计要比电子电荷小 10～20 个数量级。由于这一新理论能够解释过去实验物理学家们所发现的一些实验事例，特别是能圆满地解释太阳和地球磁场的形成，因而它已为越来越多的科学家所接受。鉴于这种情况，实验核物理学家们设计了一些极精细的实验，以验证“中子带有微量电荷的新理论”。例如，德国科学家把速度为 200 米/秒的慢中子聚焦成针状细集束，然后让此种中子集束通过 10 米长的强磁场：如果中子带有电荷，则此中子集束应在强磁场中有极细微的偏转。这种偏转可用最先进的、高灵敏度的仪器来检测。遗憾的是这次实验中并未发现中子集束的偏转。面对这类实验的失败，理论物理学家的信念并未动摇，他们坚持认为新理论是正确的，并指出关键是要继续提高实验的精确度！在提高实验的精确度后，据报道，1986 年底法国的劳厄-郎之万实验研究所的实验物理学家终于证实：中子确实带有微量电荷，它大约是$+3\times10^{-20}$基本电荷单位。

从微观上看，一个中子带有的电荷似乎微不足道，也许不会影响“基本粒子”间的相互作用过程。但是，科学家们指出，从宏观上看，中子带有的微量电荷就不容忽视。例如，天文学家发现的“中子星”便是一种由中子组成的直径为 20 千米的致密天体。据推算，这样一个中子星所具有的中子数目约为 10 的几十次乃至近百次方数量级。可见，如果中子确实带有电荷，那么这类中子星所带的总电荷必然相当可观了。这样，中子星对其他天体的运动过程亦将产生影响，对弥散于空间的质子、电子、中子以及中微子等“基本粒子”产生影响。这将导致天文物理学的一些变革。

“耶稣裹尸布” 的真相：碳-14 测年法与碳-14 加速器测年法

利比
碳-14 测年法的发明者
美国物理学家

1988 年 10 月 13 日，一位红衣主教根据梵蒂冈教皇签署的命令在意大利都灵大教堂里举行了一次宗教史上极不寻常的记者招待会。红衣主教在会上郑重宣布：存放在本大教堂里的所谓耶稣殉难时的裹尸布，实属中古时期的赝品。随着记者们的报道，这一信息立即传遍了全世界。梵蒂冈教皇命令宣布的这一信息对世界各地的基督教信徒们来说，无异于晴天霹雳！因为这块相传是公元初耶稣遇难时包裹他的尸体用的白色亚麻布幅，600 多年来一直受到虔诚信徒们的顶礼膜拜，一直被历代的王公贵族们奉若神明，一直被基督教尊奉为至高无上的绝世圣物。因此，数百年来，忠实的基督教广大信徒们对这件耶稣的裹尸布深信不疑，而且心中绝不会对它有一丝一毫的不敬或亵渎之念。它已成了广大教徒们的精神支柱。

据传，这件基督教的“神圣之物”，400 多年来一直供奉在特别精致的银盒子里，后来还特意加了防弹玻璃护罩，终年供放于教堂的圣殿之上。教会当局每隔 50 年才隆重地向信徒和公众展示一次。所以，一个信徒或普通人一生中能看到一两次展示便是莫大的幸运了。1978 年的展示是最近的一次。据报道，当时来自世界各地的信徒有 300 多万人。这些善男信女们都极其虔诚地先后瞻仰、朝拜了这件心目中的“圣物”。仅隔 10 年，基督教的最高当局又宣布“圣物”

是赝品，岂不令人难堪。

这块神圣了约 630 年的“耶稣裹尸布”到底是真是假？梵蒂冈教皇依据什么下令宣布它是赝品呢？说来话长。其实，在历史上，就有不少人（包括某些有名的大主教在内）对它的真实性有过怀疑，且明里暗里争论了几个世纪。只是慑于教皇的权威、教会的阻挠以及狂热的宗教习惯势力，或者是某些人的私利，才使它成为一件历史悬案。其中，当然也有个鉴别其真伪的手段和技术的问题。由于社会在不断前进，科学技术在日益发展，人们的思想在逐渐变化，而教会当局也对其历史上的某些显然经不起时间考验的问题采取了反省的态度。这是社会进步使然，也是宗教趋于进步、开明的表现。例如，前些年，梵蒂冈宗教当局为意大利著名物理学家、天文学家伽利略平反便是一例。笔者以为，需要梵蒂冈平反的恐怕不止一个伽利略（比如，公元 4 世纪时，基督教对埃及女天文学家伊巴蒂、16 世纪耶稣教会对意大利学者布鲁诺，以及基督教加尔文宗对西班牙科学家塞尔维特制造的惨案，等等）。18 世纪以来，随着科学技术的发展，特别是考古技术的进步，不少人就想到应对这块所谓耶稣的裹尸布进行分析、鉴别。但是，要动一动这基督教的数百年来的“至神至圣之物”，谈何容易！直到 19 世纪末，教会当局才允许人们在一定距离之外对此“圣物”拍照；20 世纪 70 年代，教会当局才同意从这块“圣物”上取下少量的样品，供进一步试验研究用，并严令任何人不得损坏这一宗教圣物。

要对这块白色亚麻布作年龄测定，人们自然想到碳-14 测年法。我们知道，宇宙空间不断向地球发射宇宙射线，其中的中子和大气中的氮原子核发生碰撞，打出质子（^{1}H），同时产生碳的放射性同位素：碳-14（$^{14}_{6}C$）。其核反应式为$^{14}_{7}N+^{1}_{0}n\rightarrow^{14}_{6}C+p$。放射性$^{14}_{6}C$的半衰期为 5568 年。这样，$^{14}_{6}C$不断产生又不断衰减，结果使大气中$^{14}_{6}C$的浓度达到一定的平衡值。地球上，一些植物的纤维素是一种天然有机高分子化合物，其中含有$^{12}_{6}C$和$^{14}_{6}C$。由于这些植物不断吸收空气中的 CO_2 进行化合作用，因此，植物体中的$^{12}_{6}C:^{14}_{6}C$之值与空气中的两者之比值也是相同的，大约为 $10^{12}:1.2$。植物体死后，它就不再吸收碳了，而残留在植物体内的$^{14}_{6}C$则随着衰变而不断减少，于是两者比值发生变化。根据放射性衰变规律，可以测定该植物体的年龄。碳-14 测年法的传统程序是：先把样品碳化，再制成气体（如乙炔）或液体（如苯），用闪烁探测器测量其中碳-14 的衰变率，进而推算出样品的年代。只是由于$^{14}_{6}C$的某些特点，它需要提供较多的样品才便于测定。因此，对不允许提供更多样品的耶稣“裹尸布”来说，它就无能为力了。为绕过这个棘手的宗教难题，人们便转而求助于加速器。其思路是：把样品碳化后，再将碳原子（包括$^{12}_{6}C$和$^{14}_{6}C$原子）气化或电离，然后把碳离子加速，以对其中的$^{14}_{6}C$离子直接计数。经过探索，人们选定了粒子加速器。如美国加利福尼亚大学劳伦斯实验室在加速器中采用氙气密室作为$^{14}_{6}C$离子的甄别室(即只让加速后的$^{14}_{6}C$离子穿过氙气层)，将计数系统设置在氙气密室内以记录$^{14}_{6}C$离子的个数。后来，人们发现若采用串联式范德格拉夫加速器，则无须氙气密室这类甄别器（因为，它仅加速碳-14离子），测量时更简便了。用加速器碳-14测年法与传统的碳-14测年法相比：一是所需要的样品数量可减至1/1 000，一般只需几毫克；二是精确度高，误差仅±10年；三是可测年限宽，即由4万年扩至10万年；四是测量的时间亦大大缩短。据报道，1979年美国罗彻斯特大学的高夫宣称，他们采用串联式范德拉夫加速器技术，只需一根20厘米长的亚麻线样品就够了。经有关教会当局同意后，科学家们终于得到几根耶稣“裹尸布”的亚麻线。人们把它分往几个实验室同时进行测定。不同实验室的结果表明，数据基本上一致。结果为：此“裹尸布”年代在公元1260—1380年间的可能性是95%；不远于公元1200年的可能性是100%（据记载，这块“裹尸布”正是于1357年在法国的一个教堂里首次展示后，才轰动整个宗教界的。后来才辗转移至意大利都灵大教堂）。不久，这个测量结果被送至梵蒂冈教皇的办公室，教皇遂下令将真相公布于众。这就引出了本文开头叙述的一幕。

“冷核聚变之谜”：由弗莱希曼、庞斯引发的一场大辩论

实现核聚变的两种常用方法是磁约束和惯性约束，即采用磁场或惯性来约束等离子体，使之达到一定的密度、不致飞散而利于发生聚变反应。1957 年，英国物理学家劳逊提出，为实现得失相当（即输出能量与输入能量相当），对于氢的同位素氘、氚聚变，等离子体的温度要有 1 亿摄氏度。氢气要到 10 万摄氏度才能成为完全等离子体。可见无论磁约束或惯性约束都需要极高的温度。所以这类核聚变反应称为热核反应，氢弹是利用原子弹提供的高温产生聚变而爆炸的，所以称为热核武器。后来人们发现，除了这种高温核聚变外，还有所谓低温核聚变（又称常温或室温核聚变），为与热核聚变对应，一般称它为冷核聚变。

据报道，美国、俄罗斯科学家曾利用 μ 子“催化”的方法，实现过冷核聚变。μ 子，过去有人称之为 μ 介子，似可把它分到介子中去。其实 μ 子除了质量比电子大 206.7 倍外，其他方面完全和电子相同。因此人们称它为重电子。μ 子也有正、负之别，可相应称为正重电子和负重电子。下面可以看到，这一点对认识冷核聚变很重要。我们知道，氢分子是由两个原子组成。两个原子之间的距离为 1×10^{-8} 厘米。由于氢有氕（^1_1H），氘（^2_1H，记为 D），氚（^3_1H，记为 T）三种同位素，所以可组成 HH，HD，HT，DD，DT，TT 六种分子。在 DT 分子中，将最容易发生聚变的两种原子核联系在一起了。但要它们产生聚变，必须使原子核之间的距离缩短到 5×10^{-11} 厘米，即再使它们靠近 200 倍以上。再看，负 μ 子即负重电子和电子一样，带有一个单位电荷，寿命为 2.2×10^{-6} 秒。当用一束负重电子（负 μ 子）照射氘氚气体时，氘和氚的原子中的电子就被换

成负 μ 子，组成所谓 μ 子分子。由于 μ 子质量比电子大 206.7 倍，所以 μ 子绕原子核运动的轨道半径就只有原来电子绕原子核运动的 1/207，从而有可能实现冷核聚变。研究表明，平均说来，一个 μ 子在它暂短的“一生”中，对于 0.6 倍液体氢密度的氘氚靶，能产生上百次聚变，但它输出的能量还不及目前加速器生产一个 μ 子所消耗的能量，所以得不偿失。但这种方法为探索冷核聚变指出了一条途径。那么，是否还有其他方法来实现冷聚变呢？这正是近 40 年来，科学家们努力探索的一个问题。

1989 年 3 月 23 日，美国犹他州大学教授庞斯和英国南安普顿大学弗莱希曼在犹他州召开记者招待会，宣称他们经过多年的努力已实现了室温核聚变。他们的实验，是用钯制电极，对由氚部分代替氘的重水进行电解，发现钯和氘的原子核相互接近、聚拢，最终合为一体。当他们测量出这一反应释放的能量，并断定产生了能量增益时，他们确信这便是冷核聚变反应。这一消息引起了科学界的广泛兴趣，有人认为这是不可能的，许多著名物理学家对此表示怀疑，有人认为它不完全是天方夜谭，有人干脆说它是一个谜。于是，许多国家的实验室都投入了冷聚变实验，以验证庞斯和弗莱希曼的结果。1990 年，法国和英国的权威科研机构对实验作出了否定的结论。于是，一股冷聚变实验的热潮遂骤然冷下来。但是，庞斯和弗里希曼并未心灰意冷，而是一直坚持自己的实验研究。他们来到法国，在一家法日合资公司的实验室锲而不舍地进行研究。1993 年 5 月 3 日，庞斯和弗莱希曼在《物理学通信 A》发表了一篇新论文，提出了他们的最新研究成果。他们再次郑重宣称：“我们获得了 400％的能量增益。我们的实验具有可重复性。我们已经重复了上百次，取得了同样的结果。”这一消息再次引起科学界的关注。四年前曾轰动一时的有关冷核聚变的话题又热了起来。

1993 年 3 月，美国洛斯阿拉莫斯实验室的埃德蒙·斯托姆斯在美国核公司的正式刊物《聚变技术》上发表他的研究成果。他的实验据称达到约 20％的能量增益。壳牌公司的研究员雅克·迪富尔在同年 7 月份出版的《聚变技术》上发表了他在 1992 年的实验结果。他获得约 200％的能量增益。1994 年，日本电信电话公司的科学家山口声称在冷核聚变方面取得一项突破。他说，自 1989 年开始他的研究工作以来，已五次成功地完成了这项突破性实验。据报道与过去使用电化学技术的实验不同，他使自己的实验建立在固体物理学的基础上。他是将氘泡和一块钯板，再用金和氧化镁作包层，然后把钯板放入真空室。几小时后，他探测到氦-4（^{4}He），并发现室内温度升高。专家们对这一消息很感兴趣。他们认为，1989 年庞斯和弗莱希曼的那次实验是在水里观测到的，涉及电解，而山口的实验是用固体材料在真空室中进行的。如果山口的发现得到证实，冷核聚变是大有希望的。因为固体物质比液体容易控制。近几年来，俄罗斯、印度等国也有实验成功的记录。科学家的任务，不只是去发现新的物理现象或效应，而且要对它们进行科学解释，进而为把它们转化成现实生产力奠定基础。庞斯和弗莱希曼的新论文强调，他们已上百次地取得了能量增益，并最终使输出能量 6 倍于输入能量。这无疑是迄今冷核聚变实验中最好的成果。但文中并无冷核聚变的这一能量增益的科学解释，只是说它不是化学引起的。

目前，仍有人对所谓实现了冷核聚变持怀疑态度。因为，有关实验者尚不能令人信服地、正确地解释这种能量增益。当然，与 1989 年相比，情况已有变化。巴黎的科斯塔说，他们的论文符合科学标准，因此人们难以不去认真考虑弗莱希曼博士和庞斯博士的工作。法国原子能中心负责人贝里萨克说："确实发生了尚难理解的物理现象，也确实应该去看一看。我们正在准备重新实验，一年后即可开始。"在东京工作的一位欧洲科学家说："到目前为止，冷核聚变是一种往往不能重现的现象。它极不稳定，无法解释，从而不能控制。它几乎是一个谜。"

“杞人忧天事”：地球将是“冻化” 还是“火化”？

恩格思

中国的一部古书《列子·天瑞》中载有：“杞国有人忧天地崩坠，身亡所寄，废寝食者。又有忧彼之所忧者，因往晓之。”这是说，杞国有个人，因怕天塌下来、地崩毁掉，自己将无处存身，因而愁得觉也不睡，饭也不吃，忧心忡忡。又有一个人对忧天者所忧的事很关心、对忧天者的心理恐惧很同情，便前往开导这位“忧天者”。后来，人们总是嘲笑、讽刺这位“忧天”的杞人，连李白在“粱甫吟”里都说：“杞国无事忧天倾”。因为，天根本不会塌、地也根本不会陷，正是“天下本无事，庸人自扰之”。其实，此论差矣。或者，至少是偏颇。实际上，人类一直在观察自然界，并试图解释天地日月等自然现象。我国历史上第一位著名爱国诗人屈原就写有《天问》。在列子的时代，人们为解释、追究天地日月星辰的发生、发展已提出了种种学说，如盖天说、浑天说、宣夜说等。上文中的“因往说之”者开导杞人说，天是由气积聚而成的，日月星辰也是由气积聚而成，不过会发光而已，它们都飘浮在气中，是不会掉下来的；至于地，则是坚硬的固体，也不会崩陷。这正是当时“宣夜说”的内容。可见列子是借“杞人忧天”来宣传“宣夜说”的。东晋人张湛曾就此事指出：“忧其坏者，诚为太远；言其不坏者，亦为未是。”他在一定程度上肯定了“杞人忧天”的合理性。其实，“杞人忧天”正是古人认定日月星辰终将毁灭的一种自然观的反映。

不独中国，外国也有"杞人忧天"之事。远的如，公元990年前后，欧洲曾盛传，当公元1000年的新年钟声敲响之际，人类将面临世界末日——太阳毁灭、地球毁灭、人类将与之同归于尽。据传，公元1000年12月31日深夜，众多的"世界末日"的信男信女们都极其恐惧地手牵手等候着这灭顶之灾的降临。然而当新年钟声响过，毁灭一切的灾难并未发生，太阳仍从东方升起，地球平安无事，人类又迎来了一个新的世纪。近的如，1990年，世界上不少地方流传着一本预卜未来的书，名曰《1997年人类大劫难》。据称，该书作者是1 000多年前的"预测大师"诺查当玛斯，此人所作的诸多预测都很灵验。他的重要预测之一就是1997年，将由于某种毁灭性的原因，地球及居住其上的人类将面临一场大劫难。诚然，当今世界，对此种"预测"笃信者虽然不多，但也确实引起了一部分人的恐慌。

话说回来，无论古今"杞人"，还是中外"杞人"的忧，都有一定的合理性。因此，除去个别造谣惑众、危害社会、图谋不轨者外，嘲笑、讽刺、责备这类古今中外的"杞人"实无必要。因为，关注未来，为美好的未来生活而奋斗，毕竟是人的天性，人类永恒的主题。只是不同的时代、不同的人、不同的信仰，其表现形式不同而已。

德国著名诗人歌德曾写道："一切产生出来的东西，都一定要灭亡。"伟大的思想家恩格斯在《自然辩证法》中也写道："也许会经过多少亿年，也许会有多少万代生了又死；这样的时期会无情的到来，那时日益衰竭的太阳热将不再能融解从两极逼近的冰，那时人们愈来愈多地聚集在赤道周围，但是最后就是在那里也不再能找到足以维持生存的热；那时有机生命的最后痕迹也将逐渐消失。而地球，一个像月球一样的死寂的冻结的球体，将在深深的黑暗里沿着愈来愈狭小的轨道围绕着同样死寂的太阳旋转，最后就落到它上面。"这便是地球将"冻化"的一般描述。根据天文学家的研究，宇宙中的所有星系都有它的一定寿命。地球到最后将以什么形式终结它的"生命"，这将取决于太阳银河星系乃至整个宇宙。现代宇宙学告诉我们，宇宙的未来将有两种可能：或者是无限冰冷、空虚而死寂，这就是"大冻化"的可能性；或者是炽热、旋转而热浪腾腾，整个宇宙都充满着等离子体，继而都被粉碎成基本粒子，这就是"大火化"的可能性。我们关注太阳，在于它是对地球影响最大的天体。地球是太阳系中的普通成员，而太阳则是太阳系的核心。地球上的一切生灵、生灵的一切活动都与太阳息息相关。当然，对地球影响最大的还是太阳的毁灭。我们知道，太阳约在50亿年前诞生，经过约1亿年，它度过了自己的幼年期。今天的太阳已进入较为稳定的主序星阶段，正处于壮年期。它正在不断地向茫茫宇宙放射着辐射能。这些能量来自太阳上的四个氢核合成一个氦核的聚变反应。因此，太阳每秒钟要损失400万吨质量，一昼夜要损失3 456亿吨物质。大约再过50亿年，太阳将进入红巨星阶段，此时太阳已步入老年期。再过数百亿年，太阳逐渐进入白矮星阶段，最后进入黑矮星阶段而熄灭。白矮星阶段是太阳的晚年期。此时，太阳的体积与地球相当，太阳光的强度只有现在的1/1 000。于是，照射到地球上的辐射能就越来越少，地表温度越来越低，两极的水重新结成冰。然后这种冰以不可阻挡的趋势从高纬度区向低纬度区扩展，最后赤道也会被冰覆盖，整个地球将是一个冰的世界。最后，地球将以“冻化”的状态存在于冥冥宇宙之中。这就是较详细的地球“冻化”说。

随着人们对太阳环境中热核聚变现象的观察和研究，有些科学家提出了与“冻化”说相反的“火化”说。1928年，德国当时著名的哥廷根大学的两位年轻大学生阿特金森和霍特曼发表了一篇论文，他们认为已经发光亿万年的太阳，之所以能释放出如此巨大能量是由于太阳上氢核与碳核、氮核发生热核反应的缘故。其反应过程如下：

$$^{12}C+H\rightarrow{}^{13}C+\beta^{+},\ {}^{13}C+H\rightarrow{}^{14}N$$

$$^{14}N+H\rightarrow{}^{15}N+\beta^{+},\ {}^{15}N+H\rightarrow{}^{12}C+{}^{4}He$$

即从^{12}C和H的热核反应开始，最后又产生了^{12}C和氦（^{4}He），消耗的只是氢，生成的只是氦。这样循环下去，只要氢烧不完就不会熄灭。这就是太阳能的来源。1929年，美国天文学家抽塞尔报道，有迹象表明太阳能是由氢的热核反应形成的。1938年，美国物理学家贝特和德国天文学家魏扎克分别独立得出，太阳上可能产生着H-H和C-N循环的聚合反应。虽然，太阳每秒钟损耗400万吨物质，但由于它的体积异常庞大、质量极为可观，即使经历150亿年，损耗的总质量也仅占其总质量的千分之一。当然氢也会有耗尽的时候。当大部分氢燃尽之后，可由其他元素代替氢继续产生热核聚变反应，产生大量热量。比如氢核在进行聚变反应时会产生大量的氦元素，氦的同位素氦-3（^{3}He）就是核聚变反应的积极参与者：$^{3}He+{}^{3}He\rightarrow{}^{4}He+2p+12.8$ MeV，并释放热能。其他元素进行热核聚变反应产生的能量将远远高于氢核聚变产生的能量。这些能量将扰乱太阳内部的平衡，因此太阳将会剧烈地膨胀。剧烈膨胀的太阳其实已成为一个体积庞大无比的炽热火球，具有巨大的吸收力，总有一天它会把地球也吸进去，而把地球烧成灰烬。这样，地球就名副其实地被"火化"了。

天文学家们推算，地球被太阳"火化"时间距今尚有约数百亿年。在这漫长的数百亿年时间里，聪明的人类绝不会坐以待毙的，他们将经过数十亿代的努力，最终或许有能力来拯救地球的命运，或者有能力移民到适合生存与生活的其他星系上去，或者有能力与"外星人"取得联系，联合起来向宇宙挑战，创造适合自己生存和发展的空间。

“最昂贵的海市蜃景”：受控热核聚变研究的重要里程碑

海森伯格

迄今为止，人工获取核能的途径只有核裂变与核聚变两种。它们释放的能量分别称为裂变能和聚变能。裂变与聚变是两个相反的过程。裂变能是指某些重元素（如铀、钚）的原子核在裂变为较轻原子核的过程中释放的能量；聚变能则是某些轻元素（如氢及其同位素氘、氚，以及氦、锂）的原子核聚合为较重原子核的过程中释放的能量。1942 年，德国物理学家多佩尔、海森伯格和意大利物理学家费米就实现了可控铀核裂变的链式反应。1945 年，美国就应用裂变原理制成了原子弹。1952 年，美国又应用聚变原理首次爆炸了氢弹装置。与此同时，科学家们开始了受控热核聚变的研究并期望建造聚变反应堆以最终解决人类的能源问题。1957 年，英国物理学家劳逊在研究热核聚变的条件时，提出在具备足够高的反应温度下，粒子密度（n）与能量约束时间（τ）的乘积（$n\tau$）应等于或大于 10^{14} s·cm^{-3}，这便是著名的 Lawson 判据。40 多年来，国际热核聚变的研究大体经历了多途径、小规模探索，以托卡马克为主、磁镜为辅，以及托卡马克占主导地位的重点突破等三大阶段。当今，美国的 TFTR，欧共体的 JET，日本的 JT-60U 和俄罗斯的 T-15 应是研究热核聚变的规模最大、水平最高的四大实验装置。但是，40 多年过去了，人们翘首以待的聚变能时代却未见端倪。

历史进入 20 世纪 80 年代，人们在扑朔迷离的核聚变研究中似乎有所进展。

或许是因为“量变到质变”规律的作用，1991年11月9日，位于英国牛津附近的欧洲联合核聚变实验室突然传来了令人振奋的消息：该室的核聚变实验装置(JET)首次成功地实现了受控热核聚变！据报道，当晚JET的200多位科学家坐在马蹄形控制室内，个个精神紧张而振奋。7：45，监察的电视屏幕忽然一片漆黑，继而出现散乱的光点，随即恢复原状。此刻，控制室蓦地响起热烈的掌声与欢呼声！他们成功地实现了受控热核聚变。过去8年来，为检验聚变反应堆的物理性能，他们一直用氢和氘作燃料进行试验，但产生的热能不过14千瓦。这次试验中，他们首次使用了氚。他们用0.2克氚，并以86%的氘、14%的氚的比例混合两种同位素，获得突破性进展。这次试验费了15 MW电“点火”，使反应堆内达到了3亿摄氏度，聚变持续了2 s，产生了1.7 MW的电能，核聚变三乘积$n\tau T$达到$9.5\times10^{20}\,m^{-3}\cdot s\cdot keV$，已十分接近聚变反应的指标要求（$nrT\geqslant5\times10^{21}\,m^{-3}\cdot s\cdot KeV$）。实验室的发言人郑重声明：科学家进行了40种不同的检查和交叉检查，证明这是一次毋庸置疑的真正的热核聚变！该室发展部主任休格特博士说，氚是未来商业性聚变反应堆的必用燃料，这次实验将是以后采用氚、氘各半的混合燃料进行实验的一次“彩排”。实验室主任里布博士认为，这次实验对将热核聚变发展为新能源有重大意义。显然，从这实验中能量的输出与输入之比1.7/15=0.113 3，可以看出它离聚变能的商业性开发还相差甚远。

1993年12月9日至10日，美国普林斯顿大学等离子体实验室的托卡马克聚变试验反应堆（TFTR）进行了四次氘氚实验．其中，最后一次实验的最高输出功率为6.4 MW，远远超过了JET的1.7 MW的记录，也刷新了自己第一次实验创造的3 MW的记录。在实验中，他们首先使用了氘、氚各50%的混合燃料，使反应堆内温度达3亿～4亿摄氏度；他们消耗的能量约20 MW。与1991年11月9日JET的实验相比，他们使输出能量增加了近3倍，把输出-输入比提高到0.32（6.4/20=0.32）．如果说，JET首次实现受控热核聚变是发展聚变能的第一座里程碑，那么TFTR的这次实验便是发展聚变能的第二座里程碑。1994年5月，他们又继续进行实验，在同样条件下，这次实验的输出功率达到9 MW。已把输出-输入比提高到0.45，输出能量是JET的5.3倍。这又是一次较大的进展。当然，科学家们的最终目标是要实现输出的能量大于输入的能量，即输出-输入比大于1。为达到此目标，尚有许多工作要做。

据科学家们声称，根据已有技术资料与聚变试验反应堆的运行经验，他们将有能力设计出发电量为 1 000 MW 的试验性核聚变电站。目前的关键问题是资金。他们认为，目前的聚变试验反应堆太小（如 TFTR 是美国能源部耗资 14 亿美元建造的，年度经费预算 1 亿美元），必须先建造一个能量大两倍的反应堆，它不但能补偿“点火”消耗的电能，还能产生约束等离子体的电磁场线圈所需的电能（约等于前者的 5 倍），并使约束时间每次超过 1 小时，才能将聚变反应产生的热能制造蒸汽以驱动汽轮发电机发电。目前，美国、欧共体、日本及俄罗斯正在联合设计、建造一个规模更大的装置——国际热核试验性反应堆（ITER）中，这是一个大型的跨国跨世纪工程。欧洲联合核聚变实验室主任里布博士呼吁世界政治家们支持这一耗资达 28 亿英镑的计划。他说，即使 ITER 建成，在决定建造商用聚变电站前，还必须建造一个示范性商业聚变堆，届时支出的费用将达 1 000 亿美元。可见，人们把热核聚变实验一直称为“最昂贵的海市蜃景”便不足为奇了。但是，物理学家们仍坚持认为，如果资金问题能解决，如果目前的一系列试验能取得成功，到 21 世纪 30 年代，第一座用于发电的商用聚变反应堆就能开始运转。届时，人们将看到一个崭新的聚变能时代的曙光。

受控热核聚变能的研发利用，是一项具有前瞻性、创新性、综合性的跨世纪大科学工程，它无疑具有重大现实意义和深远历史意义。自 20 世纪 80 年代提出“国际核聚变能源计划”（ITER）以来，各国深入探索受控热核聚变的步伐就从未停止过。中国对此也是极重视的：1974 年，建成了第一台小型托卡马克核聚变试验装置（CT-6）；1975 年，在王淦昌教授的倡议下开始了粒子束核聚变的研究；1984 年建成并启动了中型托卡马克实验装置“中国环流器一号”（HL-1），同年年底又建成了中型托卡马克装置（HT-6M）；1992 年，建成了第一台超导稳态托卡马克型核聚变实验装置；1994 年建成“中国环流器新一号”（HL-1M）；1999 年年初，国家重大科学工程“中国环流器二号 A 装置”（HL-2A）开工建设。期间，我国在受控核聚变方面做了大量有效的工作，也培养了大批人才。2003 年，中国正式以“平等伙伴”身份加入了 ITER 计划谈判，经 3 年 8 轮的谈判，2007 年，中国以承担 10％的投资及任务正式加入 ITER。在此后的 10 年间，我们在管理、研发和设计优化等方面都发出了中国声音、提出了中国方案，贡献了中国智慧，并以杰出的实践显示了中国力量。自 2008 年以来，中国陆续承担了 18 个采购包的任务。当前，我国正在陆续地按时、按质、按量地完成着采购包的任务。我国成为首个向 ITER 项目批量交付核心产品的国家。

"走向超重岛":元素周期表有终极元素吗?

1661年,英国化学家玻意耳首次提出了"化学元素"的概念。他认为,一切物质都是由一些基本的"化学物质"即元素构成的。在此,元素是指用一般化学方法不能再分解的最基本、最简单的物质。他认为,组成物质世界的元素有很多种,但确切的数目还不清楚。依据这一概念,到18世纪中期,人们发现的"元素"已有30来种;18世纪后期(含1789年克拉斯洛特发现的铀)已近40种。19世纪前期,发现的元素增至55种;中期达63种;后期(含拉姆齐、特拉弗斯和多雷发现的"惰性气体"各元素)已达70多种。进入20世纪后,元素已增至90多种。当1869年,俄国化学家门捷列夫首次发表元素周期表时,仅有60多种元素,而今至少有110种了。迄今为止,在自然界发现的"天然元素"共92种,最轻的是质子数为1的氢(氕),最重的是质子数为94的钚,其间,第43号(锝)和第61号(钷)因在自然界没有稳定的形式,至今未被发现,是由人工制造的。那么,这些天然元素又是哪里来的呢?现在,大多数科学家认为,太阳系中所发现的轻元素,大约是在180亿～150亿年前的宇宙大爆炸后产生的;所发现的重元素则是由古老星体内部发生一系列核反应或核爆炸产生的。据研究,其中距今最近的一次核爆炸约在100亿年前后。

除锝(Tc)、钷(Pm)外,第95～110号各"人造元素"都是由科学家们用反应堆、加速器或核爆炸制造出来的。周期表中的第95～101号元素,即镅、锔、锫、锎、锿、镄、钔是1944—1955年间由美国科学家发现的。其中,第100号元素是用中子合成法制造的最后一个元素。为纪念该方法的发明人意大利物理学家费米,便将之命名为镄。超镄元素原则上仍可用中子合成法制得,但目前在地球上可能实现不了。人们在发展中子合成法的同时，还发展了轻离子合成法，即用质子、氘核或氦核（α粒子）等来轰击重靶核，以合成超钚元素。第96～98号元素便是用此方法首次制成的。第101号元素则是用轻离子合成法制得的最后一个元素。为纪念俄国化学家门捷列夫，人们便将它命名为钔。但超钔元素便不能用上述方法获得了。此时，核科学家们自然地过渡到重离子合成法，即用硼、碳、氮、氧、氖、铬、镍等重离子代替的中子、轻离子来轰击核靶以合成新核素。依据苏联科学家的说法，在1963—1976年，他们用重离子加速器先后合成了第102～107号元素。而且，为纪念约里奥-居里，特将第102号元素命名为"约里奥"（Jo）；为纪念卢瑟福，把第103号元素命名为"卢瑟福"（Rf）；为纪念库尔恰托夫，把104号元素命名为"库尔恰托夫"（Ku）；为纪念玻尔，把第105号元素命名为"玻尔"（Ns）。美国人则声称他们发现了第104号和第105号元素，并以卢瑟福命名前者，以哈恩来命名后者。第106号元素，因有争议，尚未命名。德国人则声称第107～109号元素是德国科学家彼得·安布鲁斯特领导的小组发现的。为平息元素命名的纷争和混乱，国际化学会通过一项决定，自104号元素起不再用国名、人名来命名，并改数字命名。例如第110，111号元素的中译名为110号元素、111号元素。应该说明的是，上述实验里的人造元素——第95～110号元素的产生过程同100亿年左右形成的天然元素（重元素）的过程基本相似。

一个有趣的现象是，当20世纪30年代核物理学刚迈出最初步伐时，人们发现了一种奇怪的规律性，即包含一定数目的质子或中子（如2，8，20，50，82，126等）的原子核比相邻的元素的原子核更稳定。从它们在自然界中的分布状况也能说明这一点。例如把周期表中的相邻元素作一比较，将能发现：自然界中经常遇到大量的钙、锡、铅（其质子数分别为20，50，82），而且它们都具有数量众多的稳定同位素。我们还能发现钙（$^{40}_{20}Ca$）铅（$^{208}_{82}Pb$）都是所谓双幻核，即钙的质子数、中子数都是"幻数"20，铅的质子数是82，中子数是126。当时，人们不理解原子的质子数、中子数2，8，20，50，82，126等所显示的奇怪的规律性，便开玩笑地称这些数为"幻数"。直到1948年，人们才搞清楚，原子核的性质与原子的性质一样，也具有周期性。"幻数"便是原子核周期性的反映。但要列出一个"原子核周期表"，目前还相当困难。

由于在全部元素及其同位素中，不稳定的远远多于稳定的，核物理学家们便把前者比作“海洋”，而把后者比作“稳定岛”。近20多年来，世界各国物理学家用巨型计算机进行了运算，定出了若干新的“超重岛”的位置，并指出下一个幻数是114（质子数），184（中子数）。它表明继$^{208}_{82}Pb$之后的下一个双幻核应是$^{298}_{114}X$。在它附近的同位素应具有较多大的稳定性。人们把质子数大于、等于114的元素称为超重元素。因而在第114号元素附近应存在一个“超重岛”！但是，就目前情况看，在第109～114号元素之间还有110～113号元素有待发现。显然，要走向第一个“超重岛”就必须找到这四个元素。1987年，苏联杜布纳实验室曾报道，他们发现了第110号元素的迹象。由于缺乏观测α射线谱的先进设备，未拿出确凿的证据。曾先后合成过107～109号元素的德国达姆塔特重离子研究所拥有这类先进设备，他们已注意到杜布纳的报道。1994年11月14日，德国科学家彼得·安布鲁斯特领导的小组向一家物理学刊提交了四页纸的报告，宣称他们在全粒子直线加速器上利用数亿个镍原子对数亿个铅原子进行轰击，数天后，发现了第110号元素的踪迹，测量表明，110号元素存在时间不到10^{-3}秒，原子量为269。这是迄今为止人工制造的最重的元素。仅隔1个月，即同年12月21日，德国科学家霍夫曼、安布鲁斯特和明策贝格在达姆施塔特重离子研究中心宣布：他们又发现第111号元素。但是，他们至今未公布该元素的有关参数。显然，这两种新发现的元素都有待进一步验证。

迄今，人数已发现的元素（天然的，或人造的）共110种。这些元素共约有2 560多种同位素。其中，稳定同位素有250多种，放射性同位素约2 300多种。在很多领域，它们有着广泛应用。现在看来，门捷列夫的元素周期表中并不存在终极元素的迹象。核科学家们正在向“超重岛”挺进。预计将有更多的新元素及其同位素来不断丰富、充实、拓展元素周期表。

现今，新元素的合成工作仍在进行中，新元素的合成方法由“中子照射”到“离子轰击”（分“轻离子轰击”“重离子轰击”再到“重离子-重离子对撞”），取得了一系列成果。我们知道，第100号元素是“中子照射”合成的最后一个新元素，第101号元素是“轻离子轰击”合成的最后一个新元素。苏联/俄罗斯科学家指出：自从由“中子照射”合成转为“离子轰击”合成元素以来的半个多世纪，几乎所有合成的新元素，都是杜布纳联合核子研究所或其与其他国家实验室合作完成的；特别是杜布纳从建所到1976年间，6个新元素（第102号～107号）全是由该所初次合成的。为表彰这一卓越贡献，1997年“国际纯粹与应用化学联合会（IUPAC）年”上，就以杜布纳联合核子研究所的名字把第 105 号元素命名为“Dubnium”。目前的杜布纳联合核子研究所，已具备加速大多数元素离子的能力，该所在与美国、德国的著名实验室的合作中，又成功合成 6 个新元素（第 113 号～118 号）。

俄罗斯“新元素之父”尤里·奥加涅相

由此验证了著名的“稳定岛”假说，以及第一个“超重岛”的存在。人们由此有理由推论，元素周期表理论上不应有“终极元素”。

"向相对论挑战"：科学家们发现超光速现象的证据

20 世纪初，伟大的物理学家爱因斯坦提出了相对论。根据相对论，一个有质量的粒子加速时将越来越重，因为它需要不断地把能量转变成自身的质量，越接近于光速则所需的能量就越趋于无穷大。但我们不可能给粒子提供无穷大能量，因而粒子就不可能达到光速。就是说，真空光速是一切物体运动速度的极限。由此引出了相对论的一个重要结论，即虽然一个事件发生的时间对不同观察者是可以不同的（它取决于观察者的坐标位置、观察者的运动速度，以及光波从事件发生处传播至观察者所需的时间），但无论如何，事件信息的传播速度不能超过光速。否则，就会导致在事件发生前已看见事件的结果（即"时间倒流"）。这就违背了自然界的最根本原则——因果律。然而，从最近一些科学实验的进展看来似乎要修正相对论了。因为，有人发现了"超光速现象"的证据。

据报道，人们发现粒子穿越势垒时是超光速的。为何要研究超光速现象呢？我们知道，上述因果律的最著名命题是："受害者不能在杀人犯开枪之前中弹死亡"。但现在的问题是有些实验表明：粒子穿越势垒是极快的，快到足以突破爱因斯坦所规定的速度极限——光速。果真如此的话，开枪与死亡之间的关系就很难预料了。因果律和相对论将完全被推翻。人们对世界的认识将不可避免地发生一场新的革命。这便是超光速研究的重大意义所在。那么，什么是势垒穿越呢？根据量子力学，微观粒子穿透势垒具有一定的概率。此现象称为势垒穿透或势垒穿越。利用此理论可以成功地解释 α 衰变。这是量子力学最早的成就之一。粒子穿越势垒现象虽然费解，但在科学界是众所周知的。40 年代，物理学家乔治·盖莫曾这样描述这一现象："它相当于一辆锁在车库里的汽车刹那间穿越墙壁出现在客厅里的众人面前。"对这一现象的理论解释则来自德国科学家海森伯格于 1927 年提出的"不确定原理"（过去曾称"测不准原理"）。该原理认为，不能同时精确测定一个微观粒子的能量和时间，它们的误差的乘积是一个常数。这意味着，微观粒子在穿越势垒时可从神秘的量子空间以某种尚不清楚的形式"借"得能量以完成穿越，虽然能量维持的时间极短。人们对于粒子穿越势垒时的超光速现象的研究由来已久。1932 年，贝尔实验室第一次发现"光子在穿越势垒时不需要任何时间"。因当时探测技术所限尚不能拿出准确的数据，而且这一结论与爱因斯坦的理论相悖，因而未得科学界的认可。但科学家一直未放弃探索超光速运动现象的可能性。1991 年，意大利国家电磁波研究院做了一个颇有说服力的实验。他们使一束微波（即 $300\times10^{6}\sim300\times10^{9}$ Hz 范围内的电磁波）通过波导管。理论上，当波导管直径为微波波长的一半时，微波将全部反射回来。但实验却发现仍有极少部分微波能通过波导管，而且随着波导管的加长，他们还发现这极少部分的微波竟以光速穿越了波导管。90 年代初，美国普林斯顿大学著名科学家奥尤金·威格内等曾断言：在某些条件下，穿越势垒的粒子是超光速的。据报道，1995 年，奥地利维也纳技工大学的实验提供了最新证据。他们利用超高频大功率激光脉冲实现高精度时间解析后发现，不管势垒有多厚，光子穿透其间的时间都是固定的。这意味着，当势垒足够厚时，光子将以超光速运动。不久前，美国加州大学伯利克分校的赵雷蒙等人似乎取得了更有力的证据。他们曾认为，以时间测量光子穿越势垒是毫无意义的，因为它只有几飞秒（1 fs$=10^{-15}$ s），远远超过了原子钟的测量能力，直到纽约曼彻斯特大学发明一种极其巧妙的"洪-欧-曼德尔氏"精确干涉仪之后，赵雷蒙利用这一仪器装置，经大量精密调零工作，才准确测量出光在滤波器（一种势垒）中的速度是真空光速的 1.7 倍。有趣的是，赵雷蒙本人并不认为这种超光速现象具有实用意义。他指出，我们无法确定的信息是否能以这种方式传递，超光速运动并不意味着能够实施超光速通信。因为，只有极少数光子概率性地穿越势垒，而且不可能知道具体哪一部分穿透势垒，所以不可能用这种方法传递任何有用的信息。但是，相反的事例出现了。据 1995 年报道，美国柯隆尼大学的尼米兹等人已成功地实现了信息的超光速通信。据称，他们把莫扎特第 40 乐章的音乐加载于大功率微波，以 4.7 倍光速通过了一段长约 12 厘米的波导管后调频并收录到了信号。他们还在犹他州一些权威科学家参加的研讨会上说明并播放了这段音乐。听后，与会者均目瞪口呆。据称，科学家们就这一结果的可靠性进行了激烈的讨论。无独有偶，1995 年 8 月，英国《星期日泰晤士报》载文称“天文学家预言太空旅行的速度将会比光速还快”。据称，伦敦大学学院的天文学家克劳福德撰写了一篇题为“有关太空旅行速度超过光速意义的一些思考”的文章。他认为，现代物理学有两种可能绕过爱因斯坦理论的方法进行太空旅行。其一是通过“蠕虫洞”，即太空构造中由强重力场造成的“裂缝”。太空旅行者可从某一点进入“蠕虫洞”，然后可能会从相离数千光年的另一点出来。以前科学家推断，进入强重力场的宇航员会被拉成一段像意大利面条似的东西，而克劳福德认为，最近的研究表明，“蠕虫洞”可以加以稳定和控制，从而创造出太空中任意两点之间的一条捷径。至少在理论上是可能的。其二是通过空间翘曲推进器来实现，即对宇宙飞船后面的空间进行拉伸，对飞船前面的空间加以压缩，从而将空间加以扭曲。至少在理论上时空是可以被弯曲的。但是，英国皇家天文学会的一些天文学家对此十分谨慎。他们指出这些证明仅仅是纯理论的。

应该指出，到目前为止，超光速还只是科幻小说的题材，超光速星际旅行也只是大胆的设想，某些超光速现象实验的可靠性尚待进一步确认。但无论如何，深奥的量子论和相对论正在引导我们进入一个全新的神秘世界，则是不可否定的事实。

“无限风光在险峰”：德国科学家宣称发现第 110 和 111 号元素

人们把在没有外界作用的条件下，某些元素的原子核转变成另一种元素的原子核这种自发转化现象称作“天然放射性”。这一现象是法国物理学家贝可勒尔于 1896 年首先发现的。它将导出一个重要结论，即原子核并不是一成不变的、最简单的物质微粒。1919 年，英籍新西兰科学家卢瑟福用 α 粒子轰击氮核时，得到氧的同位素（$^{17}_{8}O$），并打出质子（p）：$^{14}_{7}N+^{4}_{2}He \rightarrow ^{17}_{8}O+p$，首次实现了人工核反应，果然把一种原子序数较低的元素变成了另一种原子序数较高的元素。卢瑟福此举开创了用轻粒子轰击靶核以获取原子序数高于靶核的合成元素之先河。1928 年，俄国出生的美国科学家伽莫夫提出用质子代替 α 粒子作为“轰击粒子”。1934 年，法国物理学家约里奥-居里夫妇以 α 粒子轰击铝（$^{27}_{13}Al$）核时得到了放射性同位素磷-30（$^{30}_{15}P$）：$^{27}_{15}Al+^{4}_{2}He \rightarrow ^{30}_{15}P+n$。这就是人工放射性现象的发现。同年，意大利科学家费米别出心裁地用中子逐个轰击元素周期表中的 90 多个元素，在短短的几个月内他制备出 37 种不同的放射性核素。当他用中子轰击周期表中最后一个元素即第 92 号元素铀时。他希望能合成“第 93 号元素”。正因此，使他错过了首次发现铀核裂变的良机。以上事例便是人工合成新元素工作的开端。

关于新元素的发现史，大约经历了三个阶段：一是 1869 年即门捷列夫发现元素周期表以前，人们在实践中是逐个地、毫无规律可循地发现着一个个新元素，其时已被发现的元素约有 63 种；二是元素周期律被发现后，人们可以根据周期表来预言某些新元素的存在，并最终发现它们。至 20 世纪初已被发现的元素约 90 种；三是自卢瑟福用 α 粒子作“炮弹”轰击靶核后，人们便利用这种

“合成法”来合成新元素（其中也有用“核爆炸法”的）。而人工合成新元素又经历了“中子炮弹”“轻核炮弹”与“重核炮弹”等发展环节。所谓中子炮弹，是指用中子作炮弹轰击靶核以合成新元素，是费米首先使用的。比如，1937 年，意大利科学家西格雷用中子轰击钼，发现了第 43 号元素锝；1939 年，美国科学家麦克米伦和艾贝尔森在用慢中子轰击铀核的实验中鉴别出第 93 号元素镎；1944 年，美国科学家用中子轰击钚-239（经衰变后）发现了第 95 号元素镅。所谓轻核炮弹，是指实验物理学家常用的最简单的原子核，如质子、氘核、氦核（即 α 粒子）等轻核。那时常用联合的方法合成新元素，即首先在反应堆里用中子轰击以得到最重的已知元素的原子核，再用它们制成靶核，然后用质子、氘核或氦核轰击，结果可得到比靶核元素的原子序数大 1 或 2 的新元素。第 94，96，97，98 号元素就是用这种方法首先合成的，而第 99 号元素（Es）和第 100 号元素（Fm）则是用核爆炸的方法首次发现的。比如，第 94 号元素钚，可用氘核轰击铀-238 经 β^- 衰变而合成。1940 年，美国科学家西博格证实了它的存在。所谓“重核炮弹”，是指代替“中子炮弹”或“轻核炮弹”的碳核、氮核、氧核、氖核、铬核等重离子。用它们来轰击靶核以合成新的元素。这是美国与苏联科学家几乎同时开始采用的合成超铀元素的新方法。60 年代初，苏联宣称，杜布纳联合核子所利用一台回旋加速器在 10 年内合成了四种新元素（第 102～105 号元素）。与此同时，美国劳伦兹-伯克利实验室亦宣称发现了第 104，105 号元素。1974 年，杜布纳联合核子所宣布，发现了第 106 号元素。80 年代初，在德国科学家彼得·安布鲁斯特领导下的达姆斯塔特重离子研究所的研究小组先后合成了第 107，108，109 号元素。此后，科学家们便接着自然地向合成第 110，111 号元素的目标挺进了。

在向这一目标挺进中，有三台重离子加速器起着主要作用。它们分别属于德国的达姆斯塔特重离子研究所（GSI），美国的劳伦兹-伯克利实验室（LBL）和俄罗斯的杜布纳联合核子所（JINR）。早在 1987 年，杜布纳的科学家便宣称已发现第 110 号元素，但他们的结果从未得到证实。1994 年年底，终于传来了德国达姆斯塔特重离子研究所先后合成了第 110，111 号元素的喜讯。

1994 年 11 月 14 日，达姆斯塔特重离子研究所的科学家声称，他们又一次合成了新的化学元素。该元素在周期表上的编号为 110，存在的时间不足千分之一秒，质量为 269。应该说，这是有史以来人工制取的最重的化学元素。据报道，这一结果是由该研究所的一个科学家研究小组于1994年11月9日下午4点39分探测到的。这个研究小组的组长便是德国著名的粒子物理学家彼得·安布鲁斯特。显然，确切的时间对于110号元素的首次发现权十分关键，因为美国和俄罗斯的科学家也在从事同一目标的工作。于是，德国科学家便于同年11月14日向一家物理学刊提交了一份共四页的报告，介绍了他们的研究工作。他们是在该所的重离子加速器上用数亿镍原子（$^{59}_{28}Ni$）对作为靶的数亿铅原子($^{219}_{82}Pb$)连续轰击数天以后，才从这种聚合反应产物中探测到新元素110的存在。这无疑是20世纪90年代科学界的又一重大发现。彼得·安布鲁斯特说，这是基础科学，它关系到世界的组成问题。

据1995年年初的美国《核新闻》报道，像以往一样，现在人们正在争论110号元素的首次发现权。彼得·安布鲁斯特在谈及这一发现时谨慎地说，美国加州劳伦斯伯克利国家实验室和俄罗斯杜布纳某研究中心的科学家早在我们之前就开始了研究，不过是利用不同的方法。而美国和俄罗斯均声称是他们首先探测到110号新元素。据称，由俄罗斯和美国科学家组成的JINR的一个研究小组比德国重离子研究所早两个月开始对新元素110号的研究，但目前才分析有关数据。美国劳伦斯伯克利实验室则声明，他们在1991年进行实验中即发现了新元素110号的原子，最近重新对它进行了分析。有趣的是，为证实这种存在时间不足千分之一秒、质子为269的原子确系新元素110号，科学家们可借助实验来解决，但要证明是谁首先合成（发现）了这一新元素，他们则需要向“国际理论及应用化学联合会无机化学命名委员会”（CNIC）申辩了。细心的读者可能会问；104～110号七个新元素既获肯定，为什么没有像我们所熟悉的那些元素一样有一个名字呢？造成这样一种局面，同当年美、苏两个大国争雄有关。如上所述，60年代，苏联的杜布纳研究所和美国的劳伦斯伯克利实验室相继发现了第104号元素，苏联将它命名为“库尔恰托夫”（苏联核物理学家），美国则将它命名为“卢瑟福”（英国核物理学家）；70年代初，美、苏又分别发现了第105号元素，美国用德国科学家哈恩来命名，苏联则用丹麦物理学家玻尔来命名。就在这两个大国争持不下时，国际理论与应用化学联合会通过一项决定，104号元素及其后各元素不再用国名、人名来命名，而改用该元素编号的拉丁文数词加词尾“ium”来命名。比如，107号元素就叫做“Unnilseptium”，即由拉丁文数词UN（1），NIL（O）和SEPT（7）加词尾IUM组成，中文译为107

元素。

鉴于 110 号元素首次发现权的争论，1994 年 12 月 21 日，德国科学家霍夫曼、安布鲁斯特和明莱贝格采取了一种独特的方式宣布他们继一个月前发现 110 号元素后又发现了第 111 号元素。是日，美联社发布了一张照片，画面是：霍夫曼、安布鲁斯特、明莱贝格自左至右站成一排，其背景是达姆斯塔特重离子研究所的实验室，其前景是写有新元素：^{272}111” 字样的大桌面。三人则同时用右手指着这个“111”，以毋庸置疑的表情宣布他们发现了第 111 号元素。但至今未见第 111 号元素有关数据的报道。“一波未平一波又起”。1996 年 2 月 21 日，德国的达姆斯塔特重离子研究所宣布：以彼得·安布鲁斯特为首的一个小组又发现了一个新元素——112 号元素，据称它是一座粒子加速器内用“数以千亿计的”锌原子对一张铅皮轰击了三个星期后才获得的。但亦无具体数据的报道。

“顶夸克的发现”：描绘夸克图像时最精彩的一笔

20 世纪 90 年代实验核物理学界发生了两件大事：一是美国费米实验室正式宣布，他们发现了“顶夸克”；二是德国科学家宣称，他们在仅隔一个月的时间内相继发现了第 110，111 号元素。

在 60 年代以前，核物理学界认为质子、中子等是物质组成的最小子粒。这一概念的产生有着深刻的理论根源。远在 1815 年科学家普罗特（Prot）就曾经提出过：所有元素都是氢原子的简单整倍数的假说（即氢是一切物质的本原）。1919 年，卢瑟福和索迪经过实验才证实了氢核（即质子）是基本的核粒子，似乎质子是不可再分的了。这时，物质的原子结构已形成三个层次：原子—原子核—基本粒子（中子、质子、电子、介子等）。但是，1963 年美国物理学盖尔曼和兹维洛却突破了这一传统观念，大胆提出了物质构成的最小单元的新理论——夸克（Quark）假说。他们主张被科学家们认知的构成物质的最小粒子——质子、中子等是由更基本的粒子“夸克”（Quark）组成的，并提出了被分别命名为上夸克、下夸克、奇夸克的三种夸克。例如，质子便是由两个上夸克与一个下夸克以及中性的胶子所组成，如何证实“夸克”的存在呢？显然，“夸克”不会自然、独立地存在于自然界。人们唯有在粒子物理学家建构的实验室中，才能察觉到它们的存在。“夸克假说”提出几年后，这个理论得到了证实。首先是，这一假说中提出的最轻的、也是最早的三个夸克即“上”“下”“奇”夸克相继得到证实。

实验首先表明，以粒子加速器将粒子加速并使它们在相当高的速度（接近光速）下发生碰撞，才有可能产生“夸克”这类更基本的粒子；其次，由于这种碰撞产生的“夸克”能量相当高，它们存在的时间极短，往往是瞬时即逝，因此必须以极精密的仪器进行测量才能推知他们的存在。80年代以来，夸克的研究取得了飞速的发展，经由理论推算与实验观测，科学家认为：原子核内的各种粒子应是由以下六种“夸克”组成的，即上夸克（u），下夸克（d），奇夸克（s），粲夸克（c，也称魁夸克），底夸克（b）和顶夸克（t）；每种夸克都存在反夸克，正反夸克称作“夸克对”；组成原子核内各种粒子的夸克又是由一种中性的胶子（力的“传递子”）胶合在一起的。1974年，华裔科学家丁肇中领导的研究小组发现了J粒子。由此可以证明“粲夸克”的存在，1977年，美国物理学家李德曼领导的研究组又证实了“底夸克”的存在。但自此以后，关于夸克的研究一直徘徊不前。理论物理学家坚持认为，还应该存在一种“顶夸克”。于是，寻找夸克理论中的最后一种夸克，便成了18年来实验物理学家努力的方向。显然，只有证实了“顶夸克”的存在，新的粒子物理学理论才能得到基本证实。从前五种夸克被发现的情况可以看出，夸克越重则越难被发现。理论推算表明，“顶夸克”是六种夸克中最重的。因此也最难以被发现。直到1994年4月，美国费米国家加速器实验室的一个研究小组经过近20年之久的努力才谨慎地宣称，他们发现了“顶夸克存在的第一个直接实验性证据”。1995年，才传出“顶夸克”已被发现的喜讯。

1995年3月2日，美国费米国家实验室正式宣布，经过大量实验工作，美国科学家发现了第六种夸克——顶夸克。该实验室有两个各约450人的专攻顶夸克的研究小组，当天他们一致证实说，他们现在有足够的证据宣布，他们终于发现了顶夸克。该实验室主任约翰·皮普尔斯说：“这项发现的意义是，告诉我们宇宙是可以认识的。”依据爱因斯坦的质能转换原理，以质能互换方式产生顶夸克必须使质子以极高的速度运动。速度愈快，能量愈高，碰撞的瞬间才能产生顶夸克。据报道，该实验室的粒子加速器周长有6.3千米，使用1 000个超导磁铁块，把质子和反质子加速到各具有9 000亿电子伏的能量后，再行对撞。平均要对撞100万次才可能观察到一次顶夸克，且顶夸克出现后便瞬间消失。实验显示，顶夸克出现后，约在10^{-24}秒时衰变为其他粒子。从理论估算中得知，最重的顶夸克的质量应是质子质量的200倍，能量约为1 600亿电子伏。而美国费米国家实验室这次在粒子加速器用质子与反质子对碰方式找到的“顶夸克”，能量约为1 740亿电子伏，质量约为质子质量的180倍，平均寿命约为

10^{-24}秒。可见，实验数据与理论值相去不远。参与发现顶夸克实验工作的华裔科学家叶恭平博士表示，经过22年研究的物质更小的基本粒子“顶夸克”，现已近99%的被发现及确定，心情非常兴奋。

“顶夸克”的发现是高能物理领域的一大突破，是当今科学界的一件大事。它验证了粒子物理学夸克理论的“标准模型”，为科学家深入了解夸克的性质、了解化学元素的起源，进而了解宇宙的过去、现在和未来的演化过程提供了武器。因此，它的发现无疑具有划时代意义。“顶夸克”的发现，无疑是理论粒子物理学家和实验粒子物理学家描绘夸克图像时最光彩夺目的一笔！

“令人费解的历史之谜”：纳粹德国为何未能制造出原子弹？

纳粹德国为什么未能制造出原子弹？这个问题长期以来一直令历史学家及对它感兴趣的学者们迷惑不解，加之众说不一、莫衷一是，遂成一谜。德国毕竟是现代物理学的发祥地之一。在第二次世界大战前后，它拥有庞大的核物理研究机构和一批世界上最优秀的科学家，在核物理研究与创建原子弹理论方面也领先于世界各国；它不但具有获得研制原子弹的重要核材料的工业实力，而且由诺贝尔物理奖得主、著名科学家沃纳·海森伯格主持原子弹的研制工作。我们知道，1938 年，德国著名化学家奥托·哈恩和弗里茨·施特拉斯曼共同完成一项具有划时代意义的发现——铀核裂变现象，掌握了分裂原子核的最基本方法。这意味着从铀核裂变中获得巨大能量的实验已获成功，只需将它转为实用，便可能制成威力无比的原子弹。可见，凭借当时的优越条件和人才资源，德国理应先于其他国家造出原子弹来。正是出于害怕受到希特勒原子弹的打击，美国才心急火燎地投入原子弹的研制工作。

然而，令人费解的是，人们发现希特勒政权虽然改善和创新了许多军用器具，如自动武器、潜艇、喷气式发动机，以及进入太空的第一枚火箭等，但是它未能制造出一件核武器或任何一件接近核武器的东西，而且德国原先在核科技领域中的优势也很快地消失了。1944 至 1945 年，横扫欧洲的盟军方面的科学家惊奇地发现，纳粹德国在研究核武器可行性方面的工作仅处于小规模、半投入状态，在发展核能方面的工作亦未超出实验研究阶段。如何解释这一历史之谜？分析已公开的资料，至少存在下列四方面的原因。

其一，是希特勒推行种族歧视政策，特别是对犹太人进行疯狂的迫害使然。

由于希特勒的排犹主义和种族歧视，前后致使 2 000 多名欧洲著名的科学家和工程师逃离德国、逃出欧洲而流落美国。其中，有科学界泰斗爱因斯坦，杰出的丹麦理论物理学家玻尔，著名的意大利实验核物理学家费米，奥地利物理学家奥托·弗里施，捷克物理学家普拉切克、彭尼，德国出生的英国物理学家克劳斯·富克斯，匈牙利物理学家爱德华·特勒、列奥·西拉德和维梅纳，以及乌克兰科学家基斯佳科夫斯基等。希特勒政权残酷迫害进步人士和犹太人，许多科学家被杀害，大批优秀科学家失去工作条件而被迫四处逃亡，其结果是大伤了德国科技界的元气。于是，许多科学家先后陆续直接或绕道去美国避难。这样，美国很快成为科技人才最集中的地方，德国很快失去了人才优势，也就失去了核物理的理论与应用研究的优势。而美国正是得益于希特勒的“为渊驱鱼，为丛驱雀”的政策，依靠纳粹德国送来的“人才资源”，首先研制出原子弹的。

其二，是希特勒热衷于“立竿见影”的新式武器的研制，对耗资巨大的原子弹支持不力的结果。1941 年 10 月，德国举行了一次对其原子弹研制工作的前途具有重要影响的会议。主持此项工作的海森伯格后来说：“从 1941 年开始，我们眼前就展现了通往原子武器的康庄大道。”但是，六个月以后，希特勒签署了一项法令，明确地禁止进行一切不能在战争期间为军事服务的科学研究工作。为此，同年 6 月德国召集一次会议来评价原子弹研究计划的前景。出席会议的首席科学家是海森伯格。陆军元帅米尔希和斯佩尔则是军方高级代表，据海森伯格说，他告诉这些军官在当时的德国根本没有经济力量来制造一枚原子弹，这使他们大失所望。后来，海森伯格对此回忆道；“我很高兴这次不需要我负责作决定。元首的命令当时必须执行，这样就完全排除了花费巨资制造原子弹的可能性。”直到 1944 年战争后期，希姆莱开始对原子弹研究计划发生了兴趣，他下令拟定了一个新的研制方案，虽然加速了原子弹的研制速度，并取得了很大进展，但这一切都太迟了。

其三，是德国科学家，首先是主持原子弹研制工作的海森伯格暗中阻挠、消极怠工的结果。1945 年包括海森伯格、哈恩等三位诺贝尔奖金获得者在内的 10 位德国核科学家在英国的一座农场中被盟军拘禁了半年。英国情报人员在这座“农场之堂”的每个房间里都暗藏了麦克风，以供录音用。后来，英国公开了经整理后的 270 页书面材料。其中，海森伯格的讲话尤其令人注目。如，某天深夜海森伯格对哈恩说；“格拉克是我们当中唯一盼望德国获胜的人”（当时沃尔瑟·格拉克是负责铀研究工作的）。随后他话锋一转，向哈恩介绍了制造原子弹具体细节。他讲述了一个直径 54 厘米、重约 1 吨的球状铀-235 如何利用"极快的中子"维持链式反应，并产生 10^{24} 个中子。他还说，如果铀-235 材料外面包有一种"反射器"的话，那么有 250 千克的铀-235 就能起爆了；通过把临界质量以下的两小块铀-235 压到一起的方法可以控制起爆时间。在这里，海森伯格讲了制造原子弹的两个核心同题即"反射器"和临界质量。对此，美国原子弹计划主要理论家之一的汉斯·贝特评论说："海森伯格所知道的，比我一直认为的要多得多。"上次谈话一星期后，海森伯格就此问题又向他的同事们作了专题讲述，而其他人似乎是第一次听说原子武器的可能性。这表明，主持原子弹研制工作的他，以前没有对他的同事说过这些内容。可见，历史的天平在此倾向了海森伯格。

战后，海森伯格曾在《自然》杂志上发表过一篇声明，声称自己在为纳粹研制核武器时良心感到不安，并说他和他的同事们事实上控制了这项研究计划，并避开了对原子弹的研究，转而研究反应堆和回旋加速器。美国彼得·古德柴尔德在其《罗伯特·奥本海默》中对此有记述：1942 年 6 月，当海森伯格向军方代表介绍原子弹研制计划后，陆军元帅米尔希认为研制这种新式武器不可能立即见效，而另一位代表阿尔贝特·斯佩尔仍下令建造由多佩尔和海森伯格所建议的大型原子反应堆。此后，原子弹计划在德国的优先地位下降了。这无疑是纳粹德国原子弹研制工作未能突破的一个重要原因。海森伯格对他的行为曾作如是说，在专制政权统治下，只有那些表面上与政府合作的人才能进行有效的积极抵抗。另一位科学家罗伯特对此作了补充，他说："海森伯格和他的朋友们之所以愿意从事德国的原子弹研制，首先是为了使另外一些缺乏觉悟的物理学家无法把他们决心使之失败的事业推向成功。"事实果真如此的话，海森伯格则是暗中阻止德国研制原子弹的一位上智之人。

其四，盟军方面对纳粹德国研制原子弹时离不开的重水及重水生产设施摧毁所致。我们知道，重水是用于反应堆的一种理想的中子慢化剂和冷却剂，是重要的战略物资。因此，纳粹德国早在 1940 年便与法国物理学家约里奥-居里争购挪威诺尔斯克氢公司生产的重水（共 40 千克）。当法国人得到这些重水后，气急败坏的纳粹德国便于同年 5 月占领了挪威，占有了诺尔斯克氢公司的重水生产线。经过两年，他们生产了 800 千克重水。而当时英国人集中了世界上所有的重水也仅有200千克。1943年2月28日深夜，英国人成功地组织了对德国人控制的重水生产厂的袭击，使德国人的约500千克的重水经下水道流到河里；同年11月16日，一支由美国飞行联队140架飞机组成的“空中堡垒”又空袭该重水厂，并彻底摧毁了其供电系统；1944年2月20日，美国人和英国人又组织了几十人参加的特工分队，一举炸掉了德国人装有500千克重水的渡轮，39个装有重水的钢瓶沉入了廷西欧湖的最深处。这对希特勒研制原子弹的计划无疑也是沉重的打击。

马克思说过，历史是从人们的正、反两个方面的叙述中整理出来的。纳粹德国原子弹的未响之谜亦应如此。

昙花一现的“种子计划”：蒋介石难圆的原子弹之梦

1941 年 12 月初，日本偷袭珍珠港，太平洋战争爆发。次年夏，美国总统罗斯福接受爱因斯坦等科学家的建议，为抢在纳粹德国之前研制成原子弹，正式批准了著名的“曼哈顿计划”，共动员近 60 万人、投资约 22 亿美元，制造了三颗原子弹（也有说是四颗的，目前尚无定论）。1945 年 7 月 16 日，美国在本土成功爆炸了第一颗原子弹。7 月 26 日，中、美、英三国发表《波茨坦公告》，向日军发出最后通牒，促其立即无条件投降。8 月 6 日，美军以代号为“小男孩”的原子弹袭击了广岛；8 月 9 日，一颗名为“胖子”的原子弹又在长崎落下。日本这两座城市顷刻化为废墟。这两次核袭击，既敲响了日本法西斯灭亡的丧钟，也宣告了人类战争史上核武器时代的到来。它给世界的政治、经济、军事等，乃至世人的思维都带来了深远的变化，同时也引起了中国科学家与高层军政官员的关注，激起了中国人深入研究原子能、掌握研制原子弹技术和热情。

卢鹤绂著文警示

20 世纪 40 年代的物理学家力一在延安《解放日报》上发表了《炮打原子》的科普文章。1942 年，著名核物理学家卢鹤绂在重庆《科学》杂志上发表《论原子核内潜能及其应用》一文，指出 1 千克铀-235 全部裂变产生的能量相当于 2 500吨优质煤燃烧后释放的能量，还强调“就现象而论，这种浓厚之能源必将有其特殊之用途”。这无疑在警示世人：原子武器将可能横空出世！果然，3 年后美国就成功地制造出三颗原子弹。此后，卢鹤绂又陆续发表了《原子能与原子弹》,《论原子弹与物理学》等论文，首次提出了估算铀-235原子弹装料及费米型核反应堆燃料之临界质量的简易方法。1949年，他又推算了早期原子核壳模型、提出了核半径新的计算公式。他的有关论文在美国《物理月刊》上发表后，美国人曾称他是“第一个揭露原子弹秘密的中国人”。

曾昭抡致力普及

当日本上空升腾起蘑菇云时，它带给中国人心理上的冲击波首先触动了著名军事化学家、西南联大教授曾昭抡，他敏锐地意识到世界由此进入了原子能时代，几乎是在“第一时间”，他就写出了《从原子弹谈起》一文（1945年9月初发表在昆明《正义报》上），文中说：“素来不讲究科学的中国，这次也为原子弹的惊人功效所震眩。一月以来，街头巷尾、茶余饭后，不分老少，大家都在时常谈论着原子弹”。他写此文的目的在于普及原子科学知识，满足联大学生与民众的好奇心，激发他们对科学的兴趣。他还认为“划时代的新发明与新发现，向来是从高深的学理研究演化出来的。纯粹科学之极端重要在原子弹上即得到具体证明”。因此，曾昭抡后来一直关注着原子弹与原子能的研究动态，并于1946年参与了蒋介石秘密研制原子弹的所谓“种子计划”，成为“原子能研究委员会”的一员。1947年，他赴美英、赴西欧考察，回国后即整理、分析了调研时获得的大量学术资料，汲取当时最新研究成果写出了专著《原子与原子能》；1949年，他婉拒友人劝他暂住香港的建议，选择留在大陆。1950年春，《原子与原子能》一书由三联书店出版。此书是当时颇具知识性、生动性、可读性的介绍原子能知识的科普读物，向国人及时普及了原子科普知识。

俞大维受命筹划

太平洋战争爆发后，美国与中国成为二战中反法西斯的盟国。为便于协调盟国对日作战，双方商定在重庆设立了“中美联合参谋本部”。1944年10月，美国中将魏德迈接任中国战区最高统帅蒋介石的参谋长。当时，中国远征军所用的轻武器大部分是由中国兵工厂生产供应的。因之，魏德迈在同中国兵工署长俞大维的频繁交往中建立了密切的合作关系与私人友谊。俞大维是著名国际弹道学家、中国常规武器学家，两度留学德国。1945 年 9 月，升任为“军事委员会军政部”次长的俞大维在参谋本部看到一份有关原子弹发展的秘密文件。此刻，魏德迈便问他：“你们要不要派人去美国学习制造原子弹?”机警的俞大维未置可否，还与魏德迈闲侃了一通说：“把原子核打开，可以造成巨大力量。这一制造原子弹的原理是德国人最先试验成功的。30 年代，我第二次留德，到达丹麦哥本哈根时就知道这件事了”。俞大维知道蒋介石当时相当关注美国原子弹爆炸和苏联、日本等国研究原子弹的情况，事后便将此事向蒋介石汇报了。蒋介石由此产生了秘密自行制造原子弹的想法，当即命令军政部长陈诚、次长俞大维负责组织筹划此事，并郑重交代此系绝密事体，参与人员必须经过严格保密审查。俞大维受命后，首先找到自己的妹夫曾昭抡商议。曾、俞和陈诚均是亲戚，曾又具有这方面的专业知识，他们相互信任又能保守机密。商议间，曾指出：要搞原子弹必须从数理化等基础研究做起，于是向陈、俞举荐了其同事、联大教授吴大猷、华罗庚，并提出要遴选数理化方面的优秀年轻人加以培养。对吴大猷，俞大维曾经极为欣赏他于 1933 年在美国完成的博士论文（文中预言了铀后元素的存在），而且对吴于 1945 年夏带领助手把美国研制原子弹的秘史《史密斯报告》译成中文，也很关注；对华罗庚，作为数学博士的俞大维因与他曾在爱因斯坦主编的杂志上发表论文而结缘，并极钦佩华罗庚，称赞他为“天才”。因之，俞、陈很快接受了曾的建议。

得到蒋介石的首肯后，1945 年秋陈诚、俞大维特邀请吴大猷、华罗庚、曾昭抡自昆明赴重庆，约谈组织研制原子弹的有关事宜。蒋介石早已关注到《史密斯报告》的中译本，约谈期间，他特地会见吴大猷，并颇有信心地表示：我们要搞中国的“曼哈顿计划”，为保密就取名“种子计划”了；在谈及参与人员时，吴大猷提到了华、曾，还推荐了联大物理系教授郑华炽。1946 年 6 月，一个以研制原子弹为核心任务的单位即“原子能调研委员会”正式组成，有成员 11 人，俞大维被任命为主任委员。这个单位始终是秘密运作，它与早先成立的“国防科学委员会”密切配合，展开了原子弹的早期研发工作。研制原子弹是少不了铀原料的，1947 年国防部下设的研究发展厅就以“优先项目”——“铀之提炼”做了部署，并于次年为此列入预算“国币 12 亿元”。另一方面，当时的“中央研究院”也致力于原子能事业的工作，该院地质研究所的南延宗等人在广西首次发现铀矿，引起了著名地质学家李四光、翁文灏的关注；该院物理研究所的原子核实验室拥有著名核物理学家吴有训、赵忠尧；院长朱家骅也积极设法筹购物理研究所必需的设备，1946 年该院曾汇款 5 万美金请在美国的赵忠尧购买核仪器设备。此外，当时的“北平研究院”也新设了原子学研究所，著名实验核物理学家钱三强、何泽慧等人在此工作。旧中国真正从事原子物理研究的仅有十几人。

陈诚、俞大维接受了“原子能研究委员会”几位重要成员的建议，认定当务之急应是派遣数理化领域的优秀人才赴美考察、学习原子弹研制技术。于是，他们请华罗庚负责数学、吴大猷负责物理、曾昭抡负责化学。接着，这三位大科学家便在西南联大精选了各自满意的助手：华罗庚选了孙本旺与已在美国的徐贤修；吴大猷选了李政道、朱光亚；曾昭抡选了唐敖庆、王瑞駪。此方案呈送蒋介石后，他表示可速派遣。1946 年 8 月，华罗庚带领李政道、朱光亚、唐敖庆拿着从国防部领取的支票，满怀热忱地启程赴美。自 1945 年 9 月，蒋介石决心推行“种子计划”到此时此刻将近一年时间，华罗庚一行人就赴美了。此举不仅是所谓“中国曼哈顿计划”的起步，也是中国原子科学史上的重要篇章。

9 月 16 日，华罗庚等人在普林斯顿大学与先期来美的曾昭抡会合，不久吴大猷亦由英来美。原来，曾昭抡于 7 月初就由中国军政部介绍最先在加利福尼亚大学的原子研究机构见习，起初实验室负责人还让他参观放射化学试验。但后来对他就戒备起来，到 9 月份曾昭抡不得不离开该校。此后，三位教授经过一番联络、调研得知：此刻情况已有变化，研制原子弹系国防高端技术，为国家最高机密，美国核武器研究机构或工厂根本不再许外国人进入，即使是盟国也不行，更谈不上去考察、学习了。经与吴、华二位商定，由曾昭抡向大家宣布：美方对原子弹保密极严，考察、学习之事实难进行，各位还是自奔前程吧。于是大家便分别到有关大学或教书，或深造去了。尽管如此，三位教授仍合写了两次报告给俞大维说明在美情况，其中他们还估计国内若使用回旋加速器需费用一百万美金。陈诚、俞大维及时向蒋介石作了汇报。此时，正忙于内战的蒋介石只要军费，还管什么科研经费，遂置之不理。国内外环境的剧变，使“种子计划”搁浅。有趣的是，1947 年 4 月，白崇禧还向蒋介石呈送了一份“要件”，建议蒋设立“原子物理研究所”。一个多月后，蒋介石才在这份公文上批示：“目前国库支应浩繁，外汇亦需节用，所请设原子物理研究所一案，拟应缓办。”至此，昙花一现的“种子计划”又搁浅了。

顾毓琇奔波力促

在所谓“种子计划”秘密推进的同时，另一位著名科学家也在四处奔波，力促其成。这位科学家就是顾毓琇教授。1946 年，国民党政府派顾毓琇赴东京接收日本的加速器；同年 8 月，他又去美国造访了“回旋加速器之父”、加州大学原子弹研究所所长劳伦斯博士。劳伦斯在研制原子弹装料方面有过重大贡献，当时正在领导建造大尺寸的高能加速器。顾毓琇向他表述了中国政府发展原子能事业的强烈愿望。在后来的交谈中，劳伦斯表示非常乐于支持中国发展核科学技术，协助建造加速器，甚至可赠送部分仪器。为此，劳伦斯还特地给蒋介石写信，估算了加速器的建造费用最低需 25 万美金。顾毓琇回国后即将此信转交蒋介石，并附函称：“抗战虽胜利，国防尤属重要。经毓琇再三洽商，劳伦斯博士仍毅然决定协助我国作原子之研究”。函中还期望蒋介石能“高瞻远瞩，赐准制造原子试验器（即加速器），为国家民族树科学报国、国防第一的百年之基。”蒋介石仔细阅过信、函后，曾批给 50 万美金，为建造加速器之用。接着，顾毓琇又风尘仆仆地奔波于欧美各地，周旋于美国、瑞士、英国、法国各政要及科学家之间。是年 8 月底，他从美国到达伦敦；9 月 2 日又飞往巴黎；9 月 5 日，作为瑞士科学院成立 200 周年纪念盛会的特邀嘉宾，他赶到瑞士的楚立希城。当天，经瑞士和美国原子科学家的介绍，瑞士总统（兼国际部长）约晤了顾毓琇。会晤中，瑞士总统建议瑞中两国合作研究“原子科学”：中方酌量供给铀矿原料，瑞士提供科技人才、仪器及有关设备，作为偿付铀矿原料之代价，研究成果共享。为此，总统还给蒋介石写了一封信，请顾教授转交。信中称：我们建议第一步派遣一个访问团，由青年地质学家、工程师帮助贵国各大学的重建，以及协助贵国政府解决技术问题与天然铀资源的调查。由于蒋介石当时正在积极准备发动内战。瑞士总统的这些建议也被搁置一边了。

随着内战的爆发，且战局对国民党极为不利，军费庞大、财政趋紧，蒋介石便中断了对科学家们的一切费用支持，连他亲自批准的 50 万美金也成了一纸空文。有志研制原子弹、研究原子科学技术的科学家们，此时才明白蒋介石政府根本无能力从事这项工作。1949 年，63 岁的蒋介石退守台湾时，三年前他派遣赴美的那批科学家在兵荒马乱的战争年代也都星散海内外，其中除一人外，几乎无人到台湾投效蒋介石。

吴健雄笑对问津

1964年，中国成功地爆炸了我国的第一颗原子弹！于是，蒋介石又想起了他的“中国曼哈顿计划”——种子计划，又作起了被他谱下休止符的“原子弹之梦”，并秘密部署力量，以求其成。此刻一位华裔美籍核物理学家引起了他的注意。这位科学家就是吴健雄教授。吴健雄是唯一一位参加过美国“曼哈顿计划”的华裔女科学家。她是美国“曼哈顿计划”的主持人、号称“美国原子弹之父”的奥本海默的学生，她在“曼哈顿计划”中参加的是相当关键的工作，她关于铀原子核分裂后产生的氙气对中子吸收截面的资料，对于该计划的顺利进展有相当大的贡献。加之她以极出色的实验技巧精准地证实了李政道、杨振宁关于弱相互作用下守称不守恒的论断，因而享誉海内外。1965年，吴健雄教授回台访问，期间蒋介石会见了她，并向她询问了有关研制原子弹方面的情况和意见。吴健雄对国民党政府已夭折了的“种子计划”早有耳闻，她想：事隔20年了，难道老蒋还想圆此梦？现在美国对国民党要研制原子弹的态度改变了吗!？于是机警的吴健雄便大而化之地笑对了蒋介石的问津。

据2006年年底的有关报道，英国的解密文件显示：在20世纪70年代，为对抗中国大陆的核武器，“台湾当局”曾重开原子弹的研究，但在美国的压力之下被迫中止。后来，不甘心的“台湾当局”又转而向欧洲国家，特别是英、法、瑞士等国谋求技术支援。据透露，法国曾出面支援“台湾”建设供研究用的核武器原料的后处理设施；英国也曾讨论了向“台湾”提供有限支援的可能性；而瑞士，由于事过境迁，两国合作研究“原子科学”之事也不了了之。但是，蒋介石一直到晚年还在做着他那难圆的原子弹之梦。

纪念美国核科学家 罗森堡夫妇

亲爱的难人，朋友！
你们的不幸使无数人在悲痛、愤怒！
人们时刻在关心、惦记着你们：
希望你们能战胜魔鬼，
获得自由！
嘿！那群人面兽心、狼肝狗肺、
猪肠驴胆的野兽
终于不顾和平人民的抗议，
铸成了历史上最大的
奇冤怪仇！
这不幸又不幸的消息飞向
海洋、草原、沙洲……
这些“文明人”造成了空气的
紧张辐射与对流。

亲爱的朋友，
你们将永远巍然屹立在落基山上
永垂不朽！
安息吧，亲爱难友！
和平事业正一日千里的飞进，
胜利正向我们扬手。

战犯们无论怎样残酷、狰狞
终将逃不出人民的巨手。
胜利是斗争的产物，
灾难是幸福的苗头。
人们以鲜血灌溉大地，
是为了来日的丰收；
人们用身躯铺平通往和平之路，
是为了后代能稳步健走！
为挽救你们而形成的风暴，
已汇成冲向太平洋彼岸的激流。
这滚滚势同千军万马的巨浪，
吞食着那即将倒塌的美利坚；
这股铁流在狂奔怒号，
象征着和平阵营越来越强大，
体现了和平力量越来越雄厚！
那些死于抗击反革命暴力下的
和平战士，永垂不朽！

安息吧，亲爱的朋友！
密西希比河的河水日夜奔腾，
喀斯喀特山的巨石灿烂悠久。
你们是和平人民的亲密战友，
是勇于斗争、不畏强暴的旗手，
你们将同你们的事业，永世长留！
人们将永远歌颂
为和平事业而献身的勇士，
这歌声将响彻地球、月球、星球！
和平战士罗森堡夫妇
流芳百世，永垂不朽！

（1953 年 6 月 19 日，载于安徽省安庆二中学生会宣传部宣传栏）

世纪之灾：
贫铀弹五议

一、贫铀弹：何许物也

铀是重金属，为一种具有放射性的元素。天然铀是铀-238（占 99.28%）、铀-235（0.714%）、铀-234（0.006%）三种放射性同位素的混合物。从中提取可作为核武器装料或核反应堆燃料的铀-235 后，剩余的副产品被称为“贫化铀”（简称“贫铀”）。贫铀中仍含有微量的铀-235。每生产 1 吨铀-235，可产生约 300 吨贫铀。因之，核武器国家均储存有大量贫铀，如最早拥有核武器的美国 70 年代中期其贫铀库存量已达 28.5 万吨。贫铀并非核废料，而是核武器、核反应堆和特殊合金等方面的一种优质且廉价的原料。

贫铀弹是指弹芯用贫铀合金制成的贫铀武器。自 1975 年问世以来，美国已研制出至少三代、生产了五种不同的口径 11 种型号的上百种贫铀武器。它们按用途分为：贫铀炮弹、贫铀炸弹、贫铀钻地弹、贫铀巡航导弹等，统称贫铀弹（若弹芯含核废料，则称“脏贫铀弹”）。

二、贫铀弹：始作俑者

自 20 世纪 50 年代起，美、苏、英等核武器国家都在不断储备贫铀。冷战时代，美、苏间的军备竞赛尤烈。美国凡发现苏联有新武器，就千方百计地解破其秘密，并迅速研制出反制武器。美国是在 70 年代初开始正式研制贫铀弹的，目的是对付当时苏联的T-72主战坦克。由于贫铀的密度很高，比铅重80%，比钢重184%，极为坚硬，美军便用它来改进坦克穿甲弹。经对23种贫铀二元合金材料的试验研究，他们发现含0.75%的铀钛合金具有优异的机械性能，用它做坦克穿甲弹的弹芯有着“钻”“燃”俱佳的特殊功效。因此，这种贫铀弹比起常规穿甲弹（弹芯为钨合金）来具有极强的穿透力、燃烧力和毁伤力。目前，美国和北约的一些部队都装备了贫铀弹。美国的B-2轰炸机、A-10攻击机、M1主战坦克和某些战舰等均可使用贫铀弹。

1991年海湾战争中，美国首次使用了贫铀弹。战后，据英国原子能局的报告称，低空飞行的美国反坦克飞机向科威特、伊拉克发射了“数以万计”的贫铀弹。这些每枚装有4千克固体贫铀的反坦克弹，约含40吨贫铀。但据伊拉克卫生部的调查报告说，美军在海湾地区共投了315吨贫铀，约合7.875万枚贫铀弹。也有信息说美军在此地区共投下了近10万枚贫铀弹。

1995年波黑战争接近尾声（代顿协议签订前夕）时，美军又迫不及待地用A-10攻击机向该地区发射了1.08万枚贫铀弹。这些贫铀弹若按每枚300克贫铀计，含3.24吨贫铀。

1999年科索沃战争中，北约对南斯拉夫实行了78天的狂轰滥炸。事后，北约发言人仅承认投下了3.1万枚贫铀弹（约含9.3吨贫铀）。而南总参谋部的报告说，北约的A-10飞机向科索沃和塞尔维亚地区共投下5万枚贫铀弹。这些贫铀弹亦按每枚300克贫铀计，含贫铀15吨。另有媒体报道说，北约在南共投下23吨贫铀，相当7.7万枚贫铀弹。

美国是第一个拥有并首次使用核武器的国家，也是研制和首先使用贫铀弹的始作俑者。

三、贫铀弹：慢性杀人武器

海湾战争结束后，约10万参战的美、英、加拿大官兵受到各种病痛的困扰，主要症状表现为：身体多种部位疼痛、偏头痛、呕吐、脱发、龋齿、神经紊乱、骨关节炎、失忆、失眠及长期疲劳等。因是同时出现一群症状，而非一种独立的疾病，所以被美国著名核医学家杜拉科维奇称为“海湾战争综合征”（简称海湾综合征）。科索沃战争中，北约在南斯拉夫投下15～23吨贫铀，约有

5～7万枚贫铀弹。战后，曾在巴尔干地区的退伍官兵突然被各种癌症特别是白血病所袭击，其主要症状与海湾综合征类似。因而这次被称为“巴尔干综合征”。截至2000年1月6日，意大利、比利时、西班牙、荷兰、葡萄牙、匈牙利、英国、瑞士等国已有27人死于巴尔干综合征。

1999年9月，杜拉科维奇在欧洲核医学大会上表示，海湾综合征的根源是战争期间发射的导弹的铀辐射。他还宣称，对17名士后兵进行的检测表明，在海湾战争结束9年后，他们中70%的尿液及骨髓中仍“有相当数量的贫铀成分”，数万名美、英海湾战争军人因贫铀弹辐射而面临死亡的威胁。他的话引起了与会者的强烈反应。据伊拉克红十字会调查统计，海湾战争后，伊中、南部的儿童患白血病的概率激增，成人患癌症也逐年增多，约为战前的10倍。据统计，伊拉克因战场的放射性污染而患癌症的人数已逾10万人，有上百万人的健康受到威胁。

英国生物学家科格斯发表研究文章指出，美国战机投下的贫铀弹已使巴尔干地区的白血病及其他癌症患者明显增多。去年，南联盟向联合国递交的报告中指出，遭北约贫铀武器轰炸地区的核辐射水平已超过国际标准的110倍。南斯拉夫的白血病等癌症患者正明显增加，近几年仅白血病患者在被轰炸地区就增加了4倍。贫铀弹除令人患上绝症外，还会影响下一代。据报道，在巴尔干被轰炸地区，一些婴儿一出生就患有白血病或其他癌症，且畸形儿日益增多；南斯拉夫东面与保加利亚接壤的莱赫切瓦镇是贫铀弹的重灾区之一，当地一年中出生的百名婴儿中竟有半数畸形，有三条腿的、独臂的、单耳的，相貌怪异。该镇土壤所含核辐射水平已正常值的500多倍。一位保加利亚学者说，北约实际上对南斯拉夫进行了一次贫铀化学战，或可称为“放射性攻势”，潜伏着极大的危害。

贫铀的主要成分是铀-238和微量的铀-235，属于α源，半衰期分别为45亿年和7.1亿年。可以认为，贫铀弹的危害是永久性的，是一种慢性杀人武器。

四、贫铀弹：世纪之灾难

在海湾、波黑、科索沃三次战争中，以美国为盟主的北约在海湾和巴尔干地区投下了大量的贫铀弹。据初步统计，仅美、英等北约国家承认的，就有

5.18万枚贫铀弹，约含52.54吨贫铀；按伊拉克、南斯拉夫等受害国家的统计，约为14万枚贫铀弹，合333.24吨贫铀；而据某些媒体的报道，则是18.78万枚，共含426.24吨贫铀——如此巨量的贫铀弹倾泻在上述地区，无疑会给那些受害国的广大民众带来深重的灾难。

贫铀弹击中目标后，在爆炸燃烧过程中产生的弹片、碎屑、尘埃、气溶胶和氧化物等的放射性是长期存在的。这些放射性物质既可经呼吸侵入人体，也可因雨雪霜雾而逐渐降至地表、进入水和土壤中，再通过农牧林渔等方面的生物链进入人体。它们发出的α射线在人体内直接作用于体细胞或生殖细胞而引发白血病、再生障碍性贫血和其他恶性肿瘤，或对基因造成不可逆转的损伤，而贻害后代。

更有甚者，联合国环境规划署已证实，专家们在北约投向科索沃的贫铀弹碎片中找到了放射性同位素铀-236。铀-236也属α源，半衰期为2 400万年。瑞士科学家指出，铀-236在自然界中并不存在，只能来自核反应堆产生的核废料。最近，英国《独立报》报道，即将出版的《贫铀：无形的战争》一书将披露在海湾和巴尔干战争中所发射的一些炮弹含有一种比贫铀危险得多的回收核废料。其危险在于，这种贫铀（有时被称为“脏贫铀”）可能含有微量的高放物质，比如钚等。而且，这是五角大楼早就知道的。这就进一步证实了瑞士科学家关于贫铀中有钚的发现。含有核废料的贫铀弹被称为“脏贫铀弹”。钚-239的半衰期是2.4万年，钚的放射性比铀强20万倍、化学毒性比铀强100万倍。钚-239是一种亲骨性元素，能导致骨癌或肺癌，人体的最大容许积累量仅为0.6微克。钚比铀的危害性更大。贫铀弹和脏贫铀弹将是一种世纪之灾。其实，美国和北约大量使用贫铀弹既害人又害己，贫铀弹的危害已震惊整个欧洲！

据报道，欧盟委员会宣布，欧盟将对北约在巴尔干地区使用贫铀弹可能造成的辐射污染进行调查，以便查清贫铀弹污染对维和士兵生命的威胁程度。一时间，巴尔干的贫铀弹问题再次引起了世人的瞩目。

近一段时间以来，欧洲媒体纷纷报道了一些曾在巴尔干地区服役的欧洲维和士兵相继染上癌症等各种疾病，最终死亡的消息。早在1999年，就有3名曾在波黑服役的退役意大利士兵先后患上白血病，并最终因医治无效而死亡。2000年，又有30多名参加过巴尔干维和行动的意大利士兵患上了癌症或白血病等疾病，其中8人已经死亡。在比利时，也有9名曾在波黑和科索沃执行任务的士兵患上癌症，其中 5 人死亡。此外，英国、法国、荷兰、希腊、捷克和匈牙利等国也发现了维和士兵离奇死亡或患上白血病的事例。在 1999 年的科索沃战争中，美国的空军部队总共在南联盟投下了 3.1 万多枚贫铀炸弹，其中在科索沃地区投下的贫铀弹，要比南联盟其他地区高出 10 倍。另外，美国战机还于 1994 年至 1995 年的波黑战争期间在波黑境内投下了 10 800 枚贫铀弹。

令北约国家没有想到的是，当年轰炸波黑和南联盟造成的环境污染，目前正在“回报”驻在那里的国际维和部队，令北约自己也染上了“贫铀弹”恐慌症。北约成员国西班牙、葡萄牙、意大利、法国、比利时和土耳其的国防部已经表示，它们将对自 1992 年以来参加过巴尔干地区维和任务的士兵进行放射性检测，以确认他们是否受到美国飞机投下的贫铀弹的伤害。俄罗斯和保加利亚也将采取类似行动，准备对曾在科索沃服役的士兵进行身体检查。最近，意大利、希腊和葡萄牙呼吁美国公布有关在巴尔干地区使用贫铀弹的资料，并协助调查贫铀弹造成的辐射污染。这一问题甚至引起了联合国的高度关注。

值得注意的是，作为贫铀弹生产国和使用国的美国在贫铀弹污染问题上讳莫如深、态度强硬。直到现在，美国也没有公布究竟在波黑和科索沃的哪些地方使用过贫铀弹，并一直拒绝承认贫铀弹对人体健康的潜在危害。美国防部表示，没有证据表明贫铀弹会引发癌症和其他疾病，美将不会停止使用贫铀弹。对于美国的这种态度，欧洲国家纷纷表示不满。

其实，巴尔干地区的广大人民才是贫铀弹的最大受害者。在南联盟，2000 年人口的死亡率比遭受轰炸的 1999 年还上升了 40%，新生儿畸形的比例明显增加，一些被北约轰炸过的地区核放射性活度超出了正常值 500 倍以上。另据波黑的媒体报道，在波黑，已经有 400 多名遭受过贫铀弹袭击的塞族人死于癌症或心脏病。南联盟环境部门的官员 5 日表示，由于贫铀弹爆炸后产生的放射性微粒将对水源和土壤造成二次污染，因此贫铀弹对南联盟民众身体的伤害将是一个长期的过程。南环保部门的官员希望美国和北约给予相关的资金、技术和设备援助，以帮助巴尔干地区的人民早日摆脱或减弱贫铀弹带来的威胁。

五、贫铀弹：谁是“无赖国家”

面对以上如此严峻而无情的事实，迄今为止美国和北约的某些政、军界人士一直沿袭着一种公开的见解，坚称：“无法说明贫铀弹对人体产生影响”。2000 年 1 月 6 日，英国《泰晤士报》指出在华盛顿五角大楼仍“坚持没有任何证据表明贫铀弹同白血病之间存在任何联系。”美国国防部发言人肯尼思·培根也宣称：“我们认为未发现癌症和接触贫铀之间有任何联系。”对此，英国《独立报》指出：“越来越多的事实表明贫铀武器与数千名曾接触过这种武器的北约士兵发作大面积癌症和白血病之间有可怕的联系”，而“美国和英国无视数百名儿童和数千名成人已死于大面发作的癌症和白血病这一事实，仍然在徒劳地坚称，没有证据表明在波黑和科索沃战争中使用的贫铀弹存在‘任何不良’的影响。”一个最典型最明显的事例是伊拉克。伊拉克南部的巴士坦大学医学专家伊马德·萨阿敦 2 月 22 日向媒体宣布：他率领的一个医学小组经多年研究发现自 1990 年到 1999 年，伊南部地区的血癌患者增加了一倍，女性乳腺癌患者增长了 102%，他认为造成这一现象的罪魁祸首是美国在海湾战争中对伊拉克大量使用的贫铀弹。有资料显示，美国在海湾战争期间向伊拉克投掷了 94 万多枚贫铀弹，总重量约 320 吨，这时伊拉克的生态环境造成了严重的破坏。伊拉克卫生部长穆巴拉克指出：正是由于美国在海湾战争中使用了大量贫铀弹，导致伊拉克南部地区的空气、土壤和水源受到贫铀辐射污染。专家们指出，贫铀弹在爆炸时产生的高温可以使弹体发生尘化，变成细微颗粒散布在空气、地面或湖泊、河流中，不但极难清除，而且由于贫铀的半衰期比铀更长，将长期破坏环境和人类的食物链，导致受污染地区肿瘤、癌症、心血管和神经系统疾病患者增加，有时甚至出现以前根本没有过的怪病或疑难病症。由此看来，伊拉克人民也许会长期甚至永远生活在贫铀弹的阴影之下！

作为贫铀弹的受害者，伊拉克曾不断向联合国安理会讨个“说法”，不但要求对贫铀弹在伊拉克的危害进行调查，更要求美国对伊拉克进行战争赔偿。在伊拉克政府的一再要求下，2000 年 8 月 28 日世界卫生组织的一个 8 人代表团抵达伊拉克。代表团的这次访问，没有携带任何医疗或检测设备，原因很简单：没钱。因此，访问未取得任何成果，此事也不了了之。美国会对伊拉克进行“战争”赔偿吗？世人只有拭目以待！

贫铀武器不是核武器，目前国际上尚无禁止使用它的明文规定。因而西方某些政界、军界人士宣称贫铀武器不在禁止使用之列。但不少欧洲国家已在呼吁停止生产或禁止使用贫铀武器。意大利、法国对美国和北约在贫铀弹问题上的掩饰已极不耐烦，纷纷抨击美国及北约的暧昧态度，呼吁及早禁止贫铀武器。德国国防部长沙尔平明确宣称应该停止使用贫铀弹。与此相反的是，北约欧洲盟国最高司令约瑟夫·罗尔斯顿最近仍扬言，如果他的军队遭到袭击，他将在科索沃再次使用贫铀弹。

以美国为首的北约常无端地指摘别的国家为“无赖国家”，甚至排列所谓无赖国家名单，那么在贫铀弹及其严重危害的问题上，到底是谁无赖呢。我们相信：时间将是最公正的审判人。

（原载《核经济研究》，2001，Ⅰ）

由“库尔斯克” 号核潜艇沉没想起的

俄国“库尔斯克”号核潜艇是当时世界上最先进的巡航导弹核潜艇。它安装有两座核反应堆，排水量达 18 300 吨，长 154 米，配备 24 枚 SS-N-19 型垂直发射的潜对舰巡航导弹，属于“O-2”型艇。该型核潜艇共建造了 11 艘，“库尔斯克”号是第 10 艘，于 1994 年服役。2008 年 8 月 9 日，俄北方舰队集结了包括“库尔斯克”号核潜艇在内的 30 余艘舰船在北冰洋的巴伦支海开始军事演习。但从一开始，“库尔斯克”号就不甚顺利，在出航前吊装鱼雷的过程就令人不快，当一枚被戏称为“胖子”的笨重鱼雷吊至半空时，缆索突然断裂，身重 4.5 吨的“胖子”被重重地砸在码头上！后经现场检查认为无大碍，未发现有可疑之处，“胖子”被迅速装进了“库尔斯克”号鱼雷舱。时至 8 月 12 日，该艇当天的演习任务是在战术背景条件下发射鱼雷，不幸的是，核潜艇却因“胖子”的意外爆炸而沉没海底。后救援工作失败，艇内 118 名官兵全部遇难。俄海军司令部向新闻媒体宣布了“库尔斯克”号失事的消息。这一事件震惊了世界，被多个世界权威机构评为当年的十大国际新闻之一。此后，人们对越来越多的核潜艇事故，对核潜艇的安全性更为关注了。但是，关注与质疑并未妨碍核大国间的核军备竞赛。

核潜艇是集众多高新技术于一体的现代科技的产物，因其技术复杂性、军事隐秘性及拥有国的国家核心机密性，长期以来就被笼罩在一种神奇、神秘与深奥的雾霾之中，因而令人神往，也令人恐惧。自 1954 年美国成功研制世界首艘核潜艇“魟鱼”号（后改名“鹦鹉螺”号）以来，美国、苏联/俄罗斯、英国、法国和中国共建造核潜艇约 500 艘，其中美国建造 19 个级别的共 194 艘，俄/苏建造 17 个级别 29 个型号的共 252 艘。现在，许多国家仍在继续建造或计划建造更先进的核潜艇。我们知道，核潜艇能长期栖身于深海中并高速航行，把潜艇的优势发挥到最大程度，从根本上改变了潜艇在战争中的地位。例如，《简氏战舰年鉴》过去一直把潜艇排在战舰和航母之后，名列第三，而现在潜艇已雄踞榜首了，很多国家更视核潜艇为“国之重器”。在近半个世纪的冷战里，核潜艇成为美、苏/俄两个超级大国之间军事对抗的重要手段，而在冷战结束后，核潜艇仍继续得以优先发展，就让人不难理解了。

国外，把核潜艇分为三大类：（1）SSN 类，即攻击型核潜艇，其主要任务是用于港口、近海区域的防卫，配合水面舰船攻击来犯的舰船或潜艇；（2）SSBN 类，即弹道导弹核潜艇，主要是以潜射导弹摧毁陆上目标，较陆基导弹有更大的隐蔽性与灵活性；（3）SSGN 类，即巡航导弹核潜艇，主要是用水面上或水下发射导弹摧毁敌方相应目标。据报道，目前在役的核潜艇数为：1988 年，317 艘；1994 年，336 艘；1997 年，350 艘；2005 年，142 艘。世界核潜艇发展的趋势是：主要采用压水堆核动力装置，提高核反应堆的固有安全性，不断朝着大功率、高航速、强隐蔽性、长寿命、深下潜，以及提高反应堆一回路的自然循环能力，采用紧凑型或一体化布置，配置现代电子指挥监控系统等方向推进。核潜艇军备竞赛的主力仍然是美国与俄罗斯。

一、一轮又一轮的核潜艇军备竞赛

在核潜艇发展史上，最先考虑利用核能作为舰艇推动力的是美国海军的物理学家罗斯·冈恩；最早对核动力装置进行系统研究而提出其可行性与优越性的是美国青年物理学家爱·比利逊；最终将此设想付诸实践的则是被美国称为“核潜艇之父”的海军核动力学家海曼·乔治·李科弗。

1946 年，美国海军首先开始了核动力用于潜艇的研究试验。1954 年，美军首艘核潜艇“魟鱼”号（即“鹦鹉螺”号）建成，次年试航成功，并首次完成了北极冰下探险之行，证明了核潜艇的性能良好。此后，美国的 SSN 类艇已发展了六代，依次是：“鳐鱼”级艇，首次批量生产；“鲣鱼”级艇，首次采用水滴型壳体，为建高速艇提供了经验；“长尾鲨”级艇，首次采用了主、辅及应急三套推进装置，且首次装备反舰导弹；“鲟鱼”级艇，在北冰洋常年的冰冠下能较易突破冰裂压结冰层，为其一大特点；“科普斯科姆”级和“洛杉矶”级艇，后者曾批量生产；80 年代号称为“21 世纪的核潜艇”即“海狼”级艇。新的“百人队长”级艇已在研制。截至 1997 年，美国共建造 SSN 类核潜艇近 130 多艘。冷战时代，美国在加紧研制洲际弹道导弹的同时，还充分发挥其优势，加速了 SSBN 类艇的研制。迄今，该类艇也发展了四代，依次是：“乔治·华盛顿”级艇；“伊桑·艾伦”级艇；“拉斐特”级艇；“俄亥俄”级艇。此类潜艇共建约 58 艘。

50 多年来，美、苏/俄、英、法、中等国在研制核潜艇上做了大量工作，但就其数量、技术、性能而言，美、俄两国至今无疑仍占主导地位，它们之间的竞争在所难免。其中，苏/俄的特点是：数量多、速度快、下潜深，但安静化、隐蔽性较差，一度放松了对其可靠性与安全性的要求；其强项是高功率密度燃料、高强度艇壳材料，以及 80 年代后高吸收性艇壳涂料的应用。美国在数量上不及前者，但特别强调核潜艇的低噪音、隐蔽性与安全性，他们认为自己的强项是静音领域和声探测器。

苏/俄于 1958 年建成第一艘核潜艇，他们自 1955 年研制 SSN 类艇以来已发展至第四代，依次是：N 级艇；V 级艇；A 级艘，此类艇为流线型，水下速度可达 43～45 节，因采用了钛合金制造艇壳，下潜深可达 700 米，是当时世界上速度最快，下深最深的核潜艇；O 级艇（“奥斯卡”级艇，OⅠ，OⅡ两型共建 18 艘）；“鲨鱼”级艇（AK），是第四代中颇具特色的一种，整体结构，推进器均先进，隐蔽性好，具极强的反潜反舰作战能力。SSN 类艇共建约 80 艘。其 SSBN 类艇也发展了四代：H 级、Y 级、D 级、F 级（“台风”）艇，约建 90 艘。其中 F 级艇与美国“俄亥俄”级艇相当。苏/俄在大力发展 SSN，SSBN 类艇的同时，还一直重视 SSGN 类艇的研制，该类艇有 E 级、C 级艇，约建 49 艘。尽管原苏联已解体，但掌握着北方舰队、太平洋舰队，以及黑海舰队大部的俄罗斯仍是一个海军大国。

二、一次又一次的核潜艇事故

据“世界绿色和平组织”查证，自 50 年代以来，世界发生过的核潜艇事故共 1 200 起，据跟踪统计，1954—2005 年间，仅美、俄/苏、英、法四国发生的重大事故就有785起，在太平洋、大西洋、北冰洋与地中海等水域下至少有10座核反应堆、60多枚核弹头。在冷战时，美、苏两国都认定海军装备核武器具有陆基核武器无法比拟的优越性，因此，在核争霸中两家均以一代又一代的核武器装备海军，由此也带来了核潜艇事故的频发。如，1952年美国驱逐舰“霍布森”号与航空母舰“瓦斯勒”号在大西洋相撞，致使前舰上的175名水手连同核反应堆一起沉入洋底；至于核潜艇事故更是接连不断：1963年，美国第三代SSN类首制艇“长尾鲨”号在科德角离海岸200海里处，因深潜试验失事而沉没；1968年，美国核潜艇“蝎子”号因一枚鱼雷发生故障，在亚速尔群岛东南400海里处失事，99名艇员与核反应堆沉没于5 030米深的海底；1986年，美国“鹦鹉螺”号核潜艇在爱尔兰海域搁浅后即刻退役。相比之下，苏/俄的核潜艇事故似乎多一点：1961年，苏联首艘核潜艇反应堆控制系统中的一条管道破裂，强核辐射致使船长等8名艇员丧生；1967年，苏联K-3核潜艇失事沉没于地中海；1970年，苏联 一艘N级核潜艇在西班牙附近的海域沉没；1986年，在百慕大以东600海里处，一艘带有核武器的核潜艇起火沉没；1989年，苏“共青团员”号核潜艇在返航途中于挪威沿海因突起大火，救援无效，燃烧6个小时沉入大海，40多人遇难；1998年，在科拉半岛某基地的一艘苏联核潜事故，死伤4人；另据法国《费加里报》报道，同年5月，俄一艘核潜艇在巴伦支海也发生过严重事故，但被掩饰为“出了技术故障”，实际上是险些酿成灾难，以致叶利钦宣布，俄可能“从整个巴伦支海地区撤走它的旧潜艇，宣布这一地区为安全区”。

与美、俄/苏不断发生的核潜艇事故相比，所幸的是英、法、中三个拥有核潜艇的国家迄今还未发生过大的核潜艇事故。

三、“库尔斯克”号核潜艇事故及其启示

前文提及的2008年8月12日发生的“库尔斯克”号核潜艇事故是一起重大事故。据报道该艇于1995年服现役，是苏/俄第四代SSN类航中的“0-2”级，它凝聚了俄国产潜艇制造技术的精华，艇上的许多设计方案都是独一无二的。其外形酷似水滴形，主要特征是双壳体结构，是一种多功能的战役导弹核潜艇，主要任务是在导弹射程之内，跟踪监视大海上敌方的航空母舰，战时可直接攻

击敌航母编队。“库尔斯克”号是以人类历史上最大一次坦克会战——“库尔斯克”战役命名的。那场战役中，苏军以 3 000 多辆坦克对阵德国的 2 000 多辆坦克在俄境内的库尔斯克大草原上展开激战，终以苏军大捷而名垂千古！“库尔斯克”号是一艘具有光荣革命传统的核潜艇，而今这艘潜艇却沉没在巴伦支海水下 108 米处，艇上 118 名官兵全部罹难。

“库尔斯克”号核潜艇事故中罹难的士兵

在“库尔斯克”号失事后的一个月里，人们对它沉没的原因，众说纷纭，归纳起来至少有 5 种说法。（1）相撞说。俄副总参谋长马尼洛夫称，有若干证据支持这一说法，在离沉艇 50 米处，俄救援艇发现了“某个类似于美国或英国核潜艇上瞭望塔栏杆的东西，”并进而指出相撞后，引起“库尔斯克”号的增压汽缸爆炸。这一区域已被俄海军保护起来，以利深入调查。（2）碰撞说。同年 8 月 17 日，俄副总理兼事故调查委员会主席克拉巴诺夫在记者招待会上宣称，“库尔斯克”号与某个大吨位不明物体碰撞，因艇严重倾斜而沉没；俄《今日报》更分析道，“这个水下物体是一艘多用途的外国核潜艇。”（3）自爆说。美国间谍潜艇坚持说他们记录到“库尔斯克”号在水下的两次爆炸声；这和挪威卡拉谢克地震台记录到的在演习海域的两声爆炸（分别相当于 1.5 级和 4 级地震）是相符的。因之，俄北方舰队特种部队负责人扎哈罗夫指出，当时艇上鱼雷发生意外爆炸是可能的。美国人更认为，1968 年美“蝎子”号核潜艇在大西洋沉没，可能也是鱼雷意外发生爆炸所致。（4）击沉说。此说认为是己方误发的导弹或鱼雷击沉了“库尔斯克”号，但俄海军对此说法一直保持沉默。（5）他爆说。认为是“库尔斯克”号与二战时期遗留下的水雷相遇引起爆炸。

其实，上述 5 种说法都是“瞬发原因”，而深刻的“缓发原因”便值得人们去思考了。因此，有人认为“库尔斯克”号沉没是俄武装力量的长期财政困难所致，10 年来在用于武装力量的全部预算中，海军的预算由 16%减少到 11%；俄总长克瓦什宁承认俄军今天的战斗力不符合现代战争的需要，已接近危机线，主要原因是经费不足。其次，还有人认为是专业人才流失造成的。其三，有人估计可能是技术原因。“兵不厌诈”，“库尔斯克”号的先进性是否被人们夸大了。上述 3 种看法虽各有其理，但未必是问题的症结。在沉艇事故的前一天即 8 月 11 日，普京总统在俄国家安全会议上就指出：“今天武装力量的结构未必让人感到乐观，”因为“许多部队不训练，”“飞行员不上天，海军不下海。”普京总统的这“三不”，从军事角度看或许是问题的症结。

人们应注意到：“库尔斯克”号沉没的“瞬发原因”是因责任感缺失造成鱼雷“胖子”的意外爆炸，而“缓发原因”则是政治思想混乱造成革命精神与传统的丢失。笔者以为，政治是“库尔斯克”号是沉没起主导作用的原因。政治是经济的集中表现，思想政治工作是一切工作的生命线——这是人类社会长期社会经济实践反复证明了的两条基本原理。在苏/俄，自赫鲁晓夫始作俑、中经戈尔巴乔夫“新思维”乃至叶利钦的“休克疗法”，一步步全盘否定斯大林、列宁，抛弃马克思列宁主义，首先把人们的政治思想搞乱了，这一乱便一发而不可收！苏联解体后，俄经济也江河日下。在“乱政”时期，物质待遇低下，并拖欠军人工资，使得大量技术人员脱离军界，甚至流失海外。人们的社会存在决定人们的社会意识。理想、信仰的破灭，革命精神的丢失，光荣传统的丧失，致使军心涣散、士气不振，自然事故频仍。故曰政治思想混乱乃“库尔斯克”海难的主导因素。当然，我们相信也希望，具有光荣革命传统的俄罗斯人民和军队在普京总统的领导下，能迅速摆脱阴影，走出困境。

“王淦昌兵团”：夺魁杜布纳

杜布纳

走进杜布纳

1956 年 9 月，根据当时 11 个社会主义国家签订的《关于成立联合原子核研究所的协定》，联合原子核研究所在苏联首都莫斯科正式成立。成立该所的主要目的是为社会主义各国科学家在核物理的理论与实验研究方面进行合作，以扩大和平利用原子核的可能性，同时也为社会主义国家在核科技领域早出成果、快育人才创建一个国际性的科研基地。所址就选在莫斯科郊区的杜布纳，一般简称作杜布纳核子所，与设在日内瓦的“欧洲核子研究中心”相呼应。王淦昌教授参加杜布纳核子所成立大会后便留下来任该所高级研究员，及该所四大研究室之首的高能粒子研究室学术委员会委员兼研究组组长，还是该所设立的成员国学术委员会的首位中国委员之一；1959 年 1 月又被选为该所副所长，主要负责组织实验核物理与基本粒子方面的研究。

世界两大阵营的角逐

19 世纪末以前，人们普遍认为物质的基本单元是"原子"。1896 年天然放射性及 1897 年"电子"的发现使人们对物质组成的认识前进了一步。1905 年"光子"概念的提出与确认，1911 年"质子"与 1932 年"中子"的发现，更使人们认识到各种"原子"都是由电子、质子和中子组成的。当时，物理学家把这三种粒子和光子统称为"基本粒子"。此后，研究它们的性质和运动规律便逐渐发展成为物理学的一门独立学科即粒子物理学。1935 年，日本物理学家汤川秀树提出了传递核力的介子理论，并预言了 π 介子的存在；1947 年，英国物理学家根据介子理论，果然在宇宙线中发现了 π 介子。"介子"从预言到发现标志着人类对物质结构的认识又向前跨出了一大步，从认识原子核到认识基本粒子领域。到 20 世纪中期，"基本粒子"已不只是上述四种了，而是一个庞大的家族。

20 世纪 50 年代，物理学家们把业已发现的约 300 多种基本粒子分为四大类，即：光子、轻子、介子和重子。重子中的兰布达（Λ）、西格马（Σ）、奥梅加（Ω）等的质量都超过质子、中子，故这类粒子又称"超子"。西格马（Σ）超子是 1953 年由伯尼特在研究宇宙线时发现的。后来，科学家们在实验中发现西格马超子又有正、负、中性三种（记作Σ^+，Σ^-，Σ^0）。自 1930 年英国物理学家狄拉克首次从理论上预言存在电子的"反粒子"（即"正电子"）、1932 年美国物理学家安德逊利用云室在宇宙线中发现正电子以来，核物理学家们一直在竭力寻找各类粒子的反粒子。对此，匈牙利籍美国物理学家维格纳的工作起了指导作用，1936 年他发现了基本粒子的"对称性"，以及原子核中支配质子与中子相互作用的原理。后来的理论研究表明：所有的基本粒子都应有各自的反粒子。若这一理论预测能被验证，它将证明微观世界中的一条重要规律——对称性，意即粒子与反粒子（正与负）的对称。于是，人们便把微观世界的这一重要物理现象命名为"对称性原理"。20 世纪 50 年代寻找反粒子等奇异粒子的工作取得了较大前进展。1955 年，美国加利福尼亚大学建成能量为 60 亿电子伏的高能质子同步加速器。次年，意大利实验物理学家西格雷和美国物理学家钱伯伦等利用这台加速器发现子"反质子"；同年，意裔美国物理学家皮奇奥克等又发现了“反中子”；1957 年，物理学家利用高能加速器产出的 11.5 亿电子伏的 π^- 介子打到丙烷气泡室内，在磁场中发现了 Σ^0 粒子。众多粒子的反粒子被发现后，人们依据“对称性原理”预测所有基本粒子都存在着反粒子。理论预测是否正确，要用实验来验证。但要对此加以验证，谈何容易！为此实验物理学家必须一一找到它们的反粒子。这无疑是一项极艰难而长期的实验研究工作。

二战后，经过多年的努力，苏联在杜布纳建造了当时世界上能量最高的（100 亿电子伏）质子同步加速器（平均半径为 30.5 米，球形真空室的宽度为 200 厘米，高 40 厘米，电磁铁总质量达 3.6 万吨）。加速器是利用电和磁的作用使带电粒子不断加速以获得很高能量的一种装置，是研究原子核物理、高能物理不可或缺的工具。不少基本粒子都是在加速器上找到的。当时的苏联政府认为应该让社会主义国家的核科学家都来用这台加速器，争取早一点取得科研成果和培养一批核科研人才。其时，摆在实验核物理学家面前一个极具挑战性的课题就是寻找反粒子（反超子）。为捕捉更多基本粒子的反粒子，设在日内瓦的欧洲原子核研究中心当时正在加紧建造一台 280 亿电子伏的强聚焦型质子同步加速器（其半径约 100 米，真空室宽度为 16 厘米，高 8 厘米，电磁铁的总质量 3 500 吨），并拟于 1959 年正式投入运行。同时美国、澳大利亚也在积极筹建能量更高、更先进的加速器（如超高能强聚焦质子同步加速器等）。由此可见，杜布纳核子所的高能加速器在能量上的优势只能保持不多的时间了。就这样在当时国际政治形势的大背景下形成了世界两大阵营在这一科学攻关中激烈竞争的局面。

夺魁杜布纳

杜布纳核子研究所能否在不长的时间内抢在欧洲原子核研究中心和美国科研机构之前取得这一重大成果呢？人们不约而同地把目光投向对多种介子、超子，以及宇宙线中的奇异粒子素有研究且卓有成效的王淦昌教授。此刻，一向勇立核科技潮头的王淦昌为充分发挥该所高能加速器的能量优势，根据当时面临的挑战性课题，以敏锐的科学判断力为他领导的研究小组确定了两个研究方向：一是寻找新奇异粒子（包括各种超子的反粒子）；二是系统地研究在高能核作用下各种基本粒子的产生规律。1956 年年底工作刚开始时王淦昌小组的人手少，探测设备不够，工作量很大，但他们仍紧张地投入了各种准备工作。不久，小组又陆续增加了几位新成员。于是，王淦昌及时地组织领导了以丁大钊、王祝翔等中国青年为骨干的研究小组，开展了新奇异粒子的产生特性，以及介子多重产生等方面的研究。当时，杜布纳所的探测设备条件与优势的欧洲原子核研究中心和美国的实验室相比，差距很大。为加强粒子的探测工作，以及对新奇异粒子的数据分析技术的研究，王淦昌对丁大钊、王祝翔寄予厚望并委以重任：让丁大钊主要负责实验布局及实验数据获取与处理等方面的工作；让王祝翔主要负责用于探测粒子轨迹的丙烷气泡室的研制。王淦昌一面仔细推敲整体实验研究方案与总体设计，作一些初步估算和预测，一面深入了解每位成员的工作进展与疑难问题，以及时帮助他们分析解决，对丁、王两位的工作更特别给予关注，要求他们边学边干、边干边学，注意及时总结经验教训，以及实验资料的积累、分析与实验研究论文的准备。

为探测粒子的轨迹，1952 年美国物理学家格拉泽发明了氢气泡室；1954 年，他的同胞阿尔瓦雷茨改进了氢气泡室和基本粒子数据分析技术，为基本粒子的实验研究提供了崭新的技术手段，因此他们先后荣获诺贝尔物理奖。按照王淦昌的总体方案，为进行高能加速器束流上的研究，需先研制 24 升的丙烷气泡室（此为充填丙烷的气泡室）。为了练兵，王淦昌提出先搞一个直径为 10 厘米的小丙烷气泡室作实验，以取得实验经验，为正规计划作准备。大家都赞成这一建议，并马上行动起来。1958 年年初，在王老的领导下，王祝翔等人研制成小丙烷气泡室，而丁大钊等人也为在高能加速器上开展物理实验做好了各项准备。于是王淦昌便领导大家先用小气泡室做了一次实验。这是为寻找超子的反粒子进行的一次预演，使年轻的成员们在实验中接触了科研课题的全过程，积累了实验经验，

1958 年王淦昌（右）在苏联杜布纳联合所与所长布洛欣采夫（中）在一起

增强了完成正规计划的信心。不久王祝翔等人又克服困难、快马加鞭地制成了24升丙烷气泡室；丁大钊则在研究气泡室或泡机制时，发展了一项测量技术，在日后寻找反粒子的关键问题上起了重要作用。由于以上的出色工作，杜布纳核子所的科学家和领导们都觉得王淦昌小组是所里最有可能取得重大成果的研究团队。因此，他们对王淦昌小组的工作都很重视，并在各方面给予了支持，为小组调来了新人，队伍有所扩大。到1960年，王淦昌小组已是一个由8个社会主义国家20多位科研人员组成的国际合作研究团队了。因而有人戏称他们是“王淦昌兵团”。

1958年9月各项准备工作均已就绪，高能加速器经过调试也进入正常工作状况，加上小丙烷气泡室的实验经验，正规实验便开始了。在实验中，他们用π^-介子作“炮弹”，让它与丙烷气泡室工作液体里的氢和碳相互作用，同时拍摄下实验的关键过程。期间，他们共拍摄了十万多张照片。然后，逐一地对照片作“扫描”分析：即从十数万个反应事例中把产生反超子的反应事例找出来。这是一项繁琐而难度很大的工作。好在在实验前，王淦昌就根据各种超子的特性，提出了“扫描”时选择可能的反超子事例的参照标准，并向全体实验人员画出了反兰姆达超子（$\overline{\Lambda}$），反西格马负超子（$\overline{\Sigma}^-$）存在的可能图像，并要求大家牢记这些图像，扫描时应格外留心与这些图像相吻合的事例。他反复提醒大家：一定要认真区分真相与假象、注意测量数据的积累、分析。那时，王淦昌已是52岁的人了，但他仍和青年人一样，每天坚持和大家一起赶着工作。1959年3月9日，正当实验人员都在用简单的立体看片器、聚精会神地看片时，突然一位实验员拿来一张底片说是很像王教授反复提醒我们注意的那种反应事例的图像！王淦昌拿过底片反复仔细地查看，看着看着，他不禁兴奋起来。他认定这是已扫描过的千万张照片中发现的一个反西格马负超子（$\overline{\Sigma}^-$）产生和衰变的事例 。为慎重计，他让在场的人都来看这张底片。在向大家详细解释后，他又让几位实验员立即进行反复扫描、测量与分析。最终，王淦昌确认这是一个十分完整的$\overline{\Sigma}^-$超子产生和衰变的核反应事例。

1959年9月，国际高能物理会议在基辅召开，王淦昌在分组讨论会上报告了可能存在的$\overline{\Sigma}^-$超子的事例 。自1958年到王淦昌离开杜布纳期间，在他的倡议与主持下，他和丁大钊、王祝翔等人合作发表了近10篇实验研究论文。1960年3月24日，他们把发现$\overline{\Sigma}^-$超子的论文送到国内的《物理学报》上正式发表，同时苏联的《实验与理论》期刊也发表了此项研究成果。当时的苏联《自然》杂志在评价这项成果时写道：“实验发现反西格马负超子是在微观世界的图像上消灭了一个空白点。”我国《人民日报》、苏联《真理报》也发表消息，报道了这一重大发现。而欧洲核子研究中心发现这一奇异粒子却在 1962 年 3 月。在这场激烈地科研竞赛中，王淦昌不负众望，他领导的小组捷足先登，为社会主义阵营赢得了荣誉。

荣获国家自然科学一等奖

国际上公认，反西格马负超子（$\overline{\Sigma}^-$）是世界上首次发现的带电反超子，是 20 世纪高能粒子物理的一项重要成果，它丰富了人们对于反粒子的认识，填补了粒子-反粒子表上的一个重要空白，推动了反粒子研究的深入发展，不久科学家就发现了反西格马中性超子（$\overline{\Sigma}^0$）。1972 年，著名华裔理论物理学家杨振宁回国访问时对周总理说，联合原子核研究所这台加速器上所做的唯一值得称道的工作，就是王淦昌先生及其小组对反西格马负超子的发现。1982 年 7 月 18 日，我国自然科学奖励委员会宣布：发现反西格马负超子的重大科研成果同人工合成牛胰岛素、哥德巴赫猜想等 6 项研究成果一起荣获国家自然科学一等奖。王淦昌、丁大钊、王祝翔获得此项奖项是从建国到那时为止的我国物理学家所荣获的最高奖。

后冷战时代的美国核战略

20 世纪 90 年代以来，国际形势呈现了新的变化：长期冷战局面的结束，苏联的解体，某些东欧国家政局的骤变，东西方对峙营垒的消失，以及和平与发展日益成为当代社会的主题。尤其是 90 年代初，美苏两国先后签订了第一、第二阶段《削减战略核武器条约》，两国总统还在华盛顿签署了《削减战略武器谅解协议》；1995 年 9 月，在联合国总部由加利秘书长主持，共 158 个国家正式签订了《全面禁止核试验条约》。这些变化给期望和平的人们以鼓舞，也给他们的和平印象抹上了新色彩。经济发达的核大国果真是“放下核屠刀，立地将成佛”了吗？事情并非如此简单！

其实，经济发达的核大国签署削减战略核武器条约和谅解协议以及积极推行全面禁止核试验只是一种策略，是其政治、经济和军事利益使然。

1. 削减战略核武器并不影响美国的核霸主地位，它至今仍保留着庞大的核武库

二战后 50 年来，世界各个有核国家生产、贮存了 12.8 万枚核弹头。其中，美国制造、贮存了约 7 万枚；苏联制造的核弹头约 5.5 万枚。全球进入戒备状态的各类核弹头曾达 5 万多枚，美苏两国拥有世界核武器的 95%以上。根据美国《今日军备控制》的统计，美苏两国“适于作战的核武器系统及其所装备的核弹头”的实际数字是：美国，1990 年 9 月为 12.271 8 万枚核弹头，1996 年 10 月为 8 402 枚核弹头，预测 2003 年为 3 500 枚核弹头；苏（俄），1990 年 6 月为 1.077 9 万枚核弹头，1996 年 10 月为 6 669 枚核弹头，预计 2003 年仍有 3 101 枚核弹头。这些数字还不包括《削减和限制进攻性战略武器条约》仍算在内的不适于作战的系统。那么，美国核武器库的现状与前景到底如何呢？据美国著名科学家阿尔金和诺里斯的分析：截至 1996 年 7 月，美国目前真正用在装备上的核弹头大致稳定在 9 500 枚的水平上；而备用弹头（即一部分拆下来的弹头仍保持原状，根据需要它们可很快重新安装到导弹上）约 2 200 枚。仅此两项就有 1.17 万枚核弹头。即使第一、第二阶段《削减战略武器条约》得以实施，据估计到 2003 年美核武库中仍有 5 000 枚核弹头，其中有 3 500 枚战略武器弹头，950 多枚非战略武器弹头和 2 500 多枚备用弹头。此外，到 1999 年 9 月底，美国从核弹头上卸下的钚芯将达 1.2 万个。这些维护得极好的核弹“零件”，随时都可重新安上，投入使用。上述数字表明，削减战略核武器并未影响美国的核大国地位。

2. 实施《削减战略武器条约》进展缓慢，美国现时核战略的重心是确保核力量的平衡

1991 年，美苏签订了第一阶段《削减战略武器条约》，规定双方部署的战略核弹头限额各为 6 000 枚，条约生效后 7 年内双方各自将核弹头总数减至3 800～4 250 枚；1992 年，美俄总统又在华盛顿签署了《削减战略武器谅解协议》，按此协议，每方部署的 1 000 个战略武器的核弹头需削减 2/3；1993 年．美俄又补签了第二阶段《削减战略武器条约》，规定各自将核弹头总数减至 3 000～3 500 枚。美国作为世界头号军事、经济大国理应遵守条约，迅速拆除、销毁战略核武器，但事实并非如此。

美国国家安全理论以为，冷战结束后，核武器贮备量在减少，但美国仍需继续依赖核武器以维护自己核大国的地位。克林顿则断言：“美国永远需要核武器”。美国政府从未做出过“不首先使用核武器”的承诺。而俄罗斯则至今未批准第二阶段《削减战略核武器条约》，俄罗斯国防部长曾宣布：“一旦俄罗斯受到外来攻击，将首先使用核武器。”去年 12 月底，俄罗斯国防部长罗季奥诺夫在莫斯科重申：“俄罗斯必须保持战略核力量潜力。”在此情况下，美国拆除、销毁核弹头的速度大大放慢了。1992 年美国能源部曾确定每年大约拆除 2 000 枚核弹头。每年拆除经费概算约 25 亿美元。但是美国国会要求政府调整削减核武器的步伐，以免造成全球核战略力量的失衡。因此，每年的拆除费用已减至 10 亿美元。这样，每年仅能拆除 1 000 多枚核弹头。按现在的计划，退役核弹头的拆除工作应在 1999 年完成，大约还将拆除 2 700～2 800 枚弹头。显然，在俄罗斯未批准第二阶段《削减战略武器条约》生效以前，美国国防部绝不会单方面削减核武器。可以估计，20 世纪最后 3 年拆除核弹头的速度将比前几年更慢。

由此可见，美国现时核战略的重心在于确保核力量的平衡，绝无放弃核武器之意。

3. 美国仍保持着生产核聚变材料的能力，并恢复了军用氚的生产，竭力长期维护核大国地位

我们知道，销毁核武器的关键是如何处置拆卸下来的武器级钚和军用氚。可以将它们置于国际监督之下，也可转为民用。否则，这些核材料随时都可能用于生产核武器。目前，美俄不仅拥有数以万计的核弹头，还储存有能制造上万枚弹头的军用钚及高浓铀。据报道，截至 1990 年世界军用高浓铀的贮备达 1 310吨，其中美国有 550 吨，苏联有 720 吨；军用钚的贮备达 257 吨，其中美国有 112 吨，苏联有 125 吨。正是在美国占世界核爆炸材料的 40％以上的情况下，今年 1 月 21 日克林顿致信日内瓦裁军会议要求尽快签署《禁止生产核爆炸材料条约》。

即使在此情况下，美国仍计划投资数十亿美元生产军用裂变材料，同时继续小规模生产钚弹头（50 枚）及核弹的其他零部件，并恢复氚的生产。克林顿还确认，面对美国核武库安全性和可靠性的挑战，美国现有的 3 大核武器试验室必须继续存在，不仅应保留非核部件生产线，还应保持每年生产几十个弹芯的能力；必要时，应随时可扩大到每年生产几百套产品。因此，劳伦斯利弗莫尔实验室的 TA—55 研究室正在重建钚弹芯的生产线；美国能源部也在评估再加工弹芯和零部件的手段。

其次，美国还恢复了军用氚的生产。由于氚的半衰期为 12.3 年，因而通过氚的贮存来达到国防贮备的目的是不行的。于是，核武器生产国必须维持一定的产氚能力。据统计，截至 1990 年世界累计产氚约 435 千克，其中美苏各占 200 多千克，贮备各约 100 千克。美国现有中子弹 400 枚，各类核弹头约 2 万个。若按每个中子弹需氚 15 克，每个核弹头需氚 4 克算，那么，美国装备这些核武器正好需要氚 100 千克左右；氚每年要衰变掉 5.5％。因此，美国每年需补充 6 千克氚。有鉴于此，90 年代的美国除在某些氚装置上生产少量氚外，还准备恢复汉福特和萨瓦娜河有关产氚堆的运行，并加紧研究利用高温气冷堆、重水堆、轻水堆产氚。目前，美国除对原有的军用氚设施进行技术改造外，还新建成了两个新的氚设施即萨凡娜河的“替代氚设施”和洛斯阿拉莫斯的“武器工程氚设施”。美国能源部于1991年建成的最新氚设施，以及氚盐设施和氘氚聚变堆模型系统试验组合装置等也在运行中。此外，蒙德工厂的氚设施已恢复运行。这些氚设施进行着核武器部件的改进与研究、聚变燃料处理和工艺开发以及其他开发研究等工作。

美国对核武库的重新评估认为，从退役和拆卸核武器中回收的氚仅能满足2010年前的需要。因此，促使美国有关部门加速实施2003—2005年产氚计划。目前，他们正在研究建立多用途反应堆或巨型粒子加速器产氚的可能性。

总之，美国积极推动签署《禁止核爆炸材料条约》同样是一种策略，是另有图谋的。

4. 美国积极推动全面禁止核试验的关键在于它已拥有先进的实验室核试装置和技术，意在约束异己

随着《全面禁止核试验条约》的签署，世界核武器实验研究工作将进入新阶段。这样，拥有先进的实验室核试装置和核试技术的国家，其核武器研究工作将不受大的影响，所谓全面禁试，意在压制异己、约束异己，维护核霸主地位。

美国现拥有先进的流体动力学试验装置。这一装置可用于研究核爆炸材料（铀和钚）在核爆前聚爆到临界质量时的过程与性质，以进行核弹零部件的改进研究。美国还拥有先进的浮点计算超级计算机（据报道，其运行速度达1.8×10^{12}次/秒；经改进还可提高）。可用这种计算机模拟核试验（这是“计算物理”所进行的工作），以取得各种核试数据，而无需进行现场实验。美国目前还加紧研制所谓特种武器或第三代核武器，如X射线激光武器、DE聚变武器、高能微波武器、电磁脉冲武器、粒子束武器，以及新型增强辐射武器等等，1995年，他们完成了射频弹头的第二阶段研制工作，还研究了“对付敌方大规模杀伤武器”的各种方案。美国还在积极筹建惯性约束聚变的“国家点火装置”。该装置一旦建成，即可在实验室模拟热核爆炸，以进行改进热核武器的研究或研制新型核武器。这样，美国可以继续维护和改进它的庞大的核武库，并确定其核武器的安全性和可靠性。值得一提的是：在国家点火装置上，一是可进行金属态氢的特性研究，据估计金属氢的爆炸威力要比梯恩梯（TNT）强烈25～35倍，可用来作干净聚变弹的扳机，这将给改进热核武器结构，提高其威力带来好处；二是可实施生产所谓反物质计划。1996 年 1月 4 日欧洲核子研究中心的粒子物理实验所的科学家宣称，他们已在一系列持续时间仅为 4×10^{-6} 秒的实验中获得了第一种“反物质”——反氢原子（即由一个反质子和一个反电子组成的原子）。国家点火装置若能实施反物质生产计划，其理论意义和实用价值都将是特别巨大的。

总之，后冷战时代美国有关核武器的一系列动作都是为维护其核霸主地位服务的。现在，美国核战略的重心是确保两大国核力量的平衡，因此十分谨慎，唯恐失衡。在未取得非核特种武器的绝对优势之前，美国绝不会放弃核武器，而是竭力改进和维护其庞大的核武库，以保持核威慑力量。美国中长期的核战略目标是企图在与英、法等盟国的合作中取得好处，而又不失其霸主之尊。为维护核霸主地位，美国历届政府都对其核战略进行调整。2014 年，奥巴马抛出了表明其外交政策哲学的“奥巴马主义”。他宣称“未来最主要的问题是美国如何领导世界”。他的算盘是：美国必须领导世界，如果美国不行，别的国家也不行，而核力量则是“美国领导世界”的重要支柱。为此，当年奥巴马政府继续调整其核战略，它仍以核霸权为主旋律，交替地挥舞核威慑和核遏制的指挥棒。俄罗斯拥有与美国不相上下的核力量，是核武器领域内美国的唯一真正对手；美国把中国拥有核武器看成是对其核霸权的一种挑战。2014 年，美国保有世界第一的战略核力量，4 月 29 日，美国负责国际安全和不扩散事务的助理国务卿康特里曼宣布，美国作战部署的战略核弹为 1 790 枚。在核威慑方面，奥巴马政府一改过去设定假想敌的思维方式而突出“多元化”，把核遏制提升到重要地位，它一方面关注大国间的核威慑，一方面强调美国面临着“广泛多样的安全挑战”，认定大规模杀伤性武器的扩散是最严重的威胁，因此它对化学武器与核武器给予了特别关注。防止某些国家贮存、生产化学武器，防止少数非核国家获取核武器，防止某些恐怖主义组织取得和使用这类核武器，仍然是目前美国核战略的重点之一。“核威慑”和“核遏制”是“美国主导世界”的“奥巴马主义”的两大强力支柱。

（原载《核经济研究》，2000，Ⅱ；2014 年修改于博雅西园）

核电：
人类思维的灿烂之花

核科学技术的历史序幕是在19世纪末逐渐拉开的。序幕中最精彩的演示是天然放射性的发现以及对其性质的研究。正是这项成果突破了“原子是物质的不可分割的最终组成单位”的旧观念，并以雄辩的事实证明：原子完全可以发生衰变，一种元素可以自发地转变成另一种元素，原子内部蕴藏着巨大的能量。以居里夫人发现的镭为例，1克镭全部衰变时所释放的总能量竟是1克煤燃尽后所释放能量的40万倍。这便是人们最初理解的“原子能”——来自原子内部的能量。正如1903年英国科学家卢瑟福在研究α射线的能量后指出的：“这些加以思考的事实都指向同一个结论，即潜藏在原子里的能量必然是巨大的。”英国另一位科学家奥利夫·洛奇在1920年更满怀信心地预言：“原子能取代煤作为能源的时代将要到来！”自人类于数十万年以前用火以来，就主要靠化学能赖以生存和发展，而今却发现了“原子能”（实为“核能”），它将引发人类史上的第二次能源革命，把人类社会推向一个崭新的时代，人们对此表示出极大的振奋是可以理解的。

20世纪上半叶是核科技史上发现与发明的黄金时期。此间，几乎每年都有闪烁着人类思维火花的新发现。这些令人惊奇的发现把人们带进了原子及其核的内部，深化了人类对微观物质世界的认识，引发了一场新的科学技术革命。其中，最关键的事件是：1919年，卢瑟福用α粒子轰击氮核，打出了质子，首先实现了人工核反应；1932年，英国物理学家查德威克从以α粒子轰击铍核的实验中发现了可用轰击原子核的“新型炮弹”——中子；1933年，人们在实验室里用加速器发现轻元素（氢）的核聚变现象，次年卢瑟福和澳大利亚物理学家奥利芬特与奥地利化学家哈尔特克在静电加速器上从氘-氘反应中制得了氚，首次实现了核聚变反应；1938 年，德国化学家奥托·哈恩和施特拉斯曼等人从用中子轰击铀核的实验中完成了一个划时代的发现——铀核的裂变现象，奥地利物理学家丽丝·梅特涅用爱因斯坦的质能关系式就质量亏损同题经周密的计算，从理论上阐明了铀核裂变现象，并推算出铀核裂变时能放出巨大能量；1939 年，科学家格兰特发现钍核裂变现象，同年 8 月法国物理学家约里奥-居里、冯·哈尔班等人通过实验发现了铀裂变的链式反应；1940 年，苏联科学家哈利顿和捷利多维奇提出了维持链式反应的条件，苏联科学家进行世界上首次链式反应试验；1942 年年底，以费米为首的一批科学家在美国建成了世界上第一座"人工核反应堆"，首次实现了可控、自持的铀核裂变链式反应；1951 年，美国研制成第一座增殖反应堆（EBR-I），并用它产生的蒸汽带动发电机第一次发出 200 千瓦的核电，1954 年，苏联建成世界上第一座原子能发电站——奥布灵斯克核电站，并开始发电（电功率为 5 000 千瓦）。核反应堆的建成是人类理论思维的杰作。它实现了可控核能的释放，成为人类社会进入核时代的主要标志。核电站的建成更是人类思维的灿烂之花。它为人类实现第二次能源革命提供了物质基础，开创了人类利用核能的新纪元。

应该指出，人们在以往或现在所说的"原子能"，实际上是化学能（只涉及原子的变化），"化学能"才是名副其实的"原子能"。因此，用"核能"（涉及原子核的变化）来替代"原子能"是顺理成章的。使核能以可控方式释放的装置称为核反应堆。世界上第一座"人工反应堆"诞生的信息传开后，各国科学家即对核反应堆开展了广泛而深入的研究，并建造与构想了五花八门的核反应堆。人们称产生核裂变的反应堆为"裂变堆"，释放的能量为"裂变能"；称产生核聚变的反应堆为"聚变堆"，释放的能量为"聚变能"；称先产生核聚变，再引发核裂变的反应堆为"聚变-裂变混合堆"。此外，还构想了能产生正-负粒子（正-反物质）而引发"湮没反应"的反应堆（即"湮没堆"），它释放的能量称为"湮没能"。目前，最成熟又被广泛应用的是裂变堆，其他堆型尚处于研制阶段。迄今为止，人们提到的"核能"，一般是指可控的裂变能而不包括仍在探索中的可控的聚变能和湮没能。我们知道，1 个铀核裂变可释放约 200 兆电子伏的能量，这约为 1 个碳原子燃烧时所释放能量的 5 000 万倍；1 克铀-235 全部裂变后释放的热能约是 1 克煤燃尽后所释放能量的 270 万倍。由此可见，裂变能是一种高度密集型的能量。目前，地球上没有任何能源可与这种核能相比。

人们建造核裂变反应堆目的有二：一是将它当作一个中子源，利用裂变产生的大量中子以生产军用或民用的同位素，或开展各项科学技术研究与实验工作；二是将它当作一个热源，利用核反应时释放的热量来供热、发电，提供不同形态的能源。当然也有将上述目的集于一体的反应堆，如生产与发电的两用堆或热电联供堆等。按引发核裂变的中子能量分，裂变堆又有热中子反应堆（热堆）和快中子反应堆（快堆）之别。现在，世界上用以发电的反应堆绝大多数是热堆，而热堆中主要的又是压水堆。据统计，从装机容量看，压水堆占运行中核电站总数的 62%，占建造核电站总数的 72%，占计划建造中核电站的 80%。压水堆成为目前一种安全、清洁、经济而可靠的核电站堆型不是偶然的。

二战期间，核反应堆的研制主要用于军事目的。战后一段时间里仍侧重于军用，但也逐步转向民用。人类利用核能供热要早于利用核能发电。世界上利用核能供热已有 80 多年的历史，美国早期的实验堆、研究堆都可供热。有趣的是，人类首次利用核能发出电力却是在技术难度较热堆为大的快堆上实现的。1950 年，苏联政府通过了建造核电站的决议；同年，美国则利用一座实验堆的热量进行了发电的首次尝试。1951 年年底，美国利用它的第一座“增殖一号”快堆，首次利用核能发出了电力；1953 年 6 月，美国利用它的第一艘核潜艇的陆上模拟堆的核能发电亦获成功。后者正是世界上第一座压水堆。1954 年 6 月 27 日，苏联建成与并网发电的世界上第一座核电站是奥布灵斯克核电站，其电功率为 5 000 千瓦。从此，人类思维的灿烂之花——核电站便在世界各地蓬勃发展起来。美国政府于 1954 年作出了发展民用核动力的重大决策，国会又通过了新的《原子能法》，允许私营企业经营核工业。由于压水堆（即用加压的水作慢化剂和冷却剂的反应堆）技术较成熟，又有发展核潜艇时打下的雄厚工业基础，并且在此堆型上的试验性发电已获成功，美国在进行十多种堆型的分析比较后，决定优先发展压水堆核电站。1956 年，美国建成希平港一号核电站，其装机容量为 6 万千瓦。同年，英国第一座气冷堆核电站建成并投入运行，其装机容量为 5 万千瓦。1957 年，美国完成了电功率为 9 万千瓦的希平港核电站。这是世界上第一座压水堆核电站，其运行期间共发电 73 亿度，并在其上进行了大量试验研究，于 1982 年退役。它在世界核电发展史上占有重要地位。1961 年，美国又建成了第一座商用压水堆核电站——杨基核电站。同年，联邦德国建成了引进的沸水堆核电站。1962 年，加拿大建成一座 2 万千瓦的重水堆核电站。1964 年，法国建成 7 万千瓦的气冷堆核电站。1966 年，日本建成引进的 16.6 万千瓦的气冷堆核电站。1969 年，印度建成引进的 20 万千瓦沸水堆核电站。1972 年，巴基斯坦建成了卡拉奇重水堆凯那波核电站，正式投产发电。1974 年，阿根廷建成阿图查-1 号重水堆核电站。1978 年，韩国建成 KNU-1 号压水堆核电站。1977 年年底，我国台湾省建成金山-1 号沸水堆核电站并首次发电。1982 年，巴西建成安格拉-1 号核电站并开始发电。1991 年，中国大陆建成了自行设计的第一座秦山压水堆核电站，并首次并网发电。截至 1994 年年底，全世界已有 32 个国家和地区引进或建造了核电站，其中运行中的机组为 432 套，建造中的机组为 48 套。核电站成为世界电业中的重要家族。

自 1950 年人们首次尝试用核能发电以来，经过 20 多年时间，核电站的研制与发展走过了试验、示范和商业推广的道路。到 70 年代初、中期便进入了第一次发展高潮。50 年代时，只有苏、美、英三国建成核电站，到 60 年代则增加到 8 个国家。60 年代初，世界核电装机容量仅 85 万千瓦，到 70 年代初便上升到 18 927万千瓦。1976 年，世界核电装机容量已突破 1 亿千瓦。1980 年，核电装机容量则达 1.7 亿千瓦，运行中的核电机组为 225 座。1985 年，运行中的核电机组为 374 座，装机容量为 2.497 54 亿千瓦；建造中的机组为 156 座，装机容量为 1.404 92 亿千瓦。90 年代初，世界上已有 29 个国家和地区相继建造了核电站：运行中的机组为 420 座，装机容量为 3.266 11 亿千瓦；建造中的机组为 83 座，装机容量为 6 204.4 万千瓦，核发电量占其总发电量为 50%以上的国家是：法国（72.70%）；比利时（59.3%）和瑞典（51.6%）。截至 1994 年年底，世界已有 34 个国家和地区建造了核电站，运行中的 425 套机组总发电量为 2130.13 太瓦小时。核发电量占其总发量 70%以上的国家是：法国（75.29%），立陶宛（76.37%）；占 50%以上的有：比利时（55.77%），瑞典（51.13%）；占 40%以上的有：保加利亚（45.63%），匈牙利（43.73%），斯洛伐克（49.05%）；占 30%的有：日本（30.7%），韩国（35.48%），斯洛文尼亚（38.01%），西班牙（34.97%），瑞士（36.84%），乌克兰（34.20%）。在 70 年代末至 80 年代末，由于经济危机、能源需求缓慢增长，以及石油价格下跌，致使核电的发展不如原来那么紧迫，再加上三里岛和切尔诺贝利两次核电事故的影响，使得世界核电的发展暂时进入低潮。

诚然，现今的热堆型核电站已成为一种安全、清洁、经济而可靠的工业能源，但它对天然铀的利用率低，只及快堆型核电站的 1/140～1/70。随着铀资源的日益紧缺和核电技术的发展，对铀的实际利用率可达 70％以上的快堆技术可望得到大规模应用。快堆是目前最成熟，且对即将到来的核电发展新高潮最为重要的堆型，是今后裂变堆核电站发展的主方向。聚变堆的开发，虽然道路艰难而曲折，但也展现了美好而诱人的前景，聚变-裂变混合堆将是由裂变堆向聚变堆过渡的桥梁。快堆和混合堆将能满足人类数百年甚至上千年的能源需求，从而使人类有充裕的时间去开发并迎接纯聚变乃至湮没能时代的到来。历史的发展已经而且将继续证明：现代社会的经济只有建立在以核电为主支柱的基础上才有坚实的发展基础；只有取之不尽、用之不竭的核能才能使人类永远地摆脱能源危机。可以断言：未来世界的能源舞台将先后是以裂变能、聚变能、湮没能为主角，而辅以太阳能、风能、海洋能、地热能、水能和氢能等丰富而多彩的舞台。

世界上第一座核电站（奥布灵斯克核电站）

素描我所熟悉的核专家

——为纪念核工业创建40周年作

16位核专家

20世纪60年代初，笔者由复旦大学毕业被分配至二机部九院理论部工作。记不清哪位同志说过，二机部的龙头是九局，九局的龙头是九院，九院的龙头是理论部，理论部是龙头的三次方，我们可任重道远啊！于是，特定的历史时期和氛围使得在理论部的人有一种独特责任心和强烈自豪感。在此工作期间，我有机会能参加我国一流核专家的有关学术活动，聆听他们对有关问题的讨论、辩论与争论。专家们的言传身教使我受益匪浅。个中情景，虽已越30个春秋，但仍历历在目。值此纪念核工业创建40周年、原子弹成功爆炸30周年之际，笔者试图以素描形式将自己所熟悉的核专家描绘一番，奉献给读者，或许是件有意义的事。

其一

钱三强　国内外久享盛誉的杰出核物理学家。中国核事业的主要奠基人之一。作为科学家，钱先生学识渊博、治学严谨、卓有成就，对科学事业满腔热忱；作为领导者，他具有超凡的组织才能，对人才能兼收并蓄、知人善任，对青年能严格要求、甘当人梯，对同事赤诚相见、直言不讳，对自己从不居功、一生清贫；作为中共党员，他也是一位襟怀坦荡、刚直不阿的坚强战士，具有强烈事业心与高度责任感。钱先生热爱祖国，毕生致力于祖国核科技事业的艰辛开拓，为我国核事业的创立和“两弹”研制、为中国科学院及其学部制的建立与发展、为培养和吸收科技人才，为促进国内外学术交流，以及核教育和核科普工作做出了卓越贡献，功不可没。

素描者曰：高山仰止，景行行止；先生之风，垂范千古。

其二

王淦昌　蜚声中外的杰出核物理学家。中国核事业的主要奠基人之一。王先生博闻强识，极富创见，建树颇丰。40年代初，王先生关于验证中微子存在的构想是一项具有诺贝尔奖水平的工作。60年代，他领导的小组利用高能加速器发现了第一个反西格马负超子的事例，为粒子-反粒子表填补了一个空白，成为杜布纳联合核子所历史上最杰出的成果之一。在“两弹”研制中，任核武器研究所副所长的王先生，哪里有攻关项目，他就出现在哪里。他在诸多方面及其前沿学科都取得了卓越的成绩，忠实履行了自己“以身许国”的诺言。他为人光明磊落、不谋私利，心里总是想着国家、人民和党，“有着一颗金子般的心”。

素描者曰：“无私奉献，以身许国，核弹先驱，后人楷模”。诚哉斯言，美哉斯言。

其三

彭桓武 闻名国内外的杰出理论物理学家。中国核事业的主要奠基人之一。任核武器研究所副所长的彭先生，在“两弹”理论研究、在培养我国第一代核物理及反应堆理论研究人才等方面，呕心沥血、功勋卓绝。在“两弹”研制中，他以强有力的理论武器，为我们掌握原子弹反应的基本规律和物理图像起了重要作用，在制定氢弹探索计划及其原理、结构、材料和计算等方面也做了大量理论研究，取得极具价值的成果。彭先生对我国“两弹”研制建有奇功。一个强者的座右铭应是“学会寂寞”。彭先生亦然。他全身心地献于我国核事业，默默地耕耘着一块块园地，一直以敏锐目光环视着现代理论物理学研究的前沿阵地，跟踪着现代核武器的研究动向，为祖国默默奉献着才智。

素描者曰：松高枝叶茂，鹤老羽毛新，核界一翘秀，当推彭先生。

其四

郭永怀 著名力学家。对“两弹”研制工作如猛虎下山，极善过关斩将。郭先生国之奇才也。任核武器研究所副所长的郭先生对制定“两弹”探索计划、对原子弹装置结构设计、机载航弹总体方案，以及在爆轰物理、飞行弹道与自控系统台架等三大关键试验中取得了极富实用价值的成果。1968 年 12 月 5 日，郭先生在完成第一次热核弹头试验的准备工作后乘机返京，因飞机着陆失事，不幸以身殉职。惋哉也夫，惜哉也夫，悲哉也夫，痛哉也夫！

素描者曰：未酬壮志身先死，长使英雄泪沾襟，先生英名垂青史，接力自有后来人。

其五

朱光亚 著名核物理学家。一位沉默寡言而有真知灼见的“两弹”理论研究计划的谋划者。任核武器研究所副所长的朱先生在核物理实验研究、堆物理研究及“两弹”研制等方面，组织领导了不少攻关项目，成绩斐然。在众多学术讨论会上，他可以一坐半天，不发一言，昧昧而思之。他从不与别人争论什么，但当其思维行至紧要处，偶尔插言几句，则往往恰中肯綮、一鸣惊人。

素描者曰：沉默是金子，沉默是一种财富。朱先生乃大直若曲，大智若愚者也。

其六

何泽慧　著名实验核物理学家。人们常言，成功的男性背后往往有一位贤惠的女性，而成功的女性背后又往往有一位坚强的男性。何泽慧、钱三强夫妇亦然。正是：慧敏于原子世界，宛如一团火；强劲在微观天地，恰似三分裂。这一对名扬中外的科学家夫妇在半个多世纪的核科学生涯中，有着重大的发现和卓绝的创造。何先生在核探测器研制、核数据测量、中子物理，以及核物理实验研究等方面均有卓越贡献，为我国“两弹”研制倾注了不少心血。何先生一不为名，二不争利，三不讲吃，四不论穿，淡泊功名，安贫乐道。此“道”者，乃核科技之谓也。

素描者曰：何先生之所以为何先生者，“一点浩然气，千里快哉风”也。

其七

姜圣阶　著名核化工专家、核能专家。半个世纪来，姜先生为发展我国化学工业和核工业奉献了毕生精力。他为我国首座军用生产堆和核燃料后处理厂的建造与运行，为六氟化铀和铀钚冶金厂的建设与运行，为研制我国“两弹”提供核装料和核部件等做出了卓越贡献。他还积极倡导与推动核能、核技术的和平利用，为发展我国核电事业做了大量科学论证，并多次亲临秦山和大亚湾核电站参与重大问题的研讨和决策。1992 年 12 月 28 日，出差四川的姜先生走下飞机时，因心脏病突发不幸逝世。他的一生是勤奋、实干、奉献的一生。

素描者曰：以下联挽姜先生甚当。联曰：勤于学问，生为人民，功高心愈下；忠于职守，死为国事，身殁名更扬。

其八

邓稼先　国内外知名的杰出物理学家，任核武器研究所理论部主任的邓先生，在制定“两弹”理论研究计划，组织解决研制过程中的攻关任务，组织领导有关人员进行原子弹爆炸过程的理论分析，以及氢弹的原理、结构、材料与计算的探索等方面取得了显著成绩。他特别关心、尊重、爱护同志，和同事、部下的关系很融洽。邓先生的脸往往就是“两弹”研制进行得顺利与否的“晴雨表”：他笑颜常开，浑是一团和气，表明一切顺利；他表情严肃、一声不吭，或低头缓行、旁若无人，说明正在思考难题。邓先生是位帅才。一个朴实、诚恳而卓越的领导者过早地离开了我们。天公不公啊！

素描者曰：精神到处文章老，学问深时意气平，因之邓先生常能运筹帷幄之中，决胜千里之外。

其九

周光召　国内外知名的杰出理论物理学家，任核武器研究所理论部副主任的周先生，曾从研究炸药能量利用率着手，首先从理论上证明了我国研究人员用特征线法计算原子弹核材料压紧过程中的有关问题所获结果的正确性，使我们对该过程的流体力学现象有了透彻的理解。在他的领导下，研究人员对原子弹爆炸过程进行了大量分析和计算，取得了一批极有价值的数据，为原子弹的研制和爆炸成功做出了重大贡献。他还和理论部其他领导者一起组织有关人员开展了探索氢弹原理与结构的研究。周先生具有卓越的组织才能，善于进行思想政治工作；知人善任，精于发挥群体的智能，善于把握“两弹”研制中的主要矛盾，组织攻关。

素描者曰：周先生是一位罕见的全才，胆大、心细、行方、智圆是他最显著的特点和优秀品质。

其十

于敏　极富才华的著名理论物理学家，任核武器研究所理论部副主任的于先生具有超人的适应力，根据国家需要他曾“三改其行”，且均做出了卓越贡献。20世纪50年代，他从事理论物理研究，在核物理与粒子物理研究中填补了我国核理论研究的一项空白。60年代，他从事热核材料性能及其反应机制的研究，首先敲开了氢弹理论的大门，提出了用原子弹作“扳机”引爆氢弹的理论方案。他具有雄辩的才能，善于以理服人。在学术讨论中，理论部另一位副主任黄祖洽先生则是与他辩论的“天然对手”。于先生是中国核界的一位怪才，他的头脑像一部可以迅速编程的计算机。

素描者曰：外国同行赞扬于先生是“一位出类拔萃的人”，是“中国的国产专家一号”，此言不虚。

其十一

黄祖洽　著名核物理学家，任核武器研究所理论部副主任的黄先生在“两弹”研制期间做了大量理论研究工作，和于敏先生一起为氢弹研究作了充分理论准备。他是一位治学严谨、功底深厚、眼光敏锐、思路开阔的学者。他精于用穷追猛打的方法进行辩论，以迅速揭示争论的实质与关键。在争论中，他常能把对方逼至“山重水复疑无路”的地步，又常能迅捷而自然地把人们带入

“柳暗花明又一村”的境界。这是一种造就理论人才的辩论氛围，具有法国布尔巴吉数学学派辩论的特征。

素描者曰：黄先生是一位罕见的辩才。他的雄辩源于对问题全面而深刻的理解。聆听黄先生与于先生的学术辩论无疑是一种享受。

其十二

王承书　著名理论物理学家。为培养我国浓缩铀事业的第一批理论骨干作出了重要贡献，她在铀同位素分离理论和工艺试验、高浓缩铀生产启动方案的技术论证，以及受控核聚变研究诸方面做了大量工作并取得显著成效。王先生淡泊名利、平易近人，一切以工作需要为重，敢讲真话，坚持实事求是，绝不哗众取宠。她很注意锻炼身体，生活简朴，饭量不大，半个馒头、半个菜，就足够打发一顿了。我们常因她早饭只要半碗粥而惊讶。但是干起工作来，她却有释放不完的能量。在王先生身上，“能量守恒律”似有例外。怪也哉，异也哉。

素描者曰：王先生乃女杰也。她热爱真理、热爱祖国、服从需要，为我国浓缩铀事业竭尽全力，奉献者多而索取者寡。

其十三

吴征铠　著名化学家，放射化学专家。在培养我国化学与第一代浓缩铀科技人才，在我国六氟化铀生产与国产气体扩散机研制，以及气体扩散法生产浓缩铀等方面作出了重要贡献。吴先生虚怀若谷，平易近人，极重实干，不务虚名，从不居功，从不抛露。“淡泊以明志，宁静而致远”乃为其座右铭。

素描者曰：吴先生乃“桃李不言，下自成蹊”者也，此言虽小，可以喻大。

其十四

周毓麟　著名数学家。核武器研究所理论部副主任。“两弹”研制期间，为探索有关物理规律和模拟实验，在周先生的领导下研究了一些行之有效地解决或印证某些实际问题的数学方法和计算程序，在计算物理领域做出了杰出贡献。周先生曾以自己研究的成果从计算机上验证了我国研究人员用特征线法计算原子弹核材料压紧过程中的有关问题目所获结果的可靠性。人们据此编制了原子弹总体计算程序，为后来的精确计算提供了范例。他谦虚谨慎，和蔼可亲，有大家风度，特别关心年轻人，实为我们的良师益友。

素描者日：周先生一贯强调年轻人应“边干边学，边学边干，干学结合，学干相补”。此亦成才之大道也。

其十五

秦元勋　著名数学家。核武器研究所理论部副主任。我国计算物理学科的倡议者与创建人之一。在原子弹研制期间，和数学家李德元等运用“人为次临界法”完成了核材料被压缩到超高临界后能量释放过程的总体计算。秦先生襟怀坦诚，虚怀若谷，待人热情，他学识渊博、眼光敏锐、思路开阔，在诸多学科均有创见。

素描者曰：秦先生善启迪、易为忘年交，精于传道、授业、解惑、激励之术，诚良师也。

其十六

何桂莲　一位极重务实的计算机专家。核武器研究所理论部副主任。何先生平日笑容可掬，平易近人，讷于言而敏于行，为人正直厚道。“两弹”研制期间，在他领导下的计算机工作能始终跟踪理论研究与实验研究之轨迹，千方百计地满足各项计算方面的要求。出色地配合与完成了各类计算任务。人们赞扬他是“革命的老黄牛”，吃进的是草（数据）、挤出的却是奶（成果）。

素描者曰：老牛自知夕阳晚，不用扬鞭自奋蹄。何先生乃“正气存内，邪不可干”者也。

纪念我国第一颗原子弹爆炸成功

1960年年初，中国依靠自己的力量正式开始研制首颗原子弹，1963年3月九院九所理论部完成了第一颗原子弹的理论设计。1964年是我国首颗原子弹爆炸试验最关键的一年，是年9月1日，已加工成用于正式试验的原子弹，完全具备了进行首次核爆炸试验的条件。

9月16、17日，周总理主持召开第九次中央专委会议，研究了首颗原子弹爆炸试验的有关重大问题，提出了两个方案：“早试”（安排在当年10月炸响）；“晚试”（推迟爆炸建议导弹与核弹头生产相衔接）。

9月22日在毛主席刘少奇等领导人参加的中央政治局会议上讨论了上述方案。鉴于当时苏联有人想破坏我国核设，美国也有人策划袭击中国核设的国际背景下，毛主席一锤定音地指出：“原子弹是吓人的，不一定用，既然是吓人的，就早响”。

10月14日，首次核试验现场总指挥张爱萍主持了党委常委会议，确定10月16日正式进行试验，报请周总理批示同意：“零日”定为16日，“零时”定为15时。

于是，1964年10月16日15时，中国第一颗原子弹按时起爆了！是日，15时45分左右，北京刘杰部长办公室的电话响了，他在电话中听到了张爱萍的声音：“原子弹按时爆炸，试验成功！”在此之前，张爱萍已向聂荣臻元帅作了电话报告，此时聂帅即刻与周总理通话，周总理在15时15分向毛主席作了报告。

面对这激动人心的消息，毛主席很冷静，并有过三次指示：第一次他对周总理说：“是不是真的核爆炸，要查清楚”刘杰经询问，得知“爆炸后看到火球，火球已形成蘑菇云”（张爱萍）的回应后即告周总理，总理立即向毛主席汇报并向刘杰传达了毛主席的第二次指示：“还要继续观察!”刘杰再次与张爱萍通话，张说；“我问过王淦昌同志，他根据爆炸的景象判断，认为肯定是核爆炸”。周总理据此报告了毛主席。毛主席的第三次指示是：“还要继续观察，详细调查清楚，要让外国人相信”。这一次刘杰让九院九所理论部副主任在 8 小时内进一步落实是否核爆炸。于是，周光召与另外两位副主任黄祖洽、秦元勋在限定的时间内，向刘杰交了他们三人署名的报告：“经估算，我国第一颗原子弹爆炸成功的可能性超过 99％”。与此同时，在现场张爱萍、刘西尧（现场副总指挥）正组织有关专家进行论证，他们根据测量数据和客观景象提出了确定是核爆炸的六大理由，还初步估计其爆炸的威力 TNT 当量在两万吨以上。

随后，张爱萍刘西尧将上述研析结果正式发电上报周总理、林、贺、聂军委副主席并报毛主席、党中央. 中央军委。1964 年 10 月 16 日，周总理在人民大会堂宣布我国第一颗原子弹爆炸成功。在得知日本美国已公布了中国爆炸了原子弹的消息后，经毛主席同意，周总理决定广播新华社发的关于中国第一颗原子弹爆炸成功的《新闻公报》，人民日报也发了红字《号外》。

中国第一颗原子弹爆炸成功，在国内外引起了巨大反响，神州大地一片欢腾！这一喜讯传到北京九所，理论部也开了座谈会，并出了《庆祝专刊》，当时我写的《欢呼，万岁!》一诗还登在该刊上。

欢呼，万岁!

十的天蓝湛湛，
十月的地明朗朗，
十月的太阳啊，
金灿灿!
十月的人啊，
笑容可掬，满面红光!
欢呼啊，欢呼：
伟大的中国成功地爆炸了
第一颗原子弹!

欢呼啊，欢呼！
这第一颗原子弹
为赫鲁晓夫敲响了丧钟！
给约翰逊掘出了墓坑！
替夏斯特里扬起了招魂幡！
欢呼啊，欢呼！
这第一颗原子弹
把一切害人虫炸得
手忙脚乱，人仰马翻！

欢呼啊，欢呼！
我们伟大的祖国，伟大的人民
伟大的军队，伟大的党
万岁！万岁!!万万岁!!!
祝福啊，祝福！
敬祝伟大的领袖毛主席
万寿无疆！万寿无疆!!

（摘自《纪念中国工程物理研究院建院 60 周年（专刊）》，2018 年 10 月）

古代原子说的创立者：德谟克利特

德谟克利特

古代原子说是公元前五世纪古希腊唯物主义哲学家研究物质结构与物质属性的主要成果，是深入认识客观物质世界的理性表现，是对人类早期唯物主义学说的丰富与发展。它对19世纪的近代原子论的发生和发展也有启示作用。

公元前约五世纪古希腊爱奥尼亚学派的唯物主义哲学家留基伯最早阐述了“实”与“空”的概念，引申出最小的、不可分割的“单个粒子”是构成物质的基本“积块”的思想，从而奠定了古代原子说的基础。留基伯学说的基本内容是：原子是最小的、不可分割的物质粒子；原子之间存在着“虚空”；无数原子就存在于“虚空”之中；原子自古以来就是客观存在的实体（“积块”），既不能创造，也不能消灭。留基伯的学生，古希腊雅典学派的杰出代表德谟克利特继承并发展了老师的基本积块学说，创立了古代原子说的完整体系。

德谟克利特（Democritus，约前460—前370年）出生于希腊北部色雷斯的阿布德拉城。当时的阿布德拉是个大商埠。海外贸易很发达，各地商贾往来云集于此，极为繁荣。这给德谟克利特了解世界各地的情况提供了条件。少年时代的德谟克利特曾做过波斯术士和星象家的学生，接受了不少神学和天文学方面的知识。因此对东方文明产生了浓厚兴趣。这对他后来游历东方各地，学习和研究东方文明起了重要作用。青年时代的德谟克利特去了雅典，在那里学习哲学。不久，他就用了十几年的时间游历了埃及、巴比伦和印度等地。他在埃及待了五年，向数学家学了三年几何，并在尼罗河上游考察研究过那里的灌溉系统。在巴比伦，他向僧侣学习天文，学习如何观察星辰和推算日食发生的时间。在印度，他也进行过广泛的考察和学习。回到故乡阿布德拉后，德谟克利特担任过一段阿布德拉城的执政官，业务繁忙之余，他从未放弃对哲学、自然科学的学习与研究，并且在艺术方面也有了一定造诣。他成了一位知识渊博的学者，兴趣广泛，研究深入，并开始著书立说，除哲学外，他在数学、物理学、天文学、医学、教育家、伦理学、生物学、地质学、音乐，以及逻辑学、心理学、认识论、语言学、解剖学、政治法律等领域都有深入地研究和较高造诣。德谟克利特能经常到各地考察、调研、学习，得益于他父亲留下的财产。但家乡中，有人却认为他是外出游玩，不仅花费了祖上留下的大部分财产，还整天写着那些“荒诞”的文章，甚至在花园里解剖动物的尸体，以致家族中人认为德谟克利特是“着了魔”，“发了疯”！有些别有用心的人想占有他余下的那部分财产，便向阿布德拉法庭控告德谟克利特犯有“败家、荒废田园、解剖尸体”罪。按照当时的法律，德谟克利将被驱逐出阿布德拉城，并剥夺其一切权利，但在法庭上，他凭“三寸不烂之舌”据理力争，揭露了诬告人的阴谋，经过一番辩论，终被判无罪。经历这场小风波后，德谟克利将更有时间、有精力潜心他的哲学、自然科学和逻辑学的研究和著述了。在数学研究中，他提出了圆锥体、棱锥体、球体等体积的计算方法。如圆锥体的容量等于同底、同高的圆柱体容量的三分之一的定理，就是他首次提出来的。在教育学上，他提出并强调“教育可以改变一个人”。在认识论方面，他提出了反映论，认为人的感觉和思想来源于客观世界，是客观世界作用于人的感官，才产生感觉和思想。他还直接否认神的存在，认为“神只不过是人对地面与天空的恐惧所产生的观念。”但德谟克利特认识论中的“决定论”否认偶然性则是不可取的。他对逻辑学的发展也作出了重要贡献。德谟克利特的著述内容非常广泛，涉及近 20 个学科。相传，他的著作有 72 种，可惜保存下来的并不多。大部分都缺失或仅仅存一些零星片断了。20 世纪最伟大的思想家马克思和恩格斯对德谟克利特的评价很高，称赞他是“经验的自然科学家和希腊人中第一个百科全书式的学者。”列宁在阐述哲学史上唯物主义与唯心主义两条基本路线对垒时，把唯物主义发展路线统称为“德谟克利特路线”。足见他在唯物论中的影响了。

德谟克利特在哲学上的主要成就就是提出了相对完整的古代原子说。他认为，一切自然现象的基础是“原子”（希腊文为 atomos，意即“不可分割”）和“虚空”；客观世界发生的一切变化无非是按照自然界的必然性在“虚空”中运动着的“原子”的结合、联合和分散。他的原子说的基本观点如下：

——“原子”就是客观存在。原子是永恒的，不生不灭；原子的数目是无穷的。它们之间没有质的差异，只有形状、大小、轻重、排列、位置上的不同；原子是最小的、不可分割的物质粒子，原子的结合可成为各种各样的物体，世界万物都是由原子组成的 。

——“虚空”也是客观存在。原子在“虚空”中运动着、变化着。客观世界只存在着“原子”和“虚空”。

——“运动”是原子的固有特性。原子的运动也是永恒的，没有时间上的开端。原子有一种旋涡运动，它能把原子集中到一块而构成具体的物体，原子的分离就是具体物体的消失。

德谟克利特的原子说是唯物主义路线的发轫之作。在此基础上，后来的一些杰出唯物主义哲学家（如马克思系统研究过的伊壁鸠鲁等）不断对它作了充实和发展。当时，人们用古代原子说较成功地解释了物质的气、液、固三态等现象。比如，人们认为有些原子很轻，能自由地向各处渗透，因而彼此相距很远，空气和其他气体便是由这类轻原子组成的；相比之下，液体中的原子要重一些，它们虽能相互黏在一起，但仍能流动，所以液体具有体积不变而形态可以任意改变的特性；至于固体，一定是由更大更重些的原子组成的，固体表面可能是粗糙不平的，因而固体的原子能够相互钩牢而不能自由转动。所以固体的形态与体积都保持不变。又如，取一块盐溶解在一碗水中，可设想盐原子分散到水原子间的空洞之中，似乎也取得了巧妙的解释。可见，早期的原子说虽然浅略，仍可用来粗浅地解释许多常见的物理现象。

德谟克利特与中国哲学家墨翟（前 468—前 376 年）是同时代人。传说，德谟克利特共有 72 部著作。但流传下来的仅是些只言片语，可幸的是，他的原子说却流传下来了。特别是在西方文艺复兴运动之后，他的原子说不断在科学上得到引用。据一位希腊医生引用德谟克利特的著作说：“按常规存在颜色，按常规有苦有甜，但实际上只有原子和虚空”，这便是希腊古代原子说的精髓。相反，中国古代原子说的创立者墨翟却没有德谟克利特那样幸运了。正当文艺复兴运动后，一些西方国家的科学技术迅速崛起之际，中国仍处在封建制度之下，依然是儒家思想占统治地位，社会上重文轻理，轻工轻商，鄙薄技术，致使中国古代原子说过早夭折。古代中国存在着与留基伯、德漠克利特、伊壁鸠鲁的原子说相类似的观念。我国战国时代，鲁国的唯物主义哲学家墨翟首次提出了物质有“端”的学说。著名华裔粒子物理学家、诺贝尔物理获得者丁肇中先生曾把中国古人关于物质结构的争论概括为两种基本观点的对立，即粒子观与连续观的对立。前者强调物质结构的粒子性，后者强调物质结构的连续性。这也是后来西方科学家关于物质结构长期争论的问题。战国时代赵国的哲学家公孙龙提出过一个著名的论题“一尺之棰，日取其半，万世不竭。”数学家引用它，用以说明无限性概念；持连续观的哲学家引用它，则用以说明物质结构的连续性的概念。对此，墨翟认为物质不是无限可分的，他说：“非半弗斫则不动，说在端。”意思是，再也不能砍伐两半的东西叫做“端”。他还说；“端，体之无厚而最前者也。”墨翟认为，“端”是世界万物的本质。一切物质是由“端”组成的；“端”因物而异，物不同，“端”亦不同。墨子阐述的物质有“端”的学说，体现世界的物质性、本质性和变化性。后来，宋国哲学家惠施发展了墨家学说，提出了“至小无内，谓之小一”著名论断，意思是最小的物质“端”是设有内部结构的，它就是物质的最小单元。可见，墨家的“端”实际上也是不可分割的物质的最小粒子，是构成世界万物的基础。它同古希腊的原子说是不谋而合的，可惜的是中国古代的原子说未能得到充分发展。诚然，古代的原子说，不论是古希腊原子论者，或古中国的粒子观论者，毕竟都是处于感性阶段的经验，是一种思辨性的猜测，只能凭直观和推测来解释物质的微观结构，还不能提出有力的科学实验来验证。这是不可苛求古人的。毕竟，猜想或假说不论在古代、近代或现代都是科学发展的一种形式、一种必经之路。于是，创立科学原子论的任务便历史地落到了 19 世纪及其以后的实验物理学家的肩上了。

近代原子论的奠基人：约翰·道尔顿

约翰·道尔顿

约翰·道尔顿（John Dalton）是一位自学成才的杰出化学家，物理学家。他在气象、物理、化学等领域曾作过不少贡献。世界上对色盲进行系统研究的第一篇著名论文就是他撰写并发表的。无产阶级革命导师恩格斯在阐述自然辩证法时对道尔顿给予了很高的评价。在论述近代化学的起点时，恩格斯指出："近代化学之父不是拉瓦锡，而是道尔顿。"

1766 年 9 月 16 日，约翰·道尔顿出生于英国考县兰得的伊格文菲尔得村。他家是个几代都务农的农民家庭，他的父亲是个贫苦的纺织工，家境贫寒，但是他的父母仍竭力想让他受到一些教育。道尔顿的少年时代是在乡村中度过的，在乡村的私塾里念过书，学过一些测量、航海方面的基础知识。由于生活所迫，道尔顿不得不开始自谋生路。从 12 岁开始，他或在私塾里帮工，或参加些农业劳动，因而过早地失去了进一步学习的机会。1771 年，道尔顿全家迁往肯达尔，他在这里的公立小学谋得了一个教师职位，19 岁时升为小学校长。

道尔顿任小学教师之时，正是英国处于工业革命之际，机器的不断发明和大量使用，大机器生产进一步取代了手工工厂，为适应工业飞速发展的需要，人们加快了科技革新与进步的步伐，兴起了自然科学的研究之风。目睹这一切，作为小学教师而又相对稳定和空闲的道尔顿深受启发，觉得自己可以干点什么，于是便对科学产生了浓厚兴趣。道尔顿在任小学教师的 10 多年时间里，把整个业余时间和全部精力都用于自学。他一边攻读了拉丁文、希腊文和法文，以扫除学习这方面科技文献的障碍，一边又精心安排时间，刻苦钻研自然哲学与数学。由于他既勤奋好学，又能充分利用这段珍贵的时间，使他得以博览了中世纪及当时各国的重要典籍与大量科学文献，从而大大拓广了自己的知识视野，提高了理论思维能力。这为他日后从事科学研究与实验奠定了坚实的基础。1793 年，道尔顿迁往曼彻斯特市。靠自学成才的他在这里的一所科学院里当上了数学与自然哲学的讲师。在此期间因为有了一定的科学实验设备和安定的工作条件，道尔顿便开始了他的科学研究工作。有趣的是他的研究工作是从色盲症开始的。当时，色盲症并未引起人们的注意，道尔顿成了世界上研究色盲的第一人。有一次，道尔顿给他母亲买了一双袜子。他母亲见后很奇怪，袜子竟是大红色的。因为她信仰的那种宗教是绝对不能穿大红色的东西。她询问道尔顿后才知道原来儿子是个色盲症患者，在他看来那双袜子却是蓝色的。道尔顿听后很沮丧，但他决定抓住这件事，要揭示色盲症之谜。经过努力，他终于在 1794 年发表了有关色盲症的论文。这是第一篇对色盲症进行系统研究的著名论文，人们一度把色盲症称为“道尔顿症”。这篇论文在道尔顿的科研生涯中并不怎么重要，但它却充分显示了道尔顿的钻研精神和创新才华。

曼彻斯特市是英国知名的工业之都，这里科学文化也比较发达。曼彻斯特市哲学学部还定期举办各种学术报告会，专题讨论会，道尔顿都有机会参加。渐渐地，他对构成宇宙的奥秘、物质的结构等极感兴趣，尤其是大气组成与北极光的研究更把他带入科学的迷宫。由此，道尔顿以浓厚的兴趣开始了对大气的研究。那时，人们正在探索一种现象，大气为什么总是呈现一种均匀状态？经过大量观察和深入思考，道尔顿提出了一个重要论点即：大气总是呈现一种均匀状态是由于气体质点相互扩散造成的。这个论点一出，支持者有，反对者有，冷嘲者有，热讽者有，不一而足，但道尔顿对这些则一律报以沉默，仍坚持大气现象的研究。他很重视实际考察，每次登山时都携带些简单测量仪器，以测量不同高度的大气分布情况，长年累月地积累了大气和其他气体的大量第一手资料。经过对实测资料的深入分析计算，道尔顿于 1801 年提出了气体分压定律：混合气体的总压力等于各个成分气体的部分压力之和。他发现的这条著名定律直到今天仍然是正确的，并被广泛应用着。它后来被人们命名为“道尔顿气体分压定律”。尤其值得一提的是，约从 1787 年起道尔顿每天都坚持记气象日记，长达57年之久，直至逝世。其中记载的20万次观测记录具有较高参考价值。

道尔顿从30岁（1796年）开始把他的科学研究工作逐渐转到化学上来。他的治学态度很严谨，总是坚持在实践中获取第一手材料，然后经过自己的思考再回到实践中去验证，去解释自然现象，并在复杂的数据中提炼出规律性的东西。18世纪后半叶，化学研究由于普遍采用了天平，这使化学的实验研究发生了质的变化。到19世纪初，化学的研究已达到较好的定量的科学水平。这表现在一些重要化学定律的相继发现上。例如，1772年法国化学家拉瓦锡在研究燃烧现象时用了准确度达1%克的天平，测定了燃烧前后各物质的质量，证实了质量的增益，证明所谓燃烧就是氧化，并用公式表述了质量守恒定律。拉瓦锡的这一发现否定了由德国科学家希达尔提出的、在化学界统治了近一个世纪的“燃素说”。又如18世纪末，法国化学家普鲁斯特发现了定比定律（每种化合物都有完全确定的组成）。后来，说明在每一种化合物内各元素的化合量可用一确定的数或此数的简单倍数来表示的当量定律也被发现了。上述定律的发现成了近代化学发展的基础。但是，物质的组成以及化合或分解时为何要遵守这些简单的比例关系呢？这就要求由物质是怎样组成的学说予以科学的解答。道尔顿鉴于对气体的长期研究、对气体在水中的溶解，以及气体的可压缩性等物理现象的大量观察，逐渐形成了一个概念，即认为物质内部不可能是连续的，应当是由一些质点组成的。正是在这样的历史背景下，他系统而深入地研究了前人有关物质组成的论述，开始了有自己特色的近代原子论的创建工作。

自古希腊哲学兴起以后，直至19世纪前，有关物质组成就存在着对立的两种学说：一种认为物质是连续的，因而物质内部不能存在空隙；另一种则认为物质是不连续的，它是由许多最微小的粒子（原子）组成的，这些最微小的粒子间存在着空隙。大约到了前5世纪，后一种学说比前一种发达，并流行于世界各地。这就是由古希腊唯物主义哲学家留基伯、德谟克利特创立、经由伊壁鸠鲁等唯物主义哲学家完善与发展的物质结构学说——古代原子说。17世纪时，英国化学家玻意耳首先提出了化学元素的概念，认为存在一些“基本的化学物质”即“元素”，其他的物质都是由这些元素组成的，并用“元素”的概念成功地解释了一些化学现象。当时，著名物理学家牛顿也极力赞成物质组成的后一种学说。到18世纪末，物理学界几乎公认物质是由某种最小质点所组成的，并把这类质点称作“原子”。19 世纪初，道尔顿根据自己的长期科学观察和大量实验研究，同样认定物质是由某种最小质点组成的。

通过对某些化合物的分析研究，1803 年道尔顿首先提出了“原子量”的概念，并发现了倍比定律。按照这一著名的定律，如甲、乙两种元素能相互化合而生成不同的化合物，那么在这些化合物中，与一定质量的甲元素相化合的乙元素的质量互成简单的整数比。历经多年的反复观察实验、分析计算和卓越的理论概括，道尔顿终于在 1807 年建立了他独具特色的化学原子论。他认为，一切物质都是由微小的、不可分割的被称作“原子”的微粒组成的；不同的物质具有不同的原子；不同的原子具有不同的性质、大小和不同的原子量。这个理论一问世，便得到许多科学家的支持，因为它首次使古代原子说从思辨哲学变成定量科学，并能成功地解释当时的许多化学现象。当然，像任何新生事物一样，道尔顿的原子论也受到一些科学家的责难，关键是“原子”是否真的存在，能拿出一个“原子”看看吗？（让人们看看真实的“原子”，现代原子论是做到了，但当时是不可能的。）于是，关于“原子”是否真实的争论便随之而起，正是它推动着科学家们完善、发展了道尔顿的化学原子论。道尔顿的主要功绩是在前人那种思辨性猜想的基础上，通过自己的科学实践创立起的以科学实验为基础的原子论。假说是科学发展的一种形式，正如恩格斯所说“只要自然科学在思维着，它的发展形式就是假说。”但任何科学假说，最终都要由实验来证实，物理、化学科学上的种种假说的验证尤其如此。道尔顿在解决上述争论时，考虑到，原子既有质量，应可通过测量原子的质量来验证它的真实存在；他知道原子的绝对质量是非常微小的，不可能用直接称量的办法来测得，于是他便以原子中最轻的氢原子质量为参考质量（如规定它为 1），然后再测定其他原子的相对原子质量。这样，道尔顿就能测得某元素的原子质量与氢原子质量之比，从而得到某元素的原子质量。他用这种方法测得了 20 多种元素的原子质量的数据，并于 1808 年首次发表了一张相对原子质量表。这样一来，当时相继发现的一些重要化学定律便可建立在定量分析的基础上，比如能较好地说明物质在进行化合与分解等化学反应时，原子是最小质量单位，是用化学方法不可再分割的，并遵循一定比例关系进行化学反应。同年，道尔顿还出版了他的名著《化学新系统》（第一卷）。本书共分 3 卷，其第二卷、第三卷分别于 1810 年、1827 年出版。《化学新系统》一书较全面而系统地反映了道尔顿的原子论。但现在看来，由于当时尚不清楚化合物分子与原子间的严格区别，加之测量手段的欠缺，他所发布的原子量数据几乎都是错的。1811 年，意大利科学家阿伏伽德罗提出了分子学说，并明确地将“分子”与“原子”加以区别。这对道尔顿原子论的缺陷本来是一个有益的弥补和完善，但却遭到了包括道尔顿在内的许多有名科学家的反对。大约经过半个多世纪后，阿伏伽德罗阐述的原子-分子论终于在 1861 年得到物理、化学界的公认，并推动着化学迅速发展，以道尔顿原子论、阿伏伽德罗的原子-分子论为基础的整个化学进入了发展的新时代。

道尔顿是近代原子论的奠基人，他的原子学说对现代化学，以及现代原子论的发展产生了深远的影响。随着化学原子论的传播，道尔顿的声誉越来越高，法国科学院和英国皇家学会都选举他为会员。他的肖像从 1934 年以来，就挂在曼彻斯特市市政厅内，受到人们的尊重。他本人也成了希望自学成才者当然的楷模。1844 年 9 月 6 日，道尔顿死于他自己实验室的工作岗位上。

20 世纪物理学的巨擘：阿尔伯特 · 爱因斯坦

20 世纪的科技星空群星璀璨。群星中有颗光华夺目的巨星，那就是德国科学家阿尔伯特 · 爱因斯坦。爱因斯坦在物理学领域功勋卓绝、建树颇多，尤其是他精心构筑的宏大理论体系——相对论，更是划时代的贡献。他比任何人都能代表 20 世纪科学思想的兴旺期，正是他唱响了世界物理学第二次革命的主旋律，为高科技时代的到来奠定了基础。他无疑是 20 世纪最伟大的理论物理学家和最杰出的思想家。

阿尔伯特 · 爱因斯坦

青少年时代的爱因斯坦

阿尔伯特 · 爱因斯坦出生于德国一个犹太商人家庭。1879 年 3 月 14 日是个艳阳天，当天早晨一个有着大脑袋的胖孩子降生了。次日，他的父亲在当地“出生登记册”上写道：“224 号：家住乌尔姆市巴恩霍夫大街 B135 号的商人赫尔曼 · 爱因斯坦特来此向有关官员进行登记，他的爱妻保利娜 · 爱因斯坦生下了一个男孩，取名‘阿尔伯特’”。爱因斯坦的幸福童年是在美丽的慕尼黑郊区度过的，家庭环境的影响使爱因斯坦从小就受到了音乐、科学与数学的熏陶。母亲保利娜把自己对音乐的酷爱传给了儿子，爱因斯坦 6 岁就开始了小提琴的学练，14 岁时就能登台演奏了，贝多芬、莫扎特等人的古典音乐尤其令他着迷。

6岁那年，父亲给爱因斯坦买了个罗盘，他对罗盘发生了兴趣，爱不释手，并问父亲，它为什么总指向南方，磁力是什么，父亲被难住了。爱因斯坦的叔叔雅各布却对自然科学有着浓厚的兴趣，在数学上也颇有天分，能把深奥复杂的数学公式清晰地讲给侄子听，因此他从小就接触了毕达哥拉斯理论。10岁那年，爱因斯坦进了路提波德中学，该校纪律严明、师道尊严意识很浓，爱因斯坦感到十分压抑，他渴望能得到一点轻松的东西。一天，他与叔叔聊到代数。他问“代数是什么?”雅各布说：“代数就是懒鬼算术，凡是不知道的东西，我们都叫它X，我们列个式子一步一步地去找，直到找到它的X结果为止!”爱因斯坦从此对数学产生了浓厚兴趣。他首先自学了欧几里得的《几何原本》。后来，他在他的《自述》一文中，怀着极大的喜悦提到这本书。他说：“这本书里有许多断言，如三角形的三个高交于一点——它本身虽不是显然易见的，但能可靠地加以证明，以至于任何怀疑似乎都不可能！这种明断性和可靠性给我留下一种难以形容的印象”。12岁那年，有一次爱因斯坦花了三个星期，把著名的毕达哥拉斯定理证明出来了。他把结果给叔叔看时，叔叔吓了一大跳。欧几里得几何学和毕达哥拉斯理论给了少年爱因斯坦以方法、信心与力量，他决心继续探索数学王国的秘密。正如他说的：“兴趣是最好的老师。”在自学完初等数学后，15岁时，爱因斯坦开始自修高等数学，在叔叔的帮助与指导下，他的学习进步很快，在数学方面打下了坚实的基础，其数学知识远远超过了当时中学生的水平。因而，老师在课堂讲解初等数学时，爱因斯坦经常问老师的高等数学的问题，常把老师弄得洋相百出。老师把他告到了校长那里，校长认为爱因斯坦是故意顶撞老师，为了不出现第二个顶撞老师的学生，校长把他开除了。离开学校的爱因斯坦，后来在叔叔雅各布的鼓励与帮助下靠自学数学与物理学考进了瑞士的苏黎世工业大学。除音乐与数学外，爱因斯坦对自然现象怀有强烈的好奇心，他的祖母在一封信中写道：“在他两岁的时候，他就有了许多可爱的想法。”自然科学和古典音乐成了爱因斯坦平生的两大爱好。16岁时，爱因斯坦认真钻研了一个困扰他多年的问题：若一个人以光速与一束光共同前进，他眼中的光波该是怎样的?是年，这位中学生就写出了题为《关于磁场中的以太的研究现状》的论文，正是对此问题的孜孜求索导致以后相对论的诞生。

1896年，爱因斯坦考进了苏黎世工业大学，选择理论物理与数学为主攻方向，立志成为理论物理学家。为此，他惜分怜秒地自修了理论物理，并密切关注着当时物理学界的新动态，孜孜不倦地研讨光以及光与地球运动的关系。由于父亲经营工厂失败，他的学习费用难以维系，大学时代的爱因斯坦经济上常常捉襟见肘，吃的是最便宜、最粗劣的伙食，学习上又很刻苦拼搏，很快就得了慢性肠胃炎。毕业后，他又不得不为生计而四处奔波。1902 年，爱因斯坦在苏黎世工业大学的同学，塞尔维亚姑娘米列娃·玛丽奇为他生了一个女儿，但两人历时 4 年的关系却大不如前了。同年，爱因斯坦取得瑞士国籍后，才经学友帮助进了伯尔尼发明专利局，担任检验员。可喜的是，别人要干一天的工作量，他仅需两三个小时就轻松地办完了。如何利用剩余的时间呢？在时间经济学的运用上，爱因斯坦也是一位高手。鉴于专利局规定严禁在办公室做与专利无关的事，爱因斯坦每天用小纸片，或写下要深入思考的问题，或从事数学推导，或整理阶段性的成果，一听到门口有脚步声（往往是局长来了!）便神速地把小纸片塞进抽屉里。就这样，他悄悄地耕耘了几年“自留地”。一下班回家，他又一头扎进小屋里争分夺秒地干起来，常常通宵达旦。“功夫不负有心人”，时至 1905 年他已是硕果累累了。

狭义相对论

1902 年，一个取名为“奥林匹亚科学院”的团体在瑞士伯尔尼成立。这是一个非常特别的团体，其成员仅有 3 人，莫里斯·索洛文，康拉德·哈比希特和阿尔伯特·爱因斯坦。他们专门讨论科学和哲学问题。1905 年，前两位都离开了伯尔尼，这个团体就自然解散了。但他们之间一直保持着联系。1905 年年初，爱因斯坦写信给康拉德，透露自己将要做四项工作。他写道，“第一项与光的特性有关，是一项革命性的研究；第二项是要测量分子的真正大小；第三项研究将证明悬浮在液体中微米般大小的物体将因液体分子的热扰动而做无规则运动；第四项是关于运动的能量与质量的研究，它将改变人们对时间和空间的看法。”可见，在 1905 年新春伊始时，爱因斯坦就胸有成竹了，接着他就逐渐地给德国权威物理学刊物《物理学年报》投稿。所以，科技史上的 1905 年是值得大书特书的一年。是年，年仅 26 岁、身为专利局小职员的爱因斯坦连续发表了五篇震惊科学界的论文：《关于辐射的量子理论》（3 月 18 日），《分子尺度的新测定》（4 月 30 日），《关于布朗运动的解释》（5 月 1 日），《论动体的电动力学》(6 月 30 日),《物体的惯性与其所含的能量有关吗》(9 月 27 日)。后一论文导出了著名的爱因斯坦公式:$E=mc^2$,这表明能量与质量可以相互转换,故又称质能关系式。它为日后解释核裂变现象提供了理论论据。以上论文在光量子论、分子运动论及狭义相对论等重要领域都有历史性的突破,因而为年轻的爱因斯坦赢得了巨大的国际声誉。狭义相对论是由“相对性原理”(在任何惯性参考系中,自然规律都相同)和“光速不变原理”(在任何惯参考系中,真空光速 c 都相同)的两条基本原理而构建的崭新理论,它完全否定了所谓以太宇宙论,完全革新了牛顿力学关于时间、空间、物质与运动的概念,解释了高速运动情况下古典物理学无能为力的诸多新物理现象,给物理学带来了革命性的变革。这些成果也改变了爱因斯坦的处境,他不再为寻找职业犯愁。当年他就获得了母校授予的哲学博士学位。

爱因斯坦虽然学术地位与日俱增,但 27 岁的他在大学里还没有一个固定的职业。

玛丽·居里得知此情况后,便和著名数学家亨利·彭加莱为爱因斯坦写了一封推荐信:

“爱因斯坦先生是我们所知中最富有创造力的人才。尽管他年纪尚轻,但他已在当今最有声望的智者行列中占有一席之地。我们对他至为敬佩的是:他能驾轻就熟地调整自己的思路以适应新出现的概念,并从中引出所有可能的结论。他并不拘泥于经典原理,当遇到一个新的物理现象时能洞察所有解决该问题的可能性,使该问题逐渐转变为一个全新物理概念的推断:而这种推断日后必然为具体实验所证实……

爱因斯坦先生的聪明才智将会逐渐为科学界认识。任何一所大学能在此时罗致该年轻学者,今后必能享附骥之荣。

亨利·彭加莱 玛丽·居里 1911 年”

有了这封伯乐式的推荐信,爱因斯坦遂于次年被他的母校苏黎世工业大学聘为物理学教授。后来又先后被苏黎世大学、布拉格大学、德意志大学及柏林大学聘为教授,1913 年任柏林威廉皇帝物理研究所所长,并当选为普鲁士科学院院士。

1903 年,爱因斯坦终于与米列娃正式结婚,但两人之间的感情却渐渐冷淡。1909 年,正当他成为举世瞩目的科学家之际,爱因斯坦与米列娃的关系破裂,于 1914 年 2 月离婚。同年 6 月，爱因斯坦同他的表姐爱尔莎举行了婚礼，他终于找到了适合自己的女性。爱尔莎对他关怀备至，照料得很周到，使他能够专心致志地从事科学研究。

爱因斯坦的相对论不仅引起了各国科学界的关注，而且成了社会名流，上层人士的话题。有些人以谈相对论为时尚，并按自己的体会来“解释”相对论，以致引出许多笑话来。据传当时欧美国家还流传着一首俗谣。人们把格特斯坦（诗人）、爱泼斯坦（雕塑家）和爱因斯坦放在一起编成歌谣：

“三位斯坦”各显神通：
格特斯坦的诗从不押韵，
爱泼斯坦的雕像似人非人，
爱因斯坦的相对论不知所云！

广义相对论

1907 年的某一天，在专利办公室里的爱因斯坦突然产生了一个想法：一个自由下落的人是感觉不到自己重量的！他曾说：“这是我一生最幸福的想法。”正是由此出发，他深入探究了加速运动的相对性，导致了广义相对论的面世。经过 8 年的艰苦研究，1915 年，爱因斯坦在普鲁士科学院提出了广义相对论。他曾自豪地说：“这是我一生中最值得一提的时刻!”次年，他发表了总结性的巨著《广义相对论原理》。广义相对论是对狭义相对论的创新性发展，与狭义相对论类似，它是由两条基本原理即“广义相对性原理”（物理定律在所有坐标系中都成立）和“等价性原理”（惯性质量等价于引力质量）构筑而成的。这个理论认为，任何具有质量的物体周围都会产生引力场，在强引力场的作用下，空间和时间都将发生弯曲，其弯曲程度与质量成正比。爱因斯坦预言：受强引力场的作用，光会产生曲折现象。对此，许多有名的物理学家都持怀疑态度。直至 1919 年 5 月 29 日，英国天文学家爱丁顿在南美洲对日食的观测中证实了从恒星发出的光线经过太阳附近时的确发生了弯曲，世界物理学界为之轰动，当时《纽约时报》的一篇文章赞扬广义相对论是“人类思想史上最伟大的成就之一。”爱因斯坦根据其引力理论曾预言“引力是以光速移动的。”对此，物理学家们也持怀疑态度。而 2003 年，在西雅图召开的美国天文学家会议上，天文学家宣布，在一项有关宇宙理论的重要实验中，第一次测量到引力的移动速度，并确信引力传播速度与光速相等。这次实验再次证实了爱因斯坦理论的正确性。1916 年，爱因斯坦还在光量子理论的基础上提出了自发辐射与受激辐射理论，为日后开发和利用激光提供理论根据。

爱因斯坦被人们称颂为“20 世纪的牛顿”，但他从不自满，而且继续孜孜以求地学习钻研新问题，不断攀登科学高峰，他有一个习惯即：想解决一个问题，一定要弄个水落石出，绝不半途而废。因而常常是一连几天都不离开研究室，连饮食都要送到他面前才去吃，直到问题解决为止，为钻研难题而彻夜不眠对他而言是常事。爱因斯坦是个爱好体育锻炼的人。他认为有了健康的身体，才能更有效地从事科学研究。他最喜欢登山运动，认为登山能磨炼人的意志。他每年夏天都要进行登山旅游。当他 70 岁高龄时，还坚持锻炼身体，以攀高登山为乐事。在工作之余，他也和家人一起出去散步。但他的工作未做完，如果夫人和孩子约他去散步，必遭断然拒绝。夫人爱尔莎看准了这一点，总是在他完成一项艰巨的工作后，约他一起带着孩子玩个痛快。

爱因斯坦一生曾 8 次得到诺贝尔物理奖的提名，但仅在 1921 年获得这一奖项，而获奖的成果却不是相对论。一位著名物理学家曾指出，爱因斯坦取得巨大成就不止一次，而是五次：狭义相对论、广义相对论、光量子理论、统计物理和统一场论等，评他三次、四次诺贝尔物理奖都不为过。的确，博大精深的相对论彻底改变了人类对宇宙的认识，无论在科学上或哲学上都具有重大意义。所以革命导师列宁称誉爱因斯坦是自然科学领域的“大革新家”，周恩来总理也赞扬他是“犹太民族的杰出科学家”，还指出，犹太民族出过两个伟大人物，一个是马克思，一个是爱因斯坦。20 世纪末，美国《时代》杂志评他为“世纪人物”，当代著名英国理论物理学家斯蒂芬·霍金特地撰文阐明了爱因斯坦在过去 100 年里的重要作用与历史地位。

真正的斗士爱因斯坦

爱因斯坦不仅是一位杰出的科学巨匠，还是一位伸张正义的和平战士。第一次世界大战期间，他曾主持起草了《告欧洲人民书》，严厉谴责了德国的侵略行径、呼吁欧洲人民团结起来反对德国的侵略战争。爱因斯坦是在 1913 年取得德国国籍的犹太人，尽管他是世界闻名的大科学家，仍然受到德国法西斯分子的迫害。还在希特勒掌握政权之前，一小撮以诺贝尔奖金得主列纳德为首的所谓民族主义学者就宣布，爱因斯坦的相对论是“犹太人的弥天大谎”，并企图以什么“犹太物理学”的总名义推翻以爱因斯坦和玻尔的理论为基础的一切知识。1933 年，希特勒上台后，纳粹政权更是疯狂地迫害以爱因斯坦为代表的一大批犹太科学家。他们不许人们悬挂爱因斯坦的肖像，不许人们看爱因斯坦的著作，还组织一群暴徒抄了爱因斯坦在柏林的家，直至他的房产被毁，著作被焚烧。在此情况下，爱因斯坦已无法在德国生活，更谈不上进行科学研究了。他是热爱德国，但他痛恨法西斯。不久他就离开了德国，并宣布脱离普鲁士科学院，放弃德国国籍。爱因斯坦的这一果断行为激怒了法西斯分子，希特勒不仅下令没收他在德国的一切财产，纳粹政权还“缺席判处爱因斯坦死刑”。但这一切都没吓倒爱因斯坦，他同德国法西斯主义进行了坚决的斗争。

20 世纪 30 年代，牛津、耶路撒冷、巴黎以及马德里等著名大学都试图以优厚的待遇将爱因斯坦揽入自己门下，但他却选择了新建不久的美国普林斯顿大学。1933 年，爱因斯坦偕妻子爱尔莎，以及助手瓦尔特、秘书海论·杜卡来到美国，在普林斯顿大学高级学术研究所任高级研究员。从此，他们便定居美国，并加入美国国籍。在美国工作与生活期间，除了从事科学研究外，爱因斯坦还很关心人类文明和社会进步，希望核能真正造福人民。当他认清希特勒法西斯的真面目后，便挺身而出公开发表了一系列谴责纳粹罪行的声明和讲话，号召欧洲人民和美国人民对德国法西斯进行斗争。1939 年，他写信给美国总统罗斯福，建议赶在纳粹德国之前加速原子弹的研制。二战后，当美国利用手中的原子弹搞核讹诈和核威胁、危及世界和平时，他同样又挺身而出，主张禁止制造和销毁一切核武器，并积极参与保卫世界和平与公民民主权利的斗争，因而受到麦卡锡主义的迫害。正如当年他不向德国纳粹分子低头一样，他也不向美国法西斯势力屈服，与麦卡锡主义进行了针锋相对的斗争。1955 年，他还与英国哲学家罗素联名发表了著名的反对核武器的“爱因斯坦-罗素宣言”。不少科学家甚至是参与过研制原子弹的“曼哈顿计划”的核科学家都参加了这一反对核武器的活动。例如，曾参与研制美国第一颗原子弹“曼哈顿工程”的核科学家约瑟夫·罗特布莱特就参加了“爱因斯坦-罗素宣言”的这一反对核武器的活动，并 40 余年始终不渝地为此而努力。1995 年，这位核科学家以 86 岁高龄荣获该年度的诺贝尔和平奖。这是1985年以来因核裁军而获得的第一个和平奖。按诺贝尔委员会的官方说法，罗特布莱特教授是因为其在“消除核武器在国际政治中所起的作用的努力”而获奖的。在美国的犹太人为数不少，他们也备受歧视，除其中的极少数人外，大部分都是劳动人民。爱因斯坦非常关心犹太劳动者，他经常在各种报刊上写文章，要求改善犹太劳动者的工作条件和生活条件，反对迫害和歧视犹太人。凡是为犹太劳动者募集救济金而举行的音乐会，他都尽量参加，有时还亲自登台演奏小提琴。一位世界级物理学大师为救助劳动群众而登台演出，这是何等令人感动的场面啊！因而，凡有爱因斯坦参加的音乐会都是场场爆满，门票一售而空，有一次连美国总统也来了。

爱因斯坦是一个非常谦虚的人。有一次，有人为他举行舞会，他实在推脱不掉，勉强参加了。在会上，有人说了很多赞扬、吹捧他的话。他感到很不舒服，有点坐不住了。舞会即将结束时，他突然站起来要说话。大家看爱因斯坦要发表讲话，便报以热烈的掌声。他当场大声说道“谢谢你们给了我那么多美言、好话。下面，我想来证明一下它的真实性：如果我相信这些话是真的，那我就是疯子；因为我知道我不是疯子，所以，我不相信它！”这充满着睿智的幽默引得哄堂大笑。据传，在普林斯顿工作期间，爱因斯坦还有两件趣事。其一是爱因斯坦的烟瘾很大，由于健康原因，有一段时间医生劝他戒烟。他照办了，但常常嘴里叼着烟斗或手中拿着烟斗。有一次，他外出办事，竟尾随一个素不相识的人走了一大段路。原来是，他无意中被这位抽烟斗行人口中烟丝的芳香紧紧地吸引住了。其二是，有一天，时任普林斯顿高级研究所主任的爱因斯坦的办公室电话突然响了：

“请问，我能否跟主任谈话?”电话里问。

“主任不在。”秘书回答。

“那么，能否告诉我，爱因斯坦博士他住在哪儿?”

“不能。因为博士不愿意他的住所受到打扰。”

这时，电话里的声音变小了，悄悄说道：“请你不要告诉任何人，我就是爱因斯坦！我正要回家，但竟忘记自己住在哪儿了！”

秘书听后，忍俊不禁便提醒他住在哪儿，如何回家。

爱因斯坦对中国人民怀有深厚的感情。1922年，他从欧洲乘船到日本讲学，途中经过我国上海。当时，中国人民在北洋军阀政府的统治下，战祸连年，人民正处于水深火热之中。他对中国人民的艰险处境，给予了深切的同情。当时，我国有些学者因自己国家科学文化落后而流露出对民族前途悲观失望的情绪。对此，爱因斯坦很不以为然，他对中国光辉灿烂的古代文明表示了由衷的钦佩，并认为曾经创造过辉煌成就的中华民族将来也一定会在科学技术方面走在世界的前列，前途是光明的。1931 年，日本帝国主义对中国发动了侵略战争后，爱因斯坦公开表态坚决反对日本帝国主义侵略中国，殷切希望中国人民能早日打败日本侵略者，迅速摆脱身上的枷锁，为中国的繁荣昌盛和人类进步作出贡献。一位科学巨匠，在如此情况下同情、声援、鼓励着艰苦奋斗中的中国人民，该是何等感人啊！

为了帮助解决他的学生英费尔德经济上的困难，他答应了学生的请求，1939 年，年近 60 岁的爱因斯坦与波兰物理学家英费尔德合著了一本通俗易懂的科普读物《物理学的进化》，后来，他又发表出版了《根据广义相对论对宇宙所作的考察》一书。

现代物理学告诉我们，从微观的基本粒子到宏观的物质世界乃至宇观的天体星系，大自然、大宇宙千变万化，五彩缤纷，奥秘无穷，但已发现它们之间的相互作用的力仅有四种：万有引力，电磁力，弱力与强力。其中，引力，电磁力是长程力，而弱力、强力是短程力。万有引力是英国物理学家牛顿首先归纳出来并加以深入研究的。电磁力是由牛顿的同胞法拉第在研究电磁现象时发现而由麦克斯威尔最终证明的（电力和磁力是一种统一的力）。弱力和强力是自亨利·贝可勒尔等人先后发现与研究天然放射性现象、放射性元素及其性质，以及人工放射性现象后，人们在深入到原子核内部研究短程的核力时发现的。早在 20 世纪 20 年代，爱因斯坦基于对世界统一性这一基本哲学观点的笃信，就企图先把引力和电磁力统一起来，建立“统一场论。”从 1925 年起，他就雄心勃勃地开始了这一研究，并倾注了后半生的心血，却始终未获得实质性的进展。1955 年 4 月 18 日深夜，76 岁的爱因斯坦把有关“统一场论”的几页手稿放在床边，还指望在第二天继续攻关。但翌日凌晨，这位科学巨匠却因主动脉破裂带着“统一场论”的情结而溘逝了。对“统一场论”探索了 30 年后，爱因斯坦曾意味深长地讲述一段总结性的话：

“对于这个世界的考察和研究工作，就像自由解放一样向我们招手了！……而通向这座乐园的路却没有通向天国的路那样轻松自在，那样令人神往。但是，它本身已经证明是确实可靠的——我选择了这条绝不后悔的路!”这似是肺腑之言，又像是向后来者召唤。马克思说过，在科学的入口处如同在地狱入口处一样，容不得任何犹豫和怯懦。“统一场论”真的像地狱的入口处。对此，绝对可用上诗人屈原的话，“路漫漫其修远兮，吾将上下而求索”。爱因斯坦的后半生选择了相对性宇宙学和统一场论的开拓性工作，虽未取得显著成效，但他那种勇攀高峰的英勇斗士的精神却给后人树立了光辉榜样。

20 世纪 60 年代以来出现的一系列实验事实与创新理论，给爱因斯坦的“统一场论”以新形式而显示出其顽强的生命力。1980 年年初，在中国广州召开的国际性粒子物理讨论会上，有关大统一理论方面的报告引起了与会者的普遍关注。把弱力、电磁力、强力、引力四种相互作用统一起来的理论的曙光又一次闪现在人们面前。1983 年，欧洲核子研究中心发现了 W 粒子与 Z^0 粒子，从而验证了由美国科学家格拉肖、温伯格、巴基斯坦物理家萨拉姆提出的弱-电统一理论，使物理学家向统一场论迈出了可喜的一步！上世纪末，本世纪初一种将弱-电理论与强力相互作用统一以来的所谓大统一理论 GUTs（Grand Unified Theories）正由物理学家们向前推进着。而将弱、电、强、引四种相互作用统一以来的所谓“万物结构理论”（TOE，Theories of everything）也在艰难的求索之中。以上这些艰苦的求索正是爱因斯坦精神感召的结果。

“一半用于政治，一半用于方程”的爱因斯坦

爱因斯坦是一位积极的和平主义者。1933 年希特勒上台，德国纳粹横行时，爱因斯坦就挺身而出，公开发表了一系列反德国法西斯的演说和声明，号召欧、美人民为维护和平、反对法西斯主义而斗争；1931 年，日本发动了侵华战争，爱因斯坦立即公开表态坚决反对日本法西斯的侵略行径。1936 年 11 月，在蒋介石一手操纵下，南京国民党政府制造了震惊中外的“救国有罪”的“七君子事件”。它在国内激起了强烈的声讨和抗争，在世界上也引起了很大反响，以致各地声援电报雪片似地飞来，国际著名学者罗素、爱因斯坦、杜威先后致电南京国民政府，表示极大关切与严重不安。在各方巨大压力下，当局不得不具保释放了“七君子”。在美国第一颗原子弹爆炸的前夕，爱因斯坦公开警告人们核战争的危险性，首先提议对核武器进行国际控制；二战后，当以美国为首的有核

国家，明目张胆地大搞核讹诈，核威胁，核军备竞赛，危及世界和平时，爱因斯坦积极参加了保卫世界和平事业的斗争，并于 1955 年发表了著名的反对核武器的《爱因斯坦—罗素宣言》，他一直为让核能造福人类，推进“原子能的和平利用”而呐喊。

爱因斯坦参与政治的第二件伟大事业是犹太复国主义。在血统上，他虽是犹太人，但他拒绝接受《圣经》上关于上帝的说法。在第一次世界大战期间，他越发看透反犹主义的本质，便逐渐认同犹太团体而成为一位直言不讳的犹太复国主义的拥护者。当然，他的主张和言论为反犹主义者所不容。因此，有人成立了一个“反爱因斯坦”的组织，还发生了一件有趣的事：有个人因教唆某人去谋杀爱因斯坦而被定罪。对此，爱因斯坦是冷静而沉着的，当一本命名为《100 个反爱因斯坦的作家》的书出版时，他反驳道：“如果真是我错了的话，有一个人反对我就足够了！”。1933 年爱因斯坦正在美国，他宣布不再回德国了。一家柏林报纸的头条写道：“来自爱因斯坦的好消息——他不回来了。”不久，纳粹冲锋队抄了他的家，没收了他的银行存款。面对纳粹的威胁与迫害，爱因斯坦更清醒了，这迫使他过早地参与了世界核弹政治。

爱因斯坦一生与核弹政治的瓜葛是众所周知的。我们知道，当年在美国推动核能用于军事保密活动的中心人物是著名核科学家利奥·西拉德，正是在他的不懈努力下，尤金·维格纳、爱德华·特勒、费米，以及拉比、韦斯科夫等核科学家都和他一起游说美国军界、政界抢先研制“超级炸弹”（原子弹）。在多方游说无效的情况下，这批科学家想到要借助爱因斯坦的威望，以引起对此问题的重视。于是，西拉德和维格纳便拜访了爱因斯坦，说清来意后，爱因斯坦表示愿意介入。不久，西拉德和特勒又会晤了爱因斯坦，这次西拉德带来了他起草的一封给美国总统罗斯福的信（信中建议美国抢在德国之前研制“超级炸弹”）。爱因斯坦看过信后，立即在信上签了名。几经周折，1939 年 10 月 12 日，这封信送到了罗斯福手中，当时罗斯福对他的军事顾问说：“对此事应立即采取行动！”1942 年，研制原子弹的核心计划“曼哈顿计划”便启动了，1945 年，该计划的实施，使美国研制成第一批原子弹。这正是爱因斯坦那封著名的致罗斯福总统的信的理想结果。

1952 年，以色列总统魏茨曼逝世后，戴维·本·古里安总理曾函请爱因斯坦担任以色列总统。当时，他问自己的秘书：“若我答应，我们该做些什么？”

秘书随口应道："继续你的统一场论。"不久，爱因斯坦便回复以色列总理："我一生都在与客观物质打交道，既无超人的才智，也缺乏经验处理政务和公正地对待别人的能力。我不能胜任高官职位。"拒绝出任以色列总统。其实，用爱因斯坦私下的话说，他的一生是："一半政治，一半方程"，"方程对我而言更重要些，因为政治是为当前，而方程则是永恒的东西。"这或许是他拒绝的真正理由。

1955 年 4 月 18 日 1 时 25 分，这位 20 世纪物理学巨擘的心脏停止了跳动，在新泽西州的普林斯顿与世长辞。就在两天前，他曾对来探望他的一位亲密朋友说："别这么悲伤，凡人都会死的！"

爱因斯坦生前留下的遗嘱是：不发讣告，不举行公开葬礼，不建坟墓，不立纪念碑，骨灰要撒在人所不知的地方。他的家人都按此照办了。但是，由爱因斯坦精心构筑的精美的相对论——这座闪烁着人类智慧的科学丰碑却永远矗立在科学发展史上。

近年来，有不少科技专家挑战狭义相对论。目前，集中在"光速不变原理"上（人们怀疑真空光速 c 是一切物体运动速度的极限），不少人声称他们发现了"超光速"现象。对此，目前仍在深入探索之中。果真如此，狭义相对论的基本原理之一就被推翻了，它有可能引发近代物理学的一场新的革命。但是，现在修正或否定相对论，似乎还为时过早。因为，到目前为止，证实相对论是正确的事实仍远远多于怀疑它的正确性的种种假说。爱因斯坦的相对论仍然是近代物理学的一块强大基石。

生物进化论的创立人达尔文在总结他的科学实践时曾提醒人们："大自然是一有机会就要说谎的！"这无疑是物理学家们，尤其是从事统一场论的理论物理学家们应当引以为训的。

（2016 年修改于北京海淀区博雅西园）

20 世纪理论物理学大师：尼尔斯·玻尔

尼尔斯·玻尔是 20 世纪最伟大的科学家和思想家之一，是哥本哈根学派的杰出代表，也是一位为人类文明进步而奋斗的著名社会活动家。他同爱因斯坦一起对物理学基础进行了深刻的变革，成为第二次世界物理学革命的两位主帅之一。由于在量子物理、核物理领域的卓著成就，他荣获了 1922 年度诺贝尔物理学奖；在坚持反对核武器与核战争方面的卓越贡献，使他成为 1952 年度“原子和平奖金”的首位获得者。

尼尔斯·玻尔

独具慧眼　钻研量子论

1885 年 10 月，玻尔诞生在丹麦首都哥本哈根的一个教授家庭。他自幼聪慧机灵，学习成绩优异，极爱体育，尤擅足球（后来，他和弟弟哈拉尔德都成了丹麦的优秀足球运动员），甚受老师的喜欢和同学们的钦佩。

在浓郁的家庭学术氛围熏染下，青年玻尔对物理、哲学产生了浓厚兴趣。玻尔的父亲是哥本哈根大学生理学教授，他有三位挚友：同校的物理学家克里斯坦森、哲学家霍夫丁、语言学家汤姆逊，他们习惯地形成了“学术沙龙”，每逢周五晚必聚会玻尔家活动。而每当此时，玻尔总是怀着极大的兴趣仔细聆听着科学家们的争论，并认真揣摩。散会后，他常带着争论的内容找些书来研读或向父亲求教，后来，他竟也能和教授们争论问题了。

有时他提出一些更深层次的问题，令教授们也难以对答。时间久了，克里斯坦森感到这个年轻人既喜欢物理学与哲学，又具有深刻的理解力和非凡的洞察力，对于难题又有一追到底的勇气和毅力，堪可造就。于是，这位物理学家非常欢喜这个年轻人，一遇到玻尔，总会单独跟他聊聊，给他讲一些科学家的故事，介绍一些物理学界的趣事与物理学的新进展，或推荐一些物理学名著，鼓励他阅读，有时也为他解答一些疑难问题。有一次，克里斯坦森教授教诲玻尔说，一个科学家最重要的品质就是“大胆与谨慎”。玻尔将它铭记于心，受益终身。与克里斯坦森相处，玻尔像是被一股巨大力量所吸引，一步一步地走近物理学。物理教授成了玻尔最尊敬的老师，这对忘年之交的亲密友谊一直保持到老师逝世。当玻尔后来成为青年学子导师的时候，他忠实地仿效自己的恩师那样去培养、扶持他们，无私的引导、爱护他们。

哥本哈根大学素以重视理论物理而闻名于世。1903 年，玻尔以优异成绩考入这所名校，在克里斯坦森辅导下专攻理论物理。不久，玻尔选定“液体的性质”这一课题进行了系统而深入的研究，这对他日后建立核的“液滴模型”和核反应的复核理论颇有益处。课题结束时，他写成了第一篇论文。因该项研究的突出成绩，21 岁的玻尔荣获了丹麦王国科学院金质奖章。1911 年，他又以《金属电子论》的论文获博士学位。

玻尔的学生时代结束之日，正是世界第二次物理学革命启幕之时。20 世纪以前的经典物理学对日常生活中易见的宏观物理现象的解释是很成功的，但随着科学的发展，当物理学的研究深入到原子内部、涉及新的微观物理现象时，原有的物理学理论就束手无策了。新物理现象、新实验需要新概念、新理论来阐释。于是，新物理学革命的幼芽便破土而出！第一个冲破经典理论框框的是德国物理学家马克斯·普朗克。1900 年，他突破旧传统的约束，大胆提出了“量子”假说，并根据实验资料归结出著名的普朗克公式。他不仅圆满地解释了黑体辐射的理论问题，而且把经典热力学与经典电动力学的理论统一于他的量子理论之中。为此，他荣获 1918 年度诺贝尔物理奖。但历史却开了一个玩笑：量子论的勇敢创立者却屈服于旧传统、旧观念的压力，转向回避、放弃量子论，甚至阻碍量子论的任何发展。晚年的普朗克走着与他当年勇创量子论时相反的道路，花了多年时间去寻找把量子论纳入经典物理理论的途径，结果一事无成。

正当普朗克钻进思维的死胡同之际，两位勇敢的年轻人面对反对者的非难与抨击，先后站出来坚持量子论，并成功地发展了它。这两位“世纪人物”就是爱因斯坦和玻尔。爱因斯坦在发展量子论方面取得了显著成效，他先后发表了“光量子”理论和关于热容量的量子理论，成功地解答了由来已久的“光电效应”之谜。但是，作为新物理学发轫之作的量子论仍未引起科学界的足够重视，反对者的抨击也从未停过。此时，却有一位青年学生以惊人的洞察力与极大的热情关注着量子论。此人就是丹麦哥本哈根大学理论物理系的学生尼尔斯·玻尔。开始攻读理论物理时，他一眼就盯上了量子论，敏锐地觉察到现时遭受冷落的量子论必将大有作为，他决心投身于这场物理学的大变革中来。

勇于创新　向原子结构论进军

1911 年，一个惊人的消息传开了：英籍新西兰核物理学家卢瑟福发现原子中有“核”存在，并提出了令人耳目一新的“有核原子模型”。玻尔对此欣喜若狂，他决定一毕业就去英国。物理学界权威——卢瑟福的老师汤姆逊当时正领导着英国最负盛名的卡尔迪许实验室，那里聚集了一批有名的物理学家。1912 年，久仰汤姆逊大名的玻尔来到英国，拜谒了汤姆逊，表示愿意在此工作。在交谈中，汤姆逊发现玻尔对“有核原子模型”极感兴趣，但在原子结构的看法上却与自己大相径庭，就很不高兴，当场拒绝了玻尔的要求。玻尔对在科学上故步自封、持狭隘门户之见的汤姆逊很不以为然，他只得转向卢瑟福的实验室。卢瑟福热烈欢迎玻尔的到来，简单的交谈之后，卢瑟福知道了他的想法，就一再鼓励他勇攀原子结构理论的高峰。如鱼得水的玻尔在此深入而仔细地研究了普朗克、爱因斯坦在量子论方面的开拓性工作，并巧妙地把量子论同卢瑟福的“有核原子模型”结合进行思索。第二年，玻尔就发表了他研究原子结构的第一篇论文。他摒弃旧的传统观念，大胆提出“能级”假说，建立了崭新的原子壳结构模型，又以惊人的精确性计算了氢原子的光谱频率，同时从理论上指出了当时人们对于一个星体光谱的误解，预言该光谱是由氢离子发射的。玻尔的假说和预言很快被实验所证实，这一成果轰动了全世界，以致被爱因斯坦称为“奇迹”。

玻尔理论的创立，引导当时物理学界全力转向原子结构的研究。在卢瑟福、玻尔、德布罗意、薛定谔和泡利等杰出物理学家的共同努力下，终于弄清了原子的真正结构，提出了为科学界至今所公认的“原子的太阳系模型”。

此间，玻尔的原子壳层模型还从理论上揭示了门捷列夫元素周期律之谜，有力推动着化学的发展。当时，化学家一直搞不准稀土元素在周期表中的确切位置，误将第72号元素列为稀土元素，但却找不到它。玻尔指出稀土元素仅到第71号元素镥为止，第72号元素不是稀土元素，它只有到锆的化合物中才能找到。人们按照他的意见，果然在锆矿中发现了它。为纪念玻尔，新元素的发现者特意用哥本哈根的古拉丁名将它命名为铪（Hf）。1997年，为纪念玻尔，国际纯粹与应用化学联合会又把第107号元素命名为bohrium，即“𨨏”（Bh）。这样，周期表中就有两个元素的命名与玻尔有关。

20世纪20年代是物理学史上“一个值得歌颂的年代”。正是在此期间，物理学家全力共同创立了微观物理学的基本理论——量子力学（即新量子论）。1924年，法国物理学家德布罗意依据物质的波粒二重性，提出“物质波”概念，首先创立了“波动力学”；1925年，德国物理学家海森伯构筑了“矩阵力学”；1927年，奥地利物理学家薛定谔建立了量子力学的基本方程。后来，人们证实了这几种量子力学理论实质上是相通的。在哲学思想方面，玻尔一向重视物理学与哲学的关系，并花了很大精力去研究它，形成了自己的体系，在物理学界产生了颇大影响。新量子论（量子力学）创立后，国际物理学界对它的解释上形成了不同学派。其中，影响最大的当推以玻尔、海森伯为代表的哥本哈根学派。玻尔在创立量子力学方面功不可没。爱因斯坦和玻尔都很关心哲学问题。在哲学问题上，爱因斯坦虽然同玻尔几乎争论了一辈子，但仍十分钦佩玻尔那种大胆而严谨的治学风格和科学上的创新精神。他曾评价说：“玻尔无疑是我们时代科学领域中最伟大的发现者之一。”

20世纪30年代是物理研究向原子核深处进军的年代，玻尔更是硕果累累。20世纪30年代初，玻尔提出了核反应的复核理论；1936年，他又建立了核的液滴模型；1938年，他将“铀核裂变现象”这一重大信息带到美国，玻尔带去的消息及他对核裂变所作的理论分析，使世界第五次理论物理会议的参加者大受鼓舞。1939年夏，玻尔及其学生惠勒的核裂变理论在《物理评论》上正式发表。玻尔预言，只有铀-235易发生裂变，指出每次核裂变可产生两个以上中子。1940年，美国科学家邓宁证实了这一预言，这使人们得以一瞥实现大规模铀核裂变而利用核能的曙光。1942 年，以费米、西拉德为首的一批科学家在美国芝加哥建成了世界上第一座人工核反应堆。从此，人类开始步入核能时代。

培育后生　被誉为“最可爱的人”

玻尔在发展新物理学的历史性建树中，另一大贡献是创立哥本哈根理论物理研究所。该所是由玻尔倡议并于 1920 年建立的，他任所长达 40 年之久，亲手培养与造就了一大批青年理论物理学家。玻尔为该所倾注了毕生精力，直到 1962 年逝世。鉴于玻尔在科学上的巨大成就、特有的人格魅力以及创新的科研作风，因此，他的研究所很快就成为各国物理学家向往的地方，成了世界瞩目的理论物理研究中心，许多有名的理论物理学家都在此学习或工作过。玻尔在此以极大的热情指导着青年科技工作者。玻尔的充沛精力常令学子们叹为观止，他经常同一天同时指导着三四位青年物理学家从事不同课题的研究，还常以平等身份参加他们的科学讨论，为他们开拓创新思路、为他们指点迷津。尼尔斯·玻尔教授的超凡洞察力、创新力、坚毅力与奋斗精神给各国学子们留下了深刻的印象，并深深感动了他们，因而深受他们的敬佩和爱戴，被他们称为“最可爱的人”。在 1920—1949 年间，玻尔共推荐了 18 位诺贝尔奖的候选人，其中就有 14 位获此殊荣。青年物理学家们的“最可爱的人”对玻尔而言是当之无愧的。

敢于斗争　为人类和平进步奔波

1939 年，玻尔结束了访美之行，回到祖国继续他的研究工作。半年后，德国人入侵丹麦，此后三年中，玻尔除了他的研究工作外，积极参加了地下抵抗组织活动，成为一名杰出的反纳粹战士。

他还收留藏匿在丹麦的犹太人，尤其是犹太科学家，为他们安排工作。这就引起了德国占领当局的注意。1943 年 9 月，纳粹计划进行一次大搜捕。瑞典驻丹麦大使将此信息经丹麦地下抵抗组织转告给玻尔。1943 年 9 月 29 日，黄昏时分，一名全副武装的警官突然破门而入，把正在实验室工作的玻尔吓了一大跳。来人急促地说：“玻尔教授，盖世太保已制定了逮捕你的行动计划，上级命令你必须离开丹麦。请快准备!”玻尔舍不得离开自己的祖国、离开自己的家，但还是仓促准备了一下。在实验室里，玻尔凝神注视着两件最珍贵的物品——一瓶重水和一枚诺贝尔金质奖章。

他想这些东西绝不能落在德国人手里。玻尔拿着熠熠生辉的诺贝尔奖章想了一会，斩钉截铁地说：“看来，我要把它留下，以表示我一定要返回祖国的决心!”

“教授，难道你不担心狡猾的盖世太保会抢走你的金质奖章?”警官担心地问。

“这些愚蠢的家伙绝不能找到我藏这枚奖章的地方!”玻尔毫不迟疑地答道。

说罢，只见他娴熟地把1体积的浓硝酸和3体积的浓盐酸先后注入一个大烧杯里，配制成能溶化金子的“王水”。接着，他把奖章放进烧杯，不一会金质奖章便不见了。于是，他把烧杯放到玻璃柜中，对警官微微一笑。此时，他提起一个空啤酒瓶，把那瓶重水小心翼翼地倒进空瓶里，拧紧了盖子，准备带走。这样，在抵抗组织的精心安排下，玻尔全家躲过了敌人的严密防卫，搭上一艘小汽船横渡30千米宽的厄勒海峡，抵达中立的瑞典。在瑞典落脚后，玻尔极其懊丧地发现，原来自己在慌忙中带至瑞典的“一瓶重水”竟是一瓶普通的啤酒，啤酒瓶装的重水扔在实验室了。玻尔全家出逃的第二天，一帮法西斯匪徒冲进了玻尔的实验室，他们很快发现并抢走了那瓶重水，但没有拿走那个溶有诺贝尔金质奖章的烧杯。后来，几经周折，丹麦抵抗组织才从敌人手里追回了那瓶重水。1945年，二战一结束，波尔风尘仆仆地从美国赶回到哥本哈根的实验室，当他拿到那瓶重水时，他很感动，并对抵抗组织表示了深深的敬意；当他看到玻璃柜中的烧杯原封未动时，他快乐地笑了。不久，他巧妙地从那杯“王水”中取出了金质奖章的全部金子，并让人重新铸成与原来一模一样的诺贝尔金质奖章。这枚新生的诺贝尔金质奖章显得更加光彩夺目，它不仅凝集着玻尔的智慧，也凝集着他对祖国的一片深情。

1943年10月6日，玻尔在英国、瑞典有关部门的帮助下，搭乘一架英国双引擎轰炸机由瑞典飞往英国。这架飞机的主要任务是做例行的外交邮件传递的。由于危险性大，玻尔只得身负降落伞挤在飞机的炸弹平台上。飞行员已得到指示，万一有险情，就把玻尔扔向大海，以便英国战舰来救援。万幸的是，这次飞行未出现意外。但是，却有个有惊无险的小插曲：由于未听到飞行员的招呼，玻尔因未戴氧气面罩而昏迷了一阵子，被发现后经救助，才缓过来。

1943 年年底，英国人把玻尔送到美国加入了研制第一颗原子弹的洛斯阿拉莫斯小组。玻尔很清楚原子弹将是人类和平安全的严重威胁，因此，他一再反对美国使用原子弹，坚决主张对核武器实施国际监控。为此，他经常奔走于洛斯阿拉莫斯与华盛顿之间，不断地与美国政府要人举行会晤。他曾两次向罗斯福总统递交备忘录，1944 年 8 月，出于一个科学家的良知和责任感，他直接会见罗斯福，反复阐明自己的一贯立场。罗斯福逝世后，美国先后在日本广岛、长崎爆炸了原子弹，他与一些科学家的善良愿望顿时成了泡影。但是，玻尔从未气馁，在战后的十多年里，他一直为建立国际信任和合作、避免核战争而奔波。1950 年，他广为散发了他致联合国的公开信；1955 年，在和平利用原子能国际大会上他又发表内容相似的信件，呼吁建立“一个开明的世界”，并认为“这是高于一切的崇高目标!”

此外，波尔对中国很友好。1960 年，在参加英国皇家学会成立 300 周年纪会期间，他向参加会议的中国科学院副院长吴有训说道：“有些人想封锁中国，对于一个幅员广阔、人口如此众多的国家，这怎么可能呢?”第二年，玻尔就邀请当时在苏联工作的我国青年物理学者冼鼎昌到他的研究所工作。1962 年，他的儿子奥·玻尔应邀访问我国，在中国原子能所做了学术讲演，并签订了学术交流协议。后来，我国青年物理学者杨福家等 5 人陆续应邀到玻尔研究所工作。1973 年，奥·玻尔再度访华讲学。随后，我国又陆续向该所派出了更多的访问学者。丹麦玻尔研究所学术气氛浓厚，研究条件很好，是国际著名研究机构，我国派出的科研人员在那里受到良好的训练，一般都做出了成绩。该所与我国长期保持着良好的合作关系，为培养中国的核物理工作者提供了有益的帮助。

1962 年 11 月 18 日，玻尔因心脏病逝世于哥本哈根。

爱因斯坦和玻尔同为 20 世纪物理家的巨擘，就其学术影响的广泛性而言，玻尔毫不逊色于爱因斯坦。对此，著名物理学家马克斯·玻恩、海森伯与詹姆斯·弗兰克早有评论。因此，人们把玻尔与爱因斯坦并列为 20 世纪最伟大的科学家和思想家。

高山仰止 景行行止：杰出核物理学家钱三强

钱三强

钱三强，中共党员，著名核物理学家，中国科学院资深院士，中国核科学事业与中国核武器事业的开拓者之一。钱三强教授在核科技的理论与实践方面都取得了卓越的成就，是国内外久享盛誉的杰出科学家。

作为科学家，钱三强教授学识渊博，治学严谨，卓有成就，对核科学技术怀有满腔热忱。作为领导者，他具有非凡的组织才能，对人才善兼收并蓄、知人善任，对年轻人能严格要求，甘当人梯；对同事亦赤诚相见、直言不讳，心如水晶；对自己从不居功，艰苦朴素，一生清贫。作为中共党员，他也是一位襟怀坦荡、刚直不阿的坚强战士，具有强烈的事业心和高度政治责任感。钱三强院士热爱祖国，毕生致力于祖国核科学事业的艰辛开拓，为我国核科技事业的创建与“两弹”的成功研制、为中国科学院及其学部制的建立与发展都做出重大贡献。

这位在国内外久享盛誉的杰出科学家曾是法国著名核物理学家的约里奥-居里夫妇的学生，他与夫人何泽慧博士一起发现并证实了举世瞩目的铀核“三分裂”“四分裂”现象，推动了裂变物理的深入发展。他们的重要发现，为灾难深重的祖国赢得了荣誉，让炎黄子孙引为自豪。钱三强夫妇也因此饮誉海外，被西方物理学界称为“中国居里夫妇”。

这位新中国核科学事业的创始人和开拓者之一，早在1949年年底参加起草中国科学院建院草案时，就开始谋划建立新中国原子能科学研究机构。1951年2月，他任近代物理研究所所长；1955年1月，中央作出创建中国原子能事业的战略决策后，他参与领导创建了新中国第一个比较完整的、综合性的核科学研究基地——中国科学院原子能研究所（即现在的中国原子能科学研究院）。

这位“两弹一星”功勋奖章获得者，曾参与开创了中国核武器事业，参与组织领导了中国第一颗原子弹、氢弹的成功研制，为壮大我军威、国威，做出了重要贡献。

这位在核科技的理论与实验两方面都取得卓越成就的中科院资深院士，还开创和推进了我国核科技信息事业与核科技编辑出版事业，培养并建设起一支核科技信息和核科技编辑出版队伍。他不仅积极宣传核科技知识、大力推进核科普工作，而且极重视新中国的核教育事业，致力于核科技人才的培养与促进国内外科学术合作与交流，为核科技事业及核工业的发展殚精竭虑付出了毕生心血。

钱三强（原名钱秉穹），1913年10月16日，诞生于浙江绍兴一个开明进步的文化人家庭。父亲钱玄同先生是北大著名教授，我国近代著名的语言文字学家，也是五四新文化运动的著名倡导者之一。钱三强自幼受到良好的家庭教育和爱国进步思想的熏陶，一直以父亲的教导“学以致用，报效国家”为座右铭，从小就有强烈的爱国热情和正义感。他曾积极参加过“一二·九”爱国学生运动，以及反对伪冀察参政务委员会等进步活动。少年时期，钱三强在蔡元培任校长的孔德学校（现北京二十七中）读书，受孙中山先生的《三民主义》《建国方略》的启发，曾萌生过“工业救国”的思想，决心遵循孙先生的主张，立志学习科学技术，建设强大工业、建设强大国防，使国家摆脱贫困和屈辱，逐步走向富强，从而改名为“钱三强”。他原想报考当时的南洋大学（即上海交通大学的前身），学习电机工程。为补习英语，钱三强于1929年先考入北京大学读理科预科。期间，他除努力学习英语及有关课程外，还常听清华大学吴有训教授在北大兼课讲授的“近代物理学讲座”，同时他又仔细研读了罗素的《原子新论》一书。由此，为神秘而诱人的原子核物理学所憧憬的钱三强，一改学习工科的初衷于1932年报考了清华大学物理系，在以著名物理学家吴有训为代表的一批良师的指导下，专攻原子核物理。

清华大学物理系是由实验物理学家叶企荪教授创建的。该系有一个优良传统就是重视培养学生的动手能力。当年，吴有训教授指导王淦昌作毕业论文时，就是让王淦昌独立完成一项实验工作（实验题目是“测量清华园周围氡气的强度及每天的变化”），以实验报告作为毕业论文。1936 年，当钱三强要做毕业论文时，吴有训教授让钱三强跟自己做一个真空系统，以培养动手能力。钱三强非常高兴，自己动手，学起口吹玻璃的技术，可是当一个真空系统刚吹成时，一抽真空，突然整个玻璃设备都炸碎了，水银也流了一地！——这可把钱三强吓坏了，钱三强慌了，赶快跑去告诉吴教授。教授一听，告诉钱三强：赶快把窗户打开，立即跑出来，以防水银中毒。钱三强照办了。过了两天，吴教授把钱三强叫去，一点责备都没有，并鼓励他继续干。结果，钱三强毕业论文的实验完成得很好，1936 年以优异成绩毕业。1937 年，在吴有训、严济慈的推荐、支持下，钱三强考取了公费留法。他来到法国，在巴黎大学居里实验室，跟约里奥-居里夫妇从事核物理研究时，他看到约里奥的动手能力很强，自己能上车床，非常钦佩。有一天，约里奥问钱三强：“你会不会金工?”钱三强毫不犹豫地答道：“会一点。”由于他在清华大学学过吹玻璃，还选修过“金工实习”课，这一下正好用上了。钱三强对简单的实验设备和放射化学用的玻璃仪器，一般都能自己动手做，比起一遇到动手的事就要求人帮忙方便多了。钱三强在回顾当年受到吴有训教授的教导，敢于动手，敢于自己制作简单仪器设备时，认为这对他一生都有重要意义。

20 世纪 30 年代，是核科技史上发现与发明的黄金年代，一次又一次令人振奋的发现与发明让人目不暇接；1931 年，美国物理学家劳伦斯设计并制成了第一台回旋加速器；1932 年，美国化学家尤里发现氢的同位素氘（D），英国物理学家查德威克发现中子，美国物理学家安德森发现新的粒子——正电子（电子的反粒子），法国物理学家约里奥-居里夫妇发现了人工放射性现象；1935 年，日本物理学家汤川秀树提出介子理论等等。以上这些工作都先后获得诺贝尔物理奖或化学奖。这些重大发明与发现，激励着对原子核物理充满憧憬的钱三强。1937 年，在巴黎，他师从法国著名核物理学家约里奥-居里夫妇，从事核物理与核化学的实验研究。伊伦娜居里、约里奥-居里是著名科学家老居里夫妇（玛丽・居里和皮埃尔・居里）的女儿和女婿。这一家两代人都对放射性核素的研究做出了卓绝贡献，都获得过诺贝尔奖。钱三强师从约里奥-居里夫妇是幸运的。

期间，他的博士论文被安排在巴黎镭学研究所居里实验室和法兰西学院化学实验室同时进行，并由这两个实验室的负责人即伊伦娜·居里、约里奥-居里共同辅导。可见，钱三强便成为这个世界最著名的核物理实验室的成员，成为约里奥-居里夫妇的优秀学生和得力助手。

钱三强在法国留学与工作期间，正是核科技领域捷报频传，几乎每年都有新的发现公布，而且强手如林，你追我赶的时期。当时，用中子轰击铀原子核的实验研究（最终导致铀核裂变的发现）就吸引了一批核物理学家。铀核裂变的实验研究，始于 1934 年费米的罗马实验小组用中子轰击铀核的实验，他们以为得到比铀的原子序数大 1 的第 93 号元素；得力于约里奥-居里夫妇的巴黎实验小组的杰出报告；完成于哈恩的柏林实验小组的工作和迈特勒出色的理论论证。约里奥-居里夫妇在用中子轰击铀核的实验研究中，连续发表了三篇论文，描述了在中子轰击铀核的反应产物中发现了第 56 号元素钡。这一重要信息给正在从事同样实验研究的哈恩和施特拉斯曼以启示，他们认识到：铀核受中子轰击后，产生了钡-56 和镧-57，是否铀核被中子击成碎片了，但他们无法解释，便求助于以理论见长的核物理家迈特勒。当哈恩于 1938 年年底宣布发现铀核裂变现象时，约里奥-居里夫妇激动得半夜就起来跑到实验室做实验。当晚，他们让钱三强用云室拍下了世界上第一张铀核裂变的照片。当时，约里奥-居里夫妇指导钱三强博士论文的第一项工作是用云室研究 α 粒子与质子的碰撞。铀核裂变现象发现后，钱三强和他的导师们合作进行了一项验证裂变概念的研究。实验结果表明：铀和钍以不同方式裂变后，却得到了相同的产物，从而验证了裂变概念的正确性。他们联名发表了《铀和钍产生的稀土放射性同位素辐射的比较》一文，为解释发现不久的铀核、钍核裂变现象提供了有力支持。

1939 年 1 月，正在投入紧张实验研究工作中的钱三强突然接到来自中国的家书，得知父亲钱玄同因脑出血而辞世。痛定思痛，他提笔书写了父亲生前的教诲“学以致用，报效祖国”八个大字，作为自己在异国他乡的座右铭。1940 年，钱三强在伊伦娜·居里的指导下完成了 α 粒子与质子碰撞的研究工作，以此为题的博士论文获得通过，取得了法国国家博士学位。1941 年，因战事影响，他归国“报效祖国”的愿望未能实现，便滞留在里昂大学任教。在此，他一边指导大学毕业生的论文，一边研究量子力学和照相底片对射线的感光机制。次年，受伊伦娜·居里之邀，钱三强重返巴黎仍从事原实验研究工作。1944 年和

1947年，他先后任法国国家研究中心的研究员和研究导师。“研究导师”是当时非法国人极少能获得的高职，因此他受到了合作者与同事们的尊敬和爱戴。1945年，钱三强赴英国威尔斯物理实验室研究最新出现的核乳胶技术，并出席了当年召开的英法宇宙线会议。早在1940年，钱三强在阅读美国记者斯诺写的《西行漫记》时，好像在茫茫黑夜中看到了光明，看到了中国的希望，当时就决定回国，结果滞留里昂，未能成行。这次在英国参加会议期间，经中共旅法支部的安排，他在伦敦会见了斯诺笔下的传奇英雄——邓发将军，这次会晤给钱三强留下了深刻印象。邓将军借给他一份《论联合政府》，他生平第一次看到了毛泽东的文章，心中激起了对未来新中国的无限向往。从此，他对中国的前途与命运，以及自己的责任有了新的认识。1946年，与钱三强一起从清华大学物理系毕业的何泽慧博士从柏林来到巴黎，两人喜结连理。从此，这一对在西方有“中国的居里夫妇”之称的科学家，开始了共同的科学生涯，在核科技领域屡建战功。

还在1939年，丹麦理论物理学家尼尔斯·玻尔和他的学生惠勒在提出核的液滴模型时，曾预言重核裂变有可能分裂成三个原子核；1941年，美国物理学家普赖森特依据液滴模型，首先从理论上肯定：从动力学考虑，铀原子核吸收一个中子、获得足够的激发能后，完全可分裂为三个原子核。这就是关于中子轰击铀核后的“三分裂”假说。但在相当长的时间里，它未引起人们的重视，也未得到实验的验证。1946年秋，钱三强、何泽慧夫妇奉导师之命赴英国剑桥大学，出席在那里召开的“国际基本粒子与低温会议”。他们在会上宣读了题为《正负电子弹性碰撞现象》的论文。会上，英国年轻学者格林、李弗西投影了一组用核乳胶技术研究核裂变的照片，其中有一张记录到一条三叉形的径迹。在介绍中，他们认为“两条粗而短的径迹”是裂变产生的两个“碎片”，第三条“细而长的径迹”像是α粒子造成的，但其能量在已知天然放射性元素的α粒子中是最高的。说者无心，听者有意。这张照片上的“第三条径迹”，引起了对核心乳胶技术和铀核裂变照片素有研究的中国学者钱三强的浓厚兴趣。他一回巴黎就想用核乳胶技术做实验。他的想法得到了约里奥-居里夫妇积极响应。由于钱三强的工作，法国的核乳胶技术也因之得以广泛推广和发展起来。钱三强夫妇带领两位法国研究生以核乳胶作探测器，开始了夜以继日地追踪研究，他们经过反复实验及上万次观测（统计表明，约300张铀核裂变照片才可能出现一张“带三叉形径迹”的照片）。在分析研究实验照片的基础上，他们又根据有关粒子的发射方向及其质量的关键性资料，得出了存在着“三分裂”这一新裂变方式的结论。1946 年 12 月 9 日，这个核科技史上的“一二·九”是个重要的日子。经约里奥-居里推荐，钱三强领导的科研小组在法国科学院《通报》上正式公布了铀核三分裂的研究成果，并附有具历史意义的 5 张核乳胶照片。随后，素以精细闻名的何泽慧博士在纷乱的大量实验中，通过进一步观测与分析又发现存在“四分裂”现象。接着，他们又很快公布了首次发现的“四分裂”径迹的照片，并附有详细的测量计算数据。1947 年，钱三强夫妇已向美国权威杂志《物理评论》寄去了有关“三分裂”的论证报告。同年，在巴黎召开的“世界科学工作者大会”上，约里奥-居里向世界首次公布了有关钱三强实验小组最新研究成果的论文、核乳胶照片和详细的测量计算数据，并指出这是二战后物理学上一项很有意义的工作。因而，铀核裂变新方式（“三分裂”与“四分裂”）的发现引起了世界范围的轰动。第二天，法国的《人道报》《人民报》《时代报》，中国的《大公报》《新民报》对此都作了详细报道。有家报纸的标题为《中国的“居里”夫妇，发现了原子核新分裂法》，副标题是《为原子研究开辟新天地，物理学大师均赞不绝口》。为表彰钱三强的科研成就，1946 年法国科学院向钱三强颁发了亨利·德巴微物理学奖。钱三强夫妇为自己、也为祖国赢得荣誉。

如同核科技上一种新的发现往往都会受到怀疑或非难那样，钱三强夫妇的新发现也不例外。当英国学者格林、李弗西得知钱三强夫妇的新发现后，又重做了自己的实验，并在权威杂志《自然》上公布了他们的研究结果，坚持认为那条“细而长的径迹”是两阶段核作用放出的 α 粒子，而且未观察到“四分裂”径迹。几乎与此同时，加拿大的德谟斯、美国的法维尔、薛格雷及魏格德等学者虽然在实验中也观测“第三碎片”的事例，但未能做出正确解释，还先后发表论文支持英国学者的观点，否认“三分裂”“四分裂”的裂变新方式。面对如此局面，钱三强坚信真理越辩越明，勇敢地接受了挑战。他以科学家的严谨态度与精湛的理论分析论证了自己结论的正确性。经过一系列的反复验证与深入分析研究，他得到了有关能量与角分布等参数的关系，正式向法国科学院提交了题为《论铀的三分裂变机制》的论文，进一步从理论和实验两个方面对“三分裂”现象作了全面而翔实的论证，并预言按他的“三分裂”机制，在“第三碎片”中很可能存在一个质量谱，其中可能有氚、氦-6 等核素。时间是最好的裁判，到20世纪60年代，美、苏、波兰等国家的实验室在用新的半导体探测手段研究铀核裂变现象时，果然发现“第三碎片”中存在一个质量谱，其中除有90%的α粒子外，果然发现还有约10%的氚和氦-6，以及少量的氢、氘、锂、铍、碳核等等。至此，钱三强在1947年的预言完全被证实，“三分裂”的研究成果得到了物理界的一致公认。后来，“四分裂”现象也得到证实。钱三强夫妇的新发现揭示了裂变反应及其产物的复杂性和多样性，深化了人们对核裂变物理过程的认识，被约里奥-居里列为他的实验室在二战后的第一个重要成就。

作为一个享誉世界的科学家，钱三强不仅可以长居法国，而且前程无量。但是，他却无时无刻不在想念自己的祖国，报效自己的祖国。1948年春，当他得知新中国将要诞生的消息后，就想早点回国。然而，此时他却遇到了一些小难题。他后来风趣地说起的“几个婆家求嫁”便是其中之一：先是胡适校长邀请他到北大任教；继则是周培源代表校方邀请他回清华任教；之后有北平研究院物理所所长严济慈要他仍回研究院；赵忠尧则多次写信约他到南京中央大学任教。经过一番妥善的婉谢和权衡后，钱三强最后选择了母校清华大学。此事办妥后，钱三强先是找到了中共旅法支部的负责人袁葆华，令人出乎意料的是袁不赞成他急着回国（理由是担心他回国途中和回国后的安全问题）。后来，钱三强又找到了刘宁一，他们相约在巴黎市中心一处僻静的卢森堡公园见面。刘宁一起初也是劝他“不要立即回去，最好等解放后回国”，并明确地告诉钱三强：他和旅法支部分析情况后认为，钱多次出面与捣乱势力斗争，暗中已有人在注意了，担心回国途中和回国后有人算计，可能出危险。当刘宁一听了钱三强坦诚地细说了他们决心回国的想法和急着回国的三条理由后，最后还是同意了钱的想法。当时，得知钱三强、何泽慧要回国的外国同事也极力挽留他说，科学没有国界，你在这里极有发展前途。而钱三强则认为，虽然科学没有国界，但科学家是有祖国的；我们更清楚的是，正因为祖国贫穷落后，才更需要我们回去为她服务。同时，钱三强还向他的恩师约里奥-居里夫妇讲述了自己和妻子想立即回国的愿望。他们都很清楚，继续留在巴黎，对自己的科学工作当然是十分有利的。回到贫穷落后、战火纷飞的中国，恐怕很难在科学实验上有所作为。不过，他们更加清楚的是，虽然科学没有国界，科学家都是有祖国的。正因为祖国贫穷落后，才更需要科学工作者努力去改变她的面貌。

1948年5月，当钱三强、何泽慧夫妇即将离开法国时，与他相处11年之久的导师约里奥-居里夫妇为他们的离去深感惋惜，但还是表示了理解与支持。身为法国共产党党员、法国科学院院长、著名和平斗士的约里奥-居里鼓励他们说："我要是你们的话，也会这样做。祖国是母亲，应该为她的强盛效力。"导师还把当时极为保密的重要数据告诉了他们。导师夫妇又将一些放射性材料和放射源交给了这两位得意门生，让他们带回国，并热情地叮嘱他们："要为科学服务，科学要为人民服务。"不久，又有一个插曲，即 1951 年 10 月，放射化学家杨承宗准备离法归国的前夕，约里奥-居里约见杨承宗时说："请您转告毛泽东同志，原子弹并不那么可怕，原子弹的原理也不是美国人发明的。争取世界和平，反对原子弹的最好办法是自己研究出原子弹。"伊伦娜·居里还把重约 10 克的碳酸铁镭标准源交给杨承宗让他带回新中国。杨承宗回国后，先期回国的钱三强热情地会见了他，不久又特地通过有关部门将约里奥-居里的话向中共中央作了转达。以上两件事被中国核科学家一时传为佳话，中国的科学家们十分感谢约里奥-居里夫妇对新中国的关注和支持。同时，中国的核科学家们也没有辜负国际友人的期望，他们后来在为祖国的核科学事业和核武器事业中作出了各自的贡献。

1948 年夏，钱三强夫妇带着半岁的女儿，怀着迎接祖国解放的心情，回到了阔别 11 年的祖国。11 年啊，不平常的 11 年，对祖国魂牵梦绕的 11 年！带着报国之志，千里迢迢求学法国，又带着报国之心载誉而归。钱三强万分激动，他仰望着祖国的蓝天，脚踏着祖国的大地，深深吸收着祖国的新鲜空气，想着这将是我实践"学以致用，报效祖国"的时候了。但是，他心里很清楚，他要迎接与等待祖国的解放。于是，他毅然拒绝了南京政府的挽留，坚持到北平，接受清华大学理学院院长叶企荪和周培源教授的邀请，任清华大学物理系教授，同时与何泽慧一起积极组建北平研究院并兼任原子学研究所所长。1949 年 1 月 31 日，钱三强终于等来一个好消息：北平宣告和平解放了！钱三强情不自禁地骑上自行车，和年轻人一起飞快地来到长安街，置身于载歌载舞欢庆北平和平解放的人流之中。几天后，北平军管会主任叶剑英派人与钱三强取得联系，通知他参加即将诞生的新中国派出的第一个代表团，到法国巴黎出席保卫世界和平大会。当年 4 月，钱三强参加以郭沫若为团长的中国保卫世界和平代表团，出席第一次世界和平大会。钱三强深切地感到党对他的信任，作为一名科学家，他更多想到的是自己的责任。他想这次去巴黎可以会见老师约里奥-居里教授，如能请他帮助订购一些原子能科学研究的必要仪器设备和图书资料，将是个极好的机会。他的想法立即得到党中央的支持。中央领导十分重视发展科学技术，在当时财政极其困难的情况下，仍拨出5万美元，由钱三强带到国外购买核科学急需的仪器设备与图书资料。这件事给钱三强以震撼！他不禁心如潮涌、热泪盈眶："简直无法想象！尽管5万美元对于发展原子核科学不是个大数目。但是，这些新中国的开拓者们的远见卓识和治国安邦之道则在此一举之中昭然天下，让人信服，给人希望！"此后，钱三强还先后随同郭沫若出席了在华沙举行的第二次世界和平大会及在奥斯陆举行的世界和平大会执行局特别会议，陪同宋庆龄和郭沫若出席了在维也纳举行的第三次世界和平大会。

1949年10月1日，中华人民共和国开国大典在雄伟的天安门广场隆重举行。当时已担任全国政协委员和全国民主青年联合会副主席的钱三强，怀着万分激动心情应邀登上天安门，与党和国家领导人、各界知名人士一起参加了隆重的开国大典。钱三强终于迎来了新中国的诞生，迎来了祖国的春天，迎来了祖国科学的春天！当年11月，中国科学院宣告成立，钱三强被任命为中科院计划局副局长兼近代物理所副所长，同吴有训、彭恒武、王淦昌等著名物理学家担起了筹建中科院近代物理所的历史重任。屹立在世界东方的新中国为钱三强和他的同事们提供了广阔的科学舞台。从此，钱三强怀着科技兴国的极大热情，全身心地投入到新中国核科技事业的创业之中。1952年，钱三强参加国际科学调查委员会，赴朝鲜和我国东北调查美国使用细菌战的事实，为和平正义事业做出了积极贡献。1953年3月，钱三强率领26名学者组成的中国科学院访苏代表团，对苏联近百个各类科研机构、十余所大学，以及厂矿、农庄、博物馆等单位进行广泛、深入的考察，历时3个月。回国后，他们进行了认真总结，并在北京、上海、南京、沈阳等地科学界作了考察报告。这是一次极重要的考察访问，对中国科学院以后几年的各项工作有很大推动。1954年1月26日，钱三强光荣地加入了中国共产党，加入了为伟大共产主义事业而奋斗的行列，在党的直接领导下，钱三强和其他同志一起，为迅速开展核科学研究，积极引荐并汇聚了一批高层次的优秀科技人才，悉心培养了一支年轻的核科技研究队伍，并建立起我国第一个核科技研究基地。

1954年，地质工作者在广西发现了铀矿，毛泽东主席在听取了有关人员关于我国铀矿资源情况汇报后说，我们国家也要发展原子能。1955年1月15日，是我国核科技和核武器事业史上不同寻常的日子。在周恩来总理的精心安排下，这一天毛主席主持召开中共中央书记处扩大会议，刘少奇、周恩来、邓小平、彭真、李富春、薄一波等中央领导听取了核物理学家钱三强、地质学家李四光和地质部副部长刘杰关于发展原子能事业的汇报。毛泽东对两位科学家风趣地说，今天，我们这些人当小学生，就发展原子能有关问题，请你们来上一课。李四光首先介绍了铀与发展原子能的关系和我国铀矿资源的勘查情况，并拿出一块黄褐色的铀矿石标本给毛主席察看。随后，钱三强就铀的放射性作了一次精彩的演示：他把盖革计数器放在桌子上，将铀矿石标本放进衣袋里，当他从桌前走过时，人们便听到了嘎嘎的响声。此刻，在场的人都笑了起来。中央领导们兴趣浓厚，不断提出各种问题，有人还像钱三强那样试了试，气氛十分活跃。与会各位领导一致赞同发展我国自己的原子能事业。毛主席作了总结性讲话，他说："过去几年具体事情很多，还来不及抓原子能这件事。这件事总是要抓的。现在到时候了，该抓了。只要排上日程，认真抓一下，一定可以搞起来。"会后就餐时，毛泽东主席举起酒杯豪放地祝酒道："让我们为我国原子能事业的发展，干杯！"

中央作出创建我国原子能事业的战略决策后，随后指定国务院第一副总理陈云，中央军委副主席聂荣臻、国务院第三办公室主任薄一波组成三人小组负责领导原子能事业的发展工作。1956 年，国家成立了主管原子能事业的工业部（先称三机部，后改称二机部），宋任穷任部长，钱三强为副部长之一，兼职中科院副秘书长及中科院物理研究所（即近代物理所，后改名原子能研究所）所长。钱三强曾多次奉命赴苏联谈判，并组团去苏考察学习，参与组织领导建立了以苏联援建的"一堆"（研究性重水反应堆）、"一器"（回旋加速器）为核心实验装备的我国第一个综合性核科研基地，培养、选择了大批原子能科技人才。我国的堆物理、堆工程技术、铀化学化工、钚化学、放射性同位素制备、高能加速器技术、受控热核聚变反应、凝聚态物理、放射生物学、辐射防护、保健物理，以及核三废处理与处置等各项科研工作就此先后开展起来。期间，遵照周总理的指示，钱三强还积极参与了原子能科普知识演讲活动，兼任"中国科学院原子核科学委员会编辑委员会"的主编，领导开展核科技情报工作，为我国核科技信息与核科技编辑出版事业的创建与发展作出了重要贡献。

1959 年 6 月 20 日，苏共中央来信，借口赫鲁晓夫将于美、英在戴维营谈判禁试问题，拒绝原先承诺的向中国提供原子弹教学模型和图书资料，接着又单方面撕毁协议，撤走在华全部专家。赫鲁晓夫口出狂言，“没有我们，你们20年也搞不出原子弹来!”赫鲁晓夫的恶劣行径，使我国正在开展的尖端技术项目一时处于十分困难的境地。中共中央及时而果断地作出了“自己动手，从头摸起，准备用8年时间搞出原子弹”的决策，毛主席发出了“要大力协同，做好这件工作”的伟大号召。时任二机部副部长兼原子能研究所所长的钱三强立刻响应党中央的号召，领导原子能所调整科研方向，全力支持原子能工业建设和原子弹、氢弹科技攻关工作，他以空前的激情、非凡的智慧、忘我的工作和杰出的组织领导才能，投入了“自力更生，过技术关”的大会战。会战需要人才，需要各专业的各层次的科技人才。钱三强知人善任，积极推荐彭桓武、朱光亚、邓稼先、周光召等一批优秀科技专家，到核武器研究所，担任科技领导工作，与此同时，钱三强开始紧急部署核工业建设和核武器研制等一批关键性的任务和课题，组织攻关和协作。他先后组织领导了十多项核心、关键课题的调研、实验、研究，并直接负责重要项目的攻坚，会同科学院组织联合攻关。扩散分离膜是气体扩散法分离铀同位素的核心部件，需要不断更换和补充，用量很大。它的制造工艺复杂，我们知之甚少。当时只有美、苏等国掌握，均被列为国家机密。为了保证浓缩铀持续生产，我们必须掌握这项技术。钱三强极富远见、极有成效地组织领导了这一攻坚战。原子能所成立了以学术秘书钱皋韵为组长的研究小组，同时又在中科院主持协作工作的裴丽生副院长、秦力生副秘书长等领导的支持下，组织科学院冶金所和冶金部，北京钢铁研究院、上海复旦大学、中南矿冶学院等研究单位，在不长的时间里，联合攻关、协同作战，终于试制成功合格的扩散分离膜，并开始批量生产，使我国成为继美、苏之后第三个解决了扩散分离膜制造的国家，也为及时提供我国核武器试验所需装料创造了有利条件。这是一次融爱国主义精神、集体主义精神和自主创新精神为一体的社会主义大协作，充分体现了我国科研工作者自力更生、艰苦奋斗，“招之即来，来之能战，战之能胜”的精神风貌。因这方面的贡献，以著名物理冶金学家吴自良为首的8人，由于甲种分离膜获得1984年全国发明一等奖；以钱皋韵、吴征铠和葛昌纯、王恩珂为代表的28人因乙种分离膜获得1985年全国发明一等奖；刘伯云、周志德、李基发等16人因丁种分离膜获得1984年全国发明二等奖。

钱三强抓科学研究，重视抓预先研究，抓科学储备。1960 年年底，当原子弹理论设计还在加紧进行中，二机部部长刘杰提出“九所正忙于原子弹的技术攻关，原子能所能不能组织力量在氢弹理论研究方面先行一步?”钱三强立即表示赞同，在原子能所部署了探索氢弹原理的预研任务，成立了以黄祖洽为组长、于敏为副组长的氢弹预研小组，对热核材料性能和热核反应机制进行了探索性研究，分析研究了其基本物理现象与规律，探索了不少关键性概念，为氢弹研制作了一定理论准备。当第一颗原子弹爆炸成功后，为了集中力量，加快氢弹研制，二机部党组决定，把原子能所预研人员包括于敏和黄祖洽等 31 人于 1965 年 1 月合并到核武器研究所。经过这两部分氢弹原理攻关人员的奋战，特别是在探索研究过程中充分发扬学术民主，科研人员大胆设想，各抒己见，提出各种新的概念和新的思想。1965 年 9 月，于敏带领的攻坚队伍在上海对氢弹原理做进一步的研究和计算，终于找到了造成自持热核反应条件的关键，突破了氢弹理论设计的难题。又经过 1966 年 5 月进行含有热核材料的核试验和同年 12 月氢弹原理试验验证，于 1967 年 6 月 17 日成功进行了我国第一颗氢弹空投爆炸。中国成为继美、苏、英第四个制成氢弹的国家，而且是世界上从原子弹到氢弹发展最快的国家。我们之所以有如此高速的进展，氢弹原理预研是其主要原因之一。从原子弹到氢弹，按其原理试验的年、月间隔比较：美国用了 7 年 3 个月，英国用了 4 年 7 个月，苏联用了 6 年 3 个月，法国用了 8 年 6 个月，而中国只用了 2 年 2 个月，于 1966 年年底就成功地进行了氢弹原理试验，创造了震惊世界的奇迹!

原子弹、氢弹的研制是一项巨大的系统工程，涉及的学科也是一个庞大的科学技术群，是一场调度千军万马的高科技大会战。仅就我国第一颗原子弹的研制、爆炸成功而言，从全国来看，就有 26 个部委、20 多个省市自治区的 900 多家工矿、科研机构以及大专院校参加联合攻关，解决了近千项重大科研项目。在我国第一颗原子弹，氢弹的成功研制中，钱三强最突出的贡献在于他卓越的组织领导才能和高超的指挥艺术，他清楚为什么干，该干什么，由谁来干，怎么干，什么时候干，他洞悉其中的关键方向、关键项目、关键时机，能推荐选择关键的人，选定核心技术，关键课题，组织卓有成效的攻关，曾参与领导中国“两弹一星”研制并做出重要贡献的中科院原副院长张劲夫同志对此深有感触，并特别怀念钱三强的突出贡献：“如果没有他做学术组织工作，如果不是他十分内行地及早提出这些方案与课题，那么你怎么赶上和超过别人。他早就出了题目，我们早就动手了，早就把方案搞出来了……我国研制原子弹和氢弹，三强起了重要作用，功不可没。”

在“文革”中，钱三强被作为“反动学术权威”受到无理的审查与批判，继而被下放到陕西合阳农村劳动。然而，他对真理坚信不疑，对党忠诚不贰，对事业执著追求，从不为某些不公平的对待和做法而计较个人得失，消沉懈怠。粉碎“四人帮”以后，钱三强从二机部回到中国科学院参加领导工作，先后任副秘书长、副院长，曾兼任浙江大学校长。他主持领导了恢复学部委员的活动和增选工作，还率团先后访问了德、罗、法、比、荷、美等国，促进友谊和学术交流。1982 年，钱三强当选为中国物理学会理事长，同年被任命为全国自然科学奖励委员会副主任、全国学位委员会副主任，为评选国家第二次自然科学奖和我国学位制的建立，进行了大量细微而卓有成效的工作。他曾当选为第一、三、四、五届全国人大代表和第一、六、七届全国政协常委，并任全国政协科学技术委员会副主任。1985 年，钱三强因健康原因辞去中科院副院长职务，任特邀顾问，兼任全国自然科学名词审定委员会主任，为我国“文革”后的自然科学名词审定工作奠定了坚实基础。同年，法国总统密特朗亲自签署文件，授予钱三强法兰西荣誉军团军功勋章，以褒奖他在法国取得的卓越成就和为中法友谊做出的贡献。晚年的钱三强教授身体日衰，仍担任了中国科学技术协会副主席、名誉主席，促进自然科学和社会科学联盟委员会主任，中国物理学会名誉理事，中国核学会名誉理事长等职，做了大量富有成效的工作，并一直关心着我国核科技事业的发展。1992 年 6 月 28 日，钱三强因病在北京逝世，终年 79 岁。

1993 年 10 月 11 日，是我国核科技史和核武器史上一个璀璨的日子。是日上午，350 多位科学家和各界知名人士，聚集在钱三强院士辛勤工作过和亲自创建的我国第一个核科学研究基地——中国原子能科学研究院，隆重纪念这位蜚声中外的杰出科学家 80 诞辰报告会暨《钱三强论文选集》首发式，以及钱三强教授铜像揭幕仪式。原第三机械工业部（二机部的前身）部长、84 岁高龄的宋任穷将军亲自为钱三强铜像揭幕，深切地表达了老一辈无产阶级革命家对这位杰出科学家的崇敬和缅怀。中国科协主席、年近古稀的两院院士朱光亚，中国科学院院长周光召等与钱三强教授为我国原子弹、氢弹的成功研制而一起战斗过的同事们在会上对钱三强教授表示了深情怀念和高度赞扬。

周光召院士在《钱三强论文选集》的序言中写道：

“钱先生为人坦诚、刚直、不迎合潮流，对于不尊重客观事实的情况，大胆直言，从不苟同，即使个人遇到压力。因而在那不正常的岁月里，他曾不止一次受到不公正对待，然而他对真理坚信不疑，对事业执著追求，从不懈怠。粉碎‘四人帮’后，尽管他身体不太好，仍然不辞辛苦，忘我工作，活跃在科学舞台上。如重建科学院学部，为国际学术交流开拓新路，推动科技改革和新的研究领域的发展，对国家重大科技、经济、社会问题组织讨论，提出意见，等等。一直工作到他最后的那些日子里。”

彭桓武先生悼念钱先生时写下了这样的诗句：“人民站起新时代，科学还需指点才。”钱三强先生正是这样一位掌握全局、运筹帷幄的指点之才。他无愧于这个时代。在科学界，他是这个时代的代表，同时，他又是时代的楷模。这并不只是由于他在原子核物理上的重要发现和做出了饮誉海内外的光辉业绩，而且还因为，他全部科学生涯中贯穿着的深厚的爱国主义和崇高品格。熟悉钱先生的人，不会忘记他那宽阔的胸怀，勇挑重担的气魄，杰出的组织才能，甘为人梯的精神，谦逊朴实的作风，以及只求奉献不求索取的高风亮节。在钱先生身上，科学和道德达到了高度的统一。正是因为这样，钱三强先生才受到广大青年学生的仰慕、科学工作者的爱戴和全国人民的普遍尊敬。

高山仰止，景行行止，虽不能至，心向往之。钱三强教授是我国第一代杰出核科学家的卓越代表。

1999 年 9 月 18 日，国庆前 50 周年前夕，中共中央、国务院、中央军委为钱三强追授了由 515 克纯金铸成的“两弹一星”功勋奖章，以表彰他当年为研制我国第一颗原子弹、氢弹做出的突出贡献。

言为士则　行为世范：杰出核物理学家王淦昌

王淦昌

20世纪的中国出现了一位堪与世纪同龄、蜚声中外的杰出核物理学家。他就是中国核科技事业、核武器事业的主要奠基人之一，我国实验核物理、宇宙射线及基本粒子物理研究的卓越开拓者，我国惯性约束（ICF）受控热核聚变实验研究的首倡人与推动者，“两弹一星”功勋奖章获得者及国家高科技“863”计划倡议者之一的王淦昌教授。

这位生长在祖国备受列强欺凌、充满民族屈辱的环境下，由中国深厚的传统文化和西方先进科学知识哺育出来的科学骄子，怀着“一颗金子般”的爱国心，以他勤奋、执著的一生，“以身许国”，为祖国和人民铸就了一座座科学上的丰碑。

王淦昌教授是一位罕见的极富创新精神、勇立核科学潮头、实验与理论兼长、德高望重、成就卓著的核物理学家。他曾远涉重洋，成为科学骄子；两度建议逐鹿“中子”，险成弄潮人；一篇验证“中微子”的短文，点破世界难题的关键；一项“反西格马负超子”的发现，令世人瞩目；一个激光打靶的科学设想，开辟了受控热核聚变的新途；一声东方巨响，铸就中华神剑；一纸发展高科技倡议，可以富国强兵。

1907年5月28日，王淦昌诞生于江苏省常熟县支塘镇。父亲王以仁先生为当地著名中医。王淦昌3岁丧父，13岁时母亲由于过度劳累，得了肺病，又故去了，只有外祖母疼爱他，由大哥王舜昌和外祖母抚养。“五四”运动期间，在读小学的他就积极参加由教师带领的游行队伍，手执小旗上街游行示威，接受爱国主义运动的洗礼。1920 年暑假，由外祖母做主，王淦昌与同县的姑娘吴月琴结为连理，不久即赴上海浦东中学就读。1924 年高中毕业后，他考入清华大学，选学物理，成为我国近代物理学先驱、清华大学物理系主任叶企荪教授的得意门生。在叶教授的精心指导下，王淦昌迷上了物理实验。这对他日后的科学活动产生了巨大影响。1928 年，“康普顿-吴有训效应”的发现者之一、著名物理学家吴有训教授留美回国，到清华大学任教。吴教授在清华大学开设的“近代物理学”这门新课，把王淦昌引进了一个崭新的实验核物理的神奇世界，使他眼界大开，流连忘返。1929 年，在吴教授的指导下，王淦昌自制简单仪器，测量了清华园周围 5 米高空的大气放射性，并完成了《北京上空大气层的放射性》的论文。这是清华学生第一篇经实验方法做出的毕业论文，或许也是有关我国上空放射性调研的首次记述。叶企荪、吴有训等名师的悉心教导与实验核物理领域的种种奥秘，大大激发并引导充满活力和科学憧憬的王淦昌立下志向：不仅要从书本上了解前人已认识的神奇世界，还应通过自己的科学实验去认识与揭示未知世界的秘密，像叶先生、吴先生那样让更多的中国人跻身于世界著名科学家之列。从此，勃勃雄心、矻矻以学的王淦昌便与实验核物理结下了不解之缘。

清华大学原是留美预备学校。自 1925 年开始设立大学部。1929 年，王淦昌自清华大学毕业时，是该校物理系第一届毕业生中仅有的四个学生之一。1930 年，为求深造，决心以科学知识报国的王淦昌考取了江苏省官费留学研究生。当离别亲人，独自赴沪，登上远洋客轮的甲板时，他紧锁眉头，目睹黄浦上那些耀武扬威、横冲直撞的外国轮船，心里充满了忧虑与不安，感到阵阵屈辱，因而暗暗发誓，一定要学好本领、报效祖国，振兴中华。同年夏，王淦昌来到德国柏林大学，师从著名奥地利核物理学家、镤的研究权威丽丝·迈特勒教授。

20 世纪 30 年代的核物理学家们曾在实验室里掀起了一场逐鹿著名英籍新西兰实验核物理学家卢瑟福预言的“中子”（中性粒子）的竞赛。起因是，1930 年，德国核物理学家玻特和贝克尔在用 α 粒子轰击轻金属铍和硼的实验中，发现了一种穿透能力很强的辐射，由于它与 γ 射线一样也不带电，他们误以为这种强穿透力的辐射就是“强 γ 射线”。“玻特实验”引起了核物理学家们的关注。

当时，英国的查德威克、法国的约里奥-居里夫妇等都在研究；或重复验证玻特实验，以期揭开“强 γ 射线”之谜。此刻，正在德国威廉皇家化学研究所丽丝·迈特勒教授指导下攻读研究生的王淦昌也在兴趣盎然地关注着玻特实验。经过反复思考与研究，王淦昌认为：γ 射线不可能有那么强的穿透能力，而且他发现玻特实验仅用计数器作探测器，若在实验中再加用云室（王淦昌所在的放射物理研究室就有现成的）的话，就可弄清楚“强 γ 射线”到底是什么。基于这一思考，王淦昌满怀信心又跃跃欲试地向导师迈特勒讲述了自己的想法。

但是，那时的迈特勒对玻特实验的兴趣与敏感性远不及她的中国学生和英、法同行，反问王淦昌：“有这个必要吗?”未隔几日，经反复慎重思考后，王淦昌再次向导师详细陈述了自己的建议，迈特勒仍不以为然地说：“何必去重复他人的实验呢？自己开辟新路吧”。迈特勒始终没有支持王淦昌的建议。1932 年 2 月，查德威克在逐鹿“中性粒子”的竞赛中捷足先登，他正是利用云室重复玻特实验，发现“强 γ 射线”就是卢瑟福多次预言的“中性粒子流”。查德威克发现“中子”的消息不胫而走。当迈特勒得知这个消息后，无可奈何地对王淦昌说：“这是运气问题。”王淦昌只有微笑以对。

查德威克从实验和理论而个方面令人信服地证实了中子的存在，因此获得 1935 年度诺贝尔物理奖。其实，以迈特勒的丰富实践经验和她对 γ 射线性质的深刻了解，以及王淦昌建议的创新性和可行性，这两位异国师生完全可能先于查德威克发现“中子”，遗憾的是他们都与这一发现失之交臂。王淦昌始终未同意老师关于“运气问题”的看法，但却接受了她“自己开辟新路”的思想，这在另一项捕捉“中微子”的研究中得到充分体现。

20 世纪 20 年代末，核物理学家们在研究放射性核素衰变时，发现它们发射的 α 粒子的能量总是确定的（或单能的），而发射的 β 粒子的能量却是连续的，得到的是连续能谱。这就是所谓 β 衰变佯谬。它使科学家们颇感困惑。为解释这一物理现象，人们提出了种种假说。著名丹麦理论物理学家玻尔提出了 β 衰变中能量是不守恒的假说，由于它违背了能量守恒定律，自然未被人们接受。但其中最有名的、而且后来经实验证实是正确的，便是奥地利物理学家泡利提出的“中微子”假说。泡利指出，β 粒子在衰变过程中，不仅放出 β^- 粒子，还放出一种不带电的“中微子”，从理论上解释了 β 能谱的连续性。但是，这个在物理发展中带有革命性的一步，却遭到一些著名核物理学家的非难，只有意大利物理学家费米支持“中微子”假说，并从理论上发展、完善了它。

德国诗人歌德曾说过：“幻想是诗人的翅膀，假说是科学家的天梯。”假说，是科学发展的一种形式。理论再完整、再美妙还不行，必须在实验中找到“中微子”，这个假说的正确性才会被公认。于是，一些核物理学家便踏上了寻找“中微子”的征途。“中微子”（意大利语中，即“小中子”的意思）静止质量极小、又不带电，与质子的相互作用极微弱，因此在实验中很难对它进行精确测量。这是它长期不露踪迹的原因。许多证实“中微子”存在的实验研究都无结果，它遂成了一项世界难题。

王淦昌也一直在关注和思考如何捕捉“中微子”的问题。1940 年，他读了美国科学家克兰和赫尔彭关于探测“中微子”的文章，仔细分析研究了他们方案的弱点与不足，并构思了自己独特的探测方案。1941 年 10 月，王淦昌在贵州的小城湄潭的一座破庙里写出了一篇物理学界的“陋室铭”——《关于探测中微子的建议》，他终于设想出用观测轻原子 K 俘获过程中的核反冲方法来验证中微子存在的实验方案。他明确指出，用铍-7 经 K 层电子俘获变成锂-7 的实验可探测到“中微子”。这种匠心独运的方案为解决“中微子”假设的世界难题铺平了道路。但是，当时他与“流亡大学”——浙江大学正处于流亡之中，根本没有条件进行自己设想的实验。王淦昌只得把方案公开，让别人去做。他满怀希望地把这篇具有世界意义的论文寄给了《中国物理学报》，但该学报并未采用。同年 10 月 13 日，王淦昌只好把论文寄往大洋彼岸的美国权威刊物《物理评论》。翌年 1 月，《物理评论》发表了王淦昌的论文，3 月份，美国物理学家阿伦按照王淦昌论文的建议做了铍-7 的 K 层电子俘获实验，果然测得了锂-7 的反冲能量，取得了肯定的结果。由于技术问题，阿伦的实验还欠精细。阿伦的实验结果发表于 1942 年年底，成为该年度国际上物理学的重要成果之一。他在论文中称赞王淦昌的建议是“当时中微子验证实验最有价值的一种途径”。1943 年，《物理评论》把对捕捉“中微子”著名世界难题作出了重要贡献的《关于探测中微子的建议》一文评为 1942 年度的最佳论文之一。1952 年，美国物理学家戴维斯又精细地重复了铍-7 的 K 层电子俘获实验，测得了与王淦昌曾估算的理论值相符的锂-7 的反冲能量，完成了中微子存在的实验验证。1956 年，美国物理学家弗雷德里克·莱因斯和科恩利用一个核反应堆观测到大量中微子，他们使用的探测方法仍然是王淦昌所建议的方法。为此，莱因斯获 1959 年度诺贝尔物理奖。

当年，阿伦在他的论文中说明自己采用了王淦昌的建议，物理学界便把这个实验称之为“王淦昌-阿伦实验”。1952 年，由布拉特和韦斯可夫合著的第一本世界性的核理论教科书写进了王淦昌的名字。王淦昌关于验证中微子存在的实验方案，不但为捕捉中微子作出了关键贡献，而且为苦难中的祖国赢得了荣誉，自己也从此名扬海外。1947 年，由吴有训先生提名，王淦昌也因《关于探测中微子的建议》一文荣获以我国著名实业家范旭东命名的第二届范旭东奖。1948 年，美国科学促进协会出百年科学大事记，中国人能列名其内者只有彭桓武、王淦昌二人。

在王淦昌到达德国柏林大学的第二年，爆发了日本帝国主义侵占我国东北的“九·一八”事变。此事变顿时成了柏林大学校园里的议论中心：轻蔑嘲弄者有，恶毒讥讽者有，善意同情者有，正直义愤者有，王淦昌听后久久无法平静。日寇的侵略、祖国和人民的苦难、屈辱，再次刺痛这位中国学子的强烈爱国心。王淦昌怀着沉痛的心情，独自登上了学校的钟楼之顶，面向东方，悲愤难平地遥望着灾难深重的祖国。他原本决心在当时世界近代物理学发展三大中心之一的德国柏林留学深造，取得成就。但“天下兴亡，匹夫有责”，祖国和人民的重重灾难，使他不得心安！他暗下以爱国雪耻为己任的决心，及时调整学习计划，准备提前回国，实现科学救国，挽救民族危亡的心愿。

1933 年，法西斯头子希特勒登上了德国政治舞台。德国纳粹分子的反犹运动株连到王淦昌的导师丽丝·迈特勒教授。由于朋友们的告诫，迈特勒不得不中断与德国著名放射化学家奥托·哈恩持续了 30 年的科学合作，设法逃出德国。因事关重大，迈特勒对出逃之事一直守口如瓶。临走的前一天，迈特勒才突然来向王淦昌告别：

“我要到瑞典去了！”迈特勒不无遗憾地说。

“噢，教授，您何时回来？”王淦昌关切地问。

“我不能回德国了！”教授神色黯然地答。

“……”王淦昌沉默了！

王淦昌知道，他的导师是奥地利犹太人。这样一位举世闻名的研究镤的权威、在研究放射性使用的特殊方法上卓有成就的科学家也同样遭到法西斯的迫害，令他十分震惊！

1933 年年底，王淦昌获柏林大学博士学位。他惦记着正处于日本法西斯铁蹄蹂躏之下的祖国，决定尽早回国。一位德国同行力劝他留下来说："科学是没有国界的。你是科学家，中国并没有你需要的从事科学研究的条件。"王淦昌则认为，虽然科学没有国界，但科学家有祖国，他们应该承担起社会和道德的责任，自己绝不能留下来为德国法西斯服务。当然，他不便直截了当地回答他的同事，只好婉转地说："我是学科学的，但我首先是中国人。现在，我的祖国正在遭受苦难，我必须回去为她服务。"

1934 年，王淦昌满怀救国之志，毅然决然地踏上归国之路，回到了硝烟弥漫的祖国，先在山东大学物理系任教授，后任浙江大学物理系教授、系主任。不久，爆发了"七七事变"，抗日战争开始了。王淦昌是一位具有强烈爱国主义精神的科学家，为了宣传抗日、支援抗战，他和物理系仪器管理员任仲英一起，挨家挨户地宣传抗日、宣传"有钱出钱，有力出力"，动员人们募捐废铜烂铁给政府制造抗日枪炮。他还把自己多年的积蓄和妻子保留的金银首饰全部捐献给抗日将士，连结婚纪念戒指也未留下。为对抗日战争作出更有效的贡献，王淦昌教授开设了一门从未有过的新课——军用物理学，以提高学员自觉服务于战争的意识与动手能力。他自编讲稿，亲自讲授，学生可自由听课。由于内容丰富实用，讲授艺术高超，引人入胜，理论密切联系军用技术的实际，很受学生欢迎，听课的学生比哪门课程都多。据说，后来有不少学员正是以军用物理课所学得的军用技术知识参与制造枪炮弹药，直接为抗战服务的。王淦昌在抗日战争期间所开设的军用物理课曾深受人们的称道。他忠实地履行了为祖国抗战服务的诺言。

1949 年 10 月 1 日，新中国宣告成立，饱经苦难的祖国解放了，中国人民从此站起来了！新中国的成立给祖国带来了科学的春天，是年 12 月，王淦昌应钱三强、何泽慧夫妇的邀请，到北京与他们一起讨论了如何开展原子核物理研究的问题。1950 年 2 月，王淦昌便告别家人，从浙江大学被调往北京，他还带来了在美国做研究工作时与琼斯合作制成的云室。5 月正式成立中国科学院近代物理所。开始是吴有训兼任所长，钱三强任副所长。一年后，钱三强任所长，王淦昌、彭桓武任副所长。王淦昌协助所长负责日常工作。1952 年，由王淦昌主持制订的近代物理所《原子能和平利用研究计划》被列为中国科学院"一五"计划的 11 项重点工作 之一，为我国核科学事业的发展做了多方面的准备。当年，王淦昌还接受了上朝鲜战场调查"美军是否投放放射性物质"的任务。在朝工作的四个月里，他冒着生命危险，带着自制的真空管便携式盖革计数器与考察小组成员出色地完成了任务，并荣获中国人民政治协商会议全国委员会颁发的抗美援朝纪念章。

1956 年 9 月，根据社会主义国家签订的《关于成立联合原子核研究所的协定》，联合原子核研究所在莫斯科正式成立，王淦昌是该所首任学术委员会的中国委员之一。他参加成立大会后，便留下来任该所高级研究员，后又任副所长兼研究组长，主要从事基本粒子研究。成立该所的主要目的是为了各国科学家在核物理的理论与实验研究工作中进行合作，以扩大和平利用原子能的可能性。所址选在莫斯科郊区的杜布纳，一般又称为杜布纳联合核子所。

当时，物理学家们把已发现的 300 多种基本粒子分为四大类：即光子、轻子、介子和重子。重子中的兰布达（Λ）、西格马（Σ）、奥梅加（Ω）等粒子的质量都超过质子、中子的质量，故称“超子”。Σ超子是 1953 年由伯尼特在研究宇宙线时发现的。后来，物理学家们在实验中进而发现Σ超子又有正、负、中性之分（分别记作Σ^+，Σ^-，Σ°）。自 1930 年英国物理学家狄拉克首先从理论上预言存在电子的反粒子（正电子）、1932 年美国物理学家安德逊利用云室在宇宙线中发现正电子以后，实验物理学家一直在寻找各种粒子的反粒子。如果所有的粒子都有反粒子，这将证明微观世界中一条重要的规律，就是“对称性”，意思是粒子与反粒子——正与反的对称。理论物理学家把微观世界的这种物理现象归结为对称性原理。

到 20 世纪 50 年代中期各种介子的反粒子都被证实是存在的。1955 年，美国建成能量为 60 亿电子伏的质子加速器。1956 年意大利实验物理学家西格雷和美国物理学家钱伯伦用这台加速器发现了“反质子”。同年，意裔美国物理学家皮奇奥克等又发现了“反中子”。众多粒子的反粒子发现后，物理学家根据对称性原理作出理论预言：所有的基本粒子都存在着反粒子。但要对此加以证明谈何容易！实验物理学家们必须一一找到它们的反粒子。这无疑是一项极其艰难的实验研究工作。

二战后，苏联在杜布纳建造了当时世界上能量最高（100 亿电子伏）的质子同步加速器。加速器是研究高能物理不可缺少的装置，不少基本粒子都是在加速器上找到的。苏联政府认为应该让社会主义国家的核科学家都来用这台加速器争取早一点获得成果。1957 年，摆在实验物理学家面前的一个挑战性课题就是寻找反超子。为捕捉基本粒子的反粒子，在日内瓦的欧洲原子核研究所，当时正在加紧建造一台 300 亿电子伏的质子同步稳相加速器，并拟于 1959 年投入运行；美国、澳大利亚也在准备建造能量更高的加速器。可见，杜布纳的加速器在能量的优势只能保持不多时间了。就这样，在当时国际政治背景下，形成了世界两大阵营在这个科学攻关中激烈竞争的局面。

杜布纳联合核子所能否在不久的时间内，抢在欧美研究机构之前取得重大发现呢，大家把目光集中到副所长王淦昌身上。一向勇立核科技潮头的王淦昌，此时以敏锐的科学判断力，根据当时各种前沿课题，为进一步发挥联合核子所加速器的能量优势，提出了两个研究方向：一是寻找新奇粒子（包括各种超子的反粒子）；二是系统研究高能核作用下各种基本粒子产生的规律。他指挥以丁大钊、王祝翔等中国学者为骨干的研究组，开展了新奇粒子产生特性以及 π 介子多重产生等方面的研究，还让丁大钊主要负责实验布局和数据获取与处理课题等的研究。王祝翔主要负责丙烷气泡室的研制。

1958 年春，在王淦昌的指导下，王祝翔研制成一个小的丙烷气泡室，丁大钊等人也为在高能加速器上完成了物理实验研究的各项准备。在此基础上，王淦昌领导大家用小气泡室做了一个小实验。这是为寻找超子的反粒子所做的一次预演。同年秋，各项准备工作已经完成，大实验正式开始。他们用 π^- 介子作“炮弹”，让其与丙烷气泡室工作液体中的氢和碳相互作用，同时拍摄下实验的过程，前后共拍了 10 多万张照片，再对照片作“扫描”分析，即从几十万个反应事例中把产生反超子的反应找出来。在此之前，王淦昌就根据各种超子的特性，提出了扫描时选择可能的反超子事例的“标准”，还画出反兰姆达超子（记作 $\overline{\Lambda}$）、反西格马负超子（记作 $\overline{\Sigma}^-$）存在的可能图像，要求每位实验员把这个图像牢记在脑子里，扫描时应格外留心与图像吻合的事例。王淦昌反复提醒大家，一定要认真区分真相与假象、注意测量数据的积累。1959 年 3 月 9 日，全组人员都在紧张地查看片子。突然，一位实验员拿来一张底片，说是很像王教授反复提醒大家注意的那种事例。王淦昌拿过片子一看，真是兴奋极了！他认定这是一个反西格马负超子产生和衰变的事例。为慎重起见，他让在场的人都来看这张片子，并让几位实验员立即进行反复扫描、测量分析研究，最终确定它的确是一个十分完整的 $\overline{\Sigma}^-$ 超子产生和衰变的事例。

1959 年 9 月，国际高能物理会议在基辅召开，王淦昌在分组讨论会上报告了可能存在的$\overline{\Sigma}^-$超子事例。1960年3月24日，他们正式把发现$\overline{\Sigma}^-$超子的论文送给国内的《物理学报》上发表。苏联《实验与理论物理期刊》也发表了此项研究成果。中国《人民日报》和苏联《真理报》发表信息，报道了这一重大发现。苏联《自然》杂志评价这一具有深远意义的成果时说："实验发现反西格马负超子是在微观世界的图像上消灭了一个空白点"而欧洲联合核子研究所发现这一奇异粒子却在1962年3月。在这场激烈的科学竞赛中，王淦昌不负众望，他领导的研究小组捷足先登，取得了举世瞩目的成就。这是世界上第一次发现的带电反负超子，是高能粒子实验物理的一项重要成果，也是杜布纳核子能历史上最杰出的成就之一。它丰富了人们对于反粒子的认识，推动了反粒子研究的深入发展，不久人们利用气泡室还发现反西格马中性粒子（$\overline{\Sigma}^0$）。它进一步证实了凡基本粒子都存在其反粒子的理论预言。1982年7月18日，我国自然科学奖励委员会宣布：发现反西格马负超子的科研成果，同人工合成牛胰岛素、哥德巴赫猜想等六项研究成果，荣获自然科学一等奖。

20世纪五六十年代，是中苏关系从热烈到冰冷的年代。中苏两国在核武器研制方面，1957年10月曾签订有《国防新技术协定》。协定规定苏联援助中国研制原子弹，包括提供原子弹教学模型和图纸资料。开始一年多，各项工作还较顺利。不久，风云突变，一股西伯利亚寒流席卷而来，中苏两党、两国由政治思想上分歧到国家关系破裂。1959年6月，苏共中央先是单方面撕毁《国防新技术协定》，致函中共中央拒绝提供原子弹教学模型和有关技术资料，继之于1960年7月又决定撤走在华全部专家，并全面停止供应设备材料和技术资料。

面对苏联毁约、停援、撤专家的打击，毛泽东主席以大无畏的革命气概愤然指出："不要怕，没什么了不起！我们还是要下决心搞尖端技术。赫鲁晓夫不给我们尖端技术，极好！如果给了，这个账是很难还的。"中共中央毅然作出了"自己动手，从头摸起，准备用八年时间，拿出自己的原子弹"的决策，决定从全国抽调一批著名科学家和技术学家，依靠自己的科技力量，开展核武器研制工作。王淦昌即是其中之一。

50年代末，50刚出头的王淦昌教授，学术思想活跃、干劲十足，驰骋于基本粒子的科学王国，向着微观物质世界的深处挺进！如今，他却要放下手中的研究课题，隐姓埋名，秘密地投身于"拿出自己的原子弹"的战斗行列。这对他来说，是多大的变化，多重的责任！

1961 年 4 月 3 日是一个难忘的日子：二机部部长刘杰和副部长兼原子能研究所所长的钱三强在办公室里约见了王淦昌。刘杰开门见山且满怀期望地对王淦昌说：

“王先生，我们今天请您来，是想请您做另一件事，这件事和杜布纳的研究完全不同。我们想请您参与领导研制原子弹。”

刘杰向他传达了党中央关于研制核武器的决定和毛主席、周总理对科学家的希望。王淦昌静静地听着，心里很不平静。党的信任，人民的重托，自己几十年来的追求、期望，都落实到将要接过来的这副沉甸甸的担子上。他有许多话要说，但当时只掷地有声地道出了一句话：

“我愿以身许国！”

“以身许国！”——这撼人心魄的报国誓言，字字千钧，它源自民族英雄岳飞精忠报国的名句：“以身许国，何事不可为？”如今，它又成了这位科学巨子的座右铭。

几乎与此同时，钱学森推荐闻名世界的力学家、中国科学院力学所副所长郭永怀，钱三强推荐著名理论物理学家彭桓武参与核武器的研制工作。他们都被要求三天之内到核武器研究所报到。——“三天”，只给短短的三天！最懂得时间价值的三位科学精英从这紧促的时间里，意识到国家和党对自己寄托了何等期望！给予了何等信任！他们都毫不犹豫，服从祖国需要，毅然改变自己的研究方向，不到三天就走马上任，到核武器研究所工作，投身于核武器的研制之中。

1961 年 4 月，周总理在中南海秘密接见了这三位科学巨匠，与他们畅谈国际形势和发展我国国防尖端事业的必要性，并指出：“我们刚刚起步的国防尖端事业，需要尖端人才，需要第一流的科学家。你们当之无愧。这是一项重大政治任务，党和人民寄希望于你们啊！”他们到核武器研究所工作后不久，陈毅等同志听到这些著名科学家三日之内奉约报到的消息后，非常感动，便和彭德怀、彭真等中央领导特地来实验室看望他们。陈毅外长紧握着王淦昌的手说。“有你们科学家撑腰，我这个外交部长也好当了！”王淦昌、彭桓武、郭永怀到核武器所后都被任命为副所长。在分工上，彭桓武侧重抓理论部，王淦昌侧重抓实验部，郭永怀侧重抓设计部和生产部。从此，他们在参与高层技术决策工作的同时，分别在各自分工的科研生产第一线带着青年科技人员冲锋陷阵，取得了一个又一个胜利。时任理论部主任的邓稼先尊称他们为研制核武器的“三尊菩萨”。

当年，研制核武器要求严格保密，要求断绝一切与海外的联系。因此，王淦昌和彭桓武、郭永怀等一大批闻名中外的优秀科学家便突然在中国大地上“消失”了。但在中国核武器研制队伍里却多了一位化名“王京”的人。他就是既运筹帷幄又冲锋陷阵的战斗员和指挥员王淦昌。他隐姓埋名、呕心沥血，奋斗在核武器研制第一线长达 17 年。当时，他侧重抓实验部。实验部的任务是通过科学家实验取得数据，为设计和验证设计提供客观依据。我国第一颗原子弹选择的是内爆法压紧型。这种弹型设计先进，有实战意义，但技术难度很大，事先必须经过大量的爆轰试验。王淦昌首先奔赴长城脚下的 17 号试验基地，带领一支平均年龄只有 20 多岁的攻关队伍，艰苦创业，于 1961 年 4 月 28 日在古烽火台前打响了第一炮！王淦昌这位世界著名实验核物理学家，此时此地正身着蓝布袄、足蹬粗布鞋，同年轻人一道，天天同雷管、炸药打交道，钻进简陋的帐篷跟大家一起搅拌炸药，一起动手制作安装试验样品；顶风冒雨踏雪跟大家一起做试验，一天干下来，他和年轻人一样，汗水与沙尘黏结在一起也成了“泥人”；到了晚上，他还要在蚊蚋肆虐的帐篷里为大家讲课答疑，进行试验分析、试验小结，并提出下一轮的试验方案。年过五旬的王淦昌就这样，在古老长城脚下，默默地履行着“以身许国”的誓言。

那时，国家正处在经济困难时期，供应条件差，不少人得了水肿，但大家没有被困难吓倒，而是以“不为名，不为利，不怕苦，不怕死，排除万难，去争取胜利”为战斗口号，发扬自力更生，艰苦奋斗的精神，战天斗地，推进着我国第一颗原子弹的爆轰试验工作。在王淦昌、郭永怀、陈能宽等人的领导下，这支攻坚队伍解决了高能炸药技术（研制、成型与装药技术），聚合设计技术，“增压”技术，特殊材料状态方程和相应的实验测试技术等一系列难题，经过数十轮设计，上千次试验，取得大量第一手实测数据，验证了内爆法的各个关键技术环节，终于在 1962 年 9 月 25 日攻克了原子弹起爆元件设计技术难关，为我国第一颗内爆法压紧型原子弹的理论设计打下了坚实的实验基础。

1962 年成立的在以吴际霖、王淦昌、郭永怀、彭桓武为主任的四大技术委员会中，王淦昌任第 2 技术委员会（冷试验委员会）主任。不久，核武器研究所改为研究院并迁往西北核武器试验基地。王淦昌任副院长，带领一支更大的试验攻坚队伍奔赴青海高原，开始准备原子弹爆炸前的两次重要的冷试验。在海拔数千米的青海高原上，空气稀薄，水烧不开，饭煮不熟，有人患上高原症，连呼吸都困难，天气又变化无常，时而烈日当空，时而大雪飞扬，时而沙尘弥漫，时而暴雨骤降，其艰难程度可想而知。在一次试验中，患有高血压、年过半百的王淦昌因脑力和体力劳动透支而昏倒在地，经大家救助，他醒来后仍不顾别人劝阻，坚持参加试验。他和同事们就是在这样恶劣的环境中不辞辛劳，锐意创新，顽强拼搏，以惊人的毅力和勇气，显示了中华民族自立于世界民族之林的坚强决心与能力！1963 年 11 月 20 日和 1964 年 6 月 6 日，王淦昌和他的同事们所进行的“缩小尺寸全球聚合爆轰试验”和“全尺寸（1∶1 模型）聚合爆轰试验”取得成功，达到预期目的。这两次试验成功，对成功地进行我国第一颗原子弹核爆试验具有要意义。

1963 年，组织上决定送过度劳累的王淦昌去广东从化温泉疗养。一天早起散步时，他遇到时任外交部长的陈毅元帅。

“你们这玩意儿什么时候造出来？”陈老总发问。

“快啦！”王淦昌胸有成竹地回答。

“明年行不行？”元帅又急切地问道。

“再过一年差不多啦！”王淦昌自信地说。

“噢，希望你们快造出来，到那时，我这个外交部长也好当了！”

——王淦昌清楚地记得这是陈外长第二次说这样的话了，原子弹关联到我国的国威、军威呀！

次日中午，朱德、陈毅、聂荣臻三位元帅和夫人们特设宴招待王淦昌夫妇。席间，朱德元帅告诉王淦昌，针对某些核大国对中国人民的挑衅，毛泽东主席曾严正回答：“要下决心搞尖端技术。赫鲁晓夫不给我们尖端技术，极好！如果给了，这个账我们是很难还的！”聂荣臻元帅说：“靠人家靠不住，也靠不起，党和国家只能把希望寄托在本国科学家身上。”元帅们的关爱和重托使王淦昌十分不安，他想能否依靠自己的力量研制原子弹，的确关系到国家前途命运的大事，一定要不辱使命，“拿出自己的原子弹！”他辞别了老帅们，便匆匆赶回魂牵梦绕的核试验基地。在原子弹试验的前一周里，王淦昌几乎天天提心吊胆地睡不好，他一遍又一遍地仔细检查核对数据，不时地问程开甲、邓稼先等人看看有什么疏漏之处，并一再提醒“想想还有什么问题？一定要做到万无一失，一次成功!”

1964年10月12日以后，核试验场进入“临战状态”，各个岗位都严格地按计划进行。16日6时，基地气象处报告，整个场区及云迹地带气象符合试验要求。据此，现场总指挥下令：8时插接雷管！这是原子弹装配的最后一道工序，当即向北京用密语报告，代号是“老邱穿衣住上房，8点梳辫子。”周恩来总理批准按时引爆。16日14时59分50秒，随着扬声器中“10，9，8，7，6，5，4，3，2，1，起爆!”的传出，人们通过墨镜看到试验场方向发出耀眼的闪光，继而传来隆隆巨响，一个火球在试验场上空升腾翻滚，一朵巨大的蘑菇状云团冉冉升起！参试人员欢呼着，整个试验场沸腾了！王淦昌随着人群走出掩体，激动地挥舞双臂，含着热泪欢呼着：“成功啦！我多灾多难的祖国!”他终于实现了报效祖国、振兴中华的愿望。

15时4分，试验现场总指挥张爱萍将军望着直插蓝天的蘑菇云，问王淦昌：“这是一次核爆炸吗?”

“是的!”王淦昌毫不犹豫地答道。

张爱萍立即给北京二机部打电话：

“请找刘杰同志。”

(在二机部的联合办公室，刘杰正和几个干部焦急地等待着。电话铃终于响了！接电话的联合办公室主任张汉周同志太紧张了，以致把电话筒掉在桌子上……)

刘杰一把抓起电话，里面传来张爱萍激动的声音：

“请报告周总理和毛主席，我们的第一颗原子弹爆炸了!”

“再说一遍。”

“原子弹爆炸了，已经看到了蘑菇云!”

“我马上报告!”刘杰换了专用电话：

“我是刘杰，请周总理讲话!”

“我是周恩来!”

“总理，张爱萍同志从试验基地打来电话：原子弹爆炸了，已经看到了蘑菇云!”

“好，我马上报告主席。”几分钟后，周总理回了电话：

“毛主席指示我们一定要搞清楚是不是核爆炸，要让外国人相信!”

刘杰立刻把毛主席的指示传达给张爱萍。张爱萍立即拨通周总理的电话："我们的第一颗原子弹已经爆炸成功，我们已经看到火球，这是一次成功的核爆炸！请党中央和毛主席放心！"

在第一颗原子弹爆炸前后，毛主席首次提出"原子弹要有，氢弹也要快！"1963 年 9 月聂荣臻元帅听取二机部工作汇报时，就指示研制原子弹的原班人马立即转向氢弹的探索。周总理在原子弹爆炸成功后，立即要求加快氢弹的研制。

原子弹的蘑菇云团刚刚消散，王淦昌作为核试验技术的总负责人又马不停蹄地投入了氢弹试验和地下核试验的战斗。年近花甲的他依然不辞千辛万苦，带领着一大批中华科技精英在莽莽荒原忘我地拼搏着。1966 年 5 月 9 日王淦昌参与组织领导的含有热核材料加强型原子弹试验获得成功，为氢弹理论研究提供了实测数据，达到预期目的。此间，从事氢弹研制工作的科技人员从新闻媒介中获悉法国准备在 1968 年进行首次热核爆炸装置试验。为了替国争光，他们提出了"赶在法国人之前实现中国第一颗氢弹爆炸试验"的想法。这一想法得到了王淦昌等专家的积极支持，并成为他们加速氢弹研制的战斗号角。因此，理论工作者经过努力，很快得到了比较理想的氢弹原理模型。1966 年 12 月 28 日，我国氢弹设计原理试验获得完全成功。1966 年的两次试验结果表明，我们已掌握了氢弹研制的关键技术。

1967 年 6 月 17 日，中国的第一颗氢弹爆炸成功：中国继美、苏、英国之后成为世界上第四个拥有氢弹的国家，中国的核武器科学家创造了震撼世界的又一个奇迹！这是我国核武器研制历程的第二次突破，这是一个历史值得铭记的日子，国人值得自豪的日子，后人值得庆贺的日子。它再次引起了全世界的强烈反响。1985 年 3 月，有法国"快堆之父"称誉的万德里耶斯访华时，向中国同行打听道"你们氢弹搞得这么快，赶在我们前面爆炸成功了，到底有什么诀窍？当时戴高乐总统很震惊，还批评了我们。"他还特问曾留学法国的钱三强："中国的氢弹为什么搞得这么快？"钱三强回答道："我们在研制原子弹的时候，就有人进行氢弹的原理研究，等原子弹爆炸以后，把两支队伍合并在一起，很快就爆炸了氢弹！"——中国人"到底有什么诀窍"呢？当然有，这就是伟大事业产生的伟大精神。这是一种炎黄子孙深爱着祖国和人民、愿为他们无私奉献出聪明才智的炽热的爱国主义精神，一种由"两弹"研究者所体现、培养与发扬的自力更生、艰苦奋斗、勇攀高峰的集体主义精神。

氢弹爆炸成功后，王淦昌又承担了地下核试验的任务。1969年初春的一天，他主持会议，传达了上级对首次地下核试验的要求：试验务必于国庆20周年前打响。年逾花甲的王淦昌作为首次地下核试验的技术总负责人，身负重担。加之当时正值十年动乱之际，许多领导干部靠边站了、科研骨干当做“反动学术权威”在挨批判，弄得人人自危，谁还有心思搞什么试验呢？当时，科研管理机构已被“精简”得仅有一个“科研生产组”，工作人员寥寥无几；有些科室上班时也只有一两个人，食堂有时连做饭的人都找不到；设备运输工作也跟不上。但是，如此混乱艰难的局面并没有吓倒王淦昌，他坚信绝大多数干部，群众是有觉悟的。于是，他就奔波各科室、车间、运输队之间，宣传这次核试验的重要性和紧迫性，动员大家坚持岗位；他还跑到宿舍里去找人谈话，动员他们上班。就是在北京开会期间，他也到来京探亲的干部家中作家访，宣传、动员他们快回去上班。甚至还当面任命了地下核试验作业队的队长、分队长。王淦昌个人的威望、人品在群众中也有着巨大的凝聚力和号召力。人们看到一位60多岁的令人尊敬的老科学家尚且如此，我们有什么理由不上班呢。王淦昌把松散的人们组织团结起来了，把领导、科技骨干的积极性调动起来了。他及时带领大家制定了正确的试验方案，并亲临一线抓各项工作的落实。为完成这次使命，王淦昌身先士卒，哪里有困难他就出现在哪里，哪里有危险他就到哪里去。放置核装置的几百米深的山洞里，通风差，还有放射性氡气，在长达1个月的时间内他几乎天天和大家一起钻进令人窒息的洞里检查各种测试仪器的安装情况，不放过任何一个小疏漏。因为，他深知现场出现任何一点问题，其后果都是不可设想的。我国首次地下核试验取得了“一次试验、各方收获”的成果。

王淦昌在参与组织领导原子弹、氢弹研制的同时，仍然关注着物理学发展的前沿领域，1964年，他和苏联巴索夫院士各自独立地提出了用激光打靶实施受控热核聚变反应的科学设想，并一直积极支持和直接参加、指导着我国的高功率激光聚变及粒子束聚变的科研工作，带领核物理和激光领域的科技队伍，通力合作，在国内奠定了高功率激光聚变理论及其相应实验技术的基础。1984年，他向国家科委提出将受控热核聚变能开发列为国家长远重大项目的建议被采纳，他又领导开辟了氟化克准分子激光惯性约束聚变研究的新领域，并取得阶段性成果。

1978年10月，王淦昌与二机部其他四位专家联名上书中央领导，提出发展我国核电事业的建议，此后一直为核电呼吁行奔走。1979 年年底，72 岁高龄的王淦昌加入中国共产党，实现了他平生的最大愿望，他决心继续为国防现代化和国民经济建设奋斗终生。

1984 年 4 月，联邦德国西柏林大学授予王淦昌教授“金博士”荣誉证书，以纪念他在柏林大学获得博士学位 50 周年，这项荣誉是专为获得博士学位 50 周年仍站在科研第一线的科学家而设立的。王淦昌教授一直勇立核科技潮头，在物理学前沿辛勤耕耘，虽步入耄耋之年，仍精神抖擞地战斗在科研第一线。他是获得“金博士”荣誉的唯一一位中国科学家。1986 年他和王大珩、杨嘉墀、陈芳允联合向党中央提出跟踪国外高技术发展的建议，促进了我国“863”高技术发展计划的制订。

在王淦昌的一生中，他那种为国分忧、勤俭节约的精神感人至深，充分体现他艰苦朴素、艰苦奋斗的高尚品格。人们在评论他时，常说王淦昌“有着一颗金子般的心”。抗战时期，他竟无保留地把自己多年的积蓄和妻子的首饰，连妻子保留的结婚戒指也不留下，全部捐献给前方抗日将士。三年自然灾害期间，心中时刻装着祖国人民的王淦昌在杜布纳坐不住了，他乘火车专程到莫斯科中国大使馆求见刘晓大使。一见面，他就掏出存折说：“刘晓同志，这是我在苏工作期间节余下的 14 万卢布，请你收下转交给祖国人民吧。”刘大使很感动，沉默了一下，说：“这合适吗?”王教授动情地说：“游子在外，给父母捎零用钱，理所当然。现在国家遇到了困难，我难道不应当尽点心意吗?”某次出国访问，大使馆为他安排了高级房间，他不去住，却住进了普通旅馆，为的是给国家省点钱。在国外，外国朋友请他吃饭，他不便拒绝，事后总是自己掏钱购赠礼品以为答谢，从不动用国家的一分钱，回国后，他把国家给他的几千美元悉数上交。三年困难时期，他出差的车票也从不报销。他对自己很严，以艰苦朴素为荣，但对与疾病作斗争的科技人员，如助理研究员卢仁祥、院士丁大钊却关怀备至；对“文革”中受迫害的同志，更每月寄钱，帮助他们解决生活问题。为解决科研人员的后顾之忧，加强子弟学校的教育，1982 年他把自己所得的国家自然科学一等奖 3 000 元奖金全部捐献给原子能所子弟小学作为奖学金之用。1995 年，王淦昌获首届何梁何利基金技术优秀奖，1996 年 4 月，他捐资 3 万元，成立王淦昌基础教育奖励基金会，以奖励后生。

王淦昌是享誉中外的一流核物理学家。在近 70 年的科学生涯中，他一直活跃于科学前沿，始终保持着年轻学生时期的求学精神，永不满足已有的成就，为我们留下了验证中微子的方案，发现反西格马负超子，提出惯性约束聚变理论等多项世界级科技成果，体现了他追求卓越、不断创新“没有满意结果绝不罢休”的科学风格与创新精神。

作为我国老一辈科学家的卓越代表，王淦昌院士深受科学界的尊敬和爱戴。他具有不可多得的杰出科学家的优秀品质，当新中国需要他放弃原来的基本粒子研究时，他果断地表示“我愿以身许国”，充分反映了他忠于祖国的高尚情操，表达了他的理想、信念与献身精神。他作风严谨缜密，注重实事求是，强调科学群体的协作风尚。他一生对祖国奉献得最多，索取得最少，成为中国科学界一身正气、两袖清风的典范。

一事平生无龋龁　但开风气不为师：著名理论物理学家彭桓武

彭桓武，中国著名理论物理学家、核武器物理学家、中科院资深院士。在我国核武器研制中，他领导并参加了两弹原理的突破，以及战略核武器的理论研究、设计工作，作出了重大贡献，是我国“两弹一星”功勋奖章获得者。

彭桓武

彭桓武（幼名彭兆熊），1915 年 10 月诞生于吉林省长春市，祖籍为湖北省麻城市。父亲彭树棠（华清，1873—1940）为前清举人，擅长诗词，早年留学日本攻读法政，曾参加过以孙中山先生为总理的中国同盟会，是一位爱国知识分子，彭老先生回国后，先在武昌从事过一段法律教育工作，后奉调至延吉边务公署主管涉外事宜，期间被清政府委派争回了被日本所强占的延吉、晖春等县的主权，历任延吉、晖春、长春等地地方官多年。彭树棠虽争回了几个县的主权，但仍受到豪官强吏的排挤，不得不于 1920 年辞任而寓居长春。在长春的县衙里，彭树棠曾亲撰一副楹联以自警自策。可见他还是想为老百姓做点事情的。其联为：

衙作禅堂心作佛　民为眷属国为家

彭老先生育有五女二男。他总是希望自己的子女将来能担起“科学救国”的重任。在父亲的影响和教育下，少年彭桓武就开始攻读英语、德语，攻习物理、化学、数学等现代自然科学，此外还广泛涉猎康德的哲学、罗素的逻辑学、达尔文的进化论，乃至地质学、古散文诗词歌赋学方面的知识。他专心读过

《物种起源》《科学大纲》等著作，尤其对科学产生了浓厚的兴趣。这些为他日后成就科学事业打下了良好的基础。

1928—1931年间，彭桓武先后就读于长春自强中学、吉林毓文中学，以及北京汇文中学、北师大附中和大同中学。中学时期的彭桓武对数理化课程异常入迷，成绩优异，并连连跳级，15岁毕业便考入清华大学物理系。在清华这座高等学府里，彭桓武更是如鱼得水、似鹰翔空，他除去攻物理及其他自然科学外，还重返少时的兴趣，对哲学、逻辑学、心理学、先秦诸子百家等人文科学进行广泛地阅览与探索，他还利用一个暑假，整理一部“荀子”，其中一些考辨，甚至不少文科学生都无法企及。就这样，彭桓武以强烈的求知欲，广博的自然科学与人文科学知识、极高的悟性和罕见的钻研精神，使他在清华学子中脱颖而出，出其类而拔其萃，成为清华物理系由历届毕业生中遴选出的四位优等生之一，与后来都成为著名科学家的王竹溪、林家翘、杨振宁一起被称为“清华四杰”。1935年，彭桓武自物理系毕业后，又进入清华研究生院继续深造。

1937年抗日战争爆发，清华大学南迁，彭桓武辗转来到昆明，在著名数学家熊庆来主持的云南大学理化系任教。1938年，彭桓武通过了中英庚款出费留学生考试，成为理论物理留英官费生。经他的老师、著名物理学家周培源的推荐，他来到英国爱丁堡大学师从著名理论物理学家马克斯·玻恩。玻恩是在希特勒上台后流亡到英国的德国人，是哥廷根学派的代表人物，诺贝尔物理奖的获得者，量子力学的创始人之一，也是一位桃李满天下的教育家。在他的研究所里曾聚集过来自英国、法国、德国、印度、爱尔兰等国的学生。他的学生中曾有“核反应堆之父”费米，美国“原子弹之父”奥本海默，量子力学（矩阵力学）的创立者海森伯等一代科学精英。彭桓武则成为玻恩教授的第一位中国学生。此时，这位中国学生已才现文理、学涉中西、识汇古今，在自然科学与文学艺术的交织中探索着科学的真谛，展示着炎黄子孙的才华。在导师玻恩的指导下，彭桓武的探索、研究领域得到了扩展，视野日渐广阔，不但从事晶格动力学、分子运动论与固体物理学等学科的研究，甚至还尝试量子场论的发散难题、辐射阻力，以及凝聚态物理中的超导等这类问鼎诺贝尔奖的重大课题的探讨。1940年，彭桓武以博士论文《电子的量子理论对金属的力学及热学性质的应用》，获爱丁堡大学哲学博士学位。是年，庚款期满，他向导师表示了自己仍想继续理论物理研究的愿望，玻恩立即推荐他去爱尔兰的都柏林高等研究院理论物理研究所作博士后。次年，如愿以偿的彭桓武即赴爱尔兰的理论物理研究所师从奥地利著名理论物理学家、量子力学（波动力学）创始人之一的薛定谔所长，继续理论物理学前沿研究。

1941 年，彭桓武用量子场论对介子及宇宙线的一些物理现象作出了极精彩的理论解释，尤其是 1943 年，他同他的师兄、物理学家海特勒，以及汉密特合作，成功地发展了量子跃迁概率的理论，研究了初级宇宙线与核碰撞产生介子的过程，用能谱强度首次解释了大气层中宇宙线的能量分布和空间分布而名扬国际物理界。于是，他们的理论被科学界命名为“HHP 理论”（各取三人英文名字的首位字母）。它成为研究介子和宇宙线的实验物理学家们经常引用的理论。是年 8 月，彭桓武又回到爱丁堡大学理论物理研究所。当时，该校得到一个卡内基研究员的资助名额，他在导师玻恩的帮助下，得以作为卡内基研究员继续从事场论研究。期间，他仿效当年玻恩创建矩阵力学的做法，不引入场的平面被分解，而从不同场分量间的对易子引入波矢（从而避免了因对波矢求和而产生的发散问题），因而得到导师的赞许，并引起了玻恩的极大兴趣，进而同学生们一道开展了深入研究。在导师的参与下，他和玻恩联名发表了一系列研究成果。在论文中，他们重点讨论了场论里的标量场、矢量场及旋量场等数学理论问题，引起了理论物理学界的关注。1945 年，彭桓武和玻恩共获英国爱丁堡皇家学会的麦克杜加尔-布列兹班奖。同年，彭桓武获爱丁堡大学科学博士学位。此后三年，彭桓武受聘于都柏林高等研究院，被薛定谔聘为副教授，并担任研究生导师，接替了海特勒的职位，成为“第一位在英国取得物理学副教授职称的中国人。”海特勒曾回忆道：“同事中最受热爱的一个人是中国人彭桓武，不懈地努力加非凡的天赋使他成为同事中最有价值的一员。”1946 年，彭桓武应邀出席了在剑桥大学召开的世界第一次基本粒子会议。1948 年，他当选为爱尔兰皇家科学院院士。

为实现父亲让他肩负起“科学救国”的遗愿，1947 年，彭桓武决定回国。正如巴斯德所说的，科学是没有国界的，但科学家都有祖国。彭桓武认为，我有责任利用自己所学之长，来关心祖国，建设祖国，使祖国强盛起来，不再受人欺负。正像他说的：“回国不需要理由，不回国才需要理由。”尽管当时薛定谔和海特勒都舍不得他离开，但还是理解他的这一决定。当年年底，彭桓武带着满腔爱国热情登上了回国的海轮，1948 年年初回到了阔别多年的祖国，来到云南昆明，不久即应聘为云南大学物理系教授。当爱尔兰皇家学会遴选他为会员，爱尔兰科学院遴选他为院士时，他已站在云大物理系的三尺讲台之上了。不久，在代表该校赴比利时参加一个学术会议的途中，他于巴黎遇到了清华的老学长——钱三强教授。在交谈中，他们相互倾吐了要以科学知识报效祖国的决心，并带着对新中国的憧憬，互勉道“回国咱们要大干一场”。

1949 年年初，天津、北京相继解放。在严济慈教授的协助下，彭桓武取道香港、天津辗转来到北京，历任清华大学、北京大学物理系教授。有一次，他拜访清华大学理学院院长叶企荪教授时，见到了钱三强教授，他们一起共议时事，共商国策，热切期盼着新中国科学的黎明。钱三强兴奋地告诉他们，中央准备成立一个人民的科学院，我向周恩来总理建议在科学院里成立一个近代物理研究所，如果我的意见被采纳，就能成立近代物理所了。彭桓武听后激动地说“这回，咱们可以干起来了!”同年 11 月，中国科学院宣告成立。此后，彭桓武便与吴有训、钱三强、何泽慧、王淦昌、李寿楠等著名物理学家担起了筹建近代物理所的历史重任。1950 年 5 月 19 日，由这些科学家创办的新中国第一个核科学研究单位——中国科学院近代物理所正式成立，由吴有训兼任所长，钱三强任副所长；1950 年由钱三强任所长，1952 年王淦昌、彭桓武任副所长。从此，拉开了中国近代物理前沿科学研究的序幕，在钱三强、王淦昌和彭桓武的组织领导下，他们依据我国国情，科学地筹划，制定了中国发展核科技事业的第一个五年计划，确定了以核物理研究为中心，同时开展理论物理，放射化学，电子学，宇宙线，以及核反应堆物理，加速器技术等领域的科学研究。此时，大批海外中华学子，怀着满腔激情毅然回归祖国参加新中国的建设。近代物理所正敞开大门，迎接了一批又一批有志之士。到 1955 年，该所由建所初期的十几个人，很快增到 100 多人。近代物理所这个科研机构的孵化器，为年轻共和国核科学技术和核工业的崛起孕育出一大批具有世界水平的核物理学家，一大批饮誉世界的科研成果与科研院所，为共和国的核科技事业与核工业的发展奠定了科学和人才基础，做出了卓绝贡献。

归国初期，满怀以科学知识报效祖国的彭桓武，一面在清华大学、北京大学开始了国内第一次正规的国际前沿学科的教育，一面和其他物理学家一道创办了近代物理所，同时他还时刻关注着新中国经济建设和国防建设的发展，并经常深入生产第一线，努力寻找物理学在我国工业生产领域科学应用的课题。

当时鞍钢是我国最大的钢铁生产基地。为提高生产效率，工人与技术人员采用了快速加热钢锭的新工艺，但随之产生的钢锭裂缝这一技术难题却无法解决。彭桓武应邀来到鞍钢现场，经过研究分析，他巧妙地建立起物理模型，简化了数学计算，求出了高温快速加热中钢锭的安全直径，使难题得以解决，从而制定出我国钢锭高温快速加热的第一个规程。彭桓武的这一理论联系实践的成果，开创了新中国科学技术为生产实践服务的先例，被誉为用理论物理学为国民经济建设服务的"第一人"。

早年，彭桓武在国外从事固体物理、量子物理、介子物理和量子场论等的理论研究。回国后，由于国家的需要，他从轻原子核理论转向理论核物理研究，讲授现代理论物理课程，并极为注重培养学生的现代科学精神、科学思想与科学方法，激发他们的创新力与创造力，为新中国培养、造就了一大批高层次的科研技术人才。1955 年 10 月至 1956 年 4 月，彭桓武放下自己手中的研究工作，奉命赴苏联莫斯科热工所实习核反应堆理论与核工程设计，开始转入核工程领域。他仅用了半年时间就掌握了核反应堆理论，并对苏联帮助我国建立的实验重水核反应堆进行了独立的物理设计。彭桓武很快开辟了我国核反应堆与核临界安全的研究，并领导开展了核潜艇研究设计的前期工作，组织培养了一支彼此协作的、团结善战的反应堆理论、实验和工程设计的科技队伍。此间，他还具体指导解决了铀浓缩工厂中的核安全问题。50 年代末，经钱三强、钱学森推荐，彭桓武和王淦昌、郭永怀三位中科院学部委员，在被限令的三日之内均去二机部核武器研究所报到，都被任命为副所长，分别领导、主持理论部、实验部和工程设计部的工作。从此，他们便踏上了探索原子弹、氢弹之谜的征途。

1961 年，彭桓武任二机部核武器研究院研究员、副院长，全力开始领导、组织了核武器原理的探索。他领导并参与了原子弹、氢弹、中子弹的原理突破，以及战略核武器的一系列理论研究、设计工作。在中子物理、凝聚态物理、辐射流体力学、理论物理、爆轰物理等多种学科领域内，取得了对实践具有重要指导意义的一系列理论成果，为我国核武器的理论突破与设计工作做出了重大贡献。

1972 年，彭桓武奉调中科院高能物理研究所，任研究员、副所长。1987 年的某一天，他来到好友钱三强家，钱夫人何泽慧博士在小客厅里热情地招待着十几位科学工作者，人们争先恐后地发表着自己的意见，热烈地为即将成立的中科院理论物理研究所勾画着蓝图。当谈及理论物理所所长人选时，钱三强认为：理论物理研究所的所长，应当是具有世界级高水准的科学价值观和敏锐学术眼光的理论物理学家，能高屋建瓴地领导和组织科研；他不但精通物理学，还要融汇边缘学科的最新成果，他的思路应当活跃在学术探索的最前沿。当时，大家不约而同地说出一个人的名字："彭老!"钱三强马上表态说："我看也非彭桓武莫属了!"是年，彭桓武被任命为中国科学院理论物理研究所所长。此时，彭老正卧病在床，而妻子刘秉娴不幸刚刚病逝，但他没有推诿，而是再一次担起了重任，拖着病体，走出了失去妻子的悲痛，全身心地投入新的工作。他明确地提出了"建立一个交流和综合的新型研究机构，把我国的理论物理研究推向世界先进水平"的建所目标。为集中时间和精力从事新的工作，在担此重任之前，他就提出了两个"条件"："不开会，不出国……"在彭老的领导下，理论物理所很快打开了局面，在开展综合性研究的同时办起了一份学术刊物，与国际同行进行交流，了解理论物理界的最新成果与最新动态，并逐步使中国的科研课题跻身于国际竞争的行列。为了快速培养理论物理的新的学科带头人，让更有发展前途的新人挑大梁，彭桓武以一个科学家的高瞻远瞩的眼光，提出废除"所长终身制"并毅然提出辞呈，而且郑重宣布："从我开始，不设名誉所长!"辞职后的彭老并未能享清闲，仍然战斗在科研第一线，亲自组织并领导了中科院凝聚态物理研究小组，开展凝聚态物理与统计物理的理论研究。彭桓武为加强、加速我国核武器物理，固体和统计物理，核反应堆物理，加速器等学科的发展，做了大量卓有成效的组织领导工作和研究工作，为迎接新技术革命的挑战，做了基础理论研究和研究人才两方面的储备。两年后，为更快更好地培育学科领军人物，他又把凝聚态物理组组长的位置让给了新人。1982年，彭老被推任为中科院数理学部基金组长，次年又担任了数理学部的规划组长。当这些工作步入正轨后，彭桓武又把这些重要职务一个个又让给了更年轻的科学家。彭老这种功成不居的品质与"但开风气不为师"的精神，深得同行的敬意。彭桓武作为一代科学大师，他的渊博知识、广阔胸怀、治学为人之道和善于开局创业、默默奉献的精神给他的学生和广大青年科技工作者以极大的教育和启迪。他的学生、理论物理学家周光召说"彭老整整教育影响了几代理论物理学家!"他的学生、核物理学家邓稼先尊称他和王淦昌、郭永怀是核武器研究院的"三尊菩萨"。他的学生、理论物理学家黄祖洽说："我跟彭先生的最大收获，就是学到了培养人的方法。"的确，在彭老身边成长起来的一大批科学家，他们不仅继承他既能从事基础理论研究，又能搞应用技术研究的特点，也学到了他民主的科研作风、严谨治学态度和眼界开阔、胸怀豁达、不计名利、甘为人梯的大师风度。

1982 年，彭桓武领导与参加的核武器理论设计（项目名称为《原子弹氢弹设计原理中的物理力学数学问题》）荣获国家自然科学一等奖，获奖人为：彭桓武、邓稼先、周光召、于敏、周毓麟、黄祖洽、秦元勋、江泽培、何桂莲等。按国家规定，这项一等奖的唯一一枚金质奖章应授予获奖人中的第一位获奖者。当研究院领导把金质奖章递给彭老时，他却拒不肯收，并严肃而认真地说："这是集体的功勋，不应由我一个人独享!"

此刻，院领导有些急切地说："不，彭老，请您一定收下。"在场的中青年科学家也一致提出请彭老保存这枚奖章。在这种情况下，他说："好，既然这么说，我就先收下。"

但，彭老接过奖章后，立刻郑重地宣布："现在这枚奖章已经归我所有了，我就有权处理它了。"接着，他提出把奖章放在院展览馆里展览，"送给所有为这项事业贡献力量的人们"。为此，他还特地在奖状首页题上了：

集体，集集体；日新，日日新

题词充分体现了这位新中国一代科学宗师的无私胸怀。

1985 年，彭桓武又被授予两项国家科技进步特等奖。1995 年，获得何梁何利基金科学与技术成就奖，该奖金作为"彭桓武纪念赠款"被他分赠给共同从事过核科学事业的一些同事。1999 年 9 月 18 日，中共中央、国务院、中央军委授予他由 515 克纯金铸成的"两弹一星"功勋奖章，以表彰他当年为研制我国核武器做出的突出贡献。为表彰彭桓武在理论物理领域取得的诸多成就和他为推动我国科学事业尤其是交叉学科研究发展作出的重大贡献，2006 年 6 月 13 日，经国际天文学联合会小行星命名委员会批准，将我国科学家发现的国际编号为 48798 号小行星正式命名为"彭桓武星"。这是具有国际性、权威性、永久性的命名，是人类迄今一项至高无上的荣誉。

彭桓武在国内外发表科学论文 30 多篇，主要著作有《彭桓武选集》《理论物理基础》《数学物理基础》及《彭桓武诗文集》等。

我国核武器事业中的科技枢纽：著名核物理学家朱光亚

朱光亚（右）、张爱萍（中）、钱学森（左）合影

1945年7月，世界上第一颗原子弹在美国试爆成功。是年8月，美军用原子弹先后对日本广岛、长崎进行了核袭击，宣告了核武器时代的开始。

正当人类步入核武器时代之际，1946年9月的美国旧金山出现了一位企图通过考察学习，以掌握原子弹制造技术的中国青年学者。

这位高大英俊的中国学者，就是10年之后为新中国培养了第一代核科技工作者，进入中国研制核武器最高决策后参与最高决策，并为我国第一颗原子弹、氢弹成功研制与核武器的发展作出了重要贡献的杰出核物理学家朱光亚。

1945年9月，国民党南京政府军政部次长、著名国际弹道学家俞大维向蒋介石汇报了美国中将魏德迈（时任蒋的参谋长）问及的“你们要不要派人去美国学习制造原子弹”一事，蒋介石极为重视，即令军政部长陈诚和俞大维负责制订“原子弹计划”。次年6月，蒋介石撤销军政部、成立国防部，俞大维任副部长，兼任“原子能研究委员会”主任，主持原子弹的研制工作。俞大维深知研制原子弹，关键是需要第一流的人才，他首先想到了物理学家吴大猷，数学家华罗庚和化学家曾昭抡。8 月份，陈诚和俞大维邀请这三位著名科学家到重庆商议发展原子武器的有关事宜，决定遴选在物理、数学、化学专业中学得优异的后起之秀，专程赴美考察学习。当时，物理方面，吴大猷推荐了朱光亚、李政道；数学方面，华罗庚推荐了孙本旺，到美国后又推荐了徐贤修；化学方面，曾昭抡推荐了唐敖庆、王瑞先。朱光亚在征求地下党组织的意见后，于 1946 年 8 月，同李政道、唐敖庆一起随同华罗庚先生乘船赴美。9 月，满怀希望的华罗庚师生一行到达普林斯顿大学与先期而至的曾昭抡会合。曾昭抡经过一番调研和努力后得知美国有关研制原子弹的科研机构、工厂严格保密，根本不准外国人进入甚至连已经参加曼哈顿工程的外国人都被赶出来了。朱光亚等人“考察学习”的希望落空了。最后，曾昭抡告诉大家：在美国学习原子弹技术没门啦，你们还是各奔前程吧！考察团就这样解散了。之后，华罗庚、吴大猷、曾昭抡等教授们到美国大学里任教，青年学者们则分别进入各大学学习。当时，朱光亚选择了吴大猷教授的母校密执安大学。他一边作为吴教授的助手做课题研究，一边攻读博士学位，进行原子核物理方面的学习与研究。从此，朱光亚便与核物理结下了不解之缘。这一段不寻常的经历，对朱光亚日后回国参与研制原子弹工作有着极重要的影响。

朱光亚祖籍江西，1924 年 12 月 25 日诞生于长江之畔宁静的宜昌小镇。为避战乱，朱家从祖父一代开始来到湖北，举家辗转汉阳、宜昌、汉口、武昌。父亲朱懋功，早年毕业于平汉铁路法语学校，先后在轮船公司、邮局工作；母亲万怀英，出身平民家庭，具有中华民族女性的传统美德。朱家非常重视对子女的教育，朱光亚兄弟姐妹 5 人均受到良好的高等教育。

朱光亚自汉口市立第一小学毕业后，1935 年以优异成绩考入圣保罗中学。1938 年，抗日战争进入第二年，中华民族处于水深火热之中，武汉形势告急。为避战乱，刚初中毕业的朱光亚和两个哥哥被迫转学到“大后方”——四川重庆。在这次千辛万苦、饱受颠沛流离的逃难中，朱光亚耳闻目睹国人惨遭生灵涂炭，让他懂得了什么叫亡国、什么叫国耻，以及落后就要挨打的道理。在那国难当头的日子里，被日寇占领的沦陷区已到了放不下一张平静的书桌的地步。因此，沦陷区的一些学校，便纷纷迁到重庆周边地区，其中就有朱光亚先后就读的合川崇敬中学，江北清华中学，沙平坝南开中学。以治学严肃，扎实著称的南开中学由天津迁来，在海内外颇具声望，朱光亚在此有幸受教于几位好老师，努力学习着数理化。其中，对他影响最大的当推物理老师魏荣爵（曾为南京大学教授、中科院院士）。在学识渊博、治学严谨的魏老师影响下，他坚信学好物理学将来定有大用场，深深地爱上了物理学。1941 年，在家人的劝说下，为谋生计，朱光亚在参加高考时，不情愿地在第一志愿上填了工科。但不久，机会来了：由于有些院校部分专业生源不足，他又有机会参加补招考试，这次他毅然报考重庆中央大学（今南京大学），专修物理学，憧憬着为科学救国、科学强国而尽力。结果，朱光亚被重庆中央大学和上海交通大学同时录取，并以最高分荣登交大的状元榜！在一片赞扬声中，他不改初衷地选择了中央大学物理系。在此，他见到了正在大学三年级读书的大哥朱光庭。1941 年，刚从美国留学回来的赵广增先生（抗战后任北大物理系教授）成了朱光亚攻读物理专业的良师，赵先生讲授的普通物理和介绍的物理学前沿科学知识，使他大开眼界。1942 年暑假，朱光亚得知西南联合大学物理系要在重庆补招大二插班生，胸有成竹的他又欣然应试，再次金榜题名，顺利转入西南联大。这样，他便如愿以偿地进了战时国内最好的高等学府，攻读自己钟爱并为之奋斗至今的物理专业。在联大，朱光亚有缘先后受教于周培源、赵忠尧、王竹溪、叶企荪、饶毓泰、吴有训、朱物华、吴大猷等著名教授。在这些名师的教导下，他不仅在学业上打下了较坚实的基础，而且导师们的学术思想、人格风范和治学精神对他也产生了深刻的影响。同时，那时的西南联大，地下党领导着轰轰烈烈的爱国民主运动。国民党反动派的倒行逆施使广大师生认识到只有共产党才能救中国。这对处于人生十字路口的青年学生的人生观、世界观和价值观的形成，无疑有着重要作用。此时，朱光亚也参加了进步学生组织，结识了地下党员王刚，在政治上向共产党靠拢，听取地下党的指示。1945 年，抗日战争胜利时，朱光亚自众多毕业生中脱颖而出，被遴选留校担任助教。他的优异成绩和出色才能，得到吴大猷教授的赏识。经吴先生推荐，遂有 1946 年的赴美学习考察之行。行前，他既征求了地下党组织的意见，又到南京会见了时任外交官的大哥朱光庭，向大哥讲述了赴美为南京政府考察原子弹的研制，自己很不情愿的想法。大哥当即鼓励他："不要考虑那么多了。这是个难得的机会，各取所需么，先学的是技术！"到美国后，学习考察落空了，又经吴大猷教授安排，进入美国密执安大学研究生院攻读博士学位，开始了核物理的实验研究。随后两年中，他在美国权威刊物《物理评论》上发表了几篇属于前沿课题研究工作的论文，使自己小有名气。1949 年 6 月，他完成了《用 β 射线谱和符合测量方法研究 ^{198}Au 和 ^{181}Hf 的衰变机制》的学位论文，顺利通过博士论文答辩，获得密执安大学物理博士学位。当时，在密执安大学的中国留学生的思想信仰各不相同，有些人学得相当不错，并密切关注着国内的政治形势。在同学中很有威望的朱光亚在任中国留学生学生会主席期间，常组织一些爱国进步活动，传阅《华侨日报》、宣读一封封家信，传递国内的好消息。他还常向大家介绍国内大好形势，引导旅美学生们了解共产党，迎接新中国的诞生，通过各种活动，激励大家的爱国情怀，呼吁同学们努力学好科学知识，准备报效祖国。

1949 年，中国历史翻开了崭新的一页！10 月 1 日，毛泽东主席在天安门城楼上庄严地宣告了中华人民共和国成立了！朱光亚欢欣鼓舞地在同学中奔走相告，宣传刚成立的新中国急需科技人才，鼓动大家学成之后回去参加新中国的建设。他自己则在 1950 年 2 月 27 日，断然拒绝了美国经济合作总署（ECA）的旅费“救济”，抢在美国对华实行全面封锁之前，自筹经费，告别女友，取道香港，回到了他日夜思念的祖国。

在归国途中的轮船上，朱光亚与 51 位血气方刚的留美爱国同学联名撰写了一封饱含赤子激情的《致全美中国留学生的一封公开信》，再次呼吁留学生回去参加新中国的建设。这封信，不久发表在纽约《留美学生通讯》1950 年 3 月 18 日第三卷第八期上，在海外中国留学生中产生了极大反响。后来，密执安大学大部分中国留学生，以及英国、法国的中国留学生在取得学位后，都纷纷回到了新中国。他们在各自岗位上都做出了骄人的成绩。在朱光亚回到新中国一年后，他的女友许慧君女士在美国获得了化学硕士学位，也横渡重洋回到祖国。1951 年的美丽金秋，朱光亚和许慧君喜结良缘。他们摆了两桌酒席，请双方好友吃了一顿饭。何香凝和廖承志出席了他们的婚宴。

朱光亚回国后，便投入了祖国创业的伟大洪流之中。在北京大学物理系任副教授的他，满腔热忱地投入了教育第一线，教光学兼授普通物理，全力为新中国培养着科技人才。朱光亚在抓管理的同时，还讲授留美时研究的原子能谱。他还常给师生们介绍国内外核物理动态。1951 年 5 月，商务印书馆就出版了朱光亚撰写的《原子能和原子武器》，介绍了原子能的发现、原子弹的研制及氢弹的秘密等方面的内容。这是新中国最早介绍核武器的科普读物。1952 年春，美国发动的朝鲜战争进入阵地战的胶着状态，停战谈判成为国家外交战线的大事之一。国家抽调一批政治可靠、英语水平高的优秀老师，作为翻译，参加美国与中朝两国在板门店进行的谈判。朱光亚奉调到了朝鲜战场任谈判的科技翻译。谈判桌前，美国人要大国威风，故意刁难，还不止一次地挥舞核大棒，对中朝人民进行赤裸裸的核讹诈。谈判有高度的政策性，语言要保证绝对准确、严密，不能让对方有空子可钻。后来，谈判陷入僵局。我方代表在谈判中寸步不让，针锋相对。这样，双方都学乖了，谁也不先发言。久而久之，彼此都练出了耐性和坐功，有时需要忍耐长时间的沉默。看着美方代表一支接一支地吸烟、一口接一口地喷着烟圈儿，我方人员也互相递烟抽。朱光亚就在这儿学会抽烟的。也是在这时练就了长时间一言不发、不轻易表态的“功夫”。他在朝鲜期间穿的那件棉军大衣，后来也成了他的“传家宝”。20 世纪 60 年代初，他任核武器研究所副所长时，冬天仍然穿着它；后来，他当核武器研究院副院长时，无论是去白雪茫茫的青海草原，还是奔波在飞沙走石的戈壁，抑或在北京的研究单位，冬季里他总喜欢穿这件已褪色的棉军大衣。有一次，人们问他：“朱院长，现在文化大革命，人们都爱穿军装，你这件军大衣是从哪里来的?”他风趣地说：“说来这话就长了，这是参加板门店谈判时发给我的。这件衣服又暖和又合身，它已经跟我 10 多年了。”有人又好奇地问：“别人抽烟喷出来是一阵烟，而你喷出来的烟怎么会打圈儿？这个技术是从哪里学来的?”他回答说：“这也要归功于板门店谈判了。当时，中朝双方与美国佬谈判，常常是双方一言不发，你看着我，我看着你，静坐一两小时后，宣布下一次会议的时间就散会。为了打发时间，就学会了抽烟。美国佬全从鼻子里喷出圈来。后来我们的代表也会从鼻子里喷圈儿，喷出的圈儿一次比一次多，一次比一次大。谈判成了吹圈儿比赛。美国佬谈判谈不过我们，吹圈儿也吹不过我们!”一席话，逗得大家开怀大笑。

1952 年，中央决定在东北地区建立一所综合性大学，并从北京大学、清华大学等高等院校抽调一批物理学家到东北人民大学（现吉林大学）创建物理系。刚从朝鲜战场归来的朱光亚，未脱军装就服从国家需要，于 1953 年春作为骨干力量从北京大学调往东北人民大学，全身心地投入该校物理系的创建工作。此间，他先后任副教授、教授，兼普通物理教研室主任、物理系副主任、代主任，肩负教学、科研组织领导工作及培养青年教师等重任，与物理系其他领导一起率领一批骨干教师为创建第一流的物理系而忘我拼搏，为学科建设、人才培养、课题选定等作出了开创性的贡献。在短短几年之内，不但使东北大学物理系跻身于全国高校物理系的先进行列，而且为该系日后的发展奠定了坚实基础。东北人民大学物理系先后培养了许多优秀人才。陈佳洱、宋家树、王世绩等院士都是当年朱光亚的学生。

1955 年，中央作出了发展核工业的决策。5 月，朱光亚奉命调回北京大学，与有关高校的著名核物理学教授，担负起培养中国第一批原子能专业技术人才的重任。他和胡济民负责筹建北大物理研究室（即原子能系，后改为技术物理系），胡济民任主任，朱光亚任副主任。在他们的共同努力之下，半年内技术物理系就正式成立了。在中央的关怀领导下，清华大学的工程物理系也正式成立了，东北人民大学、复旦大学等几所大学也办起了核物理专业。到 1956 年夏季，核物理专业培养出了第一批毕业生，这些人后来在六七十年代核工业的创建、发展中成长起来，大部分人成为学科带头人、专家、学者，成为核工业战线的骨干力量。

1957 年，朱光亚被钱三强调到中科院原子能研究所任研究员、研究室副主任，与室主任何泽慧一起，带领青年人从事中子物理和反应堆物理研究工作。他深知核事业对于年轻的共和国意味着什么，他决心和同事们在这片核科技的处女地里辛勤耕耘，为祖国的核工业做出贡献。1958 年，苏联援建的研究性重水反应堆和回旋加速器交付使用。在一堆一器旁建立了中子晶体谱仪及飞行时间谱仪后，朱光亚参与了核反应堆的建设和启动工作，与何泽慧、戴传曾一起，指导技术人员开展核物理实验研究。在回旋加速器上研究中子物理的同时，还开展了氘与质子极化等核反应研究。他先后发表了《研究性重水反应堆的物理参数的测定》等研究论文。此外，还在质子静电加速器上开展了轻核反应等研究工作。1959 年春，在朱光亚领导下，自行设计、制造并安装了国内第一座轻水零功率装置，开展了堆物理实验，为掌握研究性重水堆的物理实验技术做了开创性工作，也跨出了我国自行设计、建造核反应堆的第一步。

20 世纪 50 年代末 60 年代初，我国原子弹的研制处于一个重要关头。周恩来总理向二机部部长宋任穷传达中共中央关于“自己动手，从头摸起，准备用八年时间搞出自己的原子弹来”的决策后，在中央统一部署下，二机部开始调精兵选强将，准备集中精锐打歼灭战。根据工作需要，二机部部长宋任穷委托副部长兼原子能所所长钱三强挑选一位原子弹研制工作的“科学技术领导人”。钱三强经过深入考虑和物色，推荐了正在原子能所工作的朱光亚。二十多年后，钱三强撰文专门谈了当年推荐朱光亚时的考虑："当时他还属于科技界'中字辈'，仅三十五六岁，论资历不那么深，论名气没有那么大。那么为什么要选拔他，他有什么长处呢？第一，他具有较高的业务水平和判断事物的能力；第二，有较强的组织观念和科学组织能力；第三，能团结人，既与年长些的室主任合作得很好，又受到青年科技人员的尊重；第四，年富力强，精力旺盛。实践证明，他不仅把担子挑起来了，还很好地完成了党和国家交给的任务，作出了重要贡献。"

1959 年 7 月的某一天，宋任穷等人把朱光亚请到自己的办公室，说："光亚同志，我们想请你到九所（核武器研究所）参加领导原子弹的研制工作，你看怎么样？"听了这个决定后，朱光亚是很激动的。回所后，朱光亚的心潮一时难以平静，他想到自己是共产党员，要服从组织决定；想起中华民族百年的屈辱史，想起自己曾受命于旧中国十年求索研制原子弹的梦想，想起朝鲜战场上美帝国主义的横行霸道及其对新中国的封锁和核讹诈。他感到这副重担既光荣又神圣，责任重大。于是，在党的 38 周年生日这一天，35 岁的朱光亚被调入二机部核武器研究所，1960 年 3 月他被任命为副所长，重点抓核物理方面的工作，与李觉、吴际霖、郭英会组成了精干的核武器研制领导班子。这时，在高层技术决策岗位上，朱光亚发挥着特殊作用。李觉回忆道；"每次向中央专委、向总理汇报工作，朱光亚几乎都参加。在技术上，他能给总理讲清楚。汇报之前，他要做大量的准备工作"，"60 年代重大的向中央报告的文稿、研制规划、计划都出自他的手"。期间，朱光亚还协助李觉和钱三强从全国各地选调科学技术人才。1961 年中央先后批准调来了王淦昌、彭桓武、郭永怀等 9 名高、中级科骨干，以及黄祖洽、周光召、张兴黔等 126 名科学家与高、中级科研级工程技术人员。他们与先期到达的朱光亚、邓稼先等人一起构成了核武器研制的骨干队伍。

核武器研制工作是一项多学科的巨大系统工程，包括理论、材料、计算、设计、生产、冷试验、热试验、测试等各个方面，需要科研工程技术人员通力协作，需要全国的配合。这就要求高层技术领导者、决策者不仅具有深厚的科学功底，能够高屋建瓴地把握研究方向，而且要具备杰出组织管理才能和非凡领导指挥艺术。在高层决策领导岗位，朱光亚对核武器研究在技术上负全面责任，参加制订并亲自撰写科研计划与规划，撰写有关技术问题的报告向二机部和中央汇报；参与领导和指导核武器研制任务，确定研究的专攻方向和关键技术；设置重大课题并制定重大课题实施方案；选择解决问题的技术途径；经常深入科研、生产第一线指导或参与解决科研、生产上出现各类重大问题，组织攻关。朱光亚作为主抓科研工作的副所长，在关注邓稼先的理论研究工作、王方定小组的中子源研制和其他工作的同时，常常到爆轰物理实验基地（17 号工地），深入班组，了解工作进度，听取汇报。在此，他与王淦昌、陈能宽一起提出过科研工作的“三部曲”：每个课题都要有详细调研，经认真论证后，写出设想方案；在执行中要有工作计划；完成后要写出工作总结。核武器研究所的各项科研工作都是按“任务书-工作计划-工作报告”这个三段式进行的。

在各方面的努力下，到 1962 年 9 月，原子弹起爆元件获得重大突破，我国第一颗原子弹所选定的内爆法的关键技术得到验证，中子源也明确了主攻方向，核武器研制基地和核试验的建设已初具规模。这为原子弹的大型模拟试验和核装置技术设计提供了必要条件。同年 10 月，刘杰、朱光亚向聂荣臻、罗瑞卿和国防科工委汇报爆炸第一颗原子弹的规划。明确提出了“三步骤”：1963 年完成缩比尺寸的模拟实验；1964 年二季度完成全尺寸的实物爆轰实验；1964 年 8 月底在核试验基地进行演练，完成首次核试验的准备工作。事后，刘杰与李觉、吴际霖、朱光亚等领导研究后，由朱光亚执笔拟就了《关于自力更生建设原子能工业情况的报告》（简称《两年规划》）上报中央，提出在两年内进行第一颗原子弹装置正式试验的目标。为使中央更好地了解《两年规划》，同年 9 月在部、所两级领导集体讨论后，由朱光亚主持编写了我国核武器发展史上的两个重要文献：《原子弹装置科研、设计、制造与实验计划纲要及必须解决的关键问题》和《原子弹装置国家试验项目与准备工作的初步建设及原子弹装置塔上爆炸试验大纲》。前一文献是对核武器研制工作的科学总结分析报告；后一文献是对下一步工作的严密部署，明确提出研制工作分两步走：先作地面爆炸试验；再以空投方式进行试验（即核航弹试验）。整个工作安排得有条不紊、一环扣一环。这两个纲领性文件，为党中央对《两年规划》作出正确决策起了关键作用。11 月 3 日，毛泽东主席对《两年规划》作出重要批示：“很好，照办。要大力协同做好这件工作。”从此，我国核武器研制工作进入一个新阶段，意味着新中国将进行一项全国性的科学大会战。随后，国家先后从全国 26 个部委、20 个省市自治区的 900 余家工厂、科研机构、大专院校调集了一批领导干部与科技人员参加到这场空前的科学大会战中来。遵照毛泽东主席的批示，全国从中央到地方各条战线“大力协同”，全国一盘棋，拧成一股绳，充分发挥社会主义大协作的优势，各项工作顺利开展，捷报频传。1964年10月16日，我国采取塔爆方式的第一颗原子弹爆炸试验成功；1965年5月14日，我国采取空爆方式的第一枚核航弹也爆炸成功；1966年10月27日，我们第一枚核导弹又发射成功。中国不仅有了可用于实战的核航弹，也有了可用于实战的核导弹。在回首这段往事时，朱光亚欣慰地说：“我们终于实现了国家原子弹研制的‘三级跳’，即从原子弹到机载核弹、导弹发射核弹计划。”从第一颗原子弹到上导弹的核弹头，美国用了十三年，苏联用了六年，我国仅用了两年。此后，朱光亚又参与组织了中近程系列核弹的研制。到了20世纪七八十年代，中国的核导弹从近程、中程、远程，延伸到洲际。难怪有人说，朱光亚、钱学森等科学家是把物理转换成工程成果、把科学技术转换成现实战斗力的大师。

1960年年底，钱三强按二机部党组的意见，在原子能所组建了轻核反应装置理论探索小组，秘密开始了氢弹原理的探索。1966年，我国第一枚核导弹发射成功后，周恩来总理通知有关科学家、领导和工程技术人员回北京参加庆功会。他向大家一一敬酒，并传达了毛主席的指示：“原子弹要有，氢弹也要快!”“要连续作战，再接再厉，一鼓作气，拿下氢弹。”核武器研究所理论部在完成第一颗原子弹理论设计后，理论部主任邓稼先和周光召、黄祖洽等副主任在副所长朱光亚、彭桓武的领导下，也作出了探索氢弹理论的工作部署，开始了氢弹原理的探索。1964年3月，成立核武器研究院，李觉任院长，王淦昌、彭桓武、郭永怀、朱光亚任副院长。1965年1月，为落实毛泽东主席“氢弹也要快”的指示，在原子能所已对热核材料性能、热核反应机制和氢弹构型等问题作了认真研究的于敏，带领一支队伍，奉调来到核武器研究院，与理论部汇合。于敏作为理论部副主任参与氢弹理论探索和一线攻关。突破氢弹原理的攻坚战便打响了！是年2月，朱光亚主持召开了氢弹研究的规划会，会议讨论了工作进展、技术途径与第一阶段目标等，确定：第一步突破氢弹原理；第二步实现重约一吨、威力为百万吨级TNT当量的热核弹头的理论设计（这一目标当时被简称为“1100”），力争1968年实现首次氢弹空爆试验。这是氢弹研制的一次具有重要意义的会议。会后，各项工作迅速开展起来，人们为赶在法国人之前爆炸第一颗氢弹而顽强拼搏：1965年9月到11月，于敏领导的氢弹攻关小组终于找到了造成自持热核反应条件的关键所在，找到了引发热核材料爆炸的途径，后在朱光亚、彭桓武等人的支持下，理论部多次组织专家、科技人员反复论证逐步完善原子弹作“扳机”引爆氢弹的理论方案；1966 年 5 月 9 日，含有热核材料的核试验取得成功；1966 年 12 月 28 日，氢弹原理试验取得成功，达到预期目的。1967 年 9 月 27 日，朱光亚主持写成了又一个纲领性文件《关于 1967 年核武器研制与试验工作的安排意见和报告》，上报中央专委，是年 6 月 5 日，经过夜以继日的苦战，氢弹装置加工完毕，6 月 8 日氢弹装置运抵核试验基地。1967 年 6 月 17 日，中国第一颗氢弹在中国西部地区距靶心地面 3000 米高空爆炸成功！中国成为继美、苏、英后世界上第四个拥有氢弹的国家。1968 年 12 月 27 日，规划中的热核导弹（上氢弹头的导弹）发射成功，从原子弹到氢弹，按其原理试验的年、月间隔比较，美国用了 7 年 3 个月，英国是 4 年 7 个月，苏联是 6 年 3 个月，法国用了 8 年 6 个月。

正当中国第一颗原子弹研制处于关键时刻，1963 年 7 月 25 日，美、苏、英在莫斯科签订了《关于禁止在大气层外层空间和水下进行核试验的条约》（简称《部分禁试条约》）。美国代表露骨地说，这次三国之所以能达成协议，是因为“我们能够合作来阻止中国获得核能力。”

遵照周总理的指示，朱光亚组织了调研分析并与刘杰等领导讨论后，写出了《停止核试验是一个大骗局》的报告。报告一针见血地揭露了几个核大国签订《部分禁试条约》的目的，重点分析了美国的核试验和核武器储备的情况，以及它们通过地下核试验继续改进与发展核武器的动向，并结合我国核武器研制现状提出了对策。面对《部分禁试条约》，朱光亚深知不能让它“束缚中国的手脚”，不能上他们的当，我们不仅不能停试，反而要抓紧时间抓紧进行核试验，发展我国的核武器，同时也应着手计划把核试验尽量转入地下。1963 年 9 月，根据朱光亚的建议，中央专委决定：在抓第一颗原子弹研制的同时，把地下核试验作为设计项目，并要求二机部和国防科委订出地下核试验的具体方案。1967 年 10 月，国防科委领导与朱光亚、王淦昌、程开甲、邓稼先等科学家讨论首次地下核试验的有关问题，决定由核武器研究院副院长王淦昌负责首次地下核试验的技术工作。此后，朱光亚还于百忙之中常抽空来到地下核试验现场，与现场工程技术人员和部队指战员一起风餐露宿，共同工作。在王淦昌副院长的组织领导下，我国于 1969 年 9 月 23 日成功地进行了首次地下核试验后，为尽快通过地下试验关，1971—1973 年间，朱光亚多次组织技术人员讨论研究，决定把两次地下核试验一齐安排。于是，在各方的共同努力下，1975 年 10 月 27 日，在罗布泊南山地区，我国又成功地进行了第二次地下核试验，接着 1976 年 10 月 17 日，又在罗布泊北山进行了第三次地下核试验，并首次在地下试验中安排了一项新任务，结果证明：测试总体技术方案完全成功。

我国仅做了三次地下核试验，就基本掌握了地下核试验的技术，近区物理测试技术和放化分析技术均上了一个新台阶。1982 年 10 月 5 日，我国的第四次平洞地下核试验，在技术上也获得大丰收。这是一次为突破中子弹原理而安排的低威力试验。我们知道，中子弹是一种特殊性能的小型氢弹，它强化了中子辐射的毁伤作用。美国于 1977 年由参议院批准生产中子弹，经总统宣布服役。我国核武器专家们早就注意到这一态势。1983 年至 1988 年 6 月，朱光亚参与组织领导了对中子弹的探索，并使中子弹在理论和实验上获得突破性进展。在朱光亚及其同事们的共同努力下，我国中子弹试验取得成功。继原子弹、氢弹之后，中国核武器发展史上又树起了一个新的里程碑——特殊性能核武器，“中子弹”研制成功。

朱光亚参与组织领导了我国原子弹、氢弹、中子弹，以及与近程、中程、远程和洲际导弹相匹配的核弹头几乎所有的研制与历次核试验工作，为铸造中国核盾，为国防尖端科技事业的创立与发展，建立了不朽的丰碑。朱光亚在我国核武器事业中起着重要的科技枢纽作用。

1970 年，朱光亚被调任国防科委副主任后，在负责核武器研制与发展的同时，还参与组织了我国自行设计的第一座核电站——秦山 300 MW 压水堆核电站的筹建、核燃料生产和放射性同位素应用等项目的开发研究。1982 年起，朱光亚历任国防科工委科技委副主任、主任，担负起全面领导和组织国防科技发展战略研究的重任。他主持的由军内外 200 多名专家参加的“2000 年中国国防科学技术研究工作”，为我国国防尖端科技业做出了新的贡献，获得全军科技进步一等奖。同时，他还参加了中国跟踪世界高技术的重要发展计划——国家“863 计划”的制定和实施，并负责其中两个研究领域的指导工作。朱光亚高度重视世界高科技的跟踪与发展的研究工作，密切注视国际高科技成果与发展方向，不断调整研究方向和任务，并取得了显著成效。由于在研制、发展核武器和核科技领域的卓越贡献，朱光亚于 1985 年获得国家科技进步特等奖；1999 年

9月18日荣获中共中央、国务院、中央军委授予的“两弹一星”功勋奖章。1996年，他因贡献突出而获得何梁何利基金科学与技术成就奖，在难以推辞的情况下，他把100万港币奖金全部捐赠给“中国工程科技奖励基金”。

2004年12月24日，中共中央总书记、国家主席、中央军委主席胡锦涛专程来到朱光亚教授的住处看望了他，代表党和国家感谢朱光亚院士为我国科技事业特别是国防科技事业所做的杰出贡献。面对党和国家的表彰，朱光亚院士是当之无愧的。同年12月26日，国际小行星中心和国际小行星命名委员会批准将我国国家天文台发现的、国际编号为10388号小行星正式命名为“朱光亚星”。这是具有国际性、权威性、永久性的命名，是一项至高无上的荣誉。当日，中国科协、中国工程院、中国科学院、总装备部、中国工程物理研究院在北京联合举行朱光亚院士科技思想座谈会暨“朱光亚星”命名仪式。时任中共中央政治局常委、国务院总理温家宝出席了座谈会和命名仪式。

在朱光亚同志80寿辰之际出版的《朱光亚院士八十华诞文集》的“序”中，总装备部部长李继耐写道：“朱光亚同志是老一辈科学家才识与品行双馨的杰出代表。他热爱祖国，对党忠诚，对人民无比热爱。新中国成立不久，光亚同志已在美国获得物理学博士学位，他毅然放弃国外优厚的工作条件和生活待遇，誓言要把‘血汗洒在祖国的土地上，灌溉出灿烂的花朵’，义无反顾地回到祖国，满怀热情地投身于新中国的核建设事业上。”“他生活简朴，我们机关的同志经常可以看到光亚同志身穿的常是一件褪了色的的确良旧军衣，他平易近人，在晚辈面前他是谦和的长者，对于后进他则勉励扶持；他淡泊名利、人格高尚。周总理和许多领导同志都曾称誉光亚同志有‘立德立功’之优良品格，有的同志还用‘温、良、恭、俭、让’五个字概括他的可贵品德。”

（附注：以上有关德谟克利特、道尔顿、爱因斯坦、玻尔以及钱三强、王淦昌、彭桓武、朱光亚等八篇文章出自编著者的《百位中外核科学家传略》（未完成稿）；其中，钱三强、王淦昌两位的传略曾经二机部原办公厅主任李鹰翔先生审阅并提出过宝贵意见，特在此向他致谢。）

大力发展核能　保障经济发展

能源是指可向人类提供能量的自然资源，是当今世界与物质、信息并列的人类赖以生存与发展的三大资源之一。

改善我国能源结构的不同意见

大多数专家认为，今后 50～100 年内，我国能源结构将产生巨大变化。但是，对哪种能源担当我国未来能源舞台上的主角，他们的看法就不尽一致了。这些看法，归结起来大致有三种。

其一，不少专家认为未来世界的主要能源将是以太阳能为代表的可再生能源。据计算，太阳每秒钟照射地球上的能量约为 500 万吨标煤当量，一年则是 160 万亿吨标煤当量。可见，现在世界的年耗能总量还不及一年太阳照射到地球上总能量的万分之一，这表明人类利用太阳能的潜力是巨大的。如果在今后 100～200年内，太阳能的利用在技术上有重大突破的话，它便有取代化石能源而成为主要能源的可能。

其二，有些专家认为，中国未来能源主力非煤炭莫属。依据我国 20 世纪末的经济目标，采取保守的计算方法（到 20 世纪末每年能量产量平均为 20 亿吨标煤，此后每年平均产 30 亿～40 亿吨标煤），我国煤炭大约还可开采 300 年，煤炭占全国能源生产和消费总量 70％以上的格局终将长期延续下去，或者说到 2090 年，我国仍将以化石能源为主。

其三，有些专家认为未来世界的主要能源将是核能。这种意见认为，核能的开发、利用是本世纪科技发展的重大成果，是当前新技术革命的重要内容之一，是解决当今人类能源危机的一种最有希望的手段，是世界能源工业发展的方向。因此，我国应积极发展核能，为实现以化石能源为主向以核能为主的过渡准备条件。本世纪内，我国的核能只是一种补充能源，以缓和缺电缺能的紧张局势，主要还是培养人才、掌握技术。同时应积极开展以快中子增殖堆为代表的先进堆型的研究，充分利用核资源，以迎接核能的大发展。他们还预测，到 2050 年，核能成为我国的主要能源之一将是可能的。诚然，这还有待几代核电人的不懈而有创造性的努力。

我国能源结构应以核能为主

分析与解决我国能源问题，首先要从我国国情出发，从我国的现实性与合理性出发。我们认为，在可能预见的未来，我国的主要能源不得不由以煤炭为主逐步过渡到以核能为主。

根据目前我国石油储量及消耗的情况，到 21 世纪初，石油生产将难以满足国内消耗，有可能成石油进口国。可以断言，在我国不会出现一个以石油为主要能源的阶段。70 年代中，由于我们对石油、天然气资源的估计错误并号召大量烧油而造成的巨大损失的经验教训，是值得记取的。

直到 21 世纪初，我国都将以煤炭为主要能源。这里有着历史的合理性，但是不得已而为之。无论从哪方面看，以煤炭作为我国主要能源的格局是应当改变的。

从资源方面看，我国煤炭资源虽然丰富，但在理想条件下，最多也仅够开采 300 年，由于我国人口多，人均能耗很低，人均煤炭资源量也不高，所以，我们必须尽快地改变以煤炭为主的局面。据估计，到 21 世纪，我国年总能耗将有很大增长，2050 年将达到 40 亿～50 亿吨标煤，其中煤电若以 70%计，则年需标煤 28 亿～35 亿吨。但我国年耗煤量在 2020 年达到 30 亿吨后，再难以大量增加，而且，维持一段时间后还将逐渐下降。如果我国仍以煤为主要能源，要保持国民经济的持续发展，将是难以想象的。

从环保方面看，我国已是世界上大气污染的最严重国家之一。1988 年，国际上估计我国二氧化硫的排放量占世界总排放量的 8.7%，居世界第三位。我国部分城市监测数据表明：有 89.4%的城市大气中的颗粒浓度超过国家标准。从

1980 至 1981 年联合国环境监测系统监测的 40 个城市的情况看，除科威特大气中的颗粒浓度居世界首位外，我国参测的沈阳、西安、北京、上海、广州分别居世界第二、三、五、九、十位。我们有些城市工业区的年沉降物量高达 2.2 万吨/千米^2。

现在，专家们普遍接受的估计是：到 2000 年，我国电力装机容量将达 2.4 亿千瓦。就目前情况看，今年底我国电力装机容量可能达到 1.3 亿千瓦，考虑到老旧机组的退役，2000 年前我国应新增的电力装机容量为 1.2 亿千瓦。因此，今后 10 年内，我国平均每年要新增 1 200 万千瓦。一座 100 万千瓦的火电厂每年要烧 350 万吨煤，向大气排放 109 万吨的二氧化硫、氮氧化物、烟尘及强致癌物等有害物质。上述每年新增电力中，煤电若按 70%计，则每年都要向大气多排放 900 多万吨有害物质，多堆、运的煤渣 450 万吨。10 年累计，多排放的有害物质有 5.4 亿吨，多堆、运的煤渣 2.5 亿吨。显然，这给环境带来的污染将是无法忍受的。

从运输方面看，一座 100 万千瓦的火电厂，每天烧煤近万吨，至少要用 167 个车皮运煤；每天产煤渣 1 452 吨，至少要用 24 个车皮运渣。“八五”计划期间，平均每年新增发电能力 1 000 万千瓦，其中 700 万千瓦为煤电，这就要占去每年新增煤炭与铁路运力的四分之三。

我国煤炭资源分布不均衡，绝大部分集中在华北一带。东南沿海八省一市（上海市）能耗高。工业产值占全国 70%以上，但煤炭仅占 1.8%。因此，这个地区的用煤要经 1 000～3 000 千米的长途运输。据统计，我国煤炭运输量约占铁路运输量的 1/3，水运量的 1/5，公路运输量的 1/4，铁路运煤的平均运距约为 430 公里。在过去五年中，我国能源基地的煤炭外运量由 7 700 万吨上升到 1.7 亿吨，平均每年递增 24%，再建大量的火电厂势必大大增加铁路的运输量。此外，到下世纪初，我国东部煤田将枯竭，能源工业战略西移，不仅煤炭运量成倍增加，运距也将成倍加长。可见在以煤炭为主要能源的总格局下，我国交通运输的紧张状态将不是缓解而是加剧。

从经济方面看，电能生产成本中，燃料占较大比重。煤电燃料成本占其生产成本的 60%，油电占 80%，而核电仅占 30%。1981 年油电的燃料成本比 1973 年上涨 20 倍，而核电仅上涨 4 倍。目前，我国六大铁路干线上仅运煤一项已占其总运量的 60%，加上水运已占 80%以上。今后发展火电厂势必要扩建铁路，建造桥梁，加大投资，延长建设周期，增加运输费用，最终将提高发电成本。从今后 10 年内，平均每年新增的 800 多万千瓦煤电的配套成本来看，煤电与核电的基建成本上大体相当。现在，我国用于电力的投资已达总投资的 6%，如果我们能进一步降低核电投资的成本，把用于发展火电的投资用来发展核电，可以断言核电几乎在所有方面都优于煤电。

从生态环境看，温室效应引起全球气候变暖仍会成为未来气候变化的一种主要趋势。在温室气体中，起主要作用的是二氧化硫，而能源工业排放的占总排放量的 40%。据分析，大气中的二氧化硫含量，1987 年为 270×10^{-6}，最近 10 年平均每年增加 1.5×10^{-6}，1980 年已达 348×10^{-6}。若按此速度增长下去，估计下世纪中期将达 540×10^{-6}，即比工业革命前增长 1 倍。从全球看，大气中二氧化硫的增加带来的气候变化将危及人类赖以生存与发展的地球环境，其结果将是灾难性的。由于地球气温升高，海水膨胀以及两极冰雪融化而造成海平面上升已日益突出，就我国而言，在过去百年中，海平面平均上升了 14 厘米；南海和东海沿岸分别平均上升了 20 厘米和 19 厘米。1989 年，我国海平面比 1988 年上升 1.45 厘米，比常年海平面（指 1975 年至 1986 年的平均值）上升 2.55 厘米。海平面持续上升势必严重影响我国沿海地区以至全国经济与社会的发展，我们不应掉以轻心。就世界来看，约有 1/3 的人口生活在沿海岸线 60 千米的范围内，今后 50 年内因气温升高将使海平面上升 0.2～1.4 米。我们不能低估这一对人类的巨大威胁。

总之，由以上方面可知，在可以预见的未来，若不改变我国以煤炭为主要能源的格局，就难以保证我国国民经济的持续发展，难以保证为子孙们保存一个良好的生活与发展的空间，难以保证给后代留下有限而不可再生的自然资源。

我们认为，在可以预见的未来，核能最有希望替代化石能源而成为我国主要能源的新兴能源。

我们知道，能用以替换化石能源的新能源至少应具备四个条件，一是其资源必须足够丰富，可供人类长期使用；二是技术必须十分成熟，可供人类大规模使用；三是经济上必须相当合算，决不可得不偿失；四是其安全必须有保证，且不可大量污染环境或影响生态平衡。

从各种能源看，我国水力资源丰富，居世界首位，但较集中在少数地区，人均水能储量不高，而且可合理、安全开发的量也有限，仅 3.78 亿千瓦。尽管我们今后要大力开发水电，但下世纪初我国水能达到总能耗的百分之十左右（约2亿千瓦）后，已基本开发完毕，且随着总能耗的增长，水能的比重也将下降。这就排除了水能成为我国主要能源的可能性。

如前所述，我国不可能出现一个以石油为主要能源的阶段。我国天然气的储量也有限，而可以经济开发的地热能、风能及海洋能等也不多。今后这些能源在我国总能耗中占的比重都不高。在第三次能源革命中，任何国家都不会把生物植能与太阳能（至少在100年内）当作主要能源。

以上表明，太阳能、水能、地热能、风能及海洋能等都不符合上列四个条件。最有希望的替换煤炭而成为我国主要能源的新兴能源将是核能。

（原载于《经济参考》报，1990年8月29日）

秦山核电站

核供热具有广阔的发展前景

能源资源是发展国民经济、加强国防建设和提高人民生活水准的重要物质基础。核能是最现实的可替代化石燃料的能源。利用核能发电在我国能源发展中的地位和作用已日益为人们所认识。20 世纪 80 年代是我国核电发展史上的一个重要年代。此间，国家先后批准了“秦山核电厂”和“大亚湾核电厂”的开建。90 年代，我国大陆将先后有 3 座核电机组并网发电。祖国大陆核电建设已经起步。利用核能直接供热，也逐渐为人们重视。本文想就核能供热在我国能源工业中的地位和作用以及核供热在我国发展前景谈些粗浅看法。

一、核能供热的历史、现状与启示

迄今为止，核能供热的方式约有四种：纯核供热、供电附带供热、供热附带供电及核反应装置的余热利用。世界上利用核能供热已有 30 多年历史。50 年代初，美国首先将它用于军事目的，并在边远地区部署了小型核热电站附带供热；60 年代初，又兴建了几座可移动式小型核热电站并投产。美国研制的 SNAP 型实验堆和研究堆都可供热。自 1962 年以来，挪威、苏联、英国、美国、瑞典等国先后以重水堆热电厂、轻水堆热电厂或高温气冷堆为造纸工业、海水淡化、石油化工等行业供热、供汽，或直接向居民供暖。70 年代以来，由于石油涨价及环境质量日趋恶化等因素，工业发达国家异常重视核能供热、热电联供及其他核装置余热的利用，并逐步转向城市区域供热。如苏联的 BN-350 钠冷快堆热电厂于 1973 年建成投产，后来又将第一座核电厂（ОБНИНСК）改为以核供热为主。加拿大、印度也用核热电厂向重水生产厂供热供汽；美国阿贡研究所以 EBR-Ⅱ堆向本所西部地区供热；德国以核热电厂向卡尔斯鲁厄核研究中心供热。此外，法国、瑞典、芬兰、原南斯拉夫、捷克、斯洛伐克等国政府，或讨论并提出了城市核能供热计划，或开展了城市小型供热堆的研究；法国、日本、美国、原苏联等还开展了核反应装置的温排水在农业、水产养殖及城市副食生产中应用的研究或试验。进入 80 年代以后，核供热堆技术已达到安全、经济、清洁的要求，各工业化国家，特别是核电发达国家对兴建核供热厂或核热电厂表现了极大兴趣。有的规定不再建火电厂，只建核热电厂；有的规定新建核电厂必须兼顾供热；有的则积极研制固有安全性堆。据估计，全世界已建成或在建的核供热堆或热电联供堆有 100 多座，其中只有少数实验堆、研究堆和加拿大、中国、瑞典、原苏联的几座供热堆是纯供热堆。

鉴于核能供热的优点以及目前商用核电反应堆尚难适用于城市区域供热，特别是切尔诺贝利核事故发生后，不少国家开展了固有安全性供热堆和固有安全性堆的研制。近几年来，核能供热的安全性、经济性都有大幅度提高。当前，核能供热技术发达国家已趋向发展新的固有安全性堆。现在，世界上实际建立的纯核供热堆只有 3 座：一是苏联的 AST-500 型微沸腾自然循环压水堆；二是加拿大 SLOWPOKE-Ⅲ型池式自然循环轻水堆；三是我国清华大学的 5 000 千瓦壳式自然循环一体化供热堆。它们都适用于 200 ℃以下的低温供热。已在研制的核供热堆也有 3 种：一是瑞典的 PIUS 型池式硼水控制的压水堆，如 SECURE-H，SECURE-P，分别达到商用建堆与示范建堆阶段；二是德国和美国的模块式高温气冷堆，如 HTR-500，AUR 和 MHTGR-350，分别达到实验规模或设计研究阶段；三是美国的模块式钠冷快堆，如 PRISM 堆。上述堆型中，苏联的 AST-500 及其类似堆型，具备固有安全性，但非固有安全性堆；其他则是目前得到世界核能界公认的固有安全性堆。此外，法国的 THERMOS 型与瑞士的 EIR-10，GEYSER 型等低温供热堆尚处于概念设计阶段。

当前，世界核能供热发展的总趋势：一是向大型化的核热电厂发展；二是向城市近郊中小型化的核供热厂发展；三是向核反应装置余热利用多样化发展。可以预言，核能供热的前途是光明而远大的。世界核能工业发展的历史表明：一个国家核能工业的发展，既取决于它的技术经济与管理的实力，还取决于它是否具有驾驭这一实力的先进的战略思想。世界核能工业发达国家的某些决策与决断值得我们借鉴。

二、我国发展核能供热的必要性

新中国成立以来，我国能源工业取得了很大成绩。截至 1988 年，我国煤炭、石油、发电量分别比 1949 年增加了 28.7 倍、1 140 倍、126 倍。如此增长速度在世界上也是罕见的。但因投资、税收等政策因素的影响，我国能源工业的发展尚不能满足经济发展的需要。近几年来，我国每年缺煤约 2 000 万吨，缺油约1 000万吨，农村缺薪材达 5 640 万吨标煤（缺柴率为 40%）；缺电则持续了 20 年，且形势日趋紧张，近 10 年来平均每年缺电 530 多亿度，每年损失工业产值 3 000～4 000 亿元，国家少得利税 500～600 亿元。可见，能源的短缺严重地影响了我国国民经济发展和人民生活水平的提高。这是我国经济建设中亟待解决的一个重大问题。

再者，我国要保持国民经济稳定、持续、协调发展，今后更面临着能源紧缺的挑战。根据有关方面预测，到 2000 年，我国的发电装置不得少于 2.4 亿千瓦。我国总能耗将达 15 亿吨标煤。此时，我国年产原煤约 14 亿吨，石油 2 亿吨，两者折合为 12.6 亿吨标煤，而水电、核电等折合约 0.8 亿吨标煤，仍有较大缺口。按照能源的稳步发展型方案预测，到 2030 年我国煤年耗量在达到年产 25 亿吨标煤（即 35.7 亿吨原煤）后，再难以大幅度增长；石油生产也难以满足国内需要；水力资源也将开发殆尽（约占年总能耗的 6%）；核电比重虽有增长，但距实现由化石能源向以核能为主的过渡相差甚远。21 世纪的前 30 年，将是我国经济发展最艰难的时期，关键仍是能源。

总之，无论从能源现状或其发展来看，至少在 21 世纪 30 年代以前，仍以化石能源为主的我国将难以满足能耗迅速增长的需要，难以扭转能源短缺、运输紧张与环境日趋恶化的局面，难以保持国民经济稳定、持续、协调的发展。因此，在这 40 年里，我们必须另谋出路。这就是在以发展核电为主的同时，积极而适当地发展核能供热。具体说，在核能开发中，应建立以核电为主导，以热电联供、纯核能供热与核装置余热应用为基础的核能利用体系。以缓解我国能源供需矛盾。

三、我国发展低温核能供热的迫切性

世界能源消耗中，直接供热的能耗占有很大比重：德国西部供热能耗占总能耗的76%，苏联、日本都占60%，瑞典、加拿大约占50%，美国占40%。我国也占66%强。我国年供热用煤接近总能耗50%。可见，降低供热用煤量，对于缓和我国能源供应及运输的紧张局面、缓解日益严重下降的环境质量具有重大意义。其次，世界供热能耗中，低温供热（200 ℃以下）又占有较大比重，德国西部的低温供热能耗占总供热能耗的50%，美国占34%，法国占33%，我国则占50%以上。目前，我国约有40万台分散的小锅炉用于低温供热，年耗标煤约2.1亿吨。此外，我国石油化工供热用煤也达1亿吨标煤。这两项低温用煤即占我国总能耗的40%。可见，低温供热在我国能耗结构中的重要地位。这是考虑我国发展低温核能供热迫切性的重要依据。估计到21世纪30或40年代，我国尚难完成由化石能源为主向以核能为主的过渡。此间，我国能源系统仍具有以下三大特点，即煤炭的生产与消费在一次能源中的比重仍为70%左右；供热用煤在总煤耗中约占70%；低温供热能耗在供热总能耗中占80%。这三个数据充分表明了我国发展核能供热特别是低温核能供热的迫切性。如果，我们在以发展核电为主的同时，适当兼顾核热电厂的建造，并积极而有效地兴建中、小型低温核供热厂，那么，我们就可大大减少煤炭的生产与消耗，就可为子孙后代保留已为数不多的宝贵化石原料，就可获得比以化石能源供热要大得多的经济效益、环境效益与社会效益。

四、对我国开发核供热的建议

清华大学5 000千瓦低温供热堆试运行的成功和吉林20万千瓦低温供热堆经计委批准立项，标志我国对核能供热技术的研究已进行了实用阶段。据悉，5 000千瓦低温核供热堆运行成功后，作为一种安全、经济、清洁热源的低温核供热堆已引起某些城市及工矿企业的极大兴趣，各地相继提出了兴建中、小型低温核供热厂的要求。清华核能研究设计院、北京核工程设计研究院已协同阜新、哈尔滨、天津、沈阳、吉林、兰州、齐齐哈尔及北京等地开展了建造低温核供热厂的可行性研究。据统计，我国的低温供热约50%以上是在130 ℃以下使用。这正处于低温核供热堆的温度参数之内。如果我们把低温核供热同工业用热、低温发电、低温制冷、辐射加工、水产养殖、蛋禽培育或菜蔬栽培等低温用热领域结合起来，开展综合利用，那么低温核能供热的经济效益、社会效益与环境效益将会更加显著。低温核能供热在我国有着广阔的市场。为此，我们建议本世纪内积极抓好低温核供热示范工程，为下世纪推广低温核供热打好基础。

提供高温核热源的高温气冷堆属于先进的核能技术。当前，高温气冷堆的发电技术已发展到商业示范阶段，而其核供热技术尚处在实验与设计研究阶段。高温气冷堆具有极优越的固有安全性。在石墨水冷堆和水堆相继发生重大事故的情况下，德国和美国的核能界依据高温气冷堆电厂多年运行的成功经验，对它予以合理简化与改进而推出了“模块式高温氦冷球床堆”。由于这一堆型具有安全性高、用途广、热利用率高及不停堆连续换料等优点而受到国际核能市场的青睐。此外，原苏联、日本等国也有利用高温核供热制氢炼钢的计划，并开展了高温气冷堆的研究。我国从20世纪70年代起，也开始了这方面研究，目前正筹建小型试验堆。

高温核能供热在我国同样有着广阔的市场。上述模块式高温气冷堆的氦气出口温度为950 ℃。它能为我国稠油热采、页岩油的液化、煤的液化与汽化以及非铁金属工业等高温用热领域提供理想的高温热源，也能部分地满足化工、冶金、建材等行业工艺用热的需求。由此可见，高温核能供热在我国未来能源工业中亦占有重要地位，其发展前景同样是光明的。为此建议，择优跟踪国际技术，努力作好高温核供热的开发工作，为我国国民经济稳定、持续、协调的发展创造条件。

（原载于《核经济研究》，1992. Ⅲ）

核能发展的现状与前景

能源是当今世界范围内被普遍重视的问题。化石能源的大量使用所造成的环境污染和气温上升更引起了科学家们的忧虑。

据统计，世界上已有 70 多家机构提出了 350 多种不同的能源预测方案。其中，美、俄等国政府组织的国际应用系统分析研究所对能源的预测得到了较高的评价，为不少国家的专家所引用。根据这一预测，到 2030 年核能将占世界能源的四分之一。近几年来，我国能源专家也对能源问题作了多方面的探讨，认为今后 50～100 年内我国能源结构将产生巨大变化。但是，他们对哪种能源能担任未来能源舞台上的主角，看法不一致。其一，有的专家认为是风能。风能是一种最丰富、无污染的可再生能源。据一家杂志载文介绍，全美国的用电可以通过充分开发本土上的风能来满足。因而有人主张制定以风力为主干的电力计划，大力开发风能。其二，有些专家认为，未来世界的主要能源是氢。氢是一种储量极丰富的元素，在每个水分子中，就有两个氢原子。当前，科学家正在解决从水或天然气中提取氢的廉价方法（如光电化学技术、光生物学技术，均大有希望）和贮运方法。美国正在努力使氢成为一种主要能源。其三，不少专家认为，未来世界的主要能源是以太阳能为代表的可再生能源。太阳能是一种最富有、最便捷的可再生能源，它既可发电又可供热，极有发展前途。例如，美国加利福尼亚州的一个大型太阳能发电站，每千瓦小时的发电成本为 8 美分，比核电成本还低。又如，太阳能电池也在许多国家悄然兴起，目前约有 6 000 多个发展中国家的乡村用它来发电。“太阳经济”将成为未来世界能源的主流，它将创造出一个全新的产业。这样，人类能源的发展才能实现由消耗不可再生能源为主过渡到以利用可再生能源为主。其四，有些专家则认为未来世界的主要能源将是取之不尽，用之不竭而又丰富多彩的核能。我国著名核化工和核电专家姜圣阶教授便是力持后一论点的主要代表。早在80年代初，姜圣阶教授就提出了“未来世界是核能的世界”的著名论断，论述了我国核能发展的途径，指出“发展核能是我国经济建设中的重大的战略决策”。

核能的开发、利用是本世纪科学技术发展的重大成果，是当前新技术革命的重要内容之一，是人们解决当今能源危机的一种途径。许多国家和地区的实践证明：核电已成为比火电更加安全、清洁、经济的工业能源。可以断言，不掌握核能的民族不可能成为未来世界的先进民族。而没有核能的高度发展，我国在经济方面要赶上先进国家也是不可能的。我国是世界上产煤大国之一，煤是我国现时的主要能源。估计到2000年，我国原煤产量将达12亿吨，原油产量2亿多吨。我国人口多，人均能耗太低，只及世界人均值的三分之一。为实现将我国建设成为现代化社会主义强国的战略宏图，到21世纪我国的总能耗将有极大的增长。到21世纪初期，化石能源仍将是我国的主要能源。但由于我国化石能源资源有限，人均化石燃料资源少、运输量大、对环境污染严重，而且大量使用化石能源所造成的地球气候的改变将给我国华北、西北及东部沿海的生态环境带来不良影响，加之今后将日益增多地转作化工原料或出口，因此，估计我国化石能源的消耗量在2020年达到18亿吨左右标煤后，难以大量增加，经过一段时间后并将逐渐下降。因而，在世界能源结构向核能为主转化的同时，我国能源结构向核能为主的转化不仅势在必行，而且难以推迟。

由此可见，为保证国民经济长期、持续、稳定地增长，我国应积极为早日实现由化石能源为主到以核能为主的过渡准备条件。在本世纪内，我国除了应适当建设核电站以满足东部沿海地区的急需（如已经建成和并网发电的秦山30万千瓦核电站和大亚湾2×90万千瓦核电站）外，还应通过一定数量的核电站的建造，促使整个核能工业体系的完善，为下世纪的核能大发展准备必要的技术、物质、人才基础。“九五”期间我国建设秦山二期2×60万千瓦核电站，广东岭澳2×100万千瓦核电站和秦山三期2×70万千瓦重水堆核电站。到2010年，估计我国核电装机容量将达2 000万千瓦。这样，至少到下世纪50年代，核能有可能成为我国的主要能源。根据我国的铀资源情况，为保证核能的高速发展，仅仅生产压水堆是不够的，还必须积极发展快中子增殖堆和聚变-裂变混合堆，以及高温气冷堆。快堆和聚变-裂变混合堆的发展将给人类以充裕的时间去迎接纯聚变堆时代的到来。

由于我国报刊过去一段时间宣传太阳能较多，所以国内读者对未来世界将以核能为主的观点也许会感到突然。其实这一论点并不是我国能源专家的首创。早在1920年，一位英国科学家奥利夫·洛奇就预言过核能取代煤而成为主要能源的时代将会到来。1979年，一位气象学家通过计算机对世界气候的未来发展趋势的分析表明，若世界以煤为主要能源，由于二氧化碳等温室气体而引起的全球气温急剧上升，将给人类的生存带来威胁；若到2020年世界能源能过渡到以核能为主，则世界气温在2050年前经过一段缓慢上升后，将会逐渐回复。美、俄等国科学界的一些著名领导人也曾多次提出过未来世界的发展不得不依靠核能的观点。但是就笔者所知，从技术、经济、生态环境等角度系统地分析核能发展的历史、现状和前景，并通过各种能源的对比，明确提出核能是未来世界主要能源的观点还是我国能源专家，尤其核电专家。

“必须大力发展核电和核供热”，是自1973年能源危机以来被人们正在探讨或实践中多次感觉到了的结论。毛泽东说得好：“感觉到了的东西，我们不能立刻理解它，只有理解了的东西才更深刻地感觉它。感觉只解决现象问题，理论才解决本质问题。”我国能源专家、核电专家的工作旨在说明上述结论的合理性，以便让更多的人能理解它，继而更有效地去实践它。

世界核能科学开拓者素描（上编）

亨利·贝克勒尔（1852—1908年）

贝克勒尔是法国杰出的核物理学家。他出身于法国三代闻名的“铀盐世家”，其祖父是很有名望的物理学家，对荧光物质颇有研究，其父爱德蒙·贝克勒尔一直从事铀盐荧光物质的研究。后来，亨利·贝克勒尔也从事铀盐的研究，并于1880年制备一种导致发现铀射线的铀和钾的复合硫酸盐。

1895年，德国物理学家康拉德·伦琴发现了X射线，次年初法国科学院宣读了关于伦琴发现X射线的报告。当时，许多国家的科学家对此都持怀疑态度，其中尤以法国的著名物理学家和数学家亨利·普安卡雷最武断。正当人们以极大的热情探索X射线的秘密时，年轻的亨利·贝克勒尔也以其熟知的铀盐方面的知识参与了这一探索。他首先否定了亨利·普安卡雷提出的反驳伦琴的“理论”，他正是在一项企图用铀盐获得X射线的实验中，经过反复分析和计算，得出一个崭新的结论：含铀物质在完全黑暗中能放出一种新的射线。这种新射线后来就被称为铀射线或贝克勒尔射线。这就是具有重大理论意义和实践意义的天然放射性的发现。不久，贝克勒尔又进一步指出：铀射线的强度与铀的总量成正比。他还发现沥青铀矿石放出的射线强度远大于其中铀总量所放出的射线强度，据此，他合理地预言了“沥青铀矿中除铀以外，一定还存在着未被发现的像铀一样会放出这种射线的元素。”这些结论给居里夫人研究铀射线性质和发现新放射性元素（钋、镭）以重要启示。1898年，贝克勒尔等人发现铀射线在磁场中产生偏转的现象。由于天然放射性的发现及对其性质的研究，贝克勒尔同居里夫妇一起荣获1903年度诺贝尔物理奖。

皮埃尔·居里（1859—1906年）

皮埃尔·居里是法国著名的物理学家。早期的主要贡献为确定磁性物质的转变温度（居里温度），建立居里定律及发现晶体的压电效应，他还研究了晶体和各种物理现象的因与果之间的对称关系，提出了世所公认的居里对称原则。

1897年，他支持并参与妻子玛丽·居里对贝克勒尔射线的研究工作。在共同研究放射性现象中，他们发现元素钍像铀一样也能放出射线。这表明不必先受太阳光或某种其他能源的作用而放出射线，且这种现象并不是铀所独有的特性。于是，他们把这种现象称作“放射性”（意即具有放出射线的性能），把具有自动放出射线性能的元素称为“放射性元素”。1898年，皮埃尔·居里等在《自然》杂志上首先使用了“放射性”这一术语。1898年，皮埃尔·居里夫妇经过艰辛的实验和分析，先后发现了两种放射性新元素：钋和镭。新元素镭的发现具有重要理论意义和应用价值。镭的放射性比铀要强近300万倍。人们很快发现即使少许的镭，每秒钟就能从它的原子内部以极大的速度放出许多氦原子核（即α粒子）来。居里夫妇称此为“原子内部爆发的大革命”！镭经α衰变后的残余（子体）是一种放射性的气体氡，氡又可衰变为另一种放射性物质，如此次第衰变，直至变成稳定元素铅为止。这是原子可自动变化的第一个例证。镭的发现终于打破了19世纪末叶那种认为原子是物质可分性的“最终极限”的观念，并证明原子是可以自动衰变的，一种物质可以转化为另一种物质。这就更清楚地揭示了物质世界的统一性。1900年，德国两位学者发现镭的生理效用不久，皮埃尔·居里就自告奋勇，用自己的左臂做试验。后来，他又与医生合作，共同研究，使镭成为治疗恶性肿瘤，特别是癌的有力武器。皮埃尔·居里是医学上一个重要分支——放射医学的开拓者之一。皮埃尔·居里夫妇对放射性现象和放射性元素的开拓性研究，开辟了核物理、核化学和放射医学研究的新领域。

因对放射性现象及其特性的研究，皮埃尔·居里夫妇与贝克勒尔共同获得1903年度诺贝尔物理奖。

玛丽·居里（1867—1934 年）

玛丽·居里是法籍波兰卓越的核物理学家、化学家，原名玛丽·斯可罗多夫斯卡。1895 年在巴黎与法国物理学家皮埃尔·居里结婚。1897—1906 年，玛丽·居里夫妇共同就法国物理学家贝克勒尔首先发现的天然放射性现象进行了开拓性的研究，并在 1898 年一年内取得了先后发现两种放射性新元素（钋和镭）的重大成就。因此，她与皮埃尔·居里、贝克勒尔一起荣获 1903 年度诺贝尔物理奖。1906 年，皮埃尔·居里逝世后，居里夫人继续进行放射性元素及其化合物的研究，成功地制取了镭，精确地测定了镭的原子量，并先后发表了《放射性通论》《放射性物质的研究》等著作，对原子核科学的发展起了不小推动作用。1911 年，居里夫人因钋和镭的发现、镭的分离及其化合物的研究又荣获该年度的诺贝尔化学奖，成为荣获两种诺贝尔科学奖项的第一人。

居里夫人一家两代人都对放射性元素的研究做出了卓绝的贡献。1935 年，她的长女伊伦娜和女婿约里奥-居里因发现人工放射性元素，并证实了地球上存在着单独的正电子而获得该年度的诺贝尔化学奖。此外，她的次女、著名钢琴演奏家伊芙·居里的丈夫亨利·拉布伊斯，以联合国基金会总干事的身份获得 1965 年度诺贝尔和平奖。迄今为止，共同荣获诺贝尔奖的仅有三对夫妇中，居里夫人家就占了两对，居里夫人是一生荣获两次诺贝尔奖的仅有的四位科学家之一。居里夫人一家两代有 6 人次荣获诺贝尔奖。这是迄今为止获得这一殊荣最多的家庭。

欧内斯特·卢瑟福（1871—1937）

卢瑟福是卓越的英籍新西兰核物理学家。他在核物理学理论分析和实验研究方面有许多重大发现，尤其在研究原子结构和放射性现象方面取得了重要成就。

1898 年，卢瑟福在对铀射线的研究中区分了其中的两种辐射成分，并分别命名为 α 射线和 β 射线，且指出 β 线和阴极射线一样也是带负电的电子流；1900 年．卢瑟福等人又辨认了铀射线中的第三种辐射，并把它命名为 γ 线。1914 年，他和美国物理学家安德雷证明了 γ 射线是一种电磁波，是能量极高的不带电的光子流；1902 年，卢瑟福和英国物理学家索迪对 α 放射性进行系统研究，发现了放射性递减的数学规律，并找到了一连串放射性元素，建立了铀放射系。为此，他获得了 1908 年度诺贝尔物理奖；1906 年，卢瑟福开始研究大质量亚原粒子 α 穿过物质时的现象，发现 α 粒子的质量相当于氦原子核的质量，并证实 α 射线是一种带正电的高速粒子（即氦核）流；1913 年，他指出原子内部隐藏着巨大的能量。1911 年卢瑟福完成了有名的 α 粒子大角度散射实验，并把结果公布于世，他首次计算了原子行星构造，证实了“原子核”的存在，建立了“有核原子模型”，对原子核物理学的发展起了重大作用。德国物理学家海森伯称卢瑟福是“近代原子物理学的真正奠基人”。1919 年，卢瑟福用 α 粒子轰击氮核得到了氢和氧，发现了“质子”（即氢原子核），其实这一实验已实现了人工核反应，实现了由氮核向氧核的嬗变，只因氧核为数太少而未能引起人们的重视。但是，这一实验仍为核物理学后来的许多重大发现开辟了道路。1920 年，卢瑟福多次指出，原子中可能存在一种质量大体与质子相似的“中性粒子”，这就是有名的“中子假说”。1932 年，英国物理学家查德威克果然证实了“中子”的存在，测出了中子的质量，发现它仅略重于质子；1922 年，卢瑟福又敏锐地预言了“正电子”的存在，他说：“质量比氢核小得多的带正电单位的粒子将来可能被发现”。1930 年，中国物理学家赵忠尧在实验中首先发现正负电子湮没现象，并在美国《物理评论》上发表了自己的实验论文。1932 年，美国物理学家安德逊直接在赵忠尧实践结果的基础上，在云室中观测到正电子的径迹，发现了正电子。二战期间，卢瑟福在镭研究所开始了被称为放射疗法的研究，特别是用镭来治疗舌癌和喉癌。曾在卡文迪许实验室师从卢瑟福的中国物理学家张文裕，1949 年以云室和核乳胶技术研究 μ 介子与原子核的作用时，首次观测到 μ 原子及 μ 介子辐射。1953 年，高能加速器实验证实了这一发现。于是以张文裕的名字命名的“张氏原子”“张氏辐射”便载入科学史册。1934 年，卢瑟福在一封公开信中又预言了氚的存在，他指出：“可能存在着另一种氢的同位素，即原子量为 3 的三重氢（triple hydrogen）”。不久，他的得力助手、澳大利亚物理学家奥利芬特果然用实验证明了氚的存在。1934 年，卢瑟福、奥利芬特和奥地利化学家哈尔特克在静电加速器上用氘核轰击固态氘靶制得了氚，发现了轻元素的核聚变现象。

阿尔伯特·爱因斯坦（1879—1955 年）

爱因斯坦是先后加入瑞士和美国籍的德国著名物理学家和思想家。他在物理学的许多方面中都有重大贡献。

1904 年，爱因斯坦首先提出“光子”的概念，指出光子具有动量和质量，确定了光的波粒二象性；在 20 世纪初的一些新发现的推动下，1905 年，年仅 26 岁的爱因斯坦连续发表了《光量子理论》《分子尺度的新测定》《论动体的电动力学》（该文揭示了狭义相对论的基本原理）等五篇震惊科学界的论文，其中，由狭义相对论导出的著名的爱因斯坦公式：$E=mc^2$，表明质量与能量可互相转换，因此又称为质能关系式。它为解释铀核裂变释放大量能量的现象提供了理论根据。我们知道，铀核裂变现象包含两个主要方面，一是形成一系列放射性产物（某些中等质量元素的同位素）。二是释放出大量能量。1939 年，奥地利物理学家丽丝·迈特勒和弗里施正是根据质能关系式计算了铀核反应前后的质量亏损，提出了铀核裂变能释放出巨大能量的结论；在狭义相对论的基础上。爱因斯坦又于 1916 年建立了“广义相对论”。他用光量子理论解释了为英国物理学家汤姆逊所发现的“光电效应”、辐射过程以及固体比热；在阐明布朗运动时，对发展量子统计方法也取得卓越成就。后期的爱因斯坦致力于建立相对论“统一场论”，预言了“引力子”的存在，企图把电磁场和引力场统一起来，虽无成效，但是他那种不畏艰难、勇攀高峰的精神却给后人树立了光辉的榜样，也为已取得巨大进展的现代统一场论研究工作开了先河。

爱因斯坦的工作，特别是相对论，揭示了空间、时间的辩证关系，加深了人们对物质与运动的认识，彻底改变了人类对宇宙的看法；不论是在科学上，还是在哲学上都具有深远意义。因此，列宁把他称为“伟大的自然科学改造者”；周恩来总理称他是“犹太民族的杰出科学家”。相对论是物理学理论的一次重大变革，它的观念和方法对 20 世纪物理学的发展有着极深刻的影响。所以，有位著名物理学家指出，爱因斯坦取得的巨大成就不是一次，而是五次，即狭义相对论、广义相对论、量子力学、统计物理和统一场论。爱因斯坦的最大成就和不朽贡献当推相对论，但仅以阐明光电效应规律才于 1921 年被授予诺贝尔物理奖。

詹姆斯·查德威克（1891—1974）

查德威克是英国杰出的核物理学家。19 世纪初、20 世纪末相继发现的电子和质子，揭开了原子结构的面纱。物理学家们自然想到原子里除了电子、质子外还有什么？1920 年，质子的发现者卢瑟福在英国皇家学院的一次讲演中提出：可能存在一种质量大体上与质子相似的“中性粒子”；是年，他在圣诞节为少年儿童讲科普知识时再次指出：“原子中有带负电的电子，有带正电的质子，为什么不能有不带电的中性粒子呢？”1921 年，美国化学家哈金斯支持卢瑟福的观点，并建议把这种单独的“中性粒子”命名为“中子”。这就是有名的“中子假说”。其后十多年中，物理学家们一直在努力证实“中子”的存存。1930 年，德国的物理学家玻特做了用 α 粒子轰击铍核的实验，他原想能打出质子，但未发现质子，却发现了一种“强贯穿辐射”，他误认为是硬 γ 射线；1932 年，法国核物理学家约里奥-居里夫妇重复了玻特的实验，他们打出了质子，也发现了这种强贯穿辐射。囿于传统观念，这种强贯穿辐射也被他们解释为 γ 射线的新性质。因此，他们都与发现“中子”失之交臂。同年，在提出“中子假说”的故乡，英国物理学家查德威克也在进行同样的实验，并得出相同的观察结果。但是，查德威克以高超的理论分析，否定了这种强贯穿辐射是硬 γ 射线或其新性质的结论，并断定它正是卢瑟福多次预言的、人们寻觅已久的“中子”。为进一步证明自己的推断，1934 年，查德威克测出了中子的质量，发现它果然与质子的质量“大体相似”（略重于质子）。接着，他又用云雾室做了“中子流”实验，表明中子果然“不带电”，这种强贯穿辐射就是中子流，而非 γ 射线。1935 年，查德威克因从理论分析和实验验证两方面令人信服地证实了“中子”的存在，而获本年度诺贝尔物理奖。“中子”的发现是核物理学史上既有理论意义又有实用价值的一项重大成果。中子的发现无疑是核物理学家描绘原子图像的最精彩的一笔。它对推动理论核物理学和实验核物理学的发展功不可没。正是由于中子的发现，才导致完整地描述原子结构的行星原子模型的提出，导致以中子为“新型炮弹”轰击原子核而制备出数十种放射性核素，导致铀核裂变现象的发现，以及世界上第一座人工反应堆和第一座核电站的产生。人类对核裂变能的利用才成为现实。

伊伦娜·约里奥-居里（1897—1956年）

伊伦娜·约里奥-居里是法国杰出的核物理学家、化学家，著名科学家玛丽·居里的长女。伊伦娜和她的丈夫约里奥-居里在核物理研究中做出了多方面的贡献。他们在研究α粒子（即氦核）对轻核的作用时发现以α粒子轰击铝核和硼核，分别产生了放射性核素磷-30和氮-13。这是核科技史上首次发现的人工放射性现象和首次合成的人工放射性同位素。人工放射性的发现，既具有重大理论意义又具有重大实用价值。它给原子核结构理论赋予了新内容，也为人工制造放射性核素开辟了广阔的道路，提高了人类认识自然和改造自然的能力。为此，他们共同荣获1935年度诺贝尔化学奖。

1931年，伊伦娜和约里奥-居里用钋所产生的α射线轰击铍、锂等的原子核时，发现了前所未有的“强贯穿辐射”。此刻，“中子”已在他们掌握之中。因受传统观念的约束，他们将此解释为γ辐射效应，以致错失了发现“中子”的良机。次年，英国核物理学家查德威克通过实验与理论分析。确定所谓贯穿正是卢瑟福多次预言的“中子”。

在1932年美国物理学家安德森发现宇宙射线中存在正电子之前，伊伦娜·约里奥-居里夫妇在实验中已注意到威尔逊云室存在一些径迹弯曲方向与其他来源相同的电子正好相反的“奇特电子”。但他们对此未予深究。后来，安德逊重复了约里奥-居里夫妇的云室实验，果然发现了这些“奇特电子”，通过深入研究，并在中国物理学家赵忠尧发现正负电子湮没现象的实验结果的启发下，证实了“奇特电子”就是正电子，并指出“这表明正电子不仅存在于宇宙射线中，也能单独存在于地球上”。

1934年，意大利核物理学家费米进行了一次最终导致一个重大发现（即铀核裂变现象）的著名实验，他用刚发现不久的中子轰击铀核（原子序数为92），希望能得到原子序数加一的第93号元素。1938年，约里奥-居里夫妇也开始了寻找第93号元素的实验，并连续发表了三篇论文。后来，铀核裂变现象的发现者奥托·哈恩说，约里奥-居里夫妇的实验为“发现铀核裂变线索提供了奇妙的效应”。其实，他们和费米一样已经临近了“发现铀核裂变”的大门。但因传统观念和定势思维的束缚，使他们与铀核裂变的发现失之交臂。30年代后期，后来成为我国著名核物理学家的钱三强教授来到巴黎大学镭学研究所居里实验室，在伊伦娜·约里奥-居里夫妇的指导下从事超铀元素的试验研究工作。1938年年底，他用云室拍下了世界上第一张铀核裂变的照片。1945年春，伊伦娜派钱三强赴英国威尔斯实验室学习核乳胶新技术。回巴黎后，钱三强领导的研究小组（其夫人何泽慧为成员之一）先后发现了铀核裂变“三分裂”“四分裂”现象，在世界科学界引起很大反响。

伊伦娜·约里奥-居里夫妇曾长期领导法国原子能事业，并于1948年领导建成了法国第一座核反应堆。

让·弗雷德里克·约里奥-居里（1900—1958年）

约里奥-居里是法国杰出的核物理学家，在核物理学研究中有着多方面的贡献。

约里奥于1924年进入居里夫人的镭研究所，1926年与居里夫人的长女伊伦娜·居里结婚。1934年，约里奥-居里夫妇用α粒子轰击铝核时，得到第一个人造放射性核素磷-30，发现了人工放射性现象。为此，他们共同获得1935年度诺贝尔化学奖。在诺贝尔奖授奖大会上，约里奥-居里作出了如下精彩的预言：“我们有权想到研究人员能够有意地破坏或造出原子，就会实现爆炸性的链式反应。如果在物质内发生这样的蜕变，就能够设想去利用它所释放出来的巨大能量了!”几年后，这一预言果然得到验证。1937年，他被任命为法兰西学院的教授。

1939年，约里奥-居里和法兰西学院的两位外籍研究人员哈尔班、科瓦尔斯基在研究铀核裂变时指出：铀核裂变将产生次级中子，这些新中子将引起铀核的链式反应，同年年底，约里奥-居里指出：重水是实现铀链式反应的最有利的物质，并得出了可在铀-重水体系中进行链式反应的结论。因此，他们申请了专利，取得了为获取原子能而建造原子反应堆的专利权。

1945年，约里奥-居里说服了戴高乐将军，提出“必须在法国创建一个致力于原子能的机构”。同年10月，法国发布成立原子能委员会的命令，约里奥-居里夫妇都是该委员会的重要成员。1950年4月，法国政府免去了约里奥-居里的职务。1958年戴高乐将军重掌法国政权，他决心在原子大国的大合唱中给法国争得一个位置，便毫不犹豫地指定约里奥-居里为原子能委员会首任科学领导人。1946 年，约里奥-居里夫妇都是负责管理原子能委员会的理事会的重要成员。1948 年，由约里奥-居里主持建成了法国首座重水-天然铀反应堆。1949 年，约里奥-居里作为主席主持了在巴黎召开的第一届“世界保卫和平大会”，次年，世界保卫和平大会理事会用《斯德哥尔摩宣言》回击了美国总统杜鲁门宣布加速研制氢弹的声明。《斯德哥尔摩宣言》在世界上得到了真正的反响，在几个月内就有几百万人的签名支持。约里奥-居里不仅是著名科学家，还是著名社会活动家。

恩里科·费米（1901—1954 年）

费米是意大利杰出核物理学家，开创核能利用的先驱，在现代物理理论和实验物理学方面都有重大贡献。1925—1926 年，他根据泡利不相容原理，与英国物理学家狄拉克各自导出了预测电子特性的量子统计中的“费米-狄拉克统计法”；他还研究了宇宙射线的来源，对天体物理学有一定贡献。

1934 年，费米首先提出 β 衰变的定量理论，开了现代基本粒子相互作用研究的先河。费米和他的合作者首先实现了中子慢化，并发现了慢化中子与核产生核反应的优点。同年，他用中子轰击铀核，想获得原子序数大于铀（92）的“超铀元素”。当时，费米已接近发现铀裂变现象的门槛了，但他仍坚持认为裂变产物是“超铀元素”（即第 93 号元素），以致与发现“铀裂变现象”失之交臂。但费米用中子轰击原子核的方法却是一个创举。这一新方法导致了一系列的重要发现，铀核裂变的发现是费米首创的以中子作为轰击原子“新型炮弹”的必然结果。他因用中子轰击方法制成了许多新的人工放射性同位素，以及慢中子引起核反应方面的贡献，而获得 1938 年度诺贝尔物理奖。

1941 年 12 月 2 日，在费米和匈牙利物理学家西拉德领导下的一批科学家在芝加哥建成了世界上第一座人工核反应堆，首次实现了可控的铀核自持链式反应。这是一个具有划时代意义的事件，它宣告了核能时代的到来。二战期间，费米参加研制原子弹的曼哈顿工程，战后他返回芝加哥大学任教，并从事粒子物理研究。1951 年，费米领导的研究小组发现了第一个核子共振态。为了纪念他，原子序数为 100 的元素被命名为镄（Fm）。为表彰费米的卓越贡献，美国原子能委员会还专门设立了费米奖。

欧内斯特·劳伦斯（1901—1958 年）

劳伦斯是美国杰出物理学家、世界第一台回旋加速器的创造者、美国全国科学院院士、发展加速器应用技术的先驱者，尤其为发展放射性核素在医疗上的应用做出了卓越贡献。

1929 年，劳伦斯发明了后来被称为回旋加速器的“原子击破器”。这是一种有奇特效能的能够加速带电粒子的装置。1930 年，他设计并制造了世界上第一台回旋加速器，以后又逐步加大尺寸，在许多地方建成了一系列回旋加速器，致使他在加利福尼亚州伯克利的辐射实验室成为世界物理学家参观学习的基地。与此同时，劳伦斯还大力宣传推广用回旋加速器中产生的放射性同位素或中子来治疗癌症等疑难病。由于在回旋加速器及其应用技术方面的成就，劳伦斯获得 1939 年度诺贝尔物理奖。

在二战美国研制原子弹期间，劳伦斯从事过用电磁法分离铀-235，以及用加速器生产钚-239 的实验研究，为探寻获取美国首批原子弹的装料途径做出了独特的贡献。到 1948 年，由劳伦斯建议制造的大型回旋加速器已能提供 α 粒子束、氘粒子束和质子束。同年年初，物理学家加德西和拉蒂斯用回旋加速器的 380 MeV α 粒子找到了介子，不久美国即开始建造第一座 π 介子工厂。从此，开创了一个高能物理的新时代。由于劳伦斯的倡议和推动，美国加利福尼亚大学建造了一台 6 GeV 高能质子同步稳相加速器，取名贝伐特朗。物理学家们在这台巨型回旋加速器上进行高能物理研究，完成了一系列重大发现。

伊戈尔·库尔恰托夫（1903—1960 年）

库尔恰托夫是苏联著名核物理学家，苏联原子核科学的奠基人和卓越领导者之一。1947 年因在领导原子核科学技术工作方面的卓越成绩荣获列宁勋章，1949 年他因主持并成功地进行了原子弹试验而荣获祖国勋章和社会主义劳动英雄的称号。库尔恰托夫长期主持领导苏联原子能事业，为建设苏联核工业和发展核科学技术作出了卓越的贡献。

库尔恰托夫早期从事酒石酸钾钠晶体电特性的研究，并发现了“酒石酸钾钠电效应”；在半导体材料特性及铁电体介电材料等方面也取得了一定成果。自1932年开始，他先后担任了列宁格勒原子核科学特别研究小组副组长、核实验室主任，以及“2号特别实验”主任等职。1934年库尔恰托夫领导的研究组在用中子轰击原子核的实验中，发现了一些元素的同质异能素。后来，在各种物质吸收中子的研究中，库尔恰托夫和意大利实验核物理学家费米各自独立地发现了中子共振吸收现象。

1940年，在库尔恰托夫的领导下，弗辽洛夫和鲁西诺夫通过实验测定每次铀核裂变时产生的次级中子数为2～4个，指出了实现链式裂变反应的可能性。同年，苏联化学物理所的两位物理学家捷列多维奇和哈利顿研究了在铀反应堆中实现链式反应的条件，不久，他们便做了世界上早期的铀核裂变链式反应的试验。1941年，在库尔恰托夫的直接指导下，弗辽洛夫和彼得夏克发现了铀核的自发裂变现象。

1943年4月，苏联科学院决定建立第二研究所（即现在的俄罗斯科学中心——库尔恰托夫研究所），库尔恰托夫任科学所长。从此，库尔恰托夫便全力负责苏联原子能事业。在突破原子弹的原理、构形后，苏联决定用钚作第一个原子弹的裂变材料。次年，苏联物理学家便开始专攻生产铀、钚和纯石墨两道难关。

1946年6月，苏联着手建造分离铀-235的气体扩散工厂；同年年底，在库尔恰托夫的主持下苏联的第一座墨天然铀反应堆建成。同时，苏联政府决定在南乌拉尔的马雅克建设一个核材料综合生产企业，其中包括钚生产反应堆（于1947年建成），以及后处理实验室和冶金实验室。1948年这座钚生产堆开始工作，到1948年6月底已生产出供第一个原子弹用的足够数量的钚装料。

在库尔恰托夫为首的苏联核物理学家的共同努力下，苏联在1949年8月29日成功地爆炸了第一颗原子弹，打破了美国的核垄断，成为世界上第二个试爆原子弹的国家。苏联在1953年8月12日成功地爆炸了第一颗氢弹（其实，这次爆炸装置不是“真正的氢弹”，1955年11月22日才成功地爆炸了第一颗氢弹）。库尔恰托夫在和平利用原子能方面也做了大量的奠基性的工作，1950年，苏联政府通过了建造原子能电站的决议。1954年6月27日，库尔恰托夫指导设计的世界第一座核电站——奥布灵斯克核电站建成并开始发电。晚年，库尔恰托夫仍在领导受控热核聚变研究。

罗伯特·奥本海默（1904—1967年）

奥本海默是美国杰出的物理学家、美国核武器研制的奠基人之一，1942—1945年间出色地领导了美国第一批原子弹的研制工作。

奥本海默于1941年开始参与核武器发展计划，1942年全力投身于原子弹的研制，并领导了洛斯阿拉莫斯实验室的组建工作。后来在他的领导下，核弹研究人员就原子弹的临界质量、基本形状、结构、尺寸及其破坏力，以及生产军用可裂变材料的方法等进行了卓有成效的研究，并对原子弹的临界质量（铀-235和钚-239），结构（枪式和内爆式）、高效炸药及其成型等进行试验，取得了可靠数据。在研制原子弹过程中，以奥本海默为首的核弹研制人员及时而有效地解决了数百个大大小小的难题，终于在1945年7月16日取得了第一颗原子弹的爆炸试验的成功。第二次世界大战以后，他反对美国制造氢弹。1945年秋，奥本海默重新开始执教并投身于科研工作。他再度从事宇宙射线的研究，参与了寻找日本物理学家汤川秀树预言的“介子”的工作，并发现了介子。1948年，由于人工生产π介子获得成功，美国开始建造π介子工厂。1948年可以说是奥本海默战后生涯的高峰，他被人们称为“原子弹之父”。在接受了一系列荣誉、受到各方面赞扬之后，1947他被任命为普林斯顿高级研究院远景问题研究所所长，又在政府中担任了地位显赫的特种委员会顾问委员会的顾问，以及新成立的原子能委员会顾问委员会的主席。但到1952年，形势产生逆转，奥本海默被撤掉多项高级职务，并被取消接触军事机密的资格。在联邦调查局局长胡佛的导演下，奥本海默陷入一场伤神的政治斗争的旋涡，并于1954年出庭“受审”。当时，美国科学家联合会抗议对他的审查。直到1963年美国总统约翰逊授予他“费米奖”，才算为他部分地恢复了名誉。1963年，他因病辞去普林斯顿高级研究所所长职务，并接替爱因斯坦当了理论物理的高级教授。

王淦昌（1907—1998年）

王淦昌是著名核物理学家、中国科学院资深院士，中国实验核物理、宇宙射线及基本粒子物理研究的主要奠基人和开拓者，世界激光惯性约束核聚变理论和研究的创始人之一，中国核武器研制的主要奠基人之一。王淦昌教授在核科学的理论和实验上的贡献是多方面的。

20 世纪 30 年代，王淦昌在德国柏林大学师从奥地利化学家丽丝·迈特勒期间，即对德国物理学家玻特用 α 粒子轰击铍核的有名实验中产生所谓强 γ 射线（强贯穿辐射）持怀疑态度，认为 γ 辐射不可能有那么强的贯穿能力，因而两次向迈特纳提出改用云室作探测器重复玻特的实验，以弄清这种强贯穿辐射的性质。但是，迈特勒始终没有支持他的建议。1932 年，英国核物理学家查德威克重复了玻特的实验，经过理论分析断定这种“强贯穿辐射”与 γ 射线的理论不符，并证明它正是卢瑟福多次预言的质量与质子相近的“中性粒子”。以迈特勒对 γ 射线与元素衰变的关系的实验和对 γ 射线及其性质的研究方面的深厚功底，如果她采纳王淦昌的建议，他们很有可能先于查德威克发现“中子”。当得悉查德威克发现中子后，她不得不对王淦昌说：“这是运气问题。”

1930 年，奥地利物理学家泡利提出了有名的“中微子假说”，各国科学家们开始了寻找中微子的工作。1941 年，在贵州的王淦昌独具远见地设计出一种验证中微子存在的实验方案。论文发表后，许多核物理学家按照他的建议进行验证或观测。1952 年，美国科学家阿伦就是按照这一建议做了俘获中微子的实验，最终证实了中微子的存在。诺贝尔奖金获得者杨振宁教授指出，王淦昌设计并且公开发表的验证中微子存在的实验方案是一项具有获得诺贝尔奖水平的工作。

1953—1956 年，王淦昌主持了中国的宇宙射线的研究工作，他与同事们利用云室研究粒子及其相互作用，获得了一大批奇异粒子事例；1959 年，王淦昌领导的一个小组利用杜布纳联合原子核研究所的 100 亿电子伏特质子同步稳相加速器，以能量为 83 亿电子伏特的 π^- 介子作“炮弹”，长度为 55 厘米的丙烷气泡室作靶子和探测器，发现了世界上第一个荷电负超子——反西格马负超子。它填补了粒子物理学“粒子－反粒子”表上的一个空白，引起了各国科学家的重视。后来，有人利用泡室，又观察到反西格马中性超子。

1964 年，王淦昌院士和苏联的巴索夫院士各自独立地提出了用激光打靶实现热核聚变的科学设想，并组织国内力量开展了这项研究，成为世界上激光惯性约束核聚变研究的奠基人之一。1984 年，他又领导开辟了氟化氪准分子激光惯性约束聚变研究的新领域。

王淦昌教授是中国核武器研制的主要奠基人之一。他以“我愿以身许国”的诺言，不仅参与了中国原子弹、氢弹原理突破及第一代核武器的研制与组织领导工作，而且在爆轰试验等方面，进行了奠基性的研究，指导解决了一系列关键技术问题，为中国核工业建设和核科技事业的发展做出了卓越贡献。为此，他曾荣获两项国家自然科学一等奖、一项国家科学技术进步特等奖和首届何梁何利基金成就奖等多项重要奖励。他是中国第一代著名核科学家的杰出代表。

世界核能科学开拓者素描（ 下编 ）

约瑟夫·约翰·汤姆逊（1856—1940 年）

约瑟夫·约翰·汤姆逊是英国卓越的实验物理学家、现代原子物理学的奠基者。

早在 18 世纪，人们就从电性质的研究中发现，电不仅能在导体中传递，还能促使物质产生重大变化。但对电的本质与特性还不甚了解。人们推测在电解过程中，不同元素的原子，从电极上析出时所吸收的电量是不同的，而电量本身可能是由许多“电单元”组成的。它能成功地解释英国物理学家法拉第的电解定律。为便于理解电解现象，1891 年，爱尔兰物理学家斯托尼首次提出了“电子”的概念，建议把“电单元”命名为“电子”，并以其电量作为电量的基本单位。

“电子”究竟是什么？它有哪些性质？便成了整个 19 世纪后半叶物理学家探索的课题。电真空技术的发展，为深入研究电性质与对电进行单独探测提供了条件。1854 年，德国发明家盖斯勒制成了第一根真空放电管——盖斯勒管，以进行低气压放电试验。1858 年，德国物理学家普吕克尔在做低气压放电试验时，发现当电流经过真空管时，在阴极对面的玻璃壁上出现了带绿色的辉光。于是，人们对产生这种辉光的原因开始了广泛探索。1876 年，德国物理学家戈德斯坦预测：产生辉光是由于阴极上发射出某种射线（后称“阴极射线”），落在对面阴极的管壁上造成的。1885 年，英国物理学家克鲁克斯改进了“盖斯勒管”，发明了阴极射线管——克鲁克斯管。他证明了“阴极射线”实际上是一种具有质量、带有电荷的粒子流。英国物理学家汤姆逊也支持这一观点，并进行了一系列探索其特性的实验研究。汤姆逊的实验结果证明：所谓阴极射线，并不是射线，而是实体的粒子流；这些粒子在电场中的行为表明它们是带负电的；他还断定粒子流所带电荷就是法拉第所提到的“电单元”，并采用了斯托尼的意见，把这种带负电的粒子命名为“电子”。1897 年，汤姆逊在英国“科学知识普及协会”上作了关于发现“电子”的报告。但是，“电子”的发现却遭到了当时很多极有名望的物理学家的怀疑，甚至否定。因而这一发现一时未能引起足够的重视。面对这种情况，汤姆逊则始终坚持、维护自己的结论，还下决心进一步证明“电子”存在的普遍性，并测出“电子”的质量和电荷，以回答权威们的非难。在实验研究中，汤姆逊发现当紫外线照射某些金属时，它也能使金属发射出带负电荷的粒子，这就是“光电效应”的发现；他还发现灼热的金属丝或炭丝也能发射出带负电荷的粒子，这便是“热离子效应”。这些新发现的粒子跟“阴极射线”研究中的粒子一样，都带有等量的负电荷，现在都称为“电子”。此外，汤姆逊又根据电磁学的一般原理，间接地测得了“电子”的质量，并进一步求得电子所带的电荷，最后获得两者的比值即荷质比。同时，他又将带电的氢原子与电子进行比较，以研究电子的特性。他正确地指出电子的质量远比氢原子小得多。而今天我们已精确地测出氢原子的质量是电子质量的 1 837.15倍。

汤姆逊经过上述坚持不懈的努力，从理论和实验两个方面终于证明了“电子”是客观存在于自然界的微小粒子实体。从此，不再有人怀疑电子的存在了。1903 年，他把这段艰辛而光辉的历程，忠实地记录在《电在气体中的传导》一书中。因气体放电现象方面的卓越成就，汤姆逊于 1906 年荣获诺贝尔物理奖。电子的发现具有重大理论意义，它表明在原子中至少存在一种比原子本身小得多、轻得多的粒子——电子，因而直接否定了道尔顿于 1808 年提出的“原子是组成物质的最基本单位”的论断。原子不能被破碎成更小粒子的传统观念被击破了！物理学家们对如何正确理解原子内部结构问题，产生了浓厚兴趣。电子的发现，把人们引入原子内部，以探索微观物质世界的秘密。探索原子内部结构之谜，成了物理学家们重要课题，他们在 19 世纪末至 20 世纪上半叶取得一系列的辉煌成就。

1898 年，汤姆逊依据自己的实验事实与理论分析，大胆地提出了第一个原子结构模型——正电云模型。他认为原子的主体结构是一个带正电荷的实体球，而其中带负电荷的电子被均匀地分布在整个球体中；原子中一般都包含正负相反的两种电荷，通常原子是呈中性的，表明原子中的正负电量是相等的。这种模型里的电子像是果子蛋糕中的果子那样，一个一个均匀地分布在蛋糕中，所以俗称蛋糕模型或果子面包模型。我国有人把它形象地称为“西瓜模型”。汤姆逊的这个原子模型显然不符合事实，后来，卢瑟福、玻尔等根据实验的新事实和新理论对原子结构作出了正确的描述，但汤姆逊仍不失为研究原子结构的启蒙者，正是他引发了人们对原子内部结构的广泛研究。电子的发现及对其特性的探索是揭开原子内部结构之谜的发轫之举。

1911 年，英国物理学家索迪提出了“同位素”概念，后被汤姆逊进一步补充。1912 年，汤姆逊预言了“同位素”的存在，并制成了第一台分离同位素的仪器（后称“质谱仪”），成功地分离出氖的两种同位素——氖-20 和氖-22。但是，他晚年却不顾实验的新事实，排斥新理论，极固执地坚持自己的“正电云模型”，甚至当面拒绝与自己观点不同的玻尔在他领导的实验室里工作。这表明一个曾经蔑视过“权威”的卓越物理学家，在新原子结构理论呼之欲出之际，却成了一个典型的保守者。

奥托·哈恩（1879—1968 年）

奥托·哈恩是德国著名放射化学家、核物理学家。在英国工作期间，他先后发现了两种新的天然放射性核素：钍-228（俗称“射钍”）；钍-227（俗称“射锕”）。

1906 年，哈恩返回德国，以德国独一无二的放射化学家身份在诺贝尔奖金获得者埃米尔·菲舍尔的研究所工作，当上了教授，并开始了同奥地利杰出物理学家丽丝·迈特勒教授长达 30 年的合作。1907 年，哈恩从加拿大回到柏林不久，迈特勒便到他的实验室去看他。当她发现哈恩的工作如此有意思，便留在柏林，成为哈恩的合作者。1914 年，哈恩和迈特勒领导的柏林实验小组发现了镤，他们成了研究镤的权威。这两位科学家的长期合作在核科技史上是令人注目的一页。这种合作为以后铀核裂变现象这一划时代的发现及其理论解释打下了坚实的基础。迈特勒的双亲是犹太人，为躲避纳粹德国的迫害，1937 年，她秘密地逃到荷兰，不久又来到瑞典。丹麦理论物理学家玻尔知道后，便邀请她到哥本哈根的研究所工作，这时迈特勒已是 60 岁的老人了。为了给受纳粹政府迫害的年轻科学家留下不多的职位，她接受了去斯德哥尔摩诺贝尔研究所的邀请。在铀核裂变现象的发现中，迈特勒做出了她的卓越贡献。

在核科技史上，卢瑟福用 α 粒子轰击原子核是一个创举。他用此方法取得了一系列成果，如确定了原子核的存在。首次实现了人工核反应并得到了“质子”；英国物理学家詹姆斯·查德威克用此方法发现“中子”；法国物理学家约里奥-居里夫妇用此方法发现了人工放射性现象。中子发现后不久，著名实验核物理学家恩里科·费米另辟蹊径，想到用不带电的中子轰击原子核的方法。这也是一个创举，它直接导致了铀核裂变现象的重大发现。费米用中子逐一地轰击元素周期表上从氢到铀等元素，在短短几个月内他取得了巨大成功，先后制备了 60 多种人工放射性核素。当他轰击到最后一个即第 92 号元素铀时，发现铀也被激活了。费米认为，既然用中子轰击方法常常能把一种元素变为原子序数加 1 的下一种元素，那么他可能突破了周期表的边界，又得到了一种新元素，其原子序数应比铀大 1 的超铀元素，即“第 93 号元素”。自英国科学家卡文迪许发现氢以来，历时 170 多年，人们才陆续鉴别和发现 90 多种元素。所以，当传出费米发现“第 93 号元素”的信息时，在世界上立即引起了轰动！当时，《纽约时报》以“意大利人通过轰击铀制成第 93 号元素”为醒目标题，作了长篇报道；意大利的报纸更想以此来宣扬“法西斯主义在文化领域的胜利”；各国科学家虽然相信费米首创中子轰击方法制得了许多人工放射性核素，但不敢贸然相信他制成了新元素。费米本人也以一个科学家严肃而诚实的态度发表声明，称“新元素”到底是什么元素，在得到证实之前，还需进行许多精密的实验。科学家们都在议论“第 93 号元素”的真实性。此时，有人提出“新元素”可能是第 91 号元素镤的同位素。这一说法，引起了研究镤元素的权威学者哈恩和迈特勒的极大重视。他们重复了费米的实验。在实验中，他们发现的生成物比费米发现的要多，并未发现镤。为了揭开“第 93 号元素之谜”，当时有三个闻名的实验小组（费米的罗马小组、哈恩和迈特勒的柏林小组、约里奥-居里夫妇的巴黎小组）都在深入探索。其中，令人遗憾的是：1935 年年初，德国女化学家伊达·诺达克在《应用化学》杂志上发表《论第 93 号元素》一文中提出的天才假说，未被这三个小组科学家所重视，以致他们长期在重元素里兜圈子，找不到正确答案。当时．伊达·诺达克以质疑口气提出，在尚无把握肯定反应物是否就是已知元素之前，就来谈论“超铀元素”，在科学上是否站得住脚？接着她明确提出了一个天才的预言：“当中子打击重元素时，可以预想这些重元素分裂为几个大的碎片（它们是已知元素的同位素），而不是形成重元素邻近的元素”。后来揭示的事实证明，伊达·诺达克的预言是完全正确的。

“第93号元素”之谜是从两方面解开的。其一，自迈特勒离开德国后，哈恩和弗里茨·施特拉斯曼仍继续从事中子轰击铀核后的反应产物的研究。1938年年底，他们发现反应产物中有一种质量约为铀原子一半的钡，因无法解释这种现象，便写信把情况告诉了远在瑞典的迈特勒。长期与哈恩合作、具有丰富实践经验的迈特勒，此时又表现出卓越的理论分析的才华，她根据玻尔的液滴模型于1939年年初阐明了铀核裂变现象，又和她的侄子奥托·弗里施根据铀核分裂时的质量亏损，运用爱因斯坦公式推算出铀核裂变时还能释放巨大能量。于是弗里施赶往哥本哈根，把这一发现及其理论分析告诉了玻尔。不久，玻尔把这一消息带到美国。这时，在美国的费米才如梦初醒：原来，所称的“第93号元素”并非超铀元素，而是铀核裂变的产物。其二，1939年，美国科学家麦克米伦和艾贝尔森在用慢中子轰击铀核的实验中鉴别出原子序数为93的镎。至此，才真相大白。

1939年，当玻尔在华盛顿的物理学界会议上宣布“铀核裂变”现象及其理论解释时，在场的许多物理学家未听完报告就奔向自己的实验室做起实验来，以致在一个月内，竟有6人宣布了这一实验的成功。于是，由奥托·哈恩和弗里茨·施特拉斯曼发现的铀核裂变现象才得到世界的公认。这是一个划时代的重大发现。为此，奥托·哈恩荣获1944年度诺贝尔化学奖。

尼尔斯·玻尔（1885—1962年）

尼尔斯·玻尔是20世纪最伟大的物理学家和思想家之一。1998年5月27—29日，联合国教科文组织和丹麦的尼尔斯·玻尔研究所在法国巴黎联合主办了题为“尼尔斯·玻尔和物理学在20世纪中的进化”专题学术会议。这充分证明了玻尔在20世纪科学家中的崇高地位。

19世纪末叶以前的经典物理学，对于日常生活易见的那些宏观物理现象的解释是十分成功的。但是，到19世纪末20世纪初，随着科学的发展，当物理学的研究深入到原子内部、涉及微观物理现象时，原有的物理理论就无能为力了。新的微观物理现象需要新的理论来阐述，它预示着一场新的物理学革命的到来。第一个冲破经典物理学理论的是德国物理学家马克斯·普朗克，1900年他为克服经典物理学对黑体辐射现象解释上的困难而提出了著名的“量子假说”，并因阐明量子理论而荣获1918年度诺贝尔物理奖。但一个有趣的现象是，量子论的首创者普朗克却因自己无力摆脱旧传统观念的桎梏，后来转而回避、放弃了量子论，最终甚至反对对量子论的任何发展。正当普朗克走进思维的死胡同之际，却有一个年轻人勇敢地站出来坚持“量子论”，并将它加以推广而取得一系列成果。此人便是20世纪最伟大的理论物理学家和思想家阿尔伯特·爱因斯坦。他先后提出并阐明了“光量子”概念，揭示了微观物理世界中最基本的特征——波粒二象性；1907年，他又发表了关于热容量的量子理论。但是，作为物理学新时期出发点的量子论，却未引起人们的足够重视。似乎只有爱因斯坦一人在孤军作战。也正是在这个时候，又一个年轻人以惊人的洞察力注视着量子论，此人就是尼尔斯·玻尔！他敏锐地察觉到遭受冷遇的量子论必将导致物理学上的一次深刻革命，因此决心投入到这场变革中来。

1911年，正当玻尔在修改他的关于金属电子论的博士学位论文时，英国实验核物理学家卢瑟福公布了一个震惊世界的发现：原子中存在着原子核！他还首次计算了原子行星构造，建立了“有核原子模型”。这一重大发现使玻尔欣喜若狂，他决定到英国去。1912年玻尔来到英国。当时，在英国，最负盛名的实验室是由卢瑟福的老师、汤姆逊领导的卡文迪许实验室。久仰汤姆逊大名的玻尔来到该实验室，他向汤姆逊谈了自己对原子结构的看法，希望在此工作。当汤姆逊发现玻尔对自己的“正电云模型”不以为然时，就当场拒绝了玻尔的要求。玻尔只好转向卢瑟福实验室。卢瑟福热烈欢迎玻尔的到来，并鼓励他努力攀登原子结构理论的高峰。玻尔经过一年的艰苦努力，仔细研究了普朗克和爱因斯坦的开创性工作，于1913年在哥本哈根发表了原子结构的第一篇论文。他突破了经典物理学的束缚，大胆地提出了原子的“能级”假说。玻尔认为，原子中心是很小的带正电的原子核，电子在原子核周围不同轨道上转动，电子在不同轨道间跃迁就产生了原子光谱线和X射线；原子核的带电数量（以电子带电量为单位）与电子数量相等。他把这种假设应用到氢原子上，取得了很大的成功。当时，玻尔还从理论上指出了人们对于一个星体光谱的误解，预言这个星体的光谱是由氦离子发射的。他的预言很快就被实验所证实。这一成就轰动了全世界。以致后来爱因斯坦在《自述》中写道："这件事对我来说，就像一个奇迹——而且即使在今天，在我看来仍然是一个奇迹！"由于新原子结构理论的成就，玻尔于 1922 年荣获诺贝尔物理奖。

玻尔的理论是根据卢瑟福的原子行星模型用经典运动规律和普朗克的量子概念来阐明原子结构的初步理论，它只对有一个电子的氢原子和类氢原子的谱线频率作出了解释，但不能说明谱线的强度和偏振等现象。然而，玻尔的部分成功，仍促进了量子论的发展，并且促使他转而研究量子力学。他本人在建立量子力学上也卓有成就。玻尔理论的产生，引导当时的物理学界全力转入原子结构的研究。在此期间，由玻尔建立的原子壳层模型从理论上揭开了元素周期之谜，也有力地推动着化学的发展。当年，人们一直不清楚稀土元素在周期表中的准确位置，以致错误地把第 72 号元素铪列入稀土元素，但总是发现不了它。玻尔根据他的原子壳层模型指出，稀土元素到第 71 号元素镥为止，因此从稀土元素中不可能找到第 72 号元素，但它可从锆的化合物中找到。化学家们按玻尔的意见，果然在锆矿中发现第 72 号元素。为纪念玻尔，它的发现者科斯特和海维西特意用哥本哈根的古拉丁名字 Hafnia 把该元素命名为铪（Hf）。现在被命名为𬭛（Bh）的第 107 号元素，也是纪念玻尔的。这样在元素周期表上便有两个元素的命名与玻尔有关。

20 世纪 20 年代，现代物理学在玻尔理论的基础上得到很大发展，关于微观物理现象的基本理论——量子力学得以建立起来。量子力学创立以后，国际物理界在量子力学的解释上形成了不同学派。其中影响最大的就是以玻尔、海森伯格为代表的哥本哈根学派。这一学派在创立量子力学上做出了巨大的贡献。爱因斯坦虽然在哲学问题上同玻尔争吵了一辈子，但对玻尔在科学上的成就和治学精神是十分钦佩的。爱因斯坦曾评价说："他无疑是我们时代科学领域中最伟大的发现者之一。"20 世纪 30 年代，是物理科学开始由原子向原子核深处大进军的年代，玻尔在不到 10 年的时间里，就在原子核研究方面先后创立了原子核反应的复核理论，原子核的液滴模型，以及原子核的裂变理论。同时，他还以惊人的速度发表了大量理论性论文，有力地推动着核物理的发展。玻尔的裂变理论对人类利用核能起了不可估量的作用。

在玻尔为发展现代物理学而建树的历史性业绩中，他的另一个突出贡献是哥本哈根理论物理研究所的建立，以及为现代物理学培养了一大批青年科学家（著名物理学家海森伯格、狄拉克、泡利、朗道、惠勒等都在玻尔的研究所学习或工作过）。

第二次世界大战期间，德国法西斯占领了丹麦，在丹麦人民不屈不挠的反抗精神鼓舞下，玻尔参加了反德斗争，拒不与德寇合作。到达美国后，他虽以顾问身份参与了原子弹的研制，但他清楚地知道核武器对人类的和平安全将是严重的威胁。因此，他反对美国在二战中使用原子弹，坚决主张对核弹实行国际管制。为此，他奔走于洛斯阿拉莫斯和华盛顿之间，不断地同美国政府领导人举行会谈，宣传自己的观点。在战后十多年里，玻尔也一直在为建立国际上的信任与合作、避免核战争而到处奔波。1950 年，他广为散发了自己致联合国的公开信；1955 年，在和平利用原子能的日内瓦国际会议上，他再次散发了自己的又一封信，大声呼吁建立一个“开明的世界”。1957 年，鉴于玻尔在发展原子物理、原子核物理和坚持反对核武器、反对核战争方面的巨大贡献，他成为“原子和平奖金”的第一个获得者。

爱因斯坦和玻尔都对物理学的基础做出了极其深刻变革，同为现代物理学的巨擘，但就其学术影响的广泛性而言，玻尔毫不逊色于爱因斯坦。因此，人们把玻尔和爱因斯坦并列为 20 世纪两位最伟大的科学家和思想家。玻尔的名字，不仅作为一个伟大的理论物理学家，也将作为一位为进步事业而斗争的伟大战士载入了 20 世纪的史册。

赵忠尧（1902—1998 年）

赵忠尧是中国著名物理学家，中国科学院资深院士。1927 年赴美留学，在加利福尼亚理工学院师从美国物理学家 R. A. 密立根，1930 年获哲学博士学位。

早在 1897 年，英国物理学家汤姆逊在对阴极射线的实验研究中就发现了“电子”的存在，指出“电子”是带负电的，并测出它的电荷和质量。1929 年，英国物理学家狄拉克在从电子性质的数学处理方法中提出了“反粒子”的概念，预言了“反电子”的存在。对此，科学家们进行了多方面的探索。1929－1930 年，赵忠尧和几位欧洲学者同时发现：用 2.6 兆电子伏的硬 γ 射线在轻元素中散射时，测得的吸收系数与理论公式符合得相当好；但在重元素中散射时，测得吸收系数同理论公式所预计的不相符，吸收系数要大得多。这显示存在一种“反常吸收”，从而大大提高了吸收系数。为了探索“反常吸收”的奥秘，赵忠尧决定进一步进行硬γ射线被铅散射的实验。在实验中，他发现了除康普顿-吴有训散射外，铅还放出一种“特殊辐射”。经过分析，他断定“反常吸收”是由原子核引起的。

1930年，赵忠尧把他两次实验结果写成研究报告先后发表了。其中：《硬γ射线吸收系数测量》发表在美国的《国家科学院院刊》上；《硬γ射线的散射》发表在美国的《物理评论》上。两篇论文描述了他在γ射线散射的实验研究中发现的正负电子湮没现象。“电子”带负电，称负电子；“反电子”带正电，称正电子。正电子与负电子相遇时，它们立即被“湮没”而变成两个光子。这就是物理学上说的电子偶的湮没现象。相反地，γ粒子在一定条件下也可转变为一个正电于和一个负电子。有人认为，湮没反应所释放的“湮没能”是核能的一种形态。因此，构思所谓湮没反应堆以生产核能，也在核能专家的思考之中。在赵忠尧教授实验结果的基础上，1932年美国物理学家安德逊在研究宇宙射线对铅板的冲击实验时，果然在宇宙射线的云室照片中发现了电子的“反粒子”即正电子。至此，人们才醒悟到赵忠尧所探索的“反常吸收”是由于部分γ射线在原子核周围转化为正负电子偶所致，而“特殊辐射”正是发现正电子的前奏。其实，法国物理学家约里奥-居里夫妇在安德逊发现宇宙射线中存在“正电子”之前，已在实验中注意到威尔逊云室里有些电子的行为颇奇特，即它们的径迹弯曲方向与其他来源相同的电子正好相反。但是，他们对这类“奇特电子”未予深究，以致错失良机。后来，安德逊得知这一信息，立即重复了约里奥-居里夫妇的实验，果然也发现了这类“奇特电子”。安德逊对它们进行深入研究后指出：所谓奇特电子就是正电子；正电子不仅存在于宇宙射线中，也能单独存在于地球上。正电子的发现及研究，使安德逊获得1936年度诺贝尔物理奖。而当年赵忠尧教授这一达到诺贝尔奖水平的研究成果却因后人把该实验报告的发表时间误记为1931年，而排在次要地位，失去了历史的真实性。在核科技史上，第一个发现反粒子、第一个观测到正反粒子湮没现象的人，当推中国杰出核物理学家赵忠尧教授。

电子的反粒子——“正电子”的发现，引发了物理学家对“反物质”（由反粒子组成的物质）的探索。1933 年，“反粒子”概念的首创者狄拉克在他的诺贝尔奖颁奖演讲中，大胆猜测可能存在着由“反物质”组成的另一个世界（称“反物质世界”），并认为我们在夜空中看到的许多星辰或许实质上就是由“反物质”组成的（这是当今物理学家仍在探索的课题，如 1999 年 8 月 16 日，美国航天局戈达德航天中心宣布，他们的实验气球在大气层边缘捕捉到了“反物质”）。人们寻找、证实“反物质”存在的目的正是要证明星系是完全由宇宙中存在的“反物质”构成的。1956 年，意大利物理学家西格雷和美国物理学家钱伯林等用高能质子同步稳向加速器发现了“反质子”（即带负电的“反氢核”）；同年，英国物理学家皮奇奥尼等人报道发现“反中子”；1965 年，美国物理学家莱德曼等人以 7×10^{9} 电子伏的质子轰击铍靶时产生的一个“反质子”与一个“反中子”组成了“反氘核”。后来，人们又发现了“反氚核”（由一个反质子和两个反中子组成）和“反氦核”（由一个反中子和两个反质子组成）。1996 年，欧洲核子研究中心的粒子物理实验所的科学家宣称，他们已在一系列持续时间只有 4×10^{-10}秒的实验中获得了第一种反物质——反氢原子。这些成果无疑为“反物质”的研究开辟了充满希望的航程。人们研究反物质的最终目的是企望从正反物质的湮没反应中获取核能。“反原子”与原子、“反分子”与分子，乃至“反物质”与物质相遇发生“湮没反应”时，它们的质量全部消失或大部消失而转变为能量或一些较小的粒子。根据爱因斯坦公式（$E=mc^2$），质量越大的湮没反应所释放的能量也越多。研究表明：正电子与负电子发生湮没反应时，其质量全部转变为 1.02 兆电子伏能量的 γ 射线，若以相等的质量转变为能量进行比较，它们放出的“湮没能”，比氘氚聚变时的聚变能大 266 倍，比铀核裂变时的裂变能大 1 000 倍，比燃烧时的化学能大 100 亿倍！可见，湮没能是相当诱人的。诚然人类获取并利用湮没能尚任重而道远。

1931 年，赵忠尧回国后仍在清华大学任教。他曾利用盖革-弥勒计数管进行 γ 射线、人工放射性和中子物理等方面的研究，并发表多篇论文。1937 年，他先后在云南大学和西南联大执教。此间，他所培养的人才在中国物理学，尤其是中国核物理学的发展方面起了很大的作用。1946 年，赵忠尧以观察员身份参观了美国在太平洋的核武器爆炸试验。随后，他多方筹备为中国开展核物理研究所需的加速器和实验设备。在此期间，他曾用云室研究宇宙射线，观察到了“混合簇射”。这是中子和光子的电磁相互作用所形成的大角度簇射的混合。

1950 年，他冲破重重困难，毅然回国，并带回当时国内尚无条件制备的静电加速器部件。

赵忠尧冲破艰难险阻回到祖国怀抱后，立即参与了中国科学院近代物理研究所的创建。1956 年，他任原子能研究所副所长。次年，在他的指导下，该所研制成我国第一台质子静电加速器，促进了我国粒子加速器技术的研究以及原子核反应研究的开展。1958 年，他又主持了中国科技大学近代物理系的建立；1972 年起，他参与了高能物理研究所的筹建，任副所长，并长期担任中国核学会副理事长、名誉理事、名誉理事长等职。赵忠尧教授为中国核科技事业做出了重大贡献，是我国第一代核物理学家的杰出代表之一。

张文裕（1910—1992 年）

张文裕是中国著名高能物理学家，中国科学院资深院士。他曾在英国卡文迪许实验室师从现代实验核物理的奠基人、英籍新西兰物理学家卢瑟福。1939 年，张文裕自英国学成回国，在西南联大任教授，与王承书完婚。1943 年，他在美国任普林斯顿大学物理教授，从事研究工作。

人们在研究宇宙射线或基本粒子与原子核相互作用时，发现了一些不同于正常原子的所谓奇异原子。所谓正常原子是指由质子、中子和负电子组成的，质子和中子形成一个原子核，核外的电子以一定的轨道绕着原子核运动。如果正常原子轨道上的一个电子被带有负电荷、且寿命足够长的某种基本粒子所代替而形成一种新原子，即奇异原子。能够替代轨道电子而形成奇异原子的基本粒子约有 μ^-，π，K^- 等七八种。首先发现奇异原子而对卢瑟福、玻尔等人的传统原子结构模型进行修正的是中国高能物理学家张文裕教授。

1948－1949 年，张文裕在美国普林斯顿高等研究所进行着 μ 子与原子核相互作用的实验研究。1949 年，他用三路符合云室观察到：通过 1 米厚铅块慢化的宇宙射线负 μ 子（μ^-）被金属箔阻止住，在 μ 子停止的材料处释放出了电子。同年，张文裕发表了题为《用云室研究铝、铁和铅箔对电子的吸收》一文，指出慢化的 μ^- 子在接近原子核时，在定态的电子轨道上发生了明显的轨道跃迁并放出光子。这表明 μ 子在与原子核相互作用时取代了正常原子的核外电子而绕原子核旋转，构成了新的“奇异原子”——μ 原子。张文裕首次观测到的 μ 原子

及 μ 介子辐射的重大发现，引起了世界核物理学界的极大兴趣。1953 年，科学家们在高能加速器上的实验证实了张文裕的发现。于是，以张文裕名字命名的“张氏原子”（μ 原子）、“张氏辐射”（μ 介子辐射）便载入科学史册。这是高能物理学史上第一个用中国人命名的科学发现。

新中国成立后，张文裕及其夫人、物理学家王承书千方百计地寻找归国之路，1956 年，他们冲破重重阻拦终于带着儿子回到了祖国的怀抱。1952 年，在王淦昌、萧健的领导下，我国设计建造了 30（厘米）×30（厘米）×10（厘米）、磁场为 7 000 高斯的磁云室，1954 年，又在云南落雪山海拔 3180 米处建造了我国第一个高山宇宙线实验室，先后安装了多板室和磁云室，开始了奇异粒子和高能核作用的研究工作。1958 年，中国科学院物理研究所改名为“中国科学院原子能研究所”，1963 年张文裕被任命为该所副所长。

1965 年 11 月，在张文裕领导下于云南东川海拔 3 222 米高山上建造的大型云雾室，成为世界上为数不多的先进的宇宙线高山实验室之一。在原子能所一部划归中国科学院领导后，1973 年中国科学院决定以此为基础建立高能物理研究所，张文裕任所长。从此，张文裕教授便挑起了主持我国高能物理实验研究工作的重担。1977 年，高能物理所在西藏 5 500 米高山上正式建立了高乳胶室。这是世界上最高的宇宙线工作点之一。20 世纪 80 年代，在研究中已经得到一些能量高达 10 帕电子伏左右的宇宙线事例。高能物理是一门研究物质结构更深层次的学科，它对于人们深入认识和变革物质的结构具有重要科学意义，世界科技大国都在高能物理的实验研究方面花了大量人力、物力、财力。经过调研与论证，1983 年高能物理所决定建造一台正负电子对撞机并配置相应设备。1988 年我国第一台正负电子对撞机——“北京正负电子对撞机”建成，能量为 5.6 吉电子伏，规模较小、能量较低，但对撞机亮度高，工作在粲粒子和 τ 轻子的研究领域。1992 年，它完成了 τ 轻子质量的精确测量，为解决 τ 轻子寿命、分枝比，以及标准模型框架之一的轻子普适性理论的矛盾起了关键作用。此外，它还在 J/φ 粒子，粲物理研究方面取得令人瞩目的结果。此间，高能物理研究所还研制成能量为 35 兆电子伏的质子直线加速器，可用于缺中子同位素的制备。北京正负电子对撞机的建成和投入使用，不仅确立和巩固了我国高能物理研究在国际舞台上的地位，而且给我国工业技术和国民经济带来了积极的影响。张文裕教授为我国高能物理的发展做出了重要贡献，是我国高能物理学家的杰出代表。

钱三强（1913—1992 年）

钱三强是中国著名核物理学家，中国科学院资深院士，中国核科学事业的创始人，中国核武器研制的主要奠基人之一。钱三强教授在核科学的理论与实践方面都取得了卓越的成就。

1937 年夏，钱三强留学法国，在著名核化学家、核物理学家约里奥-居里夫妇的指导下，于巴黎大学镭学研究所居里实验室和法兰西学院原子核化学实验室从事核物理的实验研究工作。1941 年年底，钱三强赴里昂等待乘船回国，由于战事中断了太平洋航线，便滞留里昂大学任教，一面指导大学生的毕业论文，一面钻研量子力学和研究照相底版对射线的感光机制；1942 年，他受伊莱娜·居里的邀请，重返巴黎，仍在两个实验室同时进行核物理和放射化学研究；1944 年和 1947 年，钱三强先后担任法国国家科学研究中心研究员和研究导师。1945 年，钱三强赴英国威尔斯物理实验室学习最新出现的核乳胶技术，并出席了秋季召开的英法宇宙线会议。此间，经中国共产党旅法支部安排，他在伦敦会见了邓发将军。从此，他对中国的命运与前途，以及自己的责任，开始有了新的认识和实践。

钱三强在法国学习和研究期间正是 20 世纪上半叶核科技史上发现与发明的黄金时期，核科学领域强手如林、捷报频传，几乎每年都有振奋人心的新发现。

1938 年年初，约里奥-居里夫妇正在研究费米的所谓第 93 号元素，他们指导钱三强的博士论文的第一项工作就是用云室研究 α 粒子与质子的碰撞。是年，约里奥-居里夫妇连续发表了三篇论文，在论文中，他们描述了在中子轰击铀核的反应产物中发现了第 56 号元素钡。这一结果给当时正在从事同样实验研究的哈恩和施特拉斯曼以很大启示。当哈恩、施特拉斯曼于 1938 年年底宣称他们发现了“铀核裂变”现象时，约里奥-居里夫妇激动得半夜起来跑到实验室去做实验，当时，伊莱娜·居里让钱三强用云室拍下了世界上第一张铀核裂变的照片。

1939 年年初，哈恩提出了“分裂核”的概念，美国化学家阿诺德建议把铀核分裂的现象称为“裂变”。后来，科学家们发现在大多数情况下，铀核裂变都分裂为几乎相等的两块“碎片”，因而通常把裂变现象称为“二分裂”。是年年初，伊莱娜·居里与钱三强合作，进行一项验证裂变概念的研究。验证结果表明：铀和钍以不同裂变方式裂变后，得到了同一种放射性的镧同位素。从而证实了裂变概念的正确。当年，他们共同发表了《铀和钍产生的稀土放射性同位素辐射的比较》一文，为解释当时发现不久的铀核、钍核裂变现象提供了有力的支持。

1944 年，钱三强依据贝特关于高速带电粒子穿过物质阻挡慢化的理论，用云室仔细研究了电子径迹末端的弯曲，首次从理论和实践上确定了 50 千电子伏以下的电子能量-射程关系，得出了电子射程与能量关系曲线，发表了《中速和低速电子的射程与能量关系》一文。这一研究成果，对贝特关于带电粒子与物质相互作用的理论也是很好的验证。1946 年，钱三强与他的同事合作，以电离室与线性放大器相联接，首次测出了镤的 α 射线的精细结构，并与电子内转换的 γ 谱线符合得很好。此外，钱三强根据自己的研究与实验还发表了《铷分子的吸收带光谱及其离解能》《α 粒子与质子的碰撞》《钍的裂变能》等重要研究论文。

早在 1939 年玻尔和惠勒在提出裂变的液滴模型理论时就曾预言过，重核裂变时有可能分裂成三个原子核。1941 年，美国物理学家普赖森特根据液滴模型理论肯定：铀原子核在吸收一个中子后，获得足够的激发能，从动力学上考虑，可以分裂为三个原子核。这就是所谓铀核的“三分裂”假说，但在较长的时间里这一预言并未引起人们的注意，也没有得到实验验证。1946 年秋，钱三强、何泽慧应邀出席在英国召开的“国际基本粒子与低温会议”。会上，英国学者格林和李弗西投影了一组用核乳胶研究裂变的照片，人们看到其中有一张照片记录到一条三叉形的径迹。在介绍中，他们认为两条粗而短的径迹是裂变的两个碎片，而第三条细而长的径迹似乎是 α 粒子造成的，但其能量比已知天然放射性核素能量最强的 α 粒子要强。对核乳胶技术和铀核裂变照片深有研究的钱三强，独对这“细而长的第三径迹”产生了浓厚的兴趣。回到巴黎后，钱三强立即带领他的研究生用核乳胶技术进行实验。不久，何泽慧也参加了实验小组。约里奥-居里夫妇十分支持这项实验，法国的核乳胶工作因此也得以推广和发展。钱三强实验小组以核乳胶作探测器，经过反复实验和上万次观测（统计表明，约 300 张铀核裂变径迹照片才可能出现一张带有三叉形径迹的），根据大量实验事实，特别是有关粒子的发射方向和质量的关键性资料，首次证实了“三分裂”

这一新的裂变方式。是年12月9日，钱三强在法兰西科学院《通报》上正式公布了“三分裂”的初步研究结果；同时，何泽慧发现除“三分裂”外还有“四分裂”现象，是年12月23日，他们又公布了“四分裂”径迹照片，并附有详细测量计算数据。铀核裂变的新方式——“三分裂”“四分裂”的发现，在世界科学界引起了很大反响，由此引发了一系列的深入研究。1947年春，约里奥-居里在巴黎举行的世界科学工作者协会会议上对此发现作了积极的评价。但是，格林、李弗西，以及加拿大的德谟斯，美国的法维尔、薛格雷和魏格德等学者都坚持认为第三个碎片是“两阶段核作用”放出的α粒子。面对这样的局面，钱三强决定从实验和理论两方面来论证自己结论的正确性。经反复实验与深入分析，他又得到了有关粒子能量与角分布等的关系，并正式向法国科学院提出《论铀的三分裂变的机制》的研究论文，进一步对“三分裂”现象进行全面论证，并预言，按照他的“三分裂”说，第三碎片中可能存在一个质量谱，其中很可能有氚（T）和氦-6（^{6}He）。到60年代，美、苏、波兰等国家的实验室，先后利用新的半导体探测手段研究铀核裂变现象时，果然证实了第三碎片中确有一个质量谱，除有90%的α（^{4}He）粒子外，还有约10%的氚、氦-6，以及少量的氢、氘、锂、铍、硼、碳核等等。至此，钱三强在1947年的预言得到完全证实，“三分裂”现象得到物理学界的公认。不久，“四分裂”也得到证实。

钱三强于1948年回国后，培养了一批从事原子核科学研究的人才，建立起我国原子核科学的研究基地。1955年起，他参加我国原子核科学事业的组建和领导工作，将近代物理研究所改建为原子能研究所，领导并促进了我国核科技事业的发展以及对外科技学术合作与交流等工作的开展。对中国科学院和中国核科技事业的建设、计划与学术领导等都作出了卓绝的贡献。

粉碎“四人帮”后，钱三强回到中国科学院参与领导工作，先后任副秘书长、副院长，曾兼任浙江大学校长。他主持领导了恢复学部委员及其增选的工作，还先后率团访问了澳大利亚、罗马尼亚、南斯拉夫、法国、荷兰和美国，主张结合我国国情学习外国的先进经验，以促进我国科学事业的发展。1982年，他当选为中国物理学会理事长，并被任命为中国自然科学奖励委员会副主任和全国学位委员会副主任，为评选国家第二次自然科学奖和我国学位制的建立，做了大量细致的和卓有成效的工作。1985年，钱三强任中国科学院特邀顾问，兼任全国自然科学名词审定委员会主任，为我国自然科学名词的审定奠定了坚实的基础。同年，法国总理密特朗亲自签署文件，授予钱三强法兰西荣誉军团军功勋章，以褒奖他在法国取得的成就和为中法友好做出的贡献。1999 年 9 月 18 日。中共中央、国务院、中央军委追授钱三强“两弹一星”功勋奖章，以表彰当年他为研制原子弹、氢弹作出的突出贡献。钱三强教授是中国第一代著名核科学家的卓越代表。

附录Ⅰ 我国核科技出版事业的回顾与前瞻

我国核科技出版事业的发生、发展与我国核工业的建立、发展几乎是同步的。在纪念核工业创建40周年及原子弹爆炸成功30周年之际，对我国核科技出版事业的发展作一回顾与前瞻，以利借史为鉴，把握现在、展示未来，或许是必要的。鉴于原子能出版社是我国主要一家筹划核科技出版物的中央级出版社，本文的论述也便以它为主了。

一、历　史

新中国成立不久，依据对国内外形势的分析，以及对原子能科学技术的认识，党中央和毛泽东主席就意识到核科学技术对我国国民经济与国防现代化建设具有重大战略意义。1954年，毛泽东在听取铀矿勘探的情况汇报时就指出："我们有丰富的矿物资源，我们国家也要发展原子能。"1955年1月15日，毛主席主持召开的中央书记处扩大会议作出了我国要发展原子能工业的战略决策；1月31日，周恩来总理主持召开了国务院全体会议，组织实施党中央的决定。同年3月，毛主席在党的全国代表会议上指出："我们进入了开始要钻原子能这样的历史新时期。"不久，党中央指定陈云、聂荣臻、薄一波组成三人小组，负责指导原子能事业的发展工作。此间，周总理还明确指示，要做好舆论宣传的先行工作，要让大家特别是领导干部懂得原子能的科学知识与应用，并要求中科院组织有关科学家和教授宣讲原子能科普知识，首先要向中央和各部委的领导宣传，造成一个全国人民关心原子能事业的气氛。根据周总理指示，1955年中科院成立了以吴有训院长为首的“原子能知识普及讲座委员会”，随即组成由钱三强等20多位专家、教授参加的宣讲团。据钱三强同志回忆，“周总理及时提醒我们，要注意做好宣传工作，特别是向各级领导作宣传。于是中国科学院组织了北京的有关专家，组成原子能科学技术宣讲团，到各地进行科普讲座；出版了《原子能通俗讲话》，发行20万份。”当时，还出版了由赵忠尧、何泽慧、杨承宗主编的《原子能的原理和应用》，由杨澄中任顾问，电影制片厂拍摄的原子能科普幻灯影片也投入放映。同年，科学出版社及时出版了核领域早期的两部名著《核反应堆理论纲要》和《核反应堆工程原理》。1958年，国防工业出版社出版了阿斯大申科夫的《原子工业》；1962年，上海科技出版社出版了卢鹤绂等编著的《受控热核反应》一书。这次由周总理倡导的普及核科技知识的热潮，对于我国核科技出版事业的创建具有巨大促进作用。我国核科技出版事业发展的历史似乎可分为以下四个阶段。

（一）初创阶段（约1959—1966年）

为适应我国核科技研究和核工业兴建的日益急迫的需要，建立核领域的书刊文献资料的专门出版机构便提到议事日程上来了。于是，1959年成立了以钱三强副部长为主编的“中国科学院原子核科学委员会编辑委员会”（简称“核委”，亦即原子能出版社之前身）。60年代初，“核委”编辑部并入二机部11局（即情报所），扩充为含文献、期刊、书籍三个编辑组的“核科技书刊出版编辑部”。据统计，此阶段，“核委”编辑部编辑出版的核科技图书约80种。其中，包括苏联原子能类高校教材32种，以及《现在可以说了——美国首批原子弹制造简史》《比一千个太阳还亮——原子科学家的故事》等脍炙人口的原子弹秘史；组织翻译了日内瓦国际和平利用原子能会议专题文献1 300多篇，以及美国原子能委员会报告170余种；编辑出版了《原子能》《原子能科学技术》《原子能译丛》《核科学文摘》，以及《核燃料译丛》和《铀矿地质》等期刊约300期。它们都是以“核委”名义，由科学出版社、中国科学院情报所或中国工业出版社出版的。这一阶段核科技书刊、文献的出版，基本上满足了当时核科技工作者的需要，为我国原子能事业的初期发展和原子能工业的开创做出了一定贡献，也填补了我国核科技出版方面的空白，培养了一批核科技编辑出版人才，为以后核科技出版事业的发展奠定了基础。

（二）严重受挫阶段（约 1966—1973 年）

十年内乱期间，我国核科技出版事业的发展严重受挫，继而遭到很大破坏。仅就“核科技书刊出版编辑部”所在的二机部情报所而言，就撤销了机构，下放了人员，中断了工作，多年积累的核科技书刊及文献资料也几乎散失殆尽。70 年代初，我国核科技事业出现了转机。核教育事业有所恢复、核科研机构也在调集人员并开展工作。在此形势下，1972 年，二机部亦着手重整核科技出版编辑机构，从“五七”干校等地调集人员，并决定成立原子能出版社。当时，我国核事业的发展与先进核国家相比，差距已拉大至约 20 年。核科学研究、教学、试验及工程技术人员中，同样出现了所谓书荒问题。他们迫切需要核科技书刊、文献，尤其是核科技发达国家的文献资料及图书。原子能出版社正是为解决我国核事业继续向前发展所需的书刊、文献等的著译、编辑出版与发行而建立的。这是历史赋予原子能出版社的任务。

（三）恢复与调整阶段（约 1973—1983 年）

1973 年 3 月，经国务院出版局批准正式成立了原子能出版社。它是中央一级的核专业出版社。在上级的领导与支持下，原子能出版社以原“核科技书刊出版编辑部”的人员为主体，不断补充来自科研、生产或管理第一线的科技人员，迅速调整、组建了一支具有一定理论政策水平、专业基础扎实、编辑出版经验较丰富、思想较活跃的核科技编辑出版队伍，并迅速团结和形成了一批能“为我所用”的核科技书刊的著、译、审、校者的骨干，使核科技编辑出版工作逐步走上了正轨。原子能出版社成立后，便以崭新的姿态活跃于我国科技出版界，在庆祝建社 10 周年时，已出版核科技图书 491 种，约 1 亿字，印数 595 万册。其中，原子能类高校教材 35 种，约 1 400 万字；出版核科技期刊 10 种，共 300 期，约 3 000 万字；编辑出版核科技情报网网刊 8 种，共 300 期，约 1 500 万字。与此同时，科学出版社、国防工业出版社、地质出版社、科学普及出版社、人民卫生出版社、水利电力出版社、人民教育出版社、高等教育出版社、农业出版社、能源出版社、科学文献出版社、中国人民解放军出版社、中国社会科学院出版社及中信出版社等中央一级出版社；北京、上海、陕西、广西、四川、湖南、安徽、云南等省、市级出版社，以及清华大学、北京大学、兰州大学、复旦大学、天津大学、吉林大学、上海交大、西安交大等高校出版社和有关科研机构也出版了相当数量的核科技书刊或内部出版物。以上出版工作为缓解我国一度出现的核书“书荒”和促进我国核科技事业与科技出版事业的发展做出了应有的贡献。

(四) 改革与发展阶段 (约 1983—1994 年)

原子能出版社成立以来，特别是贯彻改革开放政策以来，坚持党的基本路线和“两为”方针，在核工业第二次创业与深化改革中探索自身发展的道路，并依据核工业“军民结合，以核为主，多种经营”的方针，锐意进取、积极开拓。科技编辑人员在出版经费日益紧缺、亏损日益严重的情况下，闯出了诸如全额资助、部分资助、协作出书、承托出书等出书方式，组织出版了一批双效益好的科技图书。这类图书，前期约占全社每年出书种数和字数的 50%，后来上升至 66%。据不完全统计，自 1987—1994 年，科技编辑人员的自筹资金额累积已达 640 万元。这是编辑人员在深化改革中的一项创造，它给小型科技出版社指出了一条谋求自身发展的道路。在此阶段，原子能出版社还编辑出版了大量核科技图书、原子能类高校教材、核军工史料丛书、核科学家传记、核科技报告系列以及核科技期刊、核情报网刊。此外，核工业音像出版社还编辑出版了一定数量的核科技音像出版物。

以上核科技出版物，为我国核科学技术的研究、核教育，以及核工业转民任务等提供了有效服务。它对于核能与核技术的推广与应用。对于祖国大陆核能供热的开发，核电事业的起步与发展，对于造就一支过硬的核科技编辑出版队伍与多层次而治学严谨的著、译、审、校者队伍，具有很大的促进作用。

二、经　验

40 年来，我国核科技出版工作的基本特征或经验似可归纳如下。

(1) 党和国家领导人的重视和倡导，著名核科学家钱三强的亲自筹划，使得我国核科技出版事业随着核工业的发展而得以迅速发展，并积累、传播了大量的核科技知识与成果，逐步提高了著作书的比重，组织编写出版了我国核领域内一批有影响的学术著作，为培养我国的核科技人才及促进我国核科技事业的发展做出了卓越贡献。

(2) 紧密配合我国核工业第一次创业时期的“两弹一艇”和第二次创业时期的“两站”的研制、建造及核心设备、关键工艺技术攻关的需要，编译出版了有关核科技书刊及文献资料，坚持为设计、试验和生产服务。

(3) 尽量根据高、中级核科技人才培养的需要，组织编写和编译出版了一批原子能类高校教材和中专教材，基本满足了有关学校某些核专业教学的需要。

(4) 及时向公众宣传与普及核科技知识，编译出版了一定数量的核科技知识丛书、核科技史书、核科普读物以及国内外核科学家传记、核电知识等方面的图书，坚持为提高全民族的核科技知识水平服务。

(5) 积极宣传与推广放射性同位素和辐射技术在国民经济各部门的应用，编辑出版了一批核技术在农、工、医、商等方面的实用性图书，为把核技术这一潜在生产力转化为现实生产力服务。

具体说来主要表现在以下方面。

(1) 紧密配合祖国大陆核电建设的起步和发展，围绕核电站的选址、设计、建造、运行、维修、安全、环境、管理、退役，以及核燃料循环和核三废处理技术等方面，原子能出版社组织出版了一批实用的核电技术图书。如：《核电站厂房设计与施工》《滨海核电站厂址选择与海洋水文水工设计》《核电站系统与设备》《压水堆电站的运行》《轻水堆核电站的启动与调试》《压水堆电站的化学化工问题》《核电厂的安全传热》《核电厂的维修》《核电厂培训教程》《核事故应急响应教程》《压水堆电厂的工况、特性与效率》《核电站燃料后处理》《核电站及放射性废物的处理技术》《高温气冷堆研究论文集》，《钠冷快增殖堆》，以及《核能经济学》《我国核电建设经济管理的基本问题》《核电项目管理导论》《核设施退役》等。为展示我国核电战线职工的精神风貌和总结宣传我国已建的两座核电厂的经验，还及时组织出版了《国之光荣——秦山核电站建设者之歌》《大亚湾核电站建设经验汇编（第一～七辑）》以及《秦山核电站》（画册）、《广东大亚湾核电站》（画册）。以上核电专业图书、画册的出版对我国核电建设与发展起到了一定的促进作用。

(2) 适应核工业第二次创业的需求，贯彻“军民结合，以核为主，发展核电，多种经营”的方针，原子能出版社编辑出版了《核工业部民用产品》《自动化仪表选型样本》《火灾自动报警系统和自动灭火设备专辑》《中国核工业总公司》《国家核安全局》《中国原子能科学研究院》《西南物理研究院》《中国核工业总公司地质局》《中国瑞宝开发公司》《毛泽东和中国原子能事业》，以及《中国核工业四十年》等宣传核工业的画册或介绍转民企业、公司及民用产品的画集等。又如，为配合中核总有关黄金开发与稀土应用等工作的需要，编辑出版了一批黄金与稀土事业的图书，得到各方面的好评。像《砂金矿基本工作手册》《美国金矿》《金矿重砂工作方法》《黄金提取新工艺》《变成热液金矿生成条件》《金矿开发及其成因》《黄金治金》《金矿鉴定手册》《贵金属冶炼》，以及《用 P-507 从硝酸溶液中萃取分离镅锔与稀土元素》《高纯稀土氧化物产品中微量元素分析方法》等书均已出版。

(3) 自 20 世纪 70 年代以来，原子能出版社组织翻译并连续出版了“国际放射防护委员会报告”（ICRP 报告）。这些报告的编译出版对我国开展辐射防护工作，如修改制定辐射防护规程、标准与细则，进一步完善我国放射性工作的法规和辐射防护标准体系等起到了参考或参照作用，对于我国从事辐射防护和放射性工作的科技人员的培养与培训也有实用价值。

(4) 为培养核科技人才与满足有关中专、高校教学的需要，自 1978 年以来原子能出版社先后承担了三批原子能类高校和中专教材的编辑出版任务。第一批高校教材至 1984 年年底已出版 26 种；第二批高校教材 1990 年计划出 128，到 1992 年第一、二批教材近 180 种已基本出齐；第三批高校教材 75 种，中专教材 15 种，拟于“八五”期间出齐。以上教材的编辑出版，得到了有关专家、教授与读者的好评。其中，获部级以上优秀教材奖的有 24 种，共 29 本。如《核电子学》（上、下册）、《原子核物理》（第一版）、《原子核理论》（第一、二卷），以及《离心分离理论》均获全国高等学校优秀教材奖；上列 6 本及《水文地球化学》《核反应堆物理分析》（上、下册），共 9 本获部级优秀教材特等奖。

(5) 为推广核技术与放射性同位素在国民经济各部门的应用，原子能出版社承担了《全国“星火计划”丛书》中《农林业应用核技术系列书》的编辑出版工作。目前《软 X 射线在农林业中的应用》《电离辐射育蚕桑》《用辐射不育法灭害虫》《水稻辐射育种》《示踪技术在鱼类、水生生物科学中的应用》《核技术与农业环境保护》《辐射保藏食品漫话》《无性繁殖植物辐射育种新方法》，以及《农业应用核技术》等系列书已出齐，受到广大农村读者的欢迎。这套系列书对把核技术引向农村，介绍与推广核技术在农林牧渔中的应用，振兴乡镇经济起到了良好的作用。其中，《软 X 射线在农林业中的应用》获第一届《全国“星火计划”丛书》优秀图书奖。此外，还组织出版了《实用临床核医学》《放射免疫分析在医学中的应用》《放射性同位素在基础医学中的应用》《中子活化分析在环境学、生物学和地学中的应用》《同位素仪表》《放射性同位素在工业中的应用》《火灾自动报警装置》《环境放射性测量方法》，以及《原子能与农业》《食品与农产品辐射技术》等书，它们对介绍、推广核技术与放射性同位素应用方面也起了积极作用。

(6) 为宣传普及核科技知识，原子能出版社及时组织出版了一批初、中、高级核科普读物。如翻译出版了《原子能知识丛书》(共 28 本)，组织国内专家编写并出版了《核技术知识丛书》(共 12 本)，《微量元素科普丛书》(共 10 本) 已在编写中。另外，还出版了《原子武器防护知识》《核反应堆知识入门》《烧原子核的电站》《核电站——公众关心的 30 个问题》《核能：20 世纪的主要能源》《人与原子》《新兴的强激光》《核电与环境》等核科普读物。这些科普读物对普及核科技知识、消除人们对核的恐惧与疑虑，对促进我国核电、核供热的发展等具有积极意义。

(7) 为满足各方面的需要，原子能出版社编辑出版了一定数量的核科技史书、核科学家传记、核军工史料丛书，以及大型辞书和专业工具书。1973 年建社不久，即重印了《现在可以说了——美国首批原子弹制造简史》和《比一千个太阳还亮——原子科学家的故事》两书，以后又陆续出版了《原子弹秘史》《一个美国天才》《能源与冲突》《去掉镣铐的普罗米修斯》等书。同时组织出版了反映我国核科技工作者光辉业绩的《秘密历程》《核科学家的足迹》《中国原子弹的制造》与《闪光的足迹》。《英国原子弹秘史》《中国核老总》等书也即将面世。部、局级的《核军工史料丛书》也将陆续出版。此外，《原子能名词浅释》《英汉原子能词典》《英、德、法、俄物理学辞典》《英汉辞海》《核素图》《核素常用数据表》《英汉核科学技术缩略语词典》《新英汉医学缩略语词汇》《英汉核农学词汇》《英汉核医学词汇》《德汉核能词汇》《德英汉核电站词汇》《英汉标准质量词典》《英汉核工程词典》《核科学技术辞典》，以及《日汉原子能词典》《日汉科技词汇大全》《俄汉科技词汇大全》《德汉科技词汇大全》《法汉科技词汇大全》等辞书与专业工具 书在广大科技工作者中留下了深刻的印象，起到了良好作用。

(8) 原子能出版社在组织出版13种核科技期刊的同时，还编辑出版了“中国核科技报告（系列）”。这是我国加入国际原子能机构后，由原子能出版社组织出版的一个新品种。自创办以来，赢得了国内外广大科技人员的欢迎与好评，也为我国在世界核科技文献宝库中赢得了一席之地。

(9) 我国核科技出版机构自1959年创立以来，尤其是原子能出版社自1973年成立以来，先后在此从事编辑、出版发行的人员为发展与繁荣我国核科技出版事业做出了卓有成效的努力和贡献。他们在几十年的实践基础上就科技出版工作中遇到的新问题做过研究，就若干实践经验做过总结，就科技编辑学的某些理论问题做过探讨，并发表过不少论文，或在一定范围内做过交流。据此，原子能出版社先后组织编写出版了《核工业部科技期刊编辑学学术讨论会文集》(1988年)、《科技编辑杂谈》(1990年)、《科技编辑纵横谈》(1992年)和《核科技期刊编辑出版业务研讨会报告汇编》(1994年)等书。以上工作对促进科技出版人员结合实际、总结经验、探讨问题、指导工作是有益的，也为我国科技编辑学大厦的兴建起了添砖加瓦的作用。

总之，随着我国核科技事业的发展，我国核科技出版事业也得到相应的发展，我国核工业经历了两次创业，相应地我国核科技出版事业也经历了两次创业。我国核科技出版事业的第一次创业是以军用为主，以任务为导向，围绕我国核武器的研制，做了大量卓有成效的编辑出版工作，没有辜负历史对我们的重托与信任。第二次创业是坚持“军民结合，以核为主”，以市场为导向，一方面要配合核能、核供热和核技术的应用，配合对新兴核科技的跟踪，保证完成纵向任务，一方面要面向大科技，自筹资金、开拓选题，完成横向创收。虽然，原子能出版社目前仍在摸索处理纵、横向任务的正确途径，但相应的核科技出版工作仍在稳步前进。原子能出版社同全国有关的科技出版社、高校出版社和出版机构一起，为我国核科技领域的科研、设计、生产、教学、核电建设、辐照技术与放射性同位素应用，以及辐射防护、核三废处理与处置、核设施退役等编辑出版了大量有实用价值的出版物。据统计，截至1994年年底，仅原子能出版社便编辑出版核科技图书2 000多种，计约5亿字；核科技期刊共19种，出版2 120期，计1.74亿字；核科技文献1 470篇，近6 000万字；核科技报告共920本，约1 100万字；核科技情报网网刊9种，出800多期，约3 500万字。其中，荣获国家级优秀科技图书奖的有18种，荣获部级优秀科技图书奖的有39

种，荣获国家级优秀期刊奖的有3种。以上核科技出版物基本上满足了各方面、各层次、各专业读者或用户的需要，对于促进我国核科技事业与核工业的发展，对于促进我国核科技出版事业的发展与繁荣，起了巨大推动作用。

三、前　瞻

回顾过去是为了把握现在；把握住了现在，才能筹划未来。上文中，我们归纳了我国核科技出版工作的基本特征及其若干体现，目的在于肯定过去与现在的某些成功经验，便于后来人以史为鉴、开拓未来。不言而喻，“前瞻”则是立于现在与过去的基地之上远瞻前景，以供开拓者参考。

(1) 当前，我国正处于以经济建设为中心的新时期。实现四个现代化，关键在科技。正如邓小平同志所言：“科学技术是第一生产力”，“中国要发展，离不开科学”。但是，掌握科学技术，将它由潜在的生产力转化为现实的生产力，要靠人。而靠人，即靠现代化大生产中掌握了科学技术的劳动者。这就需要我们加强现代科学技术的宣传和教育。鉴于科学技术在新时期的极端重要性，党中央、国务院提出了《关于加速科学技术普及工作的若干意见》，并提出，科学普及工作是普及科学知识、提高全民素质的关键措施，是社会主义物质文明建设和精神文明建设的重要内容，也是培养一代新人的必要手段。这就给科技出版社提出了一个加速科普工作的光荣任务。在50年代，党中央提出了“向科学进军”的口号，我国曾出现过一次普及科学技术知识的热潮。在周总理指导下，核科技知识普及工作也出现过一次热潮，获得极好的社会效益。我们认为，原子能出版社现在亦应做好迎接我国普及科学技术知识的第二次热潮的准备，有计划、有目的地大力普及核科技知识，尤其是重点普及核电、核供热知识，以形成高、中、低级核科普读物相济，核科普画集、连环画、宣传画与核科普读物映辉的格局，为提高全民的核科技知识水准而努力。

(2) 原子能出版社一项义不容辞的责任是编辑出版原子能类的高校及中专教材，以满足核教育的需求。自1978年以来，原子能出版社先后承担了三批此类教材的编辑出版任务，共263种，计约1.052亿字，至1993年已出版190多种，约7 600万字，基本上满足了教学的需要，反映是好的。但是，目前面临经费方面的困难。近几年来，教材的补贴一再减少。原子能类教材印数少、定价低、学校不愿多订。因之，在目前条件下，迫使原子能出版社于1994年对教材采取了“三缓”（缓编、缓发、缓印）措施。这显然不是长久之计，而且引起了有关学校与作者的强烈反响。我们认为有关主管部门应采取积极措施，迅速解决教材出版经费问题，恢复教材的编辑出版工作。显然，在强调发展核教育的今天，此项工作确实刻不容缓了。

（3）原子能出版社是中央一级的以核科学技术为主要出版范围的唯一一家出版社。不言而喻，核科技出版物应是它的工作主体与方向。因此，统一规划核科技信息与知识的交流、传播和积累；统一组织好核科技书刊、教材、报告等的编、印、发工作；有计划组织编写出版一批有权威性的、有纪念意义乃至里程碑式的核科技学术著作或史料；有胆识地组织编写出版一些带开拓性的，或不同学派、不同学术观点的论著，以繁荣与发展核科技出版事业，在世界核科技出版界形成自己的特色和风格，应是原子能出版社责无旁贷的任务。目前，至少有两个方面的工作需要认真去做。一是，可否筹划出版一套《核科学技术大百科全书》。如暂时有困难，可否组织出版专业性的小百科全书，如《核电知识小百科》或有关编辑正在酝酿、筹划的《世界核电工程手册（丛书）》等。二是，我国核科技事业与核工业的发展已届不惑之年。应该说，这40年是出成果、出人才、出经验的40年。当前正是从事核科技工作的科研骨干总结经验、开拓学科、著书立说的黄金时期。这对为数不多的老科学家、对一大批新中国培养的卓有成就的中年科学家，以及有真才实学的年轻科技工作者都是如此。我们认为有关主管部门应高瞻远瞩，积极指导、支持原子能出版社抓好这项工作。这部分作者的著作是我国核领域里的宝贵财富，对为数不多的老一辈科学家来说，更具有抢救财富的意义。原子能出版社应不失时机地通过各种渠道和手段筹集资金，开源节流，高质量、高水平、高速度地组织好这部分著作的出版。

（4）近五年来，鉴于：①核减的事业费要靠编辑出版人员自己去创收；②国家教委给原子能出版教材经费的补贴一再削减；③下拨的出版经费改为逐本报批；④给各编辑室下达横向创收指标，因此使编辑出版人员既忙于千方百计地完成纵向任务，又致力于横向创收，在此情况下，除少量有经费来源的纵、横向核书选题外，其他核书选题的推荐、入选工作已基本停止。这显然不利于原子能出版社主体任务的实现。核科技图书的特点决定了要原子能出版社“以书养书”是不可能的。我们认为，有关主管部门应采取积极措施，对核科技、核工业某些关键专业、核心专业或需跟踪的高技术所必需的图书（著作书或翻译书），保证经费，组织出版。这里也有个政策倾斜和舆论导向的问题。编辑出版人员如果绝大部分时间和精力都投入横向创收，必然影响或削弱核书的编辑出版工作。这绝非长久之计。

（5）在科技信息骤增，特别是尖端科技文献数量 2～3 年就翻一番的信息时代，以核科技信息为主要工作对象的原子能出版社的编辑出版人员必须不断更新自己的科技信息，不断开拓知识面、调整自身的知识结构，以适应形势的要求。但，现在原子能出版社的情况是：科技编辑人员年龄老化、知识老化，出现知识断层和人才断层，青黄不接极为严重。本世纪的末几年将是编辑人员的退休高峰，若不采取措施，核科技出版事业可能后继无人。我们认为，有关主管部门应采取有效措施，加强思想政治工作，稳住队伍，认真抓好科技编辑队伍的组织建设和业务建设，培养和造就一批真正跨世纪的编辑出版干部。

（6）在科技出版界日益深化改革，并逐步完善运行机制、经营机制、竞争机制、发行机制、管理机制及激励机制的态势下，原子能出版应加速向生产经营型方向发展，迅速建立、健全各项运营机制，积极贯彻“军民结合，以核为主，发展核电、多种经营”的方针，在社会主义竞争中从整体上不断提高自身的适应能力，生存能力，决策、决断能力与自我发展能力。

谨以此文纪念我国核工业创建 40 周年，其论述未必均合适、合时，无非抛砖引玉而已。

附录Ⅱ 我国核科技发展史大事记

01　约公元前 6 世纪　我国春秋时期的唯物主义哲学家老子提出“道”是构成宇宙的本原。在《道德经》中他说：“有物混成，先天地生。寂兮寥兮，独立而不改，周行而不殆。可以为天下母。吾不知其名，字之曰道，强名之曰大。”又说：“道者无也”，他认为，物质的“道”具有“无”“有”两种性质。老子是我国古代哲学史上第一个用“有”“无”这对范畴来阐明宇宙构成和本原的哲学家。他还说：“无名天地之始，有名万物之母”，“天下万物生于有，有生于无”。他以“道生一，一生二，二生三，三生万物”说明从无名、无形、无象的“无”到有名、有形、有象的“有”演化过程。

02　约公元前 5 世纪　我国战国时期的唯物主义哲学家墨子首次提出了“端”的概念，认为“端”是世界万物的“始原”，一切物质是由“端”组成的。墨家阐明的“端”，清楚地体现了它的物质性、变化性和本原性。“端”实际上是不能再分割的微小粒子。它相当于古希腊哲学家如阿拉克萨哥拉提出的构成物质的“种子”，留基伯的构成物质的“基本积块”以及德谟克利特的“原子”。

03　约公元前 3 世纪　我国战国末期的唯物主义哲学家荀子继承了宋尹学派的“气”的学说，指出“气”是构成世界的总根源。他说：“水火有气而无生，草木有生而无知，禽兽有知而无义，人有气有生有知亦有义，故最为天下贵也”(后两句是说明，道德属性为人所特有的)。荀子说的“天”“地”即指自然界。他认为：“天地合而万物生，阴阳接而变化起”，而且这种“生成变化”是“不为而成，不求而得”的；“天有常道矣，地有常数矣”，可见自然界有着自己的运动规律。

04 约公元 1 世纪 我国西汉时期的杰出唯物主义哲学家王充继承与发展了唯物主义的气一元论，提出了唯物主义的元气自然论。他说："天地，合气之自然也"，"天地合气，万物自生"，"天复于上，地偃于下，下气蒸上，上气降下，万物自生中间矣"，自然界的万物皆"因气而生，种类相产"。"气"是构成一切物质的本原。

05 1930 年 我国物理学家赵忠尧在研究 γ 射线散射时，从实验中发现了电子偶的湮没现象，并于当年发表了实验报告。正是在此"正电子存在迹象"的基础上，美国物理学家安德森于 1932 年在宇宙射线中发现了正电子。

06 1941 年 我国核物理学家王淦昌提出了验证中微子存在的极富创见性的构想，并发表论文建议用 K 电子俘获法寻找"中微子"。美国物理学阿伦·戴维斯于 1952 年用这种方法证实了中微子的存在。

07 1943 年 我国中央研究院地质所的南延宗和资源委员会的田遇奇在广西钟山县黄羌坪首次发现铀矿。

08 1946 年 我国核物理学家钱三强和何泽慧在巴黎居里实验室利用核乳胶技术对铀核裂变现象作深入探索时发现了铀核裂变的"三分裂"和"四分裂"现象。

09 1949 年 我国物理学家张文裕在云室中最早观测到奇异原子之一的 μ 原子。

10 1954 年 在物理学家王淦昌、萧健的指导下，我国建成高山宇宙线实验室，利用多板云室和磁云室开展了奇异粒子和高能核作用的研究，先后收集到 700 多个奇异粒子事例。

11 1955 年 我国科学家丁渝开始了我国首台原子束装置的建造和核磁共振研究，为计量科学建成铯原子标准钟和全国推广应用核磁共振谱仪创造了良好条件。

12 1956 年 中国科学院原子能研究所基本建成大云雾室，并开始了宇宙线高能物理的研究。

13 1957 年 在核物理学家赵忠尧的指导下，原子能研究所研制成功我国第一台能量为 2.5 MeV 的质子静电加速器，开创了我国粒子加速器的技术研究工作。

14 1958 年 我国第一座研究性重水反应堆和回旋加速器建成并投入运行。

15 1959年 我国核物理学家王淦昌在杜布纳联合原子核研究所领导的研究小组，利用该所100亿电子伏的高能加速器首先发现了超子的反粒子即反西格马负超子。这是世界上首次发现的带电负超子，它填补了粒子-反粒子表上的一个空白。

16 1959年 中国科学院原子能研究所在核物理学家朱光亚领导下，自行设计建成了我国第一座轻水零功率装置。

17 60年代初 在科学家谢家麟的领导下，研制成我国第一台能量为30兆电子伏的电子直线加速器。

18 1964年10月16日 我国第一颗原子弹爆炸试验成功。

19 1964年 我国自行设计建造的第一座工程性试验堆——游泳池式反应堆建成并投入运行。

20 1965年 在物理学家张文裕的领导下，中国科学院原子能研究所新建成了大型云雾室。

21 1966年 我国第一座生产反应堆建成。

22 1966年10月27日 我国制成第一枚导弹核武器。

23 1967年6月17日 我国第一颗氢弹爆炸试验成功。

24 1969年9月23日 我国成功地进行首次地下核试验。

25 1970年 中国科学院兰州近代物理所改建成重离子加速器，开始了超钚元素合成的研究。

26 1970年 我国建成了第一条钠传热回路，并进行试验，取得了高温钠运行的经验，为我国快堆传热研究工作迈出了第一步。

27 70年代初 中国科学院兰州近代物理所利用重离子反应先后合成第98，99，100号元素的同位素——锎-246，锿-246和镄-250。

28 1971年9月 我国自行设计建造的第一艘核潜艇下水试航。

29 1973年 我国地质学家侯德封预言地球上出现过铀-235裂变的链式反应，并认为这种裂变与衰变放出的能量是地球早期演化的动力。

30 1973年 在核物理学家李寿楠的推动和组织下，系统地开展了核数据的编评、理论计算和测量工作。1975年正式成立了中国核数据中心。

31 1974年7月 中国科学院物理所建成我国第一台小型托卡马克核聚变试验装置（CT-6）。

32 1975年 我国研制成一座六路钕玻璃大功率激光向心打靶实验装置，并进行了实验，为我国激光核聚变研究打下了良好的基础。

33 1977年 我国在西藏5 500米高山上建成高山乳胶室。80年代初曾测量到一些能量高达10^{10}兆电子伏左右的高能宇宙射线事件。

34 1977年 我国台湾省建成第一座金山一号沸水堆核电厂并首次发出核电。

35 70年代 四川大学周懋伦在美国布鲁克海文国家研究所与朱永毅合作首次合成锕-233。

36 1978年 在物理学家王淦昌的倡议下，原子能研究所开始粒子束核聚变研究，首先研制成一台强流电子脉冲加速器，开展了相应的高功率脉冲技术的研究。

37 1978年 原子能研究所从国外引进的HI-13型串列静电加速器安装、调试完毕。

38 1979年 我国建成首座高通量工程试验反应堆，并首次达到临界。

39 1984年 我国建成并顺利启动了名为“中国环流一号”（HL-1）的中型托卡马克型受控核聚变实验装置。

40 1984年 中国原子能科学研究院研制的首座微型中子源反应堆达到临界，并通过鉴定。

41 1984年12月30日 中国科学院等离子体物理研究所建成并启动了中型托卡马克型装置（HT-6M）。

42 1988年 我国建成北京正负电子对撞机，并成功地实现了正负电子对撞。不久，便利用对撞机上的北京谱仪精确测定了τ轻子质量，引起了国际高能物理界的关注。

43 1988年 我国自行设计、建造的重离子加速器在中国科学院兰州近代物理所建成并出束。

44 1988年 清华大学核能技术设计研究院设计的5兆瓦低温核供热堆建成并投入运行。

45 1990年 我国自行设计、研制的铀氢锆脉冲堆建成并首次达到临界。

46 1990年11月19日 我国快堆研究基地——中国原子能科学研究院快堆研究中心举行工程奠基典礼。

47 1991年11月19日 我国自行设计、建造的第一座压水堆核电站——秦山核电站首次并网发电。

48 1991年 中国科技大学的同步辐射加速器在合肥建成并通过鉴定和验收。

49 1991年 北京大学重离子物理研究所自行设计、建造的4.5兆瓦静电加速器建成并投入运行。

50 1991年 中国原子能科学研究院的科技工作者首次合成新核素^{90}Ru。

51 1992年 中国科学院合肥等离子体研究所在引进俄罗斯T-7装置的主机和低温系统的基础上建成了我国第一台超导托卡马克型核聚变实验装置。

52 1992年 中国科学院上海原子核研究所的科技工作者首次合成铂的同位素——铂-202。

53 1992年 中国科学院兰州近代物理所的科技工作者利用重离子加速器和高压倍加器在重质量丰中子区合成和鉴别了汞-208和铪-185两个新核素。

54 1993年 中国科学院兰州近代物理所的科技工作者首次合成新核素——钍-237。

55 1994年2月和5月 我国首座中外合资的大亚湾核电厂1号机组和2号机组分别投入商业运行。

56 1994年10月 核工业西南物理研究院建成"中国环流器新一号（HL-1M）"装置。

57 1995年 核工业西南物理研究院的国际原子能机构技术援助项目——激光吹气注入金属杂质研究在"中国环流器新一号（HL-1M）"装置上顺利完成。

58 1995年11月 我国首台整体核电站全范围、全过程、高逼真度的实时仿真系统——秦山30万千瓦核电站仿真机问世。

附录Ⅲ
世界核科技发展史大事记

001 约公元前 6 世纪 古希腊米利都学派唯物主义哲学家泰勒斯提出世界万物都是从水里产生出来的，最后又重归于水，水是万物的本原。

002 约公元前 6 世纪 古希腊米利都学派哲学家阿拉克西曼德认为世界万物的本原是一种不固定的物质，并把它称为“无限”。

003 约公元前 6 世纪 古希腊米利都学派唯物主义哲学家阿拉克西米尼提出世界万物的本原是“气”。气有稀散和凝聚这两种对立的运动。正是由于气不断地“稀散和凝聚”，自然界就不断变化。

004 约公元前 6 世纪 中国春秋时期的杰出的唯物主义哲学家老子提出“道”是构成宇宙的本原。在《道德经》中，他说：“道者无也”，“天下万物生于有，有生于无”。

005 约公元前 6 世纪 古希腊爱非斯学派唯物主义哲学家赫拉克利特认为世界万物的“始原”是“火”，火的变化是自然现象普遍循环的基础。他说：“万物都换成火，火换成万物”；“这个宇宙对于一切存在物都是同一的，它不是任何神也不是任何人创造的。它过去、现在和将来都是一团永恒的活火，有分寸地燃烧，有分寸地熄灭”。

006 约公元前 5 世纪 古希腊雅典学派唯物主义哲学家阿拉克萨哥拉提出，一切物体都是由许多物质的“小片”——种子构成的。一类“种子”有一定的性质；无限多的性质，便有无限多类的“种子”。无限个基本的不灭的物质——种子可以组合起来产生“世界过程的多样性”。

007 约公元前 5 世纪 古希腊雅典学派哲学家恩培多克勒认为世界上只存

在四种基本物质——土、空气、火、水。万物都是由这四种基本物质衍生出来的。

008 约公元前 5 世纪 中国战国时期的唯物主义哲学家墨子首次提出“端”的概念，认为“端”是万物的“始原”，一切物质都是由“端”构成的。墨子和老子一样，不是从自然界中选取某些具体的东西作为构成世界的总根源（如中国古书《洪范九畴》中的金、木、水、火、土，《易经》中的天、地、水、火、风、雷、山、泽等），而是提出构成世界的普遍的物质性的总根源。

009 约公元前 5 世纪 古希腊雅典学派唯物主义哲学家留基伯阐述了“实”和“空”的概念，并引申出最小的不可分的“单个粒子”是物质的基本“积块”的思想，从而奠定了古代原子论的基础。

010 约公元前 5 世纪 古希腊雅典学家杰出的唯物主义哲学家德谟克利特继留基伯之后，创立了古代原子论的完整体系。他认为，一切自然现象的基础是“原子”（意即不可分的东西和“虚空”）。自然界发生的一切变化无非是按照自然的必然性在“虚空”中运动着的“原子”的组合、联合和分散；“原子”的运动是永恒的，没有时间上的开端。

011 约公元前 5 世纪 古希腊唯心主义哲学家柏拉图把恩培多克勒的概念和毕达哥拉斯的数的概念结合起来，认为“原子”具有对称的形态，如立方体、八面体、四面体等。

012 约公元前 4 世纪 古希腊杰出的哲学家、科学家亚里士多德提出了关于物质和形式、可能性与现实性统一的论断。但他的“形式”最终发展成为完全脱离物质的、处于自然界之外的“一切形式的形式”，因而滑向唯心主义。

013 约公元前 4 世纪 古希腊唯心主义哲学家伊壁鸠鲁继承和发展了古代原子论，认为整个世界都是物质的最小粒子即“原子”在虚空中运动的产物，并深入探索了“原子”的运动形态，首次明确提出“原子”在重量（质量）上是有差别的。

014 约公元前 3 世纪 中国战国时期末年的唯物主义思想家、哲学家荀子继承和发展了宋尹学派的“气”的学说，认为“气”是构成世界的总根源。他认为，自然界的生成变化都有着不以人的意志为转移的客观规律。

015 16 世纪 炼金术士们认为每一种物质都可以缩减成一个共同的物质——使一种物质变成另一种物质是可能的。他们的实践丰富了早期化学的研究内容。

016 1625—1665 年 法国唯物主义哲学家、物理学家、天文学家伽桑狄抛弃了亚里士多德哲学而重新接受德谟克利特哲学，恢复了伊壁鸠鲁的原子说，认为自然界的多样性起因于“积块”即原子的不同排列。

017 1661 年 英国化学家玻意耳首先阐明了化学元素的概念。他认为存在一些基本的“化学”物质即“元素”，其他无限多的物质都是由它们构成的。

018 1687 年 英国物理学家牛顿在其著作《自然哲学的数学原理》中奠定了经典力学的基础，引入超距作用概念。

019 1774 年 法国化学家拉瓦锡奠定了定量化学的基础。说明“火”就是氧化，证实了质量增益，用公式表示了质量守恒定律。

020 1789 年 德国化学家克拉普洛特首先发现了自然界中最重的元素——铀，并首次从沥青铀矿中分离出氧化铀。1841 年，彼利高特首先在实验室中制得金属铀。

021 1792 年 理查德·格利哥里发现了化学化合物中各元素之间存在一定比例。

022 1803 年 英国化学家道尔顿提出了“定比定律”，并用以在几何上解释原子结合。1808 年，他在他的名著《化学哲学新系统》中，提出了用来解释物质结构的“原子分子学说”，并断定物质是以原子为单位参加化学反应的。

023 1811 年 意大利化学家阿伏伽德罗提出了理想气体分子的假说，得出了著名的阿伏伽德罗常数，并在 1865 年首次以实验测定。阿伏伽德罗假说为道尔顿理论奠定了牢固基础，并为以后测定分子量和原子量指明了道路。

024 1812 年 瑞典化学家白则里测定了许多分子的原子量，并提出了与结合力有关联的化合价的概念，并在 1828 年发表了原子量表。

025 1815 年 普劳特（Prout）假设所有元素都氢原子的简单整倍数，即元素是可以再分的。

026 1832 年 英国物理学家法拉第提出了电解定律。1834 年他将电解传导实验中测到的事实加以综合，确定了一克分子物质内的“电量”。

027 1848 年 维伯尔依据法拉第有关原子理论和电学理论的一般概念，指出一定数量的物质以当时尚未搞清的方式与一定数量的电相联系。

028 1854 年 德国吹玻璃的工匠兼发明家盖斯勒用“盖斯勒管”进行了低

气压放电实验。

029 1858 年 德国物理学家普吕克尔在研究低气压放电管时，发现面对阴极出现的绿色辉光。

030 约 1860 年 物理学家麦克斯威、玻耳兹曼和克劳修斯把作为运动分子的气体性状量子化，他们提出的数学原理为研究这种性状打下了坚实的基础。

031 1864 年 德国物理学家汗道夫发现了阴极射线。1869 年他提出阴极射线为“电的自由原子”所组成，并在阴极射线实验测定了它们的近似质量。

032 1865 年 洛施密特根据对气体内摩擦的研究，首次估算了一个原子实际尺寸的数量级。

033 1869 年 俄国化学家门捷列夫和德国化学家迈耶按照原子量的顺序将元素排成了“周期表”。1871 年，门捷列夫写成并出版了《化学原理》一书。

034 1876 年 德国物理学家戈德斯担断定低气压放电管中的缘色辉光是由阴极射线产生的。

035 1884 年 瑞典化学家阿伦尼乌斯首先提出了电离学说，认为离子就是带电荷的原子。

036 1885 年 英国物理学家克鲁克斯用实验证明阴极射线是一种具有质量、带有电荷的粒子流，而不是没有质量的光束。

037 1886 年 德国物理学家戈德斯坦首先在放电管中发现了失去电子的氢原子核。

038 1891 年 爱尔兰物理学家斯托尼首先提出把电解时所假想的电单元叫做“电子”。

039 1895 年 德国物理学家伦琴当把铂钡氰化物放在涂墨放电管外面时出现了荧光，由此发现了 X 射线。为此，把荣获 1901 年度首届诺贝尔物理奖。

040 1895 年 法国物理学家佩兰断定阴极射线确是带负电荷的微粒流。他因研究物质的间断结构和测量原子体积而获得 1926 年度诺贝尔物理奖。

041 1895 年 荷兰物理学家洛伦茨首先提出了经典电子论。他还确定了“电子”在电磁场中所受的力（洛伦茨力），并预言了正常的塞曼效应。

042 1896 年 法国物理学家贝可勒尔从铀盐中发现了天然放射性，指出铀是一种能放出射线的元素。他是第一个使用乳胶照相探测射线的科学家。为此，他同居里夫妇一起荣获 1903 年度诺贝尔物理奖。

043　1896 年　荷兰物理学家塞曼在研究外磁场作用下的光发射时发现了“塞曼效应”。塞曼效应描述了磁场对原子辐射现象的影响。为此他荣获了 1902 年度诺贝尔物理奖。

044　1897 年　英国物理学家汤姆逊在阴极射线的研究中证实了电子的存在，并测定了其电荷、质量。由于他研究电在气体中的传导所作的重大贡献，获得 1906 年度诺贝尔物理奖。

045　1897—1914 年　美国物理学家米利肯等先后多次精确测量了电子的质量和电荷。1899 年又测定了电子的荷质比，1914 年在光电效应研究方面取得了突破。为此，他荣获 1923 年度诺贝尔物理奖。

046　1898 年　法籍波兰女物理学家和化学家玛丽·居里在验证含有铀元素的化合物都具有放射性时，确定了钍也有放射性，并预言存在着比铀的放射性更强的元素。

047　1898 年　法国物理学家皮埃尔·居里等在《自然》杂志（11 月 16 日出版）里第一次使用了“放射性”这一术语。

048　1898 年　居里夫妇发现了新的放射性元素——钋和镭。由于他们发现了天然放射性以及对铀的研究，1903 年他们同贝克勒尔一起荣获诺贝尔物理奖。此外，居里夫人因钋和镭的发现、镭的分离及其化合物的研究，又获得 1911 年度诺贝尔化学奖。

049　1898 年　英国物理学家汤姆逊提出了第一个原子结构模型即“正电云”原子模型，俗称“西瓜模型”或“蛋糕模型”。

050　1898 年　法国物理学家贝可勒尔等人发现射线在磁场中产生偏转现象。同年，英国物理学家卢瑟福区分了两种辐射并分别命名为“α 射线”和“β 射线”，且指出 β 射线同阴极射线一样也是带负电的电子流。

051　1899 年　俄国物理学家列别捷夫发现光对固体的压力，并进行了测量。

052　1899 年　英国物理学家汤姆逊从一些毫无放射性的普通金属受到紫外线照射时能发出电子的现象中，发现了光电效应。

053　1900 年　法国物理学家贝可勒尔从 β 粒子的研究中发现 β 的质量和电荷都与电子相同。同年，居里夫妇也证实了 β 射线实际上是一种高速运动的电子流。

054　1900年　英国物理学家卢瑟福等人从对射线的研究中又辨认了第三种射线，并将之命名为“γ射线”。他还第一次测量了放射线周期，并列入了“放射性常数”这一术语。这就是现在称作的衰变常数。

055　1900年　德国物理学家普朗克在柏林科学院物理学会的一次会议上提出热辐射公式中的量子假设。他因阐明光量子理论而获得1918年度诺贝尔物理奖。

056　1901年　居里夫妇经过约4年的努力用化学方法从沥青铀矿中分离出镭（提取了0.1克氯化镭）。

057　1901年　法国物理学家佩兰提出了关于原子行星结构的第一个假设。

058　1902年　英国物理学家卢瑟福及其合作者索迪开始对α射线进行系统研究，并发现了放射性递减的数学规律；他们找到了一连串放射性元素，建立了铀放射系。为此，卢瑟福获得1908年度诺贝尔物理奖。

059　1902年　法国化学家德马尔赛测定了镭的光谱线。同时，科学家们还开始了在X或γ射线辐照下液态绝缘体的导电性研究。

060　1904年　先后加入瑞士和美国籍的德国物理学家爱因斯坦首先提出“光子”的概念，指出光子具有动量和质量，从而确立了光的波粒二象性。

061　1905年　爱因斯坦提出了“狭义相对论”，及著名的质能互换原理（$E=mc^2$）。同年又提出了光电效应定律。1907年，他发表了热容量的量子论，1916年创立广义相对论。由于他阐明了光电效应规律而获得1921年度诺贝尔物理奖。

062　1906年　英国物理学家卢瑟福开始研究大质量亚原粒子α穿过物质时的现象，发现α粒子质量相当于氦原子，证实α射线是一种带正电的高速粒子流即氦核流。这为以后发现原子核作了准备。

063　1907年　钾放射性的发现，并开始了对特征X射线的研究。

064　1908年　德国物理学家布赫雷尔用实验证实了爱因斯坦的理论。

065　1908年　德国物理学家盖革和英国物理学家卢瑟福用圆柱形计数器对α粒子进行测量。

066　1910年　精确地测定了阿伏伽德罗常数。

067　1910年　奥地利物理学家赫斯等证明了“宇宙射线”来源于地球外的外层空间。由于他的发现及对宇宙射线的研究，他和1932年发现正电子的美国物理学家安德森一起获得1936年度诺贝尔物理奖。

068　1911年　英国物理学家卢瑟福把α粒子大角度散射实验结果公布于世，首次计算了原子行星构造，确定了原子中有“核”存在，从而建立了“有核原子模型”或称“行星模型”，俗称“鸡蛋模型”。

069　1911年　苏格兰物理学家威尔逊发明云雾膨胀室用以跟踪和测量离子轨迹。为此，他和美国物理学家康普顿一起获1927年度诺贝尔物理奖。

070　1911年　英国物理学家索迪提出同位素概念，后被汤姆逊进一步补充。索迪因研究放射性物质和同位素而获得1921年度诺贝尔化学奖。

071　1911年　英国物理学家巴拉克测得了各种原子所固有的“特征X射线”。为此，他获得1917年度诺贝尔物理奖。

072　1912年　汤姆逊建成了第一台能够分离同位素的仪器（后被称为“质谱仪”），并用来研究分离氖的两种同位素氖-20和氖-22。

073　1912年　德国科学家劳厄用晶体测量X射线，发现X射线在晶体中产生衍射。为此，他获得1914年度诺贝尔物理奖。

074　1913年　德国物理学家盖革制成了针状计数器。

075　1913年　丹麦物理学家玻尔确定了原子的量子状态由其几个轨道上电子的能级表征。这就是原子结构的量子化轨迹理论。他还对氢原子进行了计算。为此，他获得1922年度诺贝尔物理奖。后来，玻尔发展了量子论，在20年代经卢瑟福、玻尔、德布罗意、薛定谔和泡利等人的努力，才逐渐搞清楚了原子结构，并提出了著名的“太阳系原子模型”。

076　1913年　英国物理学家莫塞莱利用特征X射线在晶体上的反射特性，准确地测定了其波长。因此，可将各种元素按照特征X射线的波长顺序进行排列，得出它们之间的关系，使核电荷数和原子序数等同起来。

077　1913年　英国物理学家卢瑟福指出原子内部隐藏着巨大能量。

078　1914年　卢瑟福和安德雷证明了γ射线是一种波长极短的电磁波，是一种能量极高的不带电的光子流。

079　1914年　卢瑟福把氢原子核叫做“质子”。

080　1914年　考塞耳奠定量子化学基础。

081　1916年　科学家们搞清楚了原子内的电子是沿着椭圆轨道运动，而此前是假定它们沿着圆形轨道运动的。

082　1919 年　卢瑟福用 α 粒子（$^{4}_{2}He$）轰击氮核（$^{14}_{7}N$），结果打出了“带正电的粒子”。它的电量与电子相等，质量则是电子质量的 1 836.6 倍。这就是被卢瑟福 1914 年叫做“质子”的氢原子核（$^{1}_{1}H$，p）。其反应是：$^{14}_{7}N+\alpha\ (^{4}_{2}He) \rightarrow ^{17}_{8}O + p\ (^{1}_{1}H)$。因此，卢瑟福首次实现了人工核反应，实现了由一种原子核向另一种原子核的转变。

083　1919 年　英国物理学家阿斯顿制成了第一台高效能质谱仪，并用来精确测定同位素质量。他因发现多种同位素和原子量整数规则而获得 1922 年度诺贝尔化学奖。

084　1920 年　卢瑟福提出在原子核的狭小范围内，一个质子和一个电子由于相互吸引而紧密结合成一体，可以被看成是一个“单独粒子”。这就是有名“中性粒子”存在的假说。同年圣诞节他在给儿童讲科普时更明确地提出：“原子中有带负电的电子，有带正电的质子，为什么不能有不带电的中性粒子呢?”

085　1921 年　美国化学家哈金斯把卢瑟福提出的“质子-电子复合体”看成是电中性的，并将它命名为“中子”。

086　1923 年　美国物理学家康普顿从光量子和电子的碰撞实验中发现反射回来的 X 射线的康普顿效应，并因此与威尔逊一起获得 1927 年度诺贝尔物理奖。这一现象也被中国物理学家吴有训所发现，因此，这一物理效应亦称康普顿-吴有训效应。

087　1924 年　奥地利物理学家泡利提出一种排斥原理，称为“泡利不相容原理”，认为质子和电子都绕自身轴线旋转。其自旋方向可有两种相反的方向。但在一个原子中不可能有两个或更多的电子处于完全相同的状态。为此，他获得 1925 年度诺贝尔物理学奖。

088　1924 年　法国物理学家德布罗意发现物质具有波粒二重性。这一发现为发展量子力学和波动力学奠定了基础。同年，他首次提出波动力学，建立了“物质波”概念。他因发现电子的波动性而获得 1929 年度诺贝尔物理学奖。

089　1925 年　德国物理学家海森伯格创立量子力学（矩阵力学）——一种强调可观察量的不连续性的新量子论。并在 1927 年发现了“测不准关系”。该关系是说，在微观物理中，正则共轭的物理量不能同时被精确测量，其中一个物理测量得越准确，则另一个物理量测量的偏差就越大。他还首先提出了基本粒子中的同位旋概念。因之，他获得 1932 年度诺贝尔物理学奖。

090 1926 年 奥地利物理学家薛定谔创立了量子力学的基本方程。这是一种强调物质波动性的新量子论。它把电子看作是所谓电子云。为此，他与英国物理学狄拉克一起获得 1933 年度诺贝尔物理学奖。

091 1928 年 美国科学家范德格拉夫发明了静电加速器。

092 1928 年 俄国出生的美国物理学伽莫夫提出用质子代替 α 粒子作为轰击原子核的轰击粒子。在科技史上，卢瑟福最先用 α 粒子作轰击粒子；费米最先用中子作轰击粒子；而伽莫夫最先建议用质子作轰击粒子。

093 1928 年 德国物理学家盖革等制成了正比计数器。

094 1928 年 美国和苏联科学家都成功地进行了电子衍射实验。

095 1928 年 德国著名的哥廷根大学两名大学生阿特金森和霍特曼发表论文，认为太阳的巨大能量是由于太阳环境下的氢核与碳核、氮核发生核反应的结果。反应式为

$$^{12}C+H\rightarrow{}^{13}C+\beta^{+}+E_1,\quad ^{13}C+H\rightarrow{}^{14}N+E_2$$

$$^{14}N+H\rightarrow{}^{15}N+\beta^{+}E_3,\quad ^{15}N+H\rightarrow{}^{12}C+He+E_4$$

这就是通常说的，四个氢合成了一个氦。

096 1929 年 物理学家们制成了盖革-弥勒计数器。盖革用金属针作为集电极，而弥勒建议用一横穿整个圆筒的金属丝代替尖针，以便计数器工作时更稳定。

097 1929 年 英国物理学家狄拉克从电子性质的数学处理方法中提出了“反粒子”（反电子）概念，并得出相对论波动方程（即狄拉克方程）。为此，他与薛定谔一起获得 1933 年度诺贝尔物理学奖。

098 1929 年 英国物理学家科克罗夫特和沃尔特创造成第一台“粒子加速器”，习惯性称它为“静电加速器”。它实际上是一个高压倍压装置，通常称为高压倍加器。为此，他们获得 1951 年度诺贝尔物理学奖。

099 1929 年 美国天文学家抽塞尔曾报导过有迹象表明太阳能是由氢的热核反应所形成的。德国物理学家乌特曼等人也发现了这一现象。

100 1929 年 美国科学家劳伦斯发明了回旋加速器。1930 年，《纽约时报》以“高速氢离子击破原子”为题报道了劳伦斯的第一台划时代的原子击破器（即现在称为“回旋加速器”）的成功。

101 1930 年 中国物理学家赵忠尧在研究 γ 射线散射时，从实验中发现了

电子偶的湮没现象。并于当年发表了实验报告。正是在此“正电子存在迹象”的基础上，美国物理学家安德森于1932年在宇宙射线中发现了正电子。

102 1930年 德国物理学家玻特和贝克尔开始用α粒子轰击轻金属铍和硼的实验，得到了穿透能力很强的辐射，由于它也不带电，便被他们误认为是γ射线。因而错过了发现“中子”的好机会。

103 1930年 奥地利物理学家泡利提出中微子假说，正确解释了β^-能谱的连续性，指出β^-衰变过程中不仅放β^-粒子，还放出一种不带电的“中微子”。1934年，泡利和费米共同提出了中微子理论。

104 1931年 美国物理学家劳伦斯设计并制成了第一台回旋加速器。为此，他获得1939年度诺贝尔物理学奖。

105 1931年 美国物理学家范德格拉夫建成第一台静电加速器，并以他的名字命名。

106 1931年 英国物理学家科克罗夫特和沃尔特利用他们制成的“粒子加速器”（高压倍加速）、依据1928年伽莫夫的建议，把加速到300千电子伏的质子轰击锂-7原子核，使它发生了分裂。这是第一次用人工轰击粒子引起的核反应。

107 1932年 美国化学家尤里发现氢的同位素——氘（D），亦称重氢。实际上是先发现重水（D_2O）。为此，他获得1934年度诺贝尔化学奖。

108 1932年 法国物理学家约里奥-居里夫妇重复了玻特和贝克尔用α粒子轰击铍的实验，得到了相同的结果。但他们也误认为得到穿透力强辐射是γ射线，未能对此做出正确的解释而发现“中子”失之交臂。

109 1932年 英国物理学家查德威克从α粒子轰击铍的核反应过程中断定了“中子”的存在。不久他又从实践和理论两方面对此作了令人信服的论证。为此，他获得1935年度诺贝尔物理奖。

110 1932年 美国物理学家安德森在研究宇宙射线对铅板的冲击中发现了电子的反粒子——正电子。为此，他与奥地利物理学家赫斯共同获得1936年度诺贝尔物理奖。

111 1932年 德国物理学家海森伯格在发现中子后不久便和苏联物理学家伊凡宁科同时提出了原子核的“中子-质子模型”。

112 1933年 科学家们在实验室里用加速器发现了轻元素的聚变现象。

113 1934 年 法国物理学家约里奥-居里夫妇在用 α 粒子轰击轻元素的核反应实验过程中发现了人工放射性现象。反应式为：$^{27}_{13}Al+^{4}_{2}He \rightarrow ^{30}_{15}P+n$。此处，$^{30}_{15}P$（磷-30）便是第一个人工放射性核素。为此，他们获得 1935 年度诺贝尔化学奖。

114 1934 年 查德威克终于弄清了中子比质子更重些。

115 1934 年 美籍意大利物理学费米首先提出 β 衰变的理论。他首先实现了中子慢化，并发现了慢化中子与核产生核反应的优点。同年，他用慢中子轰击铀，想获得原子序数大于铀（92）的“超铀元素”。当时，费米已接近发现铀裂变现象了，但他坚持认为裂变产物是“超铀元素”——第 93 号元素，因而与发现“铀裂变现象”失之交臂。他因用中子轰击周期表上的一系列元素而产生了许多人工放射性同位素，获得 1938 年度诺贝尔物理奖。

116 1934 年 德国化学家诺达克夫人曾预言用中子轰击铀核时，铀核有可能分成几大碎片。这实际上是预言了铀裂变现象的可能性。

117 1934 年 卢瑟福在公开的一封信中估计可能存在着另一种氢的同位素——相对原子质量为 3 的“三重氢”（triple hydrogen）。同年，卢瑟福与澳大利亚物理学家奥利芬特和奥地利化学家哈尔特克在静电加速器上用氘核（D）轰击固态氘靶而从氘-氘反应中制得了氚（即“三重氢”），其反应式为：

$$D+D \rightarrow T+p\ （即\ ^{2}_{1}H+^{2}_{1}H \rightarrow ^{3}_{1}H+^{1}_{1}H）$$

118 1934 年 美国物理学家贝内特提出“收缩效应”学说，解释等离子体受磁场约束的现象。

119 1935 年 加拿大出生的美国物理学家登普斯特发现铀中有 0.7%的铀原子属于一种较轻的同位素铀-235。

120 1935 年 日本物理学家汤川秀树在核相互作用中提出了交换粒子的学说。他认为核力是通过交换“介子”引起的，并预言介子的质量为电子质量的 200 多倍。依据介子理论，所有的介子均拥有一个相同的赤裸的核，其周围为介子云所包围。介子可以是中性的，也可以是带正、负电的。后来，因介子的发现，汤川秀树于 1949 年获得诺贝尔物理奖。

121 1935 年 费米发现了超铀元素的存在。

122 1936 年 美国物理学家安德森和内德迈耶从宇宙射线的研究中探测到一种中等质量的粒子。它被命名为 μ 子。

123　1937 年　在美国劳伦兹实验室，与费米一起工作的意大利物理学西格雷用中子轰击钼，结果发现了第 43 号元素锝。

124　1938 年　美国物理学家拉比发现磁共振原理，为此获得 1944 年度诺贝尔物理奖。

125　1938 年　美籍德国物理学家贝特和德国天文学家魏扎克分别独立地得出：太阳上可能产生的 H-H 和 C-N 循环的聚合反应，是太阳过去约 46 亿年内及今后 50 亿年里不断向地球辐射能量的重要依据。

126　1938 年　德国物理学家、化学家哈恩和施特拉斯曼在研究中子与铀核作用所形成的各种放射性元素的分析中发现了铀核的分裂现象。为此，哈恩获得 1944 年度诺贝尔化学奖。

127　1939 年　哈恩早先的长期合作者奥地利物理学家丽丝・迈特勒依据哈恩和施特拉斯曼提供的情况，就质量亏损问题经过周密的计算，从理论上阐明了铀核裂变现象。她和她的侄子、物理学家弗里施在丹麦哥本哈根写出了第一篇关于发现了铀核裂变的论文，并将结果告诉玻尔。玻尔去美国时，公布了这一划时代的发现。

128　1939 年　法国物理学家约里奥-居里、冯・哈尔班和科瓦尔斯基通过实验发现了铀的裂变链式反应现象。为此，他们取得了为获取原子能而建造原子反应堆的专利权。

129　1939 年　美国生物学家阿诺德建议把铀核分裂成两半的现象仿照活细胞一分为二的分裂现象称作“裂变”。

130　1939 年　格兰特发现钍核裂变现象。同年，法国物理学家佩兰的儿子、物理学家 F・佩兰提出了“临界质量”的概念。

131　1939 年　是年 8 月 2 日，著名科学家爱因斯坦写信给美国总统罗斯福，建议政府早日对核武器的研制加以关心。

132　1939 年　美国物理学家麦克米伦和艾贝尔森在用慢中子轰击铀的实验中，鉴别出第 93 号元素镎。为此，麦克米伦以及从镎的衰变产物中辨认出第 94 号元素钚的西博格一起获得 1951 年度诺贝尔化学奖。

133　1939 年　费米试用天然铀和轻水建造一座装置来实现链式反应，但遭到失败。进一步的试验表明碳吸收中子只有氢的 1/100，将此与费米关于把铀集中起来使铀重同位素中的共振吸收减到最小的概念结合起来，直接产生了第一座成功的临界装置，即世界上的第一座人工反应堆的启动。

134 1940 年 在铀核裂变现象及裂变链式反应现象发现并公开后，美国总统罗斯福下令设置原子能机构，开始进行原子能实验。

135 1940 年 美国物理学家西博格证实了第 94 号元素钚的存在。1941 年，他又发现了钚-239。为此，他和麦克米仑一起获得 1951 年度诺贝尔化学奖。

136 1940 年 苏联科学家哈利顿和捷列多维奇指出了维持铀核裂变链式反应的条件，同年苏联科学家作了世界上早期的铀核裂变链式反应试验。

137 1940 年 美国物理学家克斯特设计成功电子感应加速器。

138 1941 年 中国物理学家王淦昌提出了验证中微子存在的极富创见性的构想，并发表论文建议用 K 电子俘获法寻找“中微子”。1952 年，美国物理学家阿伦·戴维斯用此方法证实了中微子的存在。

139 1941 年 苏联物理学家弗辽洛夫和彼得夏克发现了铀核的“自发裂变”现象。

140 1941 年 12 月 美国总统罗斯福批准美国原子弹的研制计划——“曼哈顿工程”。

141 1942 年 12 月 2 日 以费米为首的 20 多位科学家在芝加哥建成了世界上第一座人工核反应堆（CP-1）。该堆以天然铀作裂变燃料、石墨作慢化剂、空气作冷却剂（自然对流），实现了人类历史上首次自持链式反应，并在低于 1.5 瓦的功率下运行了 28 分钟。

142 1942 年 美国军方接管了原子能研究的各项工作，拟订了“曼哈顿工程”实施计划，并由美国杰出的物理学家奥本海默全面负责领导工作。

143 1942 年 美国物理学家西博格等人在实验室制取了铀-233。

144 1942 年 美国物理学家康南特提出取得核装料的两条途径：一是分离铀同位素制取铀-235；二是用加速器生产钚-239。

145 1943 年 美国成立第一个核武器研制中心即洛斯阿拉莫斯实验室，开始研制原子弹。

146 1944 年 美国建成第一座生产钚的工厂——汉福特制钚工厂。

147 1945 年 美国建成第一座分离铀-235 的工厂——橡树岭气体扩散工厂。

148 1944 年 费米计算出在地球上实现热核反应的条件。氚和氘的聚变点火温度为 5 千万摄氏度；氘和氘的点火温度高达 4 亿摄氏度。为实现氢-氢聚变，则需 10 亿摄氏度以上，而同样的氢-氢聚变反应在太阳上只需 1 500 万摄氏度。

149　1945 年　美国科学家用中子和 α 粒子轰击钚-239 发现并制取了第 95 号元素镅（Am）和第 96 号元素锔（Cm）。

150　1945 年　建成 250 兆电子伏电子回旋加速器。

151　1945 年　苏联物理学家维克斯列尔和美国物理学家麦克米伦分别研制成功电子同步加速器。

152　1945 年　美国于是年 7 月 16 日凌晨 5：30 成功地爆炸了第一颗原子弹；8 月 6 日和 9 日，美国分别在日本广岛和长崎投下代号为“小男孩”和“胖子”的原子弹。

153　1946 年 1 月 26 日　在联合国由苏、美、英、法和加拿大五国代表组成有关原子能问题委员会。苏联提出了关于立即完全禁止使用原子弹的建议。

154　1946 年　科学家们建成了放大倍数高达 16 万倍的电子显微镜。

155　1946 年　中国物理学家钱三强和何泽慧应用核乳胶技术观测到铀核的“三分裂”“四分裂”现象。

156　1946 年　根据苏联物理学家契伦柯夫发现的“契伦柯夫效应”制成了契伦柯夫计数器。

157　1946 年 6 月　苏联开始建立核工业，并开始建造分离铀-235 的气体扩散工厂。

158　1947 年　英国物理学家鲍威尔从宇宙射线研究中发现了“π 介子”，从而证实了日本物理学家汤川秀树的介子理论。为此，鲍威尔获得 1950 年度诺贝尔物理奖。

159　1947 年　苏联首座石墨金属天然铀反应堆投入运行。

160　1947 年　美国物理学家利比证明自然界中存在放射性碳-14（^{14}C），并利用它进行年代测定（即发明碳-14 测年法），为此他获得 1960 年度诺贝尔化学奖。

161　1947 年　库曼建议“以原子核内的质子数和中子数，或者说质子数和核子总数来区别原子核”，提出了“核素”概念。

162　1947 年 8 月　英国首座低功率石墨实验堆投入运行。

163　1947 年　苏联在乌拉尔建造生产钚的反应堆。11 月 6 日苏外交部部长莫洛托夫宣布“原子弹的秘密早就不存在了”。

164 1948年12月15日 由物理学家约里奥-居里主持建成法国首座天然铀重水慢化的核反应堆，继苏联之后打破了美国的核垄断。

165 1948年 人工生产π子介获得成功，美国开始建造π介子工厂。

166 1949年 中国物理学家张文裕在云室中最早观测到奇异原子之一的μ原子。

167 1949年 苏联成功地进行了第一次原子弹爆炸试验。次年，苏联政府通过了建造原子能电站的决议。

168 1950年1月31日 美国政府宣布开始制造氢弹。

169 1950年 苏联物理学家萨哈罗夫和塔姆提出研究受控热核聚变的环流器试验装置（即托卡马克型试验装置）。

170 1950年 英国首座生产钚的反应堆投入运行。

171 1950年3月 世界保卫和平大会常设委员会在斯德哥尔摩开会，通过禁止原子武器并建立严格国际监督的宣言。全世界展开了反对使用原子武器的运动。

172 1951年 英国物理学家韦尔为实现核聚变点火，首次作了利用收缩效应来约束等离子体的尝试。

173 1951年 美国物理学家小施皮策提出利用扭成“8”字形的容器，对等离子体有较好的约束性能。后来制成的此类聚变试验装置叫做“仿星器”。

174 1951年8月 美国在爱达荷反应堆试验中心研制成首座钠冷快堆，并用它产生的蒸汽带动发电机首次发出200千瓦的核电。

175 1952年 美国在布鲁克海文建成了第一座快中子反应堆。

176 1952年10月 英国首次进行原子弹爆炸试验。

177 1952年11月1日 美国在马绍尔群岛进行了第一次氢弹装置爆炸试验。该装置重达65吨，装料为液态的氘和氚。

178 1953年6月 美国第一艘核潜艇陆上模拟堆建成并发电。

179 1953年8月 苏联政府首脑马林科夫宣布“美国在氢弹生产方面已不再是垄断者。”8月20日，苏联政府公布在8月12日苏联爆炸了第一颗氢弹。

180 1953年 英国采用气体扩散法的卡彭赫斯特铀-235分离工厂正式投产。

181 1953年 美国物理学家格拉塞发明了用以研究亚原子粒子的气泡室。为此，他获得1960年度诺贝尔物理学奖。

182 1954年1月 美国研制成功的世界上首艘核潜艇“鹦鹉螺号”下水。

183 1954年3月1日 美国在比基尼岛爆炸了第一颗氢弹。

184 1954年6月27日 苏联建成世界上首座核电站——奥布灵斯克核电站开始发电，电功率为5兆瓦。

185 1954年 科学家利用裂变产物的放射能制成重量很轻的“核电池”，最早用于灯塔；又用钚-239制成“核电池”用来为人造卫星提供动力。

186 1954年 美国劳伦兹-利弗莫尔实验室开始了聚变-裂变混合反应堆的研究。

187 1955年 法国开始研究气体扩散法和建造与产钚堆有关的分离工厂。

188 1955年1月 苏联宣布帮助中国、波兰、捷克斯洛伐克、罗马尼亚和民主德国等建立研究原子能的科学实验中心。同年，中苏在莫斯科的签订了1955—1956年间完成实验性重水反应堆和回旋加速器设计工作的协定。

189 1955年 美国籍德国物理学家玛丽亚·迈耶和德国物理学家汉斯·詹森合作研究原子核物理问题，共同发表了《原子核壳层结构的基础理论》。为此，他们共同荣得1963年度诺贝尔物理奖。

190 1955年8月 由于苏联的建议，在日内瓦举行了第一次和平利用原子能的国际会议。苏联公布了世界首座核电站的结构。

191 1955年 美国在加利福尼亚大学建造了一台6吉电子伏高能质子同步稳相加速器。该加速器又称“贝伐特朗”（意即京电子伏加速器）。

192 1956年 意大利物理学家、第43号元素（锝）的发现者西格雷和美国物理学家钱柏林等利用“贝伐特朗”发现了“反质子”。为此，他们共同获得1959年度诺贝尔物理学奖。

193 1956年 意大利出生的美国物理学家皮奇奥克及其合作者报道，他们发现了“反中子”

194 1956年 英国利用卡彭赫斯特铀-235分离工厂开始生产军用高浓铀，年产量0.7吨。

195 1956年5月 英国首座天然铀石墨气冷堆卡尔德豪尔核电站投入运行。

196　1956 年　美国建成世界上首座压水堆核电站即希平港一号压水堆电站。同年，美国阿贡实验性沸水堆核电站发电。

197　1956 年　苏联第一艘原子能破冰船设计成功，第一架原子能飞机已进入地面试验和飞行试验阶段；第一辆原子能机车的初步设计已经提出。

198　1956 年 3 月　在莫斯科签订了苏、中、阿、保、匈、朝、蒙、波、民主德国和捷克斯洛伐克等 11 个社会主义参加的《关于成立联合原子核研究所的协定》。

199　1956 年　美籍中国物理学家李政道和杨振宁在实验中发现 β 放射性中粒子的宇称不守恒性，提出了弱相互作用的宇称不守恒原理。该原理后被美籍中国物理学家吴健雄以高超的实验技巧所证实。由于李政道、杨振宁的重大发现及对基本粒子研究所做出的贡献，他们共同获得 1957 年度诺贝尔物理学奖。

200　1956 年　美国物理学家莱因斯和科恩在美国萨凡纳河反应堆附近观测到“中微子”。

201　1957 年 5 月　英国成功地进行首次氢弹试验。

202　1957 年　美国建成世界第一艘核巡洋舰“长滩号”。

203　1957 年　苏联建成了第一艘“列宁号”原子破冰船，其排水量 16 000 吨，主发动机功率为 44 000 马力。

204　1957 年　美国建成希平港压水堆核电站，总装机容量为 9 万千瓦。

205　1957 年　英国物理学家劳逊在研究轻核聚变反应条件时，发现除了高温外，还需保持一定时间，从而提出了著名的“劳逊判据”。

206　1958 年　德国物理学家穆斯堡尔首次完成了对核激发能级宽度的直接测量，发现了原子核中 γ 射线的无反冲共振吸收。这便是著名的“穆斯堡尔效应”。为此，他和美国物理学家霍夫施塔特共同获得 1961 年度诺贝尔物理奖。

207　1959 年　中国核物理学家王淦昌在杜布纳联合原子核研究所领导的研究小组，利用该所 100 亿电子伏的高能加速器首次发现了超子的反粒子——反西格马负超子，填补了粒子-反粒子表上的一个空白。

208　1959 年　美国学者伯尔松和耶洛运用古老免疫学的特异性与现代放射性同位素高度灵敏的示踪特点，成功地完成了血浆胰岛素含量的分析，开创了医学史上放射免疫分析的新纪元。为此，耶洛荣获 1977 年诺贝尔生物医学奖。

209　1959 年　科学家利用闪烁计数器的双闪烁证实了中微子的存在。

210　1960 年 2 月 13 日　法国在非洲撒哈拉沙漠中爆炸了第一颗原子弹试

验装置。

211 1960年 美国在布鲁克海文实验室建造了质子能量为33吉电子伏交变磁场梯度同步加速器。

212 1960年 美国物理学家阿尔瓦雷斯发现了某种核子态 Y^+ 共振。由于他对基本粒子物理的贡献，他于1968年获得诺贝尔物理奖。

213 1961年 法国动工建造年产1.5吨铀-235的气体扩散工厂。

214 1961年 美国建造第一座商用核电站——扬基核电站。

215 1916年 美国建成世界第一艘核动力商船——"萨凡纳号"。1962年3月，该商船下水航行。

216 1961年 日内瓦欧洲原子核研究委员会（ERNY）建成质子能量为28.5 GeV的交变磁场梯度同步加速器。

217 1961年 美国建成世界第一艘核航空母舰——"企业号"。

218 1961年 美国物理学家盖尔曼等通过SU（3）对称性理论对基本粒子进行分类。为此，盖尔曼获1969年度诺贝尔物理奖。

219 1962年 云母片固态径迹探测器开始被应用。布鲁克海文实验室首先研究 ν_μ 中微子。

220 1963年 美国物理学家盖尔曼和兹维格提出了物质构成的最小单元的新理论——"夸克（Quark）假说"。他们认为，构成物质的最小粒子不是质子、中子等基本粒子，而是更基本的粒子"Quark"，提出并分别命名了三种夸克：上夸克、下夸克和奇夸克。几年后，它们都相继得到证实。

221 1964年10月16日 中国成功地进行了第一颗原子弹的爆炸试验。

222 1964年 苏联建成BN-350示范快堆。

223 1965年 美国物理学家李德曼及其合作者合成了由一个反质子和一个反中子所构成的"复合核"即反氘核（亦称反氢-2原子核）。

224 1965年 美国建成费米快堆。

225 1966年 加拿大建成道格拉斯重水堆核电站。

226 1967年 美国物理学家温伯格和巴基坦物理学家萨拉姆在美国物理学家格拉肖弱电统一理论的基础上，分别提出了弱电统一的规范理论。这就是有名的"温伯格-萨拉姆模型"。他们大胆预言了带电的中间玻色子 W^+，W^- 和中性的中间玻色子 Z^0 的存在。1973年，实验初步验证了他们的理论的正确性，证实了 Z^0

粒子的存在。为此，格拉肖、温伯格、萨拉姆共同荣获了1979年度诺贝尔物理奖。

227 1967年 在美国加利福尼亚斯坦福大学建成了长3千米、能量达20 GeV的电子直线加速器。

228 1967年6月17日 中国成功地进行了第一颗氢弹爆炸试验。

229 1967年 美国建成装机容量为67万千瓦的牡蛎湾沸水堆核电站。

230 1968年 苏联建成了交变磁场梯度聚焦质子能量为70吉电子伏的同步加速器。

231 1968年 美国科学家彼得·格拉泽尔在综合前人设想及总结现代航天技术成果的基础上，提出了第一个具有实践意义的建造太阳能太空电站的方案。1991年8月，几十名来自世界各地的科学家聚集巴黎讨论开发太空能源的前景，讨论重点便是太空太阳能电站。

232 1969年 苏联使用“托卡马克三号”装置将密度相当于空气的百万分之一的氘在几千万度温度下保持了百分之一秒，进行了受控聚变反应试验。

233 1971年 加拿大建成根梯利一号核电站。

234 1972年 法国皮埃尔拉特铀矿分析室的科研人员鲍齐奎斯发现来自加蓬共和国奥克洛矿区铀矿石中的铀-235含量普遍低于其天然丰度0.72%。这就是有名的“奥克洛现象”。

235 1973年 中国地质学家侯德封预言地球上出现过铀-235裂变的链式反应，并认为各种裂变与衰变释放出的核能可能是地壳早期演化的动力。

236 1973年 美国物理学家马丁·佩尔发现一种新的粒子即τ轻子［其质量为（1 784±3.2）MeV/c^2］。

237 1974年11月 美籍华裔物理学家丁肇中领导的小组在布鲁克海文实验室30吉电子伏交变梯度同步加速器上，利用大型精密双臂谱仪通过测量高能质子打击铍靶产生正负电子对撞的有效质量谱时发现了J粒子。由此，人们发现了第四种夸克——粲夸克（J粒子正是由一对正反粲夸克组成的）。为此，他和同年发现ψ粒子（即J粒子）的美国物理学家里克特共同获得1976年诺贝尔物理学奖。

238 1974年 美国天文学家、物理学家小约瑟夫·泰勒和拉塞尔·赫尔斯利用大型射电望远镜发现了一对脉冲双星。这一发现为爱因斯坦预言的“引力波”的存在提供了间接证据。为此他们获1993年度诺贝尔物理学奖。

239 1975年 国际原子能机构应加蓬共和国的要求，在加蓬组织了专题学术讨论会，经现场勘测证实了法国科技工作者鲍齐奎斯的发现。科学家们依据勘测资料断定在距今约20亿年前，加蓬的奥克洛矿区断断续续地运行过约10座天然反应堆。

240 1975年 巴基斯坦物理学家阿卜杜勒·萨拉姆为解释电磁作用力和弱作用力的理论，提出了Z粒子假设。1983年，物理学家们探测了Z粒子。为此，他和美国物理学家格拉肖、温伯格一起荣获1979年度诺贝尔物理学奖。

241 1977年 美国物理学李德曼在费米实验室以400吉电子伏质子与核子碰撞中发现r粒子。它的发现使人们认识到除去上、下、奇、粲夸克，还存在第五种夸种——底夸克。r粒子便是由一对正反底夸克组成的。

242 1978年12月19日 美国伊利诺斯州费米国家加速器实验室进行世界上第一中微子通讯试验。通讯距离为6.4千米。

243 1980年 据报道，法国劳厄-郎之万研究所的实验表明，中子具有$+30\times10^{-20}$基本电荷单位。

244 1983年 鲁比博士和达林格博士在罗马大学讲演厅宣布了来自欧美11个国家的700位物理学家在欧洲联合核子研究中心的质子-反质子对撞装置上的实验数据，表明了弱电统一规范理论预言为W^+，W^-的粒子已被发现。

245 1984年 欧洲联合核子研究中心向世界宣布，物理学家们又发现了第三种中间玻色子Z^0。

246 1988年 英国著名理论物理学家霍金写成了发表了《时间简史》一书，他认为我们的宇宙是有限的，时间也是有开始的。

247 1989年3月23日 美国犹他州大学教授庞斯和英国南安普顿大学教授弗莱希曼公开举行记者招待会，宣称经过多年的努力，他们已实现了室温核聚变反应（又称冷核聚变或常温聚变）。

248 1991年11月9日 位于英国牛津附近的欧洲联合核聚变实验室宣布，他们的核聚变实验装置（JET）已首次成功地实现了受控热核聚变反应。

249 1994年11月14日 德国物理学家彼得·安布鲁斯特领导的小组宣称，他们在全粒子直线加速器上进行实验时，合成了第110号元素。该新元素存在时间不足千分之一秒，质量数为269，在元素周期表上号为110。这是迄今为止人工制造的最重要的元素。

250　1994年12月21日　德国物理学霍夫曼、安布鲁斯和明策贝格在多次合成新元素的达姆塔特重离子研究中心宣布，他们又合成并辨认了第111号元素。但他们至今未公布该新元素的有关参数。

251　1995年3月　美国费密国家加速器实验室正式宣布，他们发现了第六种也是最后一种夸克——顶夸克（t夸克）。

252　1995年8月　美国科学家发现了“天然激光”。这是20世纪90年代又一重大发现。

253　1995年　据报道，奥利地维也纳技工大学实验室和美国加州大学伯利克分校的科学家们在实验中都发现了超光速现象的证据。

254　1996年1月4日　在欧洲核子研究中心的巨大的粒子物理实验所工作的德国和意大利科学家宣称，他们已在一系列持续时间只有4×10^{-6}秒的实验中获得了第一种反物质——反氢原子。

255　1996年2月21日　德国达姆斯塔特重离子研究所宣布以德国科学家彼得·安布鲁斯为首的一个研究小组于同年2月9日晚发现112号元素。

附录Ⅳ
新中国五十年科技文明集锦

001 我国物理学家张文裕研究μ介子与原子核的相互作用时，首次观测到μ原子和μ介子辐射。50年代，这一发现在高能加速器上被证实。以张文裕名字命名的“张氏原子”“张氏辐射”被载入科学史册。这一重要发现至今仍是科研人员研究原子核结构和物质化学结构的主要途径和方法之一。(1949年)

002 我国著名固体物理学家黄昆提出了晶体中声子与电磁波的耦合振荡模式。60年代经拉曼散射实验证实后，这一模式被命名为“极化激元”。从此，“极化激元”成为研究固体的某些光学性质的基础；当时他为描述这一基本运动形式而提出的运动方程式也被称为“黄方程”，并为国际固体物理界普遍运用。(1951年)

003 我国北京医学院吴阶平教授，对被认为是“无从采取积极治疗措施”的双肾结核病进行系统研究后，提出了“肾结核对侧肾积水的诊断与治疗方法”。该研究指出，双肾结核和肾结核对侧肾积水的临床表现可以完全相同，同样能引起肾衰竭以致死亡，但后者病例多数是可能挽救的。实践证明，掌握了这种并发症的诊断和治疗规律后，一般可获得良好的疗效。这一发明在全国主要大中城市临床应用后，挽救了众多患者的生命。该重要发明曾荣获国家发明奖。(1953年)

004 我国化工专家侯德榜等人发明了“联合制纯碱及氯化铵的工业化生产方法”。这一完全不同于国外的先进生产工艺，为我国纯碱工业发展作出了重要贡献。这一重要发明后来简称为“侯德榜制碱法”，并荣获国家发明奖。(1953年)

005　我国钻头技术专家倪志福发明的"倪志福钻头"问世。这是一种高速、优质、长寿命的新型钻头，对钻头技术的发展，产生了重大的影响，在国内外被迅速推广和应用。这项重要发明曾荣获我国国家发明奖，还荣获世界知识产权组织颁发的金奖。(1953 年)

006　在物理学家王淦昌、萧健的指导下，我国建成高山宇宙线实验室，利用多板云室和磁云室开展奇异粒子和高能核作用的研究，先后收集到 700 多个奇异粒子。(1954 年)

007　我国天文学史家席泽宗连续发表几篇古代新星及超新星爆发记录与射电源之间关系的论文；次年又发表了著名的《古新星新表》，认证了自公元前 14 世纪至公元 17 世纪 3100 年间的 90 次新星和超新星爆发记录。后来，他又与薄树人合作对《古新星新表》进行增订，编制成更完善的《古代新星和超新星爆发记录编年表》。历史超新星的论证和研究对射电天文学的发展具有重大意义。半个世纪来，世界各国天文学家在讨论超新星、射电源、脉冲星、中子星、X 射线源、γ 射线源等最新天文学研究对象时，都经常引用《古新星新表》及其增订表。中国古代天象资料在现代天文学研究前沿中发挥着不可替代的重要作用。(1954 年)

008　我国著名科学家钱学森在美国出版《工程控制论》一书，成为推动控制论科学思想的代表人物之一。该书在学术上达到当时国际领先水平，为我国这门学科的发展奠定了基础，在自动化、无线电电子学、航天技术及系统工程等专业领域都得到广泛应用。80 年代初，宋健和几位中青年控制论理论科学家根据钱学森的委托完成了《工程控制论》的修订版。(1954 年)

009　我国自行设计建造的第一架飞机试飞成功。(1954 年)

010　我国著名科学家吴仲华创立了叶轮机器三元流理论，被国际上公认为叶轮机械分析、计算和设计的重要基础理论，得到广泛应用。(1954 年)

011　我国科学家丁渝开始了我国首台原子束装置的建造和核磁共振的研究，为计量科学建成铯原子标准钟和推广应用核磁共振谱仪创造了良好条件。(1955 年)

012　我国探明克拉玛依油田，实现了新中国成立后石油勘探的第一次突破，两年后又铺设了由新疆克拉玛依至独山子的第一条原油管道。(1956 年)

013　我国广东省农民育种家洪群英和洪春利利用株高仅 75 厘米的品种，

培育出中国第一个大面积推广的矮秆早籼良种“矮脚南特”，此后又育成和推广了一系列矮秆品种，到60年代中国南方稻区基本上实现籼稻矮秆化，亩产提高100公斤左右。这是中国水稻育种上的一次大突破，同时在第一次绿色革命中也起了先锋作用。(1956年)

014　我国著名数学家华罗庚研究的“典型域上的多元复变数函数论”，荣获第一届国家自然科学一等奖。两年后，华罗庚在科学出版社出版了《多复变数论中典型域上的调和分析》一书，在国际上引起高度重视；尤其是由他译成英文的英文版出版后，此书更受到全世界数学界的普遍关注，成为这方面研究的必用书籍，得到国际上的高度评价。(1956年)

015　我国著名数学家吴文俊在示性类和示嵌类等研究方面取得了一系列突出成果，提出了著名的吴文俊示性类、吴文俊公式等，并有许多重要应用，为此，曾荣获国家自然科学奖一等奖。60年代，他又独创性发现了新的拓扑不变量，其中有的成果至今仍居世界领先地位，并有深刻的理论意义；他创立的定理机器证明的“吴方法”，已达世界水平，影响巨大，有重要应用价值，必将引起数学研究方式的变革。(1956年)

016　在物理学家赵忠尧的指导下，中国科学院原子能研究所研制成我国第一台能量为2.5兆电子伏的质子静电加速器，开始了我国粒子加速器的技术研究工作。(1957年)

017　我国第一座研究性重水反应堆和第一台回旋加速器建成并投入运行。(1958年)

018　我国自行设计研制的第一架喷气式歼击机教练机试飞成功。(1958年)

019　我国郑光华、汪生樚设计并制成世界上第一台3 000千瓦双向水冷汽轮发电机。(1958年)

020　我国北京钢铁学院徐宝升创建了一种特殊结构的立式连续铸钢机用摆动式飞剪。该飞剪结构简单、性能优良、造价低廉，避免了国外气切装置的许多缺点，用在一台年产量10万吨的连铸机上，仅避免金属烧损一项，即可节约金属1 000多吨。这一重要发明曾荣获国家发明奖一等奖。(1958年)

021　我国自己制造的第一部轿车——“东风”牌轿车试制成功。同年，我国试制成功的第一台被命名为“东方红”的拖拉机亦问世。(1958年)

022　我国第一台电力机车——“韶山”一号电力机车研制成功。次年10

月，该电力机车驶向北京，向国庆 10 周年献礼，并参加全国工业展览。（1958 年）

023 我国第一台内燃机车——“卫星”型液力传动内燃机车试制成功，并于同年参加国庆 10 周年献礼和全国工业展览，该机车填补了我国当时没有大马力液力传动内燃机的空白。（1959 年）

024 我国第一台数控机床设计研制成功。机床数控化是机床业技术进步的必由之路，它使制造业发生了巨大变化。（1959 年）

025 我国发现大庆油田，松基 3 号井喷出工业油流，标志着中国石油工业飞速发展的开端。（1959）

026 中国实验核物理学家王淦昌领导的一个研究小组在杜布纳联合核子研究所，发现了世界上第一个荷电负超子——反西格玛负超子，填补了粒子物理学“粒子——反粒子”表上的一个空白，推进了反粒子的研究。（1959 年）

027 我国第一枚近程火箭在大西北戈壁滩发射成功。（1960 年）

028 中国科学院长春光学精密机械研究所研制成我国第一台红宝石激光器。（1961 年）

029 在科学家谢家麟的领导下，我国研制成第一台能量为 30 兆电子伏的电子直线加速器。（1962 年）

030 我国第一台万吨水压机建成。该机总重量 12 000 吨，可锻压 250 吨以下的合金钢和碳钢钢锭，对我国机械制造业的发展起到了重要推动作用。它标志着我国重型机器制造工业的进步。（1962 年）

031 我国医务工作者成功地完成了世界上第一例断肢再植手术。这是一项具有重大意义的创建性工作，大大提高了我国医务工作者和医疗事业的国际声誉。（1963 年）

032 我国浙江省温州地区农科所用 γ 射线处理水稻高产品种“矮脚南特号”，育成了我国第一个水稻辐射育种品种“矮辐 9 号”。（1964 年）

033 在我国西部大漠，中国的第一颗原子弹爆炸试验成功。它的爆炸，震动了华夏，也震撼了全世界。（1964 年）

034 我国核物理学家王淦昌几乎与苏联的巴索夫院士同时独立地提出了用激光打靶实现热核聚变的科学设想，并组织国内力量开展了这项实验研究，成为世界上首创惯性约束受控热核聚变实验方法的奠基人之一。（1964 年）

035 核航弹是由飞机携带投掷的核武器。我国第一枚核航弹试验取得圆满成功。中国从第一颗原子弹爆炸成功到实现武器化仅用了 8 个月时间。它标志着中国有了可用于实战的核武器。(1965 年)

036 我国试制成功第一台大型电子显微镜，其放大倍数为 20 万倍，分辨率可达 7A，被广泛应用于科学研究和工农业生产。(1965 年)

037 我国数学家、计算机科学家冯康创立了“有限元方法”，并率先奠定了其理论基础。“有限元方法”具有跨学科、跨行业的重大意义，开辟了新的学科方向，导致了工程设计分析的重大改革，在当代计算方法进程上树立了一座里程碑。(1965 年)

038 我国第一块集成电路问世。它标志着我国开始了第三代计算机——集成电路计算机的研制。(1965 年)

039 我国在本土西部试验靶场，使用自行设计研制的导弹进行了一次全射程、全威力、正常弹道、低空爆炸的实弹发射试验，获得圆满成功。(1966 年)

040 我国首次核弹头与导弹的“两弹”结合核导弹试验取得圆满成功。它标志着中国有了可用于实战的核导弹。(1966 年)

041 我国成功地进行了加强型原子弹（即含有热核材料的原子弹）的空爆试验，达到了验证氢弹原理的预期效果。同年，我国氢弹设计原理试验亦获得完全成功。它表明我国完全独立地掌握了氢弹设计的关键技术。(1966 年)

042 我国第一颗氢弹爆炸试验成功。这是我国核武器发展的又一次飞跃，热核弹头成了中国导弹核武器的一个新成员。(1967 年)

043 我国第一次地下核试验获得圆满成功。(1969 年)

044 我国自行设计制造的第一颗人造地球卫星“东方红一号”，由“长征一号”运载火箭一次发射成功，它使中国成为世界上第五个能独立发射人造卫星的国家，标志着我国空间技术进入了一个崭新的时代。(1970 年)

045 中国科学院兰州近代物理所改建成重离子加速器，开始了超钚元素合成的研究。70 年代初，该所利用重离子反应先后合成第 98，99，100 号元素的同位素锎-246，锿-246 和镄-250。(1970 年)

046 我国自行设计建造的第一艘攻击型核潜艇建成并下水试航成功。三年后，它被命名为“长征一号”，正式编入人民海军的战斗序列。从此，中国海军进入了拥有核潜艇攻击能力的新阶段，成为世界上第五个拥有核潜艇的国家。

(1971 年)

047 我国自行设计建成第一座自升式钻井平台——“渤海一号”。(1972 年)

048 我国著名专家于惠元、侯宗昌、梅骅之教授合作，成功地实施了中国第一例肾脏移植手术，开创了我国器官移植领域的新纪元。(1972 年)

049 在核物理学家李寿楠的推动与组织下，我国系统地开展了核数据的编评、理论计算和测量工作。两年后，中国核数据中心正式成立。(1973 年)

050 我国全国杂交水稻科研协作组的袁隆平等人先后发现雄蕊退化不育稻株、花粉败育的雄性不育系——“野败”，并利用“野败”育出不育系和保持系，后来又得到恢复系，实现了杂交水稻不育系、保持系、恢复系的三系配套，在世界上首次育成强优势杂交水稻，为我国和世界某些地区粮食的增产做出了卓绝贡献。该项发明曾荣获我国国家发明奖特等奖，荣获世界知识产权组织金质奖章。(1973 年)

051 我国著名数学家陈景润发表对哥德巴赫猜想（任何一个充分大的偶数都可以表示为两个素数之和，简称“1+1”）的阶段性研究成果（“1+2”）的全部详细证明，在世界同类问题方面处于领先地位，他提出的方法被国际数学界称为“陈氏定理”。(1973 年)

052 中国科学院物理所建成我国第一台小型托卡马克受控热核聚变实验装置（CT-6）。(1974 年)

053 我国自行设计研制成第一台超导发电机。(1974 年)

054 我国研制成一座六路钕玻璃大功率激光向心打靶实验装置，并进行了实验，为我国惯性约束受控热核聚变实验研究打下了良好的基础。(1975 年)

055 我国用自行研制的“长征二号”火箭成功地发射了中国第一颗代号为“尖兵”(1 800 千克）的返回式人造卫星，它在太空中运行三天三夜后于当年回收成功，使我国成为世界上第三个掌握回收卫星技术的国家。(1975 年)

056 我国山东棉花研究所庞居勤等人选育的高产稳产棉花新品种“鲁棉一号”，最适宜在黄河中下游种植，亩产最高达 271.5 千克。该项重要发明，曾荣获国家发明奖一等奖。(1980 年)

057 我国向太平洋成功发射了自己设计制造的第一枚洲际导弹。(1980 年)

058 我国成功地用“风暴一号”运载火箭发射了三颗物理探测卫星，即实

践 2 号、实践 3 号甲、实践 3 号乙。(1981 年)

059 中国科学院与北京大学的科研人员实现了酵母丙氨酸转移核糖核酸的人工全合成。它是世界上首次人工合成核糖核酸。这是我国生物科学工作者在探索生命构成方面取得的又一项世界领先的重大成果。(1981 年)

060 我国核潜艇水下发射导弹成功。这次试验的成功，标志着中国已初步具备了海上战略核威慑的能力，使中国成为世界上第五个拥有装载弹道导弹核潜艇和水下发射弹道导弹能力的国家。(1982 年)

061 我国自行设计的“运-7”机种定型，两年后交付使用，到 1986 年转为客运，结束了外国飞机一统我国民航天下的历史。(1982 年)

062 我国第一台每秒亿次运算速度的巨型计算机——“银河”Ⅰ型机诞生。10 年后，我国又研制成每秒运算 10 亿次的“银河”Ⅱ型巨型计算机。目前，“银河”Ⅲ型巨型计算机每秒运算速度达 130 亿次。(1983 年)

063 我国建成并顺利启动了中型托卡马克可控热核聚变装置——中国环流器一号（HL-1)。次年，该装置通过国家验收，并交付使用。(1984 年)

064 我国成功地发射了自行设计研制的第一颗试验通信卫星。它使我国成为世界上第五个能发射地球静止轨道卫星的国家，标志着我国运载火箭技术和卫星通信技术已跨入世界先进行列。(1984 年)

065 我国开始使用无线寻呼电话（BP 机)，已有 1 000 多个城市开办了这种电话业务。它和蜂窝移动电话、无绳电话一样都属于无线移动通信范畴。(1984 年)

066 在物理学家戴传曾的组织领导下，我国原子能科学研究院研制的第一座微型中子源反应堆达到临界，并通过鉴定。我国开发的微型堆以其广泛的应用领域、高度的安全性能和较低的造价，很快在国内若干城市得到推广应用。随后又陆续出口到 8 个发展中国家，成为国际原子能机构在发展中国家推广核能和平利用的一个推推荐项目。(1984 年)

067 中国科学院等离子体物理研究所先后建成和启动了中型托卡马克装置 HT-6B 和 HT-6M。(1984 年)

068 我国清华大学潘际銮等人发明“新型 MTG 焊接电弧控制法”。该法可自动优化焊接规范参数，能保持最佳金属过渡状态，焊接电流范围广，对弧长干扰的响应速度快，可解决现代工业焊接中的一些关键问题。这项重要发明曾

获国家发明奖一等奖。(1984 年)

069 我国政府宣布长征系列运载火箭投放国际市场。长征系列运载火箭先后成功发射了亚洲一号通信卫星、巴基斯坦卫星、澳大利亚通信卫星等，截至 1999 年 5 月，共进行了 56 次发射。(1985 年)

070 我国第一家规模最大的民营高科技公司“四通集团公司”首次推出的 MS 系列中英文文字处理机，开创了中国办公自动化的先河。(1985 年)

071 世界上第一台具有成熟中文信息处理技术的个人电脑——长城 0520CH 诞生，这是中国人自行设计、自主生产和销售的第一个社会公认国产名牌。(1985 年)

072 我国著名科学家王选成功地主持和领导了汉字激光照排系统的研制，并不断推陈出新，从照排到普及轻印刷、远程传版，从黑白到彩色，都作出了突出贡献。这一系统的研制成功，使中国的印刷技术重新跃居世界印刷业的前列。王选教授也被誉为“当代毕昇”和我国现代印刷业革命的奠基人。(1986 年)

073 在四位著名老科学家王大珩、王淦昌、陈芳允、杨嘉墀的积极倡议下，我国制定了《高技术研究发展计划纲要》(简称“863 计划”)。这个计划的指导思想是：为缩短我国在高技术领域同世界先进水平的差距，首先在一些重要领域对世界先进水平进行跟踪，力争有所突破。它提出七个技术领域的十几个主要项目作为研究发展的目标。七个高技术领域是：生物技术、航天技术、信息技术、激光技术、自动化技术、新能源技术和新材料技术。(1986 年)

074 瑞士苏黎世 IBM 研究实验室用钡-镧-铜氧化物获得了－243 ℃的超导转变温度，从而揭开了世界性的高温超导研究热潮。我国科学家首次公布了钡-钇-铜-氧体系，从一开始我国高温超导材料的研究就位居世界前列。如，我国第一次获得 100 K 的高临界超导体。后又合成了 132 K 的超导材料。(1986 年)

075 国务院批准我国 15 兆瓦研究实验重水堆的出口，成为我国民用核技术出口的一个里程碑。(1987 年)

076 继“863 计划”之后，我国又制定了一个发展高技术产业的“火炬计划”。这个计划的主要宗旨是：使高技术成果商品化，高技术商品产业化，高技术产业国际化。在改革开放方针的指引下，我国兴办了一批高技术开发区，出现了一批高技术公司，建立了一批外资和合资高技术企业，大大加速了我国高

技术产业化的步伐。(1988 年)

077 邓小平在 1978 年召开的全国科学大会上，精辟地阐述了科学技术是生产力，科学技术现代化是实现四个现代化的关键。80 年代，他在一次会议上明确提出了“科学技术是第一生产力”，并多次重申和阐述了这一著名的马克思主义观点。这对我国改革开放时期科技事业的发展带来了深刻的影响和极大的推动，科学技术在现代化建设中的地位和作用重新得到了确立。(1988 年)

078 我国成功地发射了第一颗太阳同步极地轨道气象卫星。(1988 年)

079 我国第一条高速公路：全长 18.5 千米的上海—嘉定高速公路建成通车，标志着中国高速公路通车里程实现了零的突破。(1988 年)

080 我国自行设计建造的重离子加速器在中国科学院兰州近代物理所建成并出束。(1988 年)

081 我国建成北京正负电子对撞机（BEPC)，能量为 5.6 吉电子伏，规模较小，能量较低，但对撞机亮度高（即对撞时产生新粒子的概率大)，工作在粲夸克和轻子的研究领域。对撞机上用的北京谱仪是我国自行设计制造的粒子探测器，是国际上在该能区工作的最先进的探测器之一。1992 年，它完成了 τ 轻子质量的精确测量，为解决 τ 寿命、分枝比与标准模型框架之一的轻子普适性理论的矛盾问题起了关键作用。此外，它还在 J/φ 粲物理研究方面取得了令人瞩目的结果。(1988 年)

082 我国金山公司成功开发了 WPS1.0 汉卡，至此 WPS 文字处理软件正式诞生。次年，WPS 被联合国采用，成为联合国五种常用文字处理软件之一，在国际上产生了极大的反响。(1989 年)

083 我国自行设计研制的第一座 5 兆瓦的低温核供热试验堆建成并投入运行。它代替烧煤供暖，取得了良好的社会效益、经济效益和环境效益。(1989 年)

084 我国自行设计研制的铀氢锆脉冲反应堆建成并首次达到临界。这种反应堆除了可作为海洋核电站的首选堆型外，还可进行中子辐照、中子活化分析，以及中短寿命放射性同位素的生产。(1990 年)

085 中国科学院化学所白春礼等人利用自己研制的“扫描隧道显微镜”，在世界上首次直接观察到变性噬菌体 DNA 的一种新结构，即“三链辫状缠绕结构”。这一重大发现，可能为生物信息、生命起源等问题的深入研究开辟一条新

途径。(1990 年)

086 我国“863 计划”的能源重点项目——由中国原子能科学研究院承建的 6.5 万千瓦的中国实验快堆正式破土动工，预计于 2003 年建成。它的建成将为我国发展快堆核电站起到积极的推动作用。(1990 年)

087 中国农科院棉花研究所谭联望、蔡荣芳、刘正德培育出棉花新品种“中棉 12”。这是我国首次将兼抗枯黄萎病、高产、优质三者结合的棉花新品种。该重要成果曾获国家发明奖一等奖。(1990 年)

088 我国自行设计建造的第一座核电站——秦山压水堆核电站并网发电成功，并投入正常运行。它结束了祖国大陆无核电的历史，并使中国成为世界上第七个能独立设计、建造自己首座核电站的国家。(1991 年)

089 我国出版发行了自己的第一部电子图书。电子出版物是以数字代码方式将图、文、声、像等信息存贮在磁、光电介质上，通过计算机或类似设备阅读使用，并可复制发行的大众传播媒体。它是中国文化史上继纸质出版物后的一次崭新的革命。(1991 年)

090 我国北京大学重离子物理研究所自行设计建造的 4.5 兆伏静电加速器建成并投入运行。(1991 年)

091 中国科学院等离子体物理研究所组装成我国第一台超导稳态托卡马克热核聚变实验装置 HT-7。(1992 年)

092 中国科学院上海原子核研究所首次合成铂的同位素——铂-202。(1992 年)

093 我国出口一座压水堆核电站，使中国一举跻身于国际核电市场，成为世界上第八个核电站输出国家。(1992 年)

094 80 年代，通信卫星领域中最有意义的成就之一是甚小卫星数据站(VSAT，亦称卫星小站)的发展。我国以话音为主的 VSAT 系统正式投入运行，为广大用户提供数据通信服务。(1992 年)

095 中国科学院兰州近代物理所首次合成新核素钍-237。(1993 年)

096 当今世界最大的百科全书之一，中国在 20 世纪最宏大、最辉煌的出版工程——《中国大百科全书》，经两万多位著名专家、学者历时 15 年编纂而成。(1993 年)

097 我国西南物理研究院建成受控热核实验装置——中国环流器新一号(HL-1M)。(1994 年)

098 世界上在建的最大水利枢纽工程——我国三峡工程正式开工。三峡水电站设计装机容量为 1 820 万千瓦，后期拟再扩建 420 万千瓦，扩建工程完工后，总装机容量达 2 240 万千瓦，预计 2003 年第一批机组发电，2009 年全部建成。(1994 年)

099 我国引进的大型核电工程——广东大亚湾核电站（2×90 万千瓦）建成并投入商业运行。(1994 年)

100 我国无锡微电子工程在中国华晶集团公司正式通过验收。该微电子工程的重点是 2 微米、3 微米 MOS 超大规模集成电路，代表了我国当时微电子工业生产的最高水平。它标志着中国的微电子技术已步入产业化的轨道。(1994 年)

101 我国宣布中国公用数字数据网正式建成并开通，当年该网可通达 21 个直辖市和省会，可提供 2.048 Mbps 高速电路 776 条，其他速率电路 2 588 条，大部分省市的数字数据网已开通了业务，次年又覆盖全国 400 多座城市。(1994 年)

102 我国著名实时仿真技术专家游景玉设计、研究的高级仿真支撑软件系统成功地应用于核电和其他工业领域，为我国实时仿真技术的发展奠定了基础。她参与并组织完成的我国首台整体核电站全范围、全过程、高逼真度的实时仿真系统——秦山 30 万千瓦核电站仿真机问世，荣获国家科技进步二等奖。(1995 年)

103 世界海拔最高的水电站——我国西藏羊湖抽水蓄能电站建成，总装机容量为 112.5 兆瓦。(1995 年)

104 我国科学家自行研制的首台伽马刀治疗机顺利进入尾期软件试验阶段。伽马刀治疗机是一种大型贵重的医用核技术装置，涉及核技术的许多高深领域，以及现代摄像学、电脑自动控制等高新技术。目前，国际上只有瑞典搞出了该项装置。我国专家只用两年多时间就研制出具有国际水平的伽马刀治疗机，其准确率达 0.1～0.3 毫米。(1995 年)

105 世界上最高的机场——我国西藏邦达机场建成，并迎来首架波音 757 客机。(1995 年)

106 我国自己研制的第一套大规模并行计算机系统——曙光 1000 通过国家科委组织的鉴定，并于次年获中国科学院科学进步特等奖，它是我国第一台

实际运算速度超过每秒 10 亿次浮点运算这一重要台阶的国产巨型计算机。(1995 年)

107 中国科学院兰州近代物理所在世界上首次合成并鉴别了新核素镅-235 (1996 年)

108 我国核电工业实现较大跨越，揭开了 4 个核电项目（八套机组）建设的帷幕。在秦山二期（2×60 万千瓦）正式开工后，岭澳核电站（2×90 万千瓦）于次年开工，1998 年秦山三期（2×70 万千瓦）和连云港核电站（两个百万千瓦级）也先后开工，预计将先后在下世纪初建成。(1996 年)

109 我国鸟类专家季强，先后在辽西发现中华龙鸟、原始祖鸟化石，次年又发现尾羽鸟化石，经过精心研究和科学论证，他向世界宣布：“鸟类起源于中国”。这在世界引起轰动。著名古生物学家、美国耶鲁大学奥斯特隆教授称赞季强的发现是“自达尔文提出进化论以来，演化科学研究最重大的事件”。(1996 年)

110 我国水稻育种专家袁隆平通过九年的杂交水稻育种的第二战略攻关，研制出两系法亚种间杂交种组合，其优势比三系法品种间杂交增产 20%，比常规稻增产 40%，且米质优良。这一重大突破，使我国水稻育种居于国际领先地位。(1996 年)

111 我国清华大学设计研制的 10 兆瓦高温气冷实验堆工程完成主厂房封顶，按要求将于本世纪内建成。(1997 年)

112 中国科学院兰州近代物理所徐树威领导的科研小组首次合成并研究了具有奇异衰变性质的新核素钆-135，测得其半寿命为 1.1±0.2 秒，观察到其奇异衰变性质——延发质子能谱，估计延发质子约占 2%。(1997 年)

113 我国柳州铁路局与湛江港务局联合创建的港站海铁联运公司第一宗集装箱运输业务（由“永胜”海轮装载着 20 个中国铁路集装箱从湛江起航直奔曼谷），开创了我国铁路集装箱海铁联运的先河。(1997 年)

114 中国科学院北京真空物理开放实验室的科学家在纳米（1 纳米$=10^{-9}$米）电子学高密度信息存贮技术研究中获得突破性进展，得到的信息存贮点阵的点直径为 1.3 纳米，比国外的最小存贮点的直径 10 纳米小了近一个量级。(1997 年)

115 干扰素系列是一类重要的细胞因子，具有广谱的抗病毒、抗肿瘤和免疫调节等作用。目前有α，β，γ等三种型别，已有几十个国家批准上市。α-干扰素也是我国第一个经国家正式批准上市的基因工程药物，其中，α1b亚型干扰素为中国首创。我国侯云德院士研究的γ-干扰素也处在中试阶段。(1998年)

116　我国科学家用新的转基因路线获得5头转基因山羊。其中，一头母羊于当年9月进入泌乳期，乳汁中含有人的凝血因子Ⅸ活性蛋白。这为血友病患者带来了福音。用转基因动物生产人用药品是基因工程制药业的崛起。(1998年)

117　我国新一届政府的最大任务是科教兴国。新任国务院总理朱镕基在两会新闻中心举行的中外记者招待会上说，本届政府的最大任务是科教兴国。(1998年)

118　我国研制出全数字高清晰度电视系统。这是从发射到接收，集数字视频、数字音频、数据和交互式业务于一身的数字传输系统，标志着我国已系统地掌握了这项国际竞相角逐的高技术，奠定了我国电视产业升级换代的技术基础。这是我国高科技领域的一项重大成果，完全拥有自主的知识产权。(1998年)

119　全国1∶25万大型地形图数据库建成。总参测绘局组织科技人员历经10年艰苦攻关，建成我国规模最大、性能最先进、地理要素最全、信息量最丰富、比例尺最大、精度最高的地图数据库。(1998年)

120　我国人类基因组研究取得重大进展。由16个科研单位联合开展的中华民族基因组若干位点基因结构研究，已在基因多样性和疾病基因及功能基因的定位克隆、结构和功能研究方面取得一批国际先进水平的研究成果。(1998年)

121　我国科学考察队徒步穿越雅鲁藏布大峡谷考察获得丰硕成果。该队在这条世界第一大峡谷进行地理、大气、水文、植物、动物及冰川等方面的考察，提出了大峡谷瀑布群的概念；采集了2 000个昆虫、植物、地质岩石标本，以及各河段水样；在核心区发现珍稀原始红豆杉林。(1998年)

122　我国在塔里木北部的库车地区相继发现了克拉苏和依奇克里克两个大气田，目前已控制天然气贮量分别为1 856和1 635亿立方米。克拉苏是我国目前最大的天然气田。这为我国兴建“西气东输”工程落实了后备资源。(1998年)

123 在湖南医科大学夏家辉教授带领下的我国一批遗传学家，以自己独创的在计算机上克隆人类基因的“基因家族、候选疾病基因克隆方法”为主，克隆了人类神经性高频性耳聋的致病基因（GJB3）。这是在我国本土克隆的第一个遗传病疾病基因，实现了我国遗传学上一次零的突破，特别是对我国基因药物开发、基因治疗等工作具有重要意义。(1998 年)

124 我国研制成功基因重组人胰岛素。由吉林通化东宝药业公司研制的这种基因重组人胰岛素在纯度、效价和降低血糖等性能方面均达到国际同类产品的水平，而价格则降低了三分之二，目前已批量投放市场。(1998 年)

125 我国第一个北极科学考察队组成，并宣布于当年 7 月开始中国首次的北极科学考察工作。(1999 年)

126 飞翼船，又称地效飞行器，是利用水面的“地效应”而使船升起来的工具。我国自行研制的第一架飞翼船“天翼一号”试飞成功。它在客货运输、旅游、缉私、巡逻等方面具有广阔的市场前景，必将引起水上运输的一场革命。(1999 年)

127 我国“863 计划”信息领域获重大成果，由国家智能计算机研究开发中心研制的曙光 2000-I 超级服务器达国际先进水平。高性能计算机是国际高科技竞争的一个前沿阵地。最高档的计算机包括超级计算机和超级服务器两种主要类型。曙光 2000-I 是一种符合当前计算机发展趋势的超级服务器，其最高浮点运算速度达每秒 200 亿次，不仅擅长大规模科学工程计算，而且适用于事务处理、网络与信息服务以及决策支持等非科学计算领域。这种超级服务器，目前全世界只有极少数大公司才能制造。(1999 年)

128 中国南极考察队抵达离中山站 1 100 多千米的 DOM-A 区域（南极冰盖最高区域)，成为世界上横穿南极计划实施以来的第一支闯进这一“禁区”的考察队。被科学家视为“科学圣地”的 DOM-A 区域完整地记录了地球气候和环境变化的历史。中国考察队将在分析考察资料的基础上，就有关全球变化情况完成一份国家报告，以为人类社会经济的可持续发展提供有效信息。(1999 年)

129 迄今为止世界上最大的电子出版工程——我国的文渊阁《四库全书》电子版研制成功。它使 3 462 种、79 300 余卷、约 8 亿字的《四库全书》浓缩在 100 多张光盘里。它标志着我国中文信息处理技术实用化有了重大突破，为进一

步开发传统文化信息资源扫清了障碍。(1999 年)

130 我国长征系列又一新型火箭——长征 4 号乙，携带双星成功升空，把风云一号气象卫星和实验五号科学实验卫星送上了 870 公里高的太阳同步轨道。(1999 年)

131 我国北京大学纳米中心的纳米研究获得里程碑式的突破。90 年代初，人们发现了一种最典型的人造纳米材料即碳纳米管，但它的结构形态有多种，只有制备出单个的单壁碳纳米管，才能研究它的光电特征。后来，中国北大纳米中心的顾镇南小组经潜心研究终于制备出大量的直径仅为 1.4 纳米的这种碳纳米管。在此基础上，薛增泉小组采用真空加工技术使这种纳米管稳固地竖立在金、铂等金属表面上，并将单管组装成列阵制备成高分辨率的平板显示器或大电流场发射电子源。他们还将该管组装到金丝末端，制成了世界最好的扫描隧道显微镜的探针，进而用此探针获得了热解石墨的精美的原子形貌像，并利用单壁短管作为电子发射显微镜的电子发射源，拍摄到过去认为无法看到的原子图像。这是 20 世纪末，纳米研究的一项重大成果。(1999 年)

132 一项以保护黄河、长江等主要江河流域生态环境为主要内容的绿色希望工程——“保护母亲河行动”全面启动。(1999 年)

133 我国国务院新闻办公室宣布，中国早在七八十年代就相继掌握了中子弹设计技术和核武器小型化技术。(1999 年)

134 新型贮氢材料研究有突破，氢能是一种较理想的替代化石能源的能源之一。它使用方便、无污染、资源丰富。从 70 年代开始人们便将氢用于发电或作为各种机动车或飞行器的燃料，已有不少试验装置在运行。但这不是一次能源，需要用别的能源来生产它，要经济地解决氢的生产、贮存、运输等问题，正是氢能开发利用的课题。对其中氢的贮存技术，我国科学家取得重大突破。1999 年年底，中国科学院金属研究所以成会明为首的科研小组快速合成出高质量的碳纳米材料（碳纳米纤维和单壁碳纳米管），使我国新型贮氢材料的研究一下跃上世界先进水平。该新型材料能贮存大量的氢气，并可能做成燃料电池，用作各种动力。科学家们认为，氢能将是 21 世纪中后期最理想的能源，也是人类长远的战略能源之一。(1999 年)

135 我国建成世界上一流的跨声速风洞。1999 年 12 月 28 日，我国自行设计制造的这座跨声速风洞，在中国空气动力研究与发展中心通过国家验收。该风洞是亚洲目前最大、世界上雷诺数最高的跨声速风洞，是我国航空事业跨世纪发展的大型基础性工程。它的建成，标志着我国风洞设计、建设与试验水平跨入世界先进行列，将对我国航空、航天飞行器的研制发挥重要作用。该风洞在综合性能调试期间的结果表明，风洞各系统运行正常，主要性能达到或超过设计指标。(1999 年)

136 我国第三代同步辐射源装置落户浦东。1999 年 12 月，我国第三代同步辐射源装置选址确定在上海浦东张江高科技园区。该装置建成后，将成为当今世界最先进的同步辐射光源之一，其能量排名世界第四位。它能提供从红外线到 X 射线的全波段、高亮度光束，在其数十条光束线和数百个实验站上，国内数以千计的科学家可同时开展生命、材料、信息、环境、医药等交叉学科的前沿研究和系列高新技术产业群的开发，为知识和技术创新提供最先进又无可替代的实验平台。(1999 年)

137 国产可视电话正式投产。1999 年 12 月，全部采用我国专利技术生产的可视电话在贵州省贵阳市正式投产。由北京爱普亚太电子有限公司和位于贵阳市高技术开发区内的中国振华科技股份公司共同投资建成的这条可视电话生产线年产量达 10 万台，首批生产的 600 多台电视电话已投放市场，其性能可与进口同类产品媲美。(1999 年)

附录Ⅴ
百年科技文明回眸

001　德国物理学家普朗克在柏林科学院物理学会上首次提出量子假说，并依据实验资料归纳出著名的普朗克公式，阐明了量子理论。(1900 年)

002　奥地利病理学家和免疫学家卡尔·兰德施泰纳发现血型，他的发现使安全输血这一关键医学技术在临床应用上成为可能。(1900 年)

003　布拉姆和弗拉沙第一次提出建造地下铁路。几年后在法国巴黎连接马约门与万森门之间的地铁首次向公众开放。(1900 年)

004　法国物理学家佩兰提出了关于原子行星结构的第一个假说。(1901 年)

005　制造出第一台洗衣机，40 年代广为应用并进入家庭。(1901 年)

006　意大利人马可尼向大西洋彼岸发送电台信息，成功地进行了第一次无线电通讯。(1901 年)

007　居里夫人用加热和搅拌等简单方法，以顽强的毅力连续工作了四年，终于从数以吨计的沥青铀矿石和铀盐矿渣中成功地制取了仅 0.1 克的氯化镭，后来她又用电解法制得了金属镭，并精确地测定了它的原子量，从此不再有人怀疑镭的存在了。(1902 年)

008　世界上第一次传真进行传送，效果良好，4 年后用于商业。传真、可视图文系统和数据通讯都属于非话通讯范畴。传真机已成为当代重要通信工具之一。(1902 年)

009　俄国人齐奥尔科夫斯基首次提出了建造大型液体火箭的设想及其计算原理，为火箭推进动力学奠定了基础。(1903 年)

010　心电图机问世，并首次投入使用，用以描记心肌收缩所产生的电流。

心电图可测定心律不齐等，以预防可能的死亡事件。(1903 年)

011　在自行车业工作的美国莱特兄弟研制成以内燃机为动力的双翼飞机，并在北卡罗来纳州试飞成功。这是人类历史上第一次驾驶飞机飞上蓝天，标志着人类航空时代的开始。(1903 年)

012　弗明首次研制出在无线电装置中用作检波器的真空二极管（即真空管)。(1904 年)

013　意大利拉德雷洛干蒸汽田利用地热发电成功，从此开始了地热能开发利用的新纪元。(1904 年)

014　戴在手上美观而舒适的手表问世。(1904 年)

015　意大利人弗拉尼尼建成了世界上第一艘水翼艇。(1905 年)

016　20 世纪伟大的物理学家、思想家阿尔伯特·爱因斯坦发表了震惊科学界的狭义相对论，1916 年又在此基础上创立了广义相对论。相对论既是核物理学的理论基础，也是天体物理学和宇宙学的理论基础。(1905 年)

017　英国研制成第一台用于热电联产的汽轮机。(1905 年)

018　柯赫发明用固体培养基进行“细菌纯培养”的方法，首次采用染色法观察细菌形态，并分离出炭疽杆菌和结核杆菌，发现致病微生物霍乱弧菌，成为细菌学奠基人之一。(1905 年)

019　美国人德福雷斯特对真空二极管加以改进，首次研制出无线电的关键部件真空三极管，他宣称三极管不仅能检波，而且能放大微弱电流，随后他便设计了一台原始的无线电收音机，三极管及其放大原理是电子时代真正开始的标志。(1906 年)

020　英国物理学家卢瑟福开始研究大质量亚原粒子 α 穿过物质时的现象，发现 α 粒子的质量与氦原子质量相当，并证实 α 射线是一种带正电的高速粒子流即氦核流。这为以后发现原子核作了准备。(1906 年)

021　斯滕贝克首次将镭用于医疗上，并治愈了皮肤癌，镭很快成为治疗恶性肿瘤的有力武器；20 年代末，在居里夫人的亲自领导下创立了镭学研究所，该所的生物实验室着重研究放射性在生物和医学方面的应用，并附设肿瘤医院。(1907 年)

022　比利时人莱奥·贝克兰发明了酚醛塑料的制作方法，此后聚酯、聚乙烯、聚苯乙烯、聚氯乙烯等塑料开始出现；塑料、合成纤维和合成橡胶并称为

三大化学合成材料，它们开创了高分子合成材料的新纪元。(1907 年)

023　美国福特汽车工厂的福特采用泰勒的科学管理理论与方法，把零部件生产标准化和流水作业结合起来，大幅度提高了生产效率。他使得该厂汽车售价由原来的 8 000 美元一辆降低到 850 美元一辆，第一次显示了“泰勒制”的威力。(1908 年)

024　中国铁路工程专家詹天佑主持修建成我国自建的第一条铁路——京张铁路，在修建中他因地制宜，运用“人”字形线路，减少工程数量，并利用“竖井施工法”开挖隧道，缩短了工期，令外国同行叹为观止。(1909 年)

025　中国飞行设计师和飞行家冯如研制成中国第一架飞机。(1909 年)

026　美国建成世界上第一座无线广播电台，收音机开始进入家庭。(1910 年)

027　发明抗梅毒药物有机砷制剂——胂凡纳明（俗称 606）。人类第一次成功地创造了能专属性地杀灭人体内病原体（梅毒螺旋体）的药物，开创了化学治疗的新纪元。(1910 年)

028　当材料冷却到极低温度时，便失去了原有电阻，具有这种“超导电性”的物体（材料）被称超导体。荷兰人 H・昂内斯在水银中首先发现了超导电性。80 年代，人们发现几乎在常温下陶瓷材料也具有超导电性。(1911 年)

029　美国人 W・卡里尔发明首台空调装置，以控制气温和湿度。(1911 年)

030　卢瑟福用 α 粒子（即高速运动的氦核流）作放射实验证明：直径为 10^{-8} 厘米原子的中心是直径为 10^{-12}～10^{-13} 厘米的带正电的原子核，并据此提出了原子结构的“有核模型”。(1911 年)

031　泰勒发表《科学管理原理》一书，系统阐述了有关企业定额管理、作业规程管理、计划管理、专业管理、工具管理等，建立了在行为分析基础上的一整套理论与方法，为现代管理奠定了科学基础。(1911 年)

032　卡雷尔首次成功地进行了人的血管缝合术，输血治疗试验也取得成功。他还提出了“人体中任何脏器都可移植”的理论。(1912 年)

033　瑞典人达伦研制成一种能引起闪光的电子管，把它安装在灯塔或光浮标的光源气体贮存器中就能自动控制它们发光。因此，他被誉为“水手的保护人”。(1912 年)

034 英国物理学家汤姆逊研制成了第一台能分离同位素的仪器（后被称“质谱仪”），并用来研究分离氖的两种同位系氖-20 和氖-22。（1912 年）

035 丹麦著名理论物理学家尼尔斯·玻尔正式创立新量子论，对 20 世纪物理学产生了深远影响。（1913 年）

036 芝加哥制造了世界上第一台家用冰箱。（1913 年）

037 汽车公司创建了由专用机床组成的刚性流水生产线，美国企业家亨利·福特建立起第一条流水生产线并推行定额管理思想，以生产 T 型汽车。（1913 年）

038 钨丝取得使用专利，钨丝灯（即“白炽灯”电灯泡）得到大量使用。（1913 年）

039 第一次世界大战期间，著名法籍波兰科学家玛丽·居里组建了第一个拥有 X 射线设备的战场医疗站，她的长女伊伦娜（后来成为著名物理学家约里奥-居里的夫人）也作为一名射线技术员协助工作。这个射线战地医疗站治疗了大量法军伤病员，挽救了不少士兵的生命。（1914 年）

040 把大西洋和太平洋连接起来的巴拿马运河开通。（1914 年）

041 在丘吉尔的推动下，英国政府采纳了 D·斯文顿的建议，利用汽车、拖拉机、枪炮制造和冶金技术，试制了坦克的样车。坦克作为一种火药力、钢铁与机械动力紧密结合并高度集约化的新式作战兵器一问世，就打上了现代化战争的标志，成为现代化战争技术发展的里程碑。（1915 年）

042 英国制造了可供飞机在舰上起飞和降落的专用舰——真正的航空母舰问世。（1916 年）

043 世界上最早将飞机用于民运的定期邮政航班（巴黎-伦敦线，以及纽约-华盛顿-芝加哥线）先后开办。（1918 年）

044 世界范围的流感造成 2 000 万人死亡，引起世界医学界对流感的高度重视。（1918 年）

045 卢瑟福用 α 粒子轰击氮原子核，发现质子（即氢原子核），首次实现了人工核反应。（1919 年）

046 英国物理学家阿斯顿制成了第一台高效能质谱仪，以用来精确测定同位素质量，并发现多种同位素，以及原子量的整数规则。（1919 年）

047 第一个公众广播电台出现。（1921 年）

048　英国玛丽·斯托普医生在伦敦开设了第一所节育诊所，遭到不少人的反对，但事实证明她的创举对人类社会的进步与发展起到了积极作用。（1921年）

049　中国物理学家吴有训和美国物理学家康普顿在以一定能量的γ射线碰击原子中内层电子的实验中发现γ射线的散射现象，后来被称为康普顿-吴有训效应。它在解释某些核爆现象中有着广泛的应用。（1923年）

050　分离出由朗格汉斯氏岛分泌细胞产生的胰岛素，60年代研制成人工合成的胰岛素，才有了治疗糖尿病的有效药物。（1923年）

051　美国人戈达德试飞了第一枚无控液体火箭。（1926年）

052　美国华纳电影公司首次出演有声电影成功。（1926年）

053　第一台电视机问世。苏格兰人约翰·劳杰·比尔特首次示范表演了能以无线电播放电影的机器。在阴极真空管中以电子呈现影像，被称为电视。（1926年）

054　最早流行并获成功的有声电影《爵士乐歌唱家》在纽约上映。（1927年）

055　英国细菌学家亚历山大·弗莱明研制出第一种抗生素——青霉素，音译为“盘尼西林”，它在第二次世界大战中挽救了无数士兵的生命。（1928年）

056　范德格拉夫发明了静电加速器，次年科克罗夫特和沃尔顿研制成世界上第一台“粒子加速器”，这是一个高压倍加装置（亦称高压倍加器），习惯上又称它为“静电加速器”。加速器是用人工方法加速带电粒子的一种装置。它除用于核物理、中子物理和基本粒子物理的研究工作外，还用于国防科研和国民经济各部门。（1928年）

057　美国人劳伦斯发明“回旋加速器”。1931年，他设计并建成了世界上第一台回旋加速器，开创了用加速器生产同位素新途径。（1929年）

058　摩尔根在果蝇中进行实验遗传学研究，发现了伴生遗传规律，后来他和他的学生们又发现“连锁”、“交换”和“不分开”等现象，从而发展了染色体遗传学，并进一步证明作为遗传单位或载体的“基因”（即孟德尔的所谓因子）在染色体上是作有序直线排列的。（1929年）

059　英国物理学家狄拉克从电子性质的数学处理方法中提出“反粒子”（反电子）的概念。1933年，狄拉克在他的诺贝尔物理奖颁奖演说中又大胆预言

了“反物质”的存在，从此拉开了“反物质”研究的序幕。（1929 年）

060 美国人发明彩色电视机。（1929 年）

061 中国物理学家赵忠尧在研究射线散射时，在实验中发现了电子偶的湮没现象，并于当年发表了实验报告，成为核科技史上第一个观测正反粒子湮没反应和反粒子的科学家。（1930 年）

062 斯陶丁格在德国物理和胶体化学年会上首次阐明他提出的“高分子”概念，在此后半个世纪内世界合成高分子材料年产量大增，高分子科学的三大分支如高分子化学、高分子物理、高分子工程也日趋成熟，塑料、合成纤维与合成橡胶等三大合成材料已成为人们生活中不可缺少的重要材料。（1930 年）

063 美国杜邦公司的华莱士卡罗瑟斯发明了“尼龙”惊动世界，成为由煤化工向石油化工转换的里程碑；1938 年杜邦公司推出尼龙产品，不久，尼龙袜子成为世界各国妇女的抢手货。（1930 年）

064 克劳德在古巴马坦萨斯海湾建成世界上第一座海洋温差发电装置。（1930 年）

065 苏联顿巴斯建造了首座煤炭地下气化试验站。（1932 年）

066 英国物理学家查德威克从以 α 粒子轰击铍原子的核反应中发现了卢瑟福多次预言的“中子”，并从理论和实践两方面作出了令人信服的论证，完成了核物理学家描绘原子图像的最精彩的一笔。（1932 年）

067 射电望远镜问世。它对科学研究，尤其是天文学、宇宙学的研究发挥了巨大作用。（1932 年）

068 第一张立体声唱片制成。（1933 年）

069 世界上第一条正规的客运飞机航线开通。（1933 年）

070 约里奥-居里夫妇在用 α 粒子轰击轻元素原子核的核反应中，发现了人工放射性现象，获得第一个人工放射性核素磷-30。（1934 年）

071 卢瑟福、奥利芬特和哈尔特克在静电加速器上从氘-氘聚变反应制取了氚，首先发现了轻元素原子核的聚变反应。（1934 年）

072 生物学家格哈特多马克发现近代第一种化学医疗化合物磺酰胺，具有抑菌特性。（1935 年）

073 雷达被发明，这是一种使用极短的无线电波以测定远距离或隐蔽目标的方向、大小、距离和其他特征的探测装置，它在航空、航海以及军事上发挥

了重要作用。(1935年)

074　奥地利人保·艾斯发明印刷电路，并用它装配了一台收音机；第二次世界大战中，印刷电路在“近发引信”（一种无线电引信）中显示了它的威力。(1936年)

075　英国人沃森·瓦特设计的“本土链”对空警戒雷达，首次投入防空系统使用。该雷达频率为22～28兆赫兹，对飞机的探测距离可达250公里。(1936年)

076　德国组成了以年仅25岁的冯·布劳恩为首的科技队伍，开始了现代大型军用火箭V-2的研制工作。两年后，德国首次将有控的液体火箭V-2-用于战争。(1937年)

077　美籍德国物理学家贝特提出太阳能源可能来自它内部的氢核聚变成氦核的热核聚变反应，提出解释太阳能谱的碳循环假说。(1938年)

078　德国科学家奥托·哈恩和施特拉斯曼在用中子轰击铀原子核时发现了铀核裂变现象，次年丽丝·迈特纳和弗里茨从理论了阐明了这一发现；这一划时代的发现由丹麦理论物理学家玻尔在美国公布。(1938年)

079　德国人楚泽研制成第一台二进制计算机Z-1型机。三年后，他研制的世界上第一台采用电磁继电器进行程序控制、穿孔带作输入的通用自动计算机Z-3机开始运行。(1938年)

080　法国物理学家约里奥-居里以及冯哈尔班、科瓦尔斯基在实验中发现了铀核的链式裂变反应现象，他们还取得了为获取原子能而建造原子反应堆的专利权。(1939年)

081　美国物理学家西博格在镎的衰变产物中辨认出第94号元素钚，次年分离出它的同位素钚-239。(1940年)

082　中国核物理学家王淦昌提出了验证奥地利物理学家泡利预言的“中微子”存在的卓具创见性的构想，并发表论文建议用K电子俘获法寻找“中微子”；1952年阿伦果然用这种方法证实了“中微子”的存在。(1941年)

083　在苏联物理学家库尔恰托夫的指导下，苏联物理学家弗辽洛夫和彼得夏克发现了铀核的“自发裂变”现象。(1941年)

084　杀虫剂“滴滴涕”面世，主要用以防治棉铃虫、蚊、蝇等。(1941年)

085　世界上第一架喷气式飞机问世。(1941年)

086　正规的商用电视在美国播出。(1941 年)

087　以意大利核物理学家恩里科·费米为首的一批科学家在芝加哥建成了世界上第一座人工核反应堆，实现了可控的铀核自持链式裂变反应，成为人类步入核时代的标志。(1942 年)

088　科学家 O·T·埃弗里等人通过一个著名的实验首次证明，生物体之间的遗传性物质不是蛋白质，而是 DNA（脱氧核糖核酸)。1952 年，赫尔希和蔡斯验证了埃弗里的结论，证实了 DNA 的确是生物遗传信息的载体。(1944 年)

089　美国人艾肯主持研制出世界上最早的由程序控制的通用型自动机电式计算机马克 1 号在哈佛大学投入运行。(1944 年)

090　美国莫奇利和埃克特主持研制的世界上公认的第一台通用数字电子计算机埃尼阿克（ENIAC）问世，掀起了人类历史上继蒸汽机和电力之后的第三次产业革命。(1945 年)

091　美国在新墨西哥州成功地试验爆炸了第一颗原子弹，同年，美国在日本广岛和长崎首次使用原子弹，加速了日本军国主义的灭亡。(1945 年)

092　发明硬隐形眼镜。(1945 年)

093　维伦·科夫设计了第一个人工肾，这种血液透析装置使得许多肾衰竭患者延长了生命。(1945 年)

094　放大倍数高达 16 万倍的电子显微镜问世。(1946 年)

095　中国核物理学家钱三强和何泽慧夫妇应用核乳胶技术先后观测到铀核的“三分裂”“四分裂”现象。(1946 年)

096　美国电话电报公司贝尔实验室的巴丁、布赖顿和肖克莱研制成功世界上最早的实用半导体器件——点接触型的锗晶体管，这就是半导体的发现；晶体管的问世被视为 20 世纪的重大发明之一，标志着现代电子工业的开始。(1947 年)

097　香农对信息进行定量分析与表示的数字方法，使他成为“通信的数字理论”即信息论的创始人。(1948 年)

098　维纳研究计算机如何像人脑那样工作，发现了两者的相似性原理，并进而创立了一门新学科——控制论，且以《控制论》一书作为控制论诞生的年代而载入史册（1948 年)

099 美籍俄国科学家伽莫夫等人提出了较完整的宇宙大爆炸理论，对宇宙起源、天体生成等问题作了种种理论假说。1964 年，发现了宇宙背景辐射，从一个方面验证了宇宙大爆炸理论。(1948 年)

100 中国物理学家张文裕研究 μ 介子与原子核的相互作用时，首次观测到 μ 原子和 μ 子辐射。50 年代，这一发现在高能加速器上被证实。以张文裕名字命名的"张氏原子""张氏辐射"便载入了科学史册。(1949 年)

101 美籍华裔科学家王安发明了磁芯存储器，直到 70 年代它才被体积更小的半导体存储器所取代，他开办的"王安公司"成为当时最成功的华人企业之一。(1949 年)

102 普遍使用的第一张信用卡问世，它是人类钱币史上继纸币及金属铸币货币出现后的又一次革命。(1950 年)

103 苏联萨哈罗夫和塔姆提出研制受控热核反应的磁约束试验装置托卡马克装置。(1950 年)

104 世界保卫和平大会常设委员会在斯德哥尔摩开会，通过禁止使用原子武器并建立严格国际监督的宣言。从此，全世界展开了反对使用原子武器的运动。(1950 年)

105 美国人乔治・迪弗发明了第一台工业用机器人。(1950 年)

106 美国阿贡国家实验室实验快中子增殖堆 1 号首先带动发电机发电，点亮了 4 盏 25 W 灯泡。这是人类第一次利用核能发电的成功尝试。(1951 年)

107 匈牙利人冯・诺伊曼依据他主持制定的"埃德伐克方案"(EDVAC，即离散变量自动电子计算机)，研制成功一种全新的、采用存贮程序概念的通用电子计算机，亦称冯・诺伊曼机。(1951 年)

108 第一台由电子线路控制的数控机问世。(1952 年)

109 伦敦发生大雾，下降的热空气像翻转的大盘子扣在伦敦上空，使大雾与燃烧化石燃料产生的一氧化碳、二氧化碳及其他化学成分的有害气体的混合物散发不出去，结果致使 4 000 名健康人死亡，8 000 名患肺部疾病者因过多吸入有毒物质而停止呼吸。它引起了人类对环境污染的高度重视。(1952 年)

110 美国爆炸了世界上第一颗氢弹。(1952 年)

111 美国的詹姆斯・沃森和英国的克里克合作研究，发现了脱氧核糖核酸(DNA)的双螺旋构造，提出"DNA"双螺旋模型，它为以后生物遗传密码的

破译提供了理论依据，宣告了一个富有生命力的新学科——分子生物学的诞生。(1953年)

112　奥地利人发明氧气顶吹转炉炼钢技术。(1953年)

113　美国首次销售微波炉，20世纪80年代起微波炉进入普通家庭，开始普及，使人们在几分钟内可以热好食物。(1953年)

114　世界上第一部宽银幕电影问世。(1953年)

115　基尔比和诺伊斯因各自独立研究发明了世界上最早的集成电路，而成为世界公认的微电子学的创始人。(1953年)

116　人类首次登上世界最高峰。新西兰人希拉里和尼伯诺吉从南坡首次登上珠穆朗玛峰。(1953年)

117　英国人霍伊尔提出了天体起源的阶层结构假说。同年，美国人拉伊茨提出了天体起源的引力团聚假说。(1953年)

118　美国匹兹堡大学索克尔宣布脊髓灰质炎疫苗已在90人身上试验成功，可以杀死三种引发小儿麻痹的病毒。脊髓灰质炎疫苗研制成功，并投入使用。(1953年)

119　控制人口出生率的第一批避孕药研制成功，并投入使用。(1954年)

120　美国劳伦斯·利弗莫尔实验室开始了聚变-裂变混合反应堆的研究。(1954年)

121　苏联建成世界上第一座核电站，并开始发电，功率为5 000千瓦，采用石墨水冷反应堆，建在基斯科附近的奥布灵斯克。(1954年)

122　美国建成的核燃料后处理厂，首次实现了从辐照核燃料后处理工艺中提取裂变核素。(1954年)

123　在贝尔实验室工作的皮尔逊等研制成世界上第一代实用单晶硅PN结太阳能电池，光电转换效率为6%。(1954年)

124　美国建成世界上第一艘核动力潜艇——鹦鹉螺号。(1954年)

125　中国著名科学家钱学森在美国出版《工程控制论》一书，成为推动控制论科学思想的代表人物之一。《工程控制论》在学术上达到当时国际领先水平。也为中国这门学科的发展奠定了基础，在自动化、无线电电子学、航天技术及系统工程等专业领域都得到广泛应用。(1954年)

126　我国著名科学家吴仲华创立了叶轮机器三元流理论，被国际上公认为

叶轮机械分析、计算和设计的重要基础理论，得到广泛应用。(1954 年)

127　美籍西班牙人奥巧阿首次用酶促法合成核糖核酸（RNA），次年美国人孔勃亦用酶促法首次合成脱氧核糖核酸（DNA）。从此，生物学进入了“分子物理学”“基因工程”发展的新阶段。(1955 年)

128　第一部专业录像机问世，70 年代初第一部家庭录像机面世，录像机开始进入普通家庭。(1956 年)

129　中国广东省农民育种家洪群英和洪春利利用株高仅 75 cm 的品种，培育出中国第一个大面积推广的矮秆早籼良种——“矮脚南特”。此后又育成和推广了一系列矮秆品种，到 60 年代中国南方稻区基本上实现籼稻矮秆化，亩产提高 100 千克左右。这是中国水稻育种上的一次大突破，同时在第一次绿色革命中也起了先锋作用。(1956 年)

130　美籍中国科学家李政道、杨振宁在某些实验中发现 β 放射性中粒子的宇称不守恒性，提出了弱相互作用下的宇称不守恒原理。该原理后被美籍中国物理学家吴健雄以高超的实验技巧所证实。(1956 年)

131　我国著名数学家华罗庚研究的“典型域上的多元复变数函数论”，荣获第一届国家自然科学一等奖。两年后华罗庚在科学出版社出版了《多复变数论中典型域上的调和分析》一书，在国际上引起高度重视。尤其是该书英文版出版后，受到全世界数学界的普遍关注，成为这方面研究的必用书籍，得到国际上的高度评价。(1956 年)

132　我国著名数学家吴文俊在示性类和示嵌类等研究方面取得了一系列突出成果，提出了著名的吴文俊示性类、吴文俊公式等，并有许多重要应用，为此曾荣获国家自然科学奖一等奖。60 年代，他又独创性发现了新的拓扑不变量，其中有的成果至今仍居世界领先地位，并有深刻的理论意义；他创立的定理机器证明的“吴方法”，已达世界水平，影响巨大，有重要应用价值，必将引起数学研究方式的大变革。(1956 年)

133　苏联成功地发射了第一颗人造地球卫星，卫星重 83.6 千克，直径 58 厘米，距地 9 010 千米，速度为 20 000 千米每小时。从此拉开了航天竞争的帷幕。(1957 年)

134　中国人郑光华、汪生櫄设计并制成世界上第一台 3 000 千瓦双向水冷汽轮发电机。(1958 年)

135　瑞典人奥克·森宁发明心动记录器，60年代投入使用。(1958年)

136　美国IBM公司制成世界上第一台全部使用晶体管的计算机RCA501，标志着计算机的发展进入了第二代。(1958年)

137　中国科学院兰州地质所提出陆相生油说，否定了陆相贫油论。(1959年)

138　避孕药开始大量生产。美国食品及药物管理局宣布避孕药投放市场。人类以更方便的方式控制生育。(1960年)

139　在美国召开了第一届仿生学讨论会。仿生学是“模仿生物的科学”，是应用生物学的一个分支。人们一般把这届讨论会视为仿生学正式创立的标志。(1960年)

140　美国休斯研究室的T·梅曼研制成世界上第一台红宝石激光器，它可用于显微外科、探测、工业、通讯、军事以及科研等领域。(1960年)

141　美国人使激光技术得到应用，迎来了“激光通讯时代”。(1960年)

142　苏联空军少校尤里·加加林乘坐东方一号太空飞船升空，进行人类有史以来第一次太空飞行。(1961年)

143　苏联用图-95重型轰炸机在新地岛4千米上空引爆成功威力为5 000万吨当量的巨型核炸弹，直径2.5米，长12米，重27吨。实测威力为5 800万吨当量。这是人类历史上最大的一次空爆核试验。(1961年)

144　库斯托在水下11米深处建成了世界上第一幢水下“住宅”。(1962年)

145　美国女生物学家雷切尔·卡森发表《寂静的春天》一书，标志着世界环境保护、绿色和平运动的开始 (1962年)

146　英国人约瑟夫逊提出超导效应原理，时称“约瑟夫逊效应”，次年被实验所证实。这为超导计算机的研制奠定了基础。(1962年)

147　美国人霍尔特发明世界第一台能24小时监测心电信号的装置，后即被称为“霍尔特”(1962年)

148　中国核物理学家王淦昌和苏联巴索夫院士各自独立地提出了用激光打靶实施热核聚变的科学设想，并组织国内力量开展了这项不同于磁约束的惯性约束受控热核聚变的研究，致使惯性约束成为当今世界受控热核聚变的两大主力军之一。(1964年)

149　最早采用集成电路的通用计算机系列IBM-360问世，标志计算机发展

进入第三代。(1964年)

150 美国贝尔电话实验室的彭齐亚斯和威尔逊用一架卫星通讯天线在7.35cm波长处探测到一种来自宇宙空间的强度与方向无关的信号，后经普林斯顿大学的皮伯斯等人验明为是他们寻觅已久的“宇宙背景辐射”。这一发现促进了宇宙学的发展。(1964年)

151 中国科学工作者在世界上首次用化学方法合成了具有生物活性的蛋白质结晶牛胰岛素，这是一种含有51个氨基酸的蛋白质。(1965年)

152 美国将第一座空间核反应堆(SNAP-10A)送入1 300千米高度的轨道，作为美国空军卫星的辅助动力。第一颗装有核反应堆人造卫星的发射成功，拉开了核大国在空间核动力方面竞争的序幕(1965年)

153 南非医生巴纳德在开普敦的格鲁特·舒尔医院把死于事故者的心脏移植到用药物治疗无效的病人身上，成功地完成了世界上第一例心脏移植手术。(1967年)

154 大规模集成电路问世，电路集成的元件数超过1 000个。3年后便制成以大规模集成电路为基础的第四代计算机。(1967年)

155 美国“阿波罗十一号”宇宙飞船载人登月飞行成功。(1967年)

156 比利时布鲁塞尔学派领导人普里高津首次提出耗散结构论，并因此荣获1977年度诺贝尔奖金。(1967年)

157 科学家发现了通过十分明净的玻璃制成的纤维可以传播光波信息，研制出石英型光导纤维，奠定了光纤通信的基础。(1970年)

158 苏联发射了第一个空间站——礼炮1号，开辟了人类在宇宙空间长期生活和工作的科研基地。(1971年)

159 突变论又称灾变论，是法国数学家托姆首次提出的。他所发表的《结构稳定性和形态形成学》一书标志着突变论的诞生。(1972年)

160 英国ENI公司的豪思菲尔德和神经放射医生安布罗斯联合研制成世界上第一台X射线计算机体层扫描装置，简称X-CT。(1972年)

161 联合国在瑞典斯德哥尔摩召开了“人类环境会议”，这是国际社会就环境问题召开的第一次世界性会议，是世界环境保护史上的重要里程碑，标志着人类对环境问题的觉醒。(1972年)

162 世界上第一批重组的DNA分子诞生，一年后几种不同来源的DNA分

子装入载体后，被转入到大肠杆菌表达，从此基因工程（遗传工程）正式登上历史舞台。(1972 年)

163 协同论是一门研究系统进化的普遍规律的科学。它是由德国理论物理学家哈肯创立的。(1973 年)

164 美国的科恩和博耶第一次实现了将 DNA 分离出来，并把它组合到另一种生产的遗传物质上去，创立了 DNA 重组技术（又称基因工程或遗传工程），从此为人类进入生物进化历程中的更深层次的“杂交”时代而开拓了现代生物技术的先河。(1973 年)

165 中国制成第一台超导发电机。(1974 年)

166 在中国陕西临潼秦始皇陵园区以东发现了属于陵园区的陶俑坑，出土了大批秦始皇兵马俑，它们排列有序，造型生动，栩栩如生，被称为世界第八大奇迹。(1974 年)

167 美籍华裔科学家丁肇中领导的一个小组和里克特领导的另一个小组各自独立地发现了一种新粒子 J/ψ，导致了第四种夸克即粲夸克的发现，J/ψ 正是由粲夸克和反粲夸克组成的。(1974 年)

168 法国建成“凤凰”原型快堆核电站，电功率为 250 兆瓦。(1975 年)

169 第一台可供脏器显像的正电子发射计算机断层仪（PET）研制成功。(1975 年)

170 美国人沃兹研制成功苹果机型。苹果机的问世，标志着人类进入个人电脑时代。同年，MCS-48 系列单片微型电脑亦面世。(1976 年)

171 美国宣布中子弹试验成功。(1977 年)

172 美国物理学家李德曼在费米国家加速器实验室以 400 吉电子伏的质子与核子碰撞的实验中，发现 τ 粒子。这一发现使人们认识到除上、下、奇、粲夸克外，还存在第五种夸克即底夸克。τ 粒子正是由一对正反底夸克组成的。(1977 年)

173 第一台可以大批量生产的具有广阔市场的个人电脑问世。(1977 年)

174 世界上第一名试管婴儿露易丝·布朗健康出世。(1978 年)

175 丹麦投运世界上第一座最大的风力发电机组，电功率为 2 000 千瓦。(1978 年)

176 美国、日本、瑞典等国先后开发出一种同频复用、大容量小区制的移动电话系统，其工作频段是 900 兆赫，能在全地域自动接入公共电话交换网。因其网络形如蜂窝，故称蜂窝移动电话。(1978 年)

177　美国在夏威夷试验成功世界上第一座海水温差发电厂（发电能力 50kW)，为人类开发海洋能迈出可喜一步。(1979 年)

178　在美国有三名同性恋伙伴被先后诊断为患上一种皮肤多发出血性瘤，并相继死去。接着，一批年轻的美国男同性恋者也死于这种怪病。次年，这种致命的艾滋病（获得性免疫缺陷综合征）被发现。艾滋病严重地威胁着人类。目前医药学家正在奋战这一人类的新杀手。(1980 年)

179　中国科学工作者用人工方法合成了酵母丙氨酸转换核糖核酸（核糖核酸的一种)，反映了我国在探索生命起源问题上的重大成果。(1981 年)

180　美国食品和药物管理局批准其礼莱公司的人工胰岛素产品投放市场，标志着基因工程技术已从技术开发阶段进入商品开发阶段。(1982 年)

181　苏联宇航员斯维特兰娜·萨维茨卡娅成为在太空中行走的第一位妇女。(1984 年)

182　苏联切尔诺贝利核电站 4 号石墨水冷堆发生迄今为止核电站史上最为严重的事故，最终导致化学爆炸和大火，因遭辐射而受伤的共 203 人，有 31 人死亡，其中大多数人是被烧伤致死的。(1986 年)

183　瑞士苏黎世 IBM 研究实验室的科学家用钡-镧-铜氧化物获得了 −243 ℃的超导转变温度，从而揭开了世界性的高温超导研究热潮。中国科学家首次公布了钡-钇-铜-氧体系，从一开始中国高温超导材料的研究就位居世界前列。(1986 年)

184　世界上第一个也是迄今在宇宙空间长期运转的唯一一个载人宇宙轨道站——重达 140 吨的“和平”号空间站，由苏联人设计制造并被成功地送入太空。(1986 年)

185　我国著名科学家王选成功地主持和领导了汉字激光照排系统的研制，并不断推陈出新，从照排普及轻印刷到远程传版，从黑白到彩色等都做出了创造性的贡献。这一系统的研制成功，使中国的印刷技术重新跃居世界印刷业的前列。王选教授也被誉为“当代毕昇”和中国现代印刷业革命的奠基人。(1986 年)

186　美国航天飞机“挑战者号”在升空 72 秒后爆炸，机上 7 名乘员（包括

一名女教师）全部遇难。（1986 年）

187 英国应用数学家和理论物理学家斯蒂芬·霍金发表了《时间简史》一书，他宣称我们的宇宙是有限的，时间也是有开端的。这对传统哲学的时空观提出了挑战。（1988 年）

188 邓小平同志在一次会议上，明确提出了“科学技术是第一生产力”，并多次重申和阐述了这一著名的马克思主义观点。它对中国改革开放时期的社会生产力和科学技术的发展起了巨大推动作用。（1988 年）

189 万维网（World Wide Web）即信息查询浏览系统，由欧洲核子研究中心首先提出，次年公布程序，从此掀起了一场网络通讯革命。（1989 年）

190 美国卫生部食品与药物管理局首次批准在人体内进行三项基因治疗实验，从而使用基因治疗技术走出实验室，进入临床应用。获准治疗的疾病为囊性纤维变性病、腺苷脱氨基酶免瘦缺陷症和黑色素瘤。（1990 年）

191 美国研究者首次发现常压含氧有机超导体。它比无机超导体具有更重要的实用价值，开拓了有机超导体的研究范围。（1990 年）

192 中国科学院化学所白春礼等人利用自己研制的“扫描隧道显微镜”，在世界上首次直接观察到变性噬菌体 DNA 的一种新结构，即“三链瓣状缠绕结构”。这一重大发现，可能为生物信息、生命起源等问题的深入研究开辟了一条新途径。（1990 年）

193 美国通用仪器公司的科学家研究成功数字化技术，使得由计算机所产生和处理的电子信号，都可经数字 1 或 0 转换后变成图像、文字、声音以及数据、表格等。于是，机器便有了通用语言，计算机、电视机、电话机或游戏机等都能结合在一起而组成多媒体装置。它标志着人类开始迈向数字化时代。（1990 年）

194 中国科技大学的科学家用掺锑铋系材料取得了 132 K（K 是国际单位制的热力学温度单位“开尔文”的符号，热力学温度的零度等于 −273.15 ℃）的临界温度，这是当时世界公认的最高临界温度。它表明中国在超导材料的研究方面居于世界领先地位。（1990 年）

195 电子出版物是以数字代码方式将图、文、声、像等信息存贮在磁、光电介质上，通过计算机或类似设备阅读使用，并可复制发行的大众传播媒体。中国出版发行了自己的第一部电子图书。它是中国文化史上继纸质出版物后的

一次革命。(1991年)

196　欧洲联合核聚变实验室宣布，他们的JET（欧洲联合环）装置首次成功地实现了受控热核聚变反应。在此次实验中，他们首次使用了氚，氘和氚混合的比例为0.86∶0.14，等效输入加热功率为15兆瓦，装置的温度达到3亿摄氏度，聚变时间维持了2秒，输出核聚变功率为1.7兆瓦，输出-输入比为0.1133。两年后，美国在它的TFTR装置上也实现了受控热核聚变反应，并将输出-输入比提高到0.32。(1991年)

197　美国加州理工学院研制出巨型计算机系统，该系统由528台处理器进行并行处理，浮点运算速度高达每秒320亿次。(1991年)

198　日本的一个研究机构向人们展示了它们研制的一台所谓第五代计算机，据称这是一种调整的“非冯·诺伊曼计算机”。(1991年)

199　法国物理学家乔治·夏帕克发明并研制出粒子探测器，荣获诺贝尔物理奖。(1992年)

200　彗星和木星相撞。一颗命名为苏梅克·列维9号的彗星断裂，21块碎片相继撞击木星，总撞击能量相当于40万亿吨TNT当量，其中最大碎片撞击产生的烈焰高1 600千米。这是人类第一次观测到的大规模的天体相撞，它对人类更深刻地了解宇宙奥秘有着重要意义。(1994年)

201　世界上在建的最大水利枢纽工程中国三峡工程正式动工。(1994年)

202　美国政府制定的“六大科技计划”中首次提出了信息高速公路网这一跨世纪工程。它将是新时代经济腾飞的重要举措。(1994年)

203　美国研制、生产了首架新型客机波音777，它从设计到制造全部采用计算机辅助技术，未画过一张图纸、未做过一个模型，号称“无图纸设计”，充分显示了计算机辅助设计和辅助制造的威力，开创了飞机设计、制造的新纪元。(1994年)

204　德国物理学家彼得·安布鲁斯特领导的研究小组宣称他们在实验中先后合成了第110号元素（存在时间仅千分之一秒，质量数为269）和第111号元素。两年后，他们又宣布发现了第112号元素。(1994年)

205　美国费米国家加速器实验室的科学家宣布，他们发现了第六种也是最后一种夸克即顶夸克。顶夸克的发现是核科学家描绘夸克图像最精彩的一笔。“顶夸克”的发现，验证了粒子物理学夸克理论的“标准模型”，为人们深入了

解夸克的性质，了解化学元素的起源，进而了解宇宙的演化过程提供了有力的武器。(1995 年)

206 美国人借助机载天文台上的红外线望远镜，对准天鹅星内一颗诞生不久、温度极高、十分明亮的恒星，第一次发现了存在于太空环境中的天然激光源，这是本世纪的重大发现之一。(1995 年)

207 世界海拔最高的水电站——中国西藏羊湖抽水蓄能电站建成，总装机容量为 112.5 兆瓦。(1995 年)

208 美国科学家小罗伯特·柯尔、理查德·斯莫利和英国的哈罗德·莫利纳等因发现球状碳原子而共获诺贝尔化学奖。(1996 年)

209 1987 年，我国水稻育种专家袁隆平开始了杂交水稻育种的第二战略攻关，通过又一个 9 年的探索终于研制出“两系法亚种同杂交种组合”，其优势比“三系法品种间杂交”增产 20%，比常规稻增产 40%，且米质优良。这一重大突破，使我国水稻育种居国际领先地位。(1996 年)

210 在欧洲核子研究中心的粒子物理实验所工作的德国和意大利科学家宣称，他们已在一系列持续时间只有 4×10^{-6} 秒的实验中获得了第一种反物质——反氢原子（由一个反质子和一个反电子组成）。(1996 年)

211 第 51 届联合国大会以 158 票赞成、3 票反对的表决结果，讨论通过了《全面禁止核试验条约》，它为防止核扩散以及和平利用核能开辟了新方向。(1996 年)

212 中国科学院北京真空物理开放实验室研究人员，在纳米电子学超高密度信息存储研究中获突破性进展。他们在此项研究中，得到的信息存储点阵的直径为 1.3 纳米。比国外的最小存储点阵的直径 10 纳米小了近一个量级。(1997 年)

213 中国科学家用新的转基因路线获得 5 头转基因山羊，其中一头母羊，于当年 9 月进入泌乳期，乳汁中含有人的凝血因子 IX 活性蛋白，为血友病患者带来了福音。用转基因动物生产人用药品是基因工程制药业中新崛起的行业。(1997 年)

214 “探路者号”探测器登陆火星，并发回令人耳目一新的照片。(1997 年)

215 英国爱丁堡罗斯林研究所的维尔穆斯和他领导的小组一共用了 247 个重组胚胎，成功地克隆（无性繁殖）出一只绵羊（取名多莉），这是基因工程首次在哺乳类动物方面的具体应用。克隆羊的问世引起了世界各国科学家的极大关注，一旦这项技术完善了，它将成为动物育种或转基因动物用于医学的一项革命性技术手段。(1997 年)

216 华裔美国物理学家朱棣文、法国的克洛德·利昂-坦努吉和美国的威廉·菲利普因发明用激光冷却和捕获原子的方法，而共获诺贝尔物理奖。(1997 年)

217 美国物理学家罗伯特·劳克林、德国的霍斯特·施特默和出生于中国河南省的崔琦因发现分数量子霍尔效应而共获诺贝尔物理奖。(1998 年)

218 著名华裔物理学家丁肇中教授领导的大型国际合作科学实验项目——国际空间站中，用于探测的阿尔法磁谱仪的核心部件（永磁体及反符合计数器）是由我国科学家研制的，在实验中运行正常。这是人类第一次把大型磁谱仪带入宇宙空间，对宇宙间带电粒子进行直接观测。(1998 年)

219 中国首次在世界上把氮化镓制备成一维纳米晶体。清华大学范守善小组成功制备出直径为 3～50 纳米，长度达微米量级的氮化镓半导体-维纳米棒。(1998 年)

220 美国 IBM 公司声称，研制出世界上运算速度最快的电脑。该电脑每秒能进行 3.9 万亿次运算，可用于模拟核爆炸试验。(1998 年)

221 “铱”星全球卫星手持机移动电话系统投入商业运营。由 66 颗低轨道卫星组网的全球卫星手持机移动电话系统正式投入使用。该系统能使全球 200 多个国家和地区的任何人在任何地方、任何时间实现无缝隙的通信，它能提供电话、传真、数据传输、全球定位和全球寻呼等业务。全球卫星移动通信正在改变着人类的交往方式。(1998 年)

222 在湖南医科大学夏家辉教授带领下的我国一批遗传学家，以自己独创的在计算机上克隆人类基因的“基因家庭，候选疾病基因克隆方法”为主，克隆了人类神经性高频性耳聋的致病基因（GJB3)，研究论文发表在国际科学权威杂志《自然》上。这是在我国本土克隆的第一个遗传病疾病基因，实现了我国遗传病基因的一次零的突破，特别是对我国基因物开发、基因治疗等工作具有重要意义。(1998 年)

223 20 世纪最后一次日食现象掠过欧洲和中东地区，使得数百万人得以在 21 世纪到来之前，最后一次欣赏到这一大自然的壮观景象。(1999 年)

224 中国合成世界上最长的纤维。中国科学家成功地合成了形状酷似“牙刷”的超长定向碳纳米管列阵，长度居世界之最，使我国在“超级纤维”碳纳米管的研究尤其合成方法上达到世界先进水平。(1999 年)

225 俄罗斯科学家宣布，他们发现了第 114 号元素，并测定其原子量为 289，寿命为 30 秒。(1999 年)

226 美国科学家宣称，他们合成世界上迄今最重的元素——第 118 号元素，并发现了由超重元素即第 118 号元素衰变后而产生的第 116 号元素。(1999 年)

227 美国科学家研制出原子激光器。其工作原理是把超低温状态的原子挤压成一束能够朝任何方向发射的原子束。目前的用途将是制造测量和导航装置，其精确度最高可达传统光学激光系统的 10 倍。据称这种原子激光器将来能用来制造极其微小的电脑芯片，甚至有可能一次一个原子地进行组装。这将给芯片制造带来一场革命。(1999 年)

228 反物质研究取得新的进展。美国费米国家加速器实验的科学家在研究一种名为 B 介子的亚原子粒子的行为后发现，反物质与物质不存在完全对称的“镜像”关系，实验结果表明物质和反物质并不遵守相同的物理学定律。(1999 年)

229 美国化学工程师研制出可自己组装的塑料分子。他们已经设法使塑料分子自己组装成为不仅看起来漂亮而且实用的结构。这是智能材料迈出的重要一步。(1999 年)

230 美国科学家成功制成了氮-5（N_5）分子。氮气化学性质稳定，极少与其他物质反应。但氮的稳定性使它能够被用来制炸药，当氮原子的一些电子被剥离时，剩下的正离子便会采取一切方式（甚至激烈的方式）来恢复其稳定状态。氮-5 是大自然中能量巨大的奇异物质。(1999 年)

231 美国外科医生迈克尔·德巴凯和美宇航局科学家共同研制成微型人造心脏，并用于临床，获得成功。(1999 年)

232 英国 ICL 电脑公司和电器制造商伊莱克斯公司合作研制出新型“智能冰箱”，它能及时向用户报告冰箱内食品的动态状况，据称这有可能给人们采购食品的方式带来一场革命。(1999 年)

233 美国斯坦福大学科学家发明一种电脑新手语（拇指码）输入法，据称，对熟练掌握者，其速度可达每分钟 36 个英文单词。(1999 年)

234 美国科学家根据火星环球勘探者飞船发回的数据绘制出第一张“火星表面三维图”，它对于研究火星的演变和表面结构形成过程具有重要意义，对于

以后宇宙飞船在火星上选择着陆点也有参考价值。(1999 年)

235　美国人迪托领导的研究小组研制成功世界上第一部生物电脑。它是一台由水蛭的神经元构成的计算机。由于传统的超级电脑对机器人而言显得太大了，该研究小组的长期目标是企望用生物电脑制造出机器人用的微型“大脑”。(1999 年)

236　中国南极考察队抵离中山站 1 100 多千米的 DOM-A 区域（南极冰盖最高区域），成为世界上横穿南极计划实施以来第一支闯进这一“禁区”的考察队。DOM-A 区域完整地记录了地球气候和环境变化的历史，一向是科学家梦寐以求的“科学圣地”。该队将在考察分析的基础上，就有关全球变化完成一份国家报告，为经济的可持续发展提供有效信息。(1999 年)

237　日本和光市理化研究所信息基础研究部宣布，他们研制出当前世界上运行速度最快的计算机，其速度为迄今为止一直保持着最高纪录的美国模拟核试验用计算机的 4 倍。利用该机预定一半的系统，运行速度已达每秒 10 万亿次，扩大硬件以后，预计其最终运算能力可达每秒 30 万亿次。(1999 年)

238　埃及出生的美国化学家泽瓦尔因应用超短激光闪光成像技术观看到分子中原子在化学反应中的如何运行，有助于人们理解和预期重要的化学反应，将为整个化学及其相关科学带来了一场革命，而荣获诺贝尔化学奖。(1999 年)

239　中国科学院兰州近代物理所徐树威领导的研究小组继 1997 年首次合成具有奇异衰变性质的新核素钆-135，并观测到其延发质子衰变后，又在当前具有重要物理意义、技术难度颇大的轻稀土质子滴线区，一次成功实验合成了半衰期约为 1 秒的六种新核素（钕-125，钷-128，钐-129，钆-137，镝-139，铽-139），并建立了该区内一种核素（镨-128，钷-130，钆-138，钆-139，铽-140）的衰变纲图。标志着中国在质子滴线区轻稀土核的放射性研究中名列前茅。(1999 年)

240　迄今有关黑洞的形成一直基于一个未经证实的黑洞理论，即当一颗大质量的恒星“死亡”时爆发成超新星，其爆炸云团形成了“黑洞”。西班牙科学家拉斐尔·雷博罗领导的小组通过观测距地球 1 万光年的名为 GRO J1655-40 的星体首次证实了这一理论的正确性，即黑洞确实由超新星爆炸的残余形成。(1999 年)